国家级一流本科专业建设成果教材

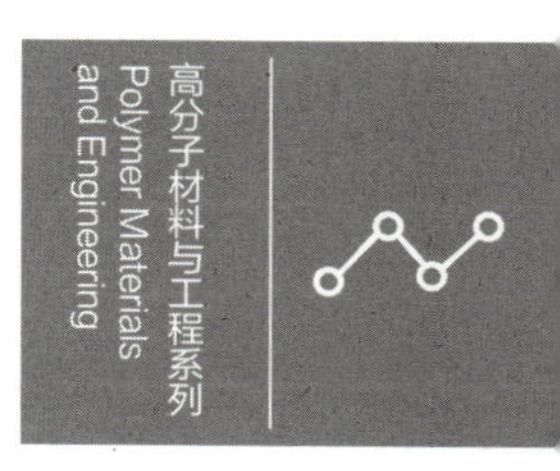

高分子物理

Polymer
Physics

邓 伟 崔巍巍 陈 昊 赵 伟 编

本书配有数字资源与在线增值服务

1. 扫描左边二维码并关注“易读书坊”公众号
2. 刮开正版授权码涂层，点击资源，扫码认证

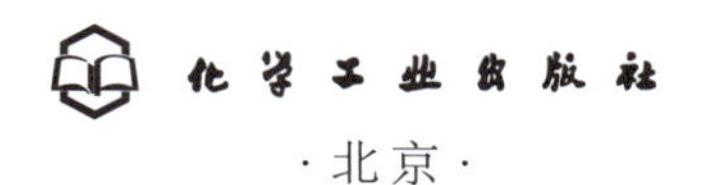

·北京·

内容简介

《高分子物理》系统介绍了高分子物理的基本概念和基础理论，包括高分子的结构、分子运动、性能以及结构与性能之间的内在联系，各章配有思维导图、阅读专栏、微课视频等，形成了纸质教材与数字资源融合的高分子物理教材，强基础、重应用、有情怀，以适应教学发展需求。

本书可作为高分子材料与工程专业的本科生教材，也可供材料类其他专业学生及从事高分子材料研究、生产和应用的相关人员参考。

图书在版编目（CIP）数据

高分子物理 / 邓伟等编. -- 北京 : 化学工业出版社，2024. 8. --（国家级一流本科专业建设成果教材）.
ISBN 978-7-122-46558-0

Ⅰ. O631.2

中国国家版本馆 CIP 数据核字第 202444LG09 号

责任编辑：王　婧
文字编辑：毕梅芳　师明远
责任校对：宋　夏
装帧设计：张　辉

出版发行：化学工业出版社
（北京市东城区青年湖南街 13 号　邮政编码 100011）
印　　装：北京云浩印刷有限责任公司
787mm×1092mm　1/16　印张 15　字数 374 千字
2025 年 1 月北京第 1 版第 1 次印刷

购书咨询：010-64518888
售后服务：010-64518899
网　　址：http://www.cip.com.cn
凡购买本书，如有缺损质量问题，本社销售中心负责调换。

定　　价：49.00 元

前言

高分子物理研究高分子材料结构与性能之间的内在联系和基本规律，上承高分子化学，下启高分子材料成型加工，是高分子科学的三大支柱之一，也是高等院校高分子材料与工程专业的核心课程。

在“双一流”建设和“新工科”背景下，结合“互联网+教育”理念，遵循工程教育专业认证标准，本书以“高分子的结构-分子运动-性能”为主线，涵盖了高分子物理的基本概念和基础理论，同时以一定篇幅介绍了实际案例以及高分子物理学的前沿进展、科学史话，在强化知识点的基础上，重视对知识点的应用和对学科发展趋势的了解。此外，辅以微课视频，形成了多维融合的高分子物理学习资源。

本书共分为8章，包括高分子的链结构、聚合物的聚集态结构、高分子溶液、聚合物的分子量及其分布、聚合物的分子运动和转变、聚合物的力学性能、聚合物的电学性能和聚合物的其他性能。其中第1章、第3章以及第1～6章的习题与思考题由邓伟编写，第2章、第8章由赵伟编写，第4章、第5章由陈昊编写，第6章、第7章由崔巍巍编写。全书由邓伟统稿。

由于编者水平有限，书中难免存在不足之处，恳望同行专家和读者批评指正，不吝赐教。

编者

2024年10月

目录

第 1 章　高分子的链结构

思维导图

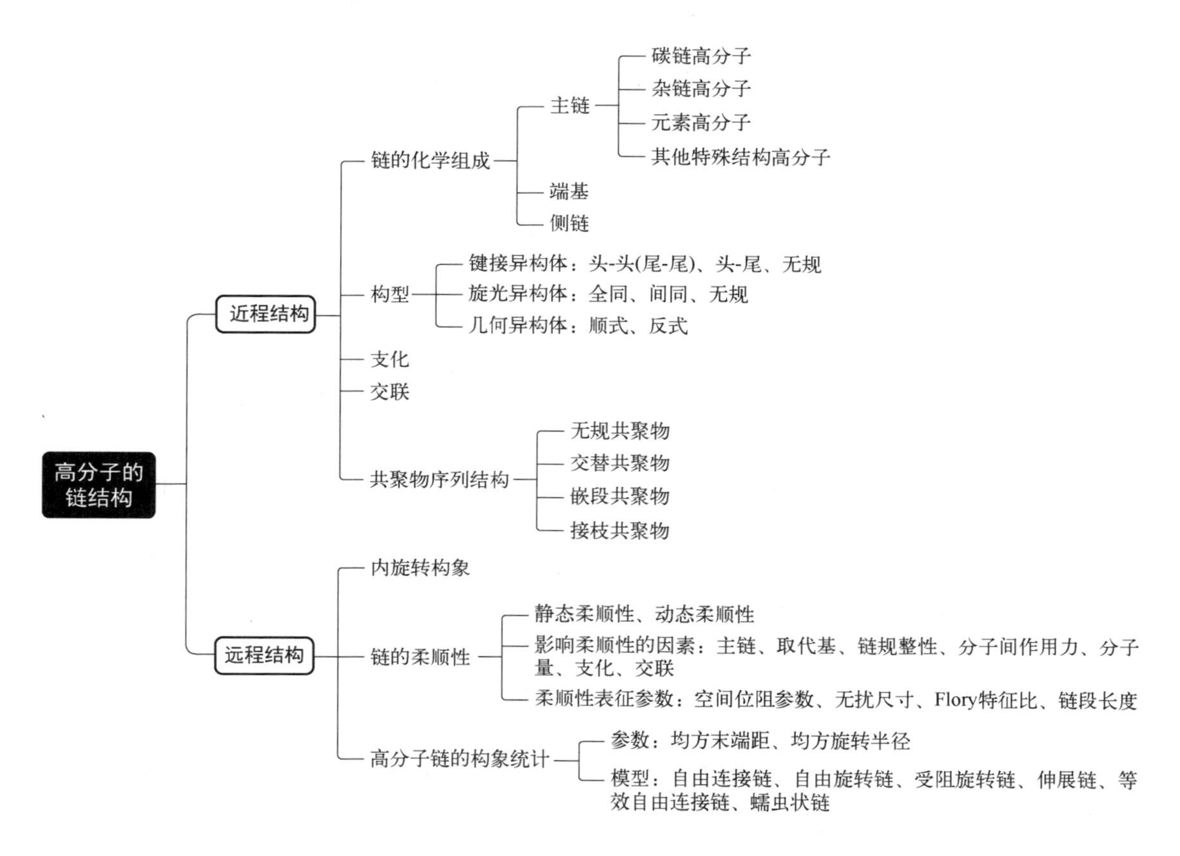

1.1　高分子材料概述

在线课程
1-1

材料对人类社会的发展至关重要，是人类进化的里程碑，人类发展史实际上是一部学习利用材料、加工制造材料和创造新材料的历史。时至今日，高分子材料与金属材料、无机非金属材料一起构成人类社会广泛使用的三大材料。很久以前，人类就在衣、食、住、行等各方面依赖于天然高分子材料，通过诸如穿皮毛、吃黍粟、草屋取暖、木舟乘行等方式直接利用纤维素、淀粉、蛋白质等天然高分子材料。在 19 世纪中叶，人们已经能够对天然高分子材料进行改性，如橡胶的硫化交联（1839 年）、棉麻的丝光处理（1844 年）、皮革的铬鞣工艺（1858 年），以及把天然纤维硝酸酯化得到硝酸纤维素制成赛璐珞（1869 年）等。1907 年，第一个人工合成高分子——酚醛树脂问世，标志着人类可以真正由小分子出发合成高分子化合物。尽管此时高分子材料已在社会生产生活中崭露头角，但是人们只知道它是“材料”，并不知道它是“高分子”。

实际上，早在 1877 年，F. A. Kekulé 就曾指出：绝大多数与生命联系在一起的天然有机物——蛋白质、淀粉等可以由很长的链组成，这种特殊的结构是它们具有特殊性质的根源，然而这种思想很快就被有机化学和胶体化学的传统观念所淹没，按照小分子的胶体缔合理论，“高分子”不是纯粹的化合物，是由小分子通过次价力结合而成的聚集体，这种材料的溶液属于胶体体系。1893 年，E. Fischer 曾设想纤维素是一种由葡萄糖单元连接而成的长链，但尚不清楚结构单元之间的结合形式。随后，他以氨基酸为原料合成了与天然蛋白质相似的多肽，证明多肽是由许多氨基酸单元通过酰胺键（—CO—NH—）相连而成的线型长链分子，从而孕育了高分子学说的基本思想。1920 年，H. Staudinger 发表了划时代的文章《论聚合》，论证了聚合过程是大量小分子依靠化学键结合的过程，预言了一些有机物可通过某种官能团间的反应而聚合，提出了聚苯乙烯、聚甲醛、天然橡胶的长链结构式等。虽然这些创新的想法受到胶体缔合论的强烈质疑，但随着实验方法的改进和表征方法的发展，大量的事实最终证明了大分子的存在。1932 年，H. Staudinger 发表了第一部高分子专著《高分子有机化合物》，历经十余年创立了高分子学说。

高分子学说的创立，有力地指导和推动了合成高分子工业的发展。一大批高分子材料，如聚甲基丙烯酸甲酯和聚氯乙烯（1927—1931 年）、聚苯乙烯（约 1930 年）、尼龙 66（1935—1938 年）、高压聚乙烯（1935—1939 年）、丁苯橡胶（1935—1937 年）、涤纶（1941—1953 年）等，相继涌现并快速商品化。这些合成高分子的出现又为理论研究提供了大量的实验材料，积累了丰富的数据，促进了关于高分子结构与性能研究的发展。在这一时期，建立了橡胶高弹性的统计理论、线型高分子的特性黏数方程、高分子溶液似晶格理论、高分子溶液的排斥体积理论；发展了黏度法、渗透压法、超离心技术研究高分子的分子量及其分布，光散射法研究高分子溶液的性质，X 射线衍射法研究聚合物晶体结构，对高分子结构的剖析和确定起到了重要作用。此外，对高分子溶液的宏观性质和微观分子结构之间的联系，以及高分子凝聚态黏弹性质的研究也取得了重要成果，奠定了高分子物理学的基础。

自 20 世纪 50 年代起，高分子科学迅速发展并不断完善，在给人们生产生活带来巨大变化的同时，取得了大量令人瞩目的研究成果。首先是 H. Staudinger 因“链状大分子物质的发现”而荣获 1953 年诺贝尔化学奖。J.D. Watson 和 F.H.C. Crick 利用 X 射线衍射研究高分子的凝聚态结构，确定了脱氧核糖核酸（DNA）的双螺旋结构，因此获得 1962 年诺贝尔生理学或医学奖。K. Ziegler 和 G. Natta 进行了关于配位催化剂引发定向聚合的研究，开拓了高分子合成的新领域，促使首次观察到高分子单晶，发现高分子特有的高次结构，两人也因关于“有机金属化合物及聚烯烃催化聚合的研究”而获得 1963 年诺贝尔化学奖。P.J. Flory 在缩聚和加聚机理以及高分子溶液理论方面进行了系列研究，因在“高分子物理化学的理论与实验方面的根本性贡献”而获得 1974 年诺贝尔化学奖。R.B. Merrifield 将功能化的聚苯乙烯用于多肽和蛋白质的合成，大大提高了设计生命物质合成的效率，于 1984 年因提出固相多肽合成技术而获得诺贝尔化学奖。P.G. de Gennes 对高分子的贡献非常丰富，提出了标度律，出版了《高分子物理学中的标度概念》，于 1991 年获得诺贝尔物理学奖，以表彰其“把研究简单系统中有序现象的方法推广到诸如液晶和聚合物等比较复杂的物质形式中”所作的贡献。A.J. Heeger、A.G. MacDiarmid 和 H. Shirakawa 发现了导电高分子，从根本上突破了高分子材料只是良好绝缘体的传统束缚，为此三人共同获得世纪之交的诺贝尔化学奖。

我国的高分子科学研究起步于20世纪50年代初，国内高分子领域的开创者，王葆仁、钱宝钧、唐敖庆、冯新德、钱保功、于同隐、钱人元、何炳林、徐僖等先生栉风沐雨，在高校和科研院所领衔奋斗，为中国高分子科学的形成与发展、教学与科研、高分子工业的突飞猛进做出巨大的贡献。

当前，高分子科学已形成高分子化学、高分子物理和高分子工程三个分支领域互相交融、互相促进的整体学科。高分子化学研究高分子化合物的分子设计、合成及改性，担负着为高分子研究提供新材料及合成方法的任务。高分子物理研究高分子的分子结构、分子运动、凝聚态结构及变化规律，以及各层次结构与材料性能的内在联系，为正确合理地开发、使用高分子材料提供理论依据。高分子工程研究包括聚合反应工程及高分子成型工艺、成型理论、成型方法等，以提升高分子制品品质，拓宽高分子材料应用范围。高分子材料作为材料领域的后起之秀，早已在国民经济、国防建设和尖端技术等各个领域得到广泛应用，成为现代社会生产生活不可或缺的重要资源。近年来，除了塑料、橡胶和纤维三大类传统合成高分子外，又涌现出诸如功能高分子、生物医用高分子、环境友好高分子等形形色色、满足不同领域需求的高分子材料，对人类的生存、健康和社会发展发挥着日益重要的作用。

高分子独特的性能源于其特殊的结构，与低分子物质相比，高分子结构具有如下特点。

① 链式结构：高分子是由很大数目（10^3～10^5数量级）的结构单元键合而成的长链状分子，除线型链外，还可形成支化链、交联网状链等。每一个结构单元相当于一个小分子，均聚物由一种结构单元组成，共聚物由两种及两种以上结构单元组成。

② 链的柔性：高分子主链一般都具有一定的内旋转自由度，可以使分子链呈蜷曲状而表现出柔性。由于分子的热运动，高分子结构单元在空间中的相对位置不断变化，柔性链的形状不断改变。如果分子链的结构使内旋转变得困难或不可能，则形成具有一定形状的刚性链。

③ 多分散性：即使相同聚合条件获得的高分子产物，各分子的分子量、结构单元的键接顺序、空间构型、支化度、交联度和共聚物的组成及序列结构等都不尽相同，具有多分散性的显著特点。

④ 聚集态（凝聚态）结构的复杂性：高分子链依靠分子内或分子间相互作用堆砌在一起，可呈现为晶态和非晶态等。由于高分子具有长链结构，结晶时分子链难以规整堆砌排列，存在较多缺陷，因此高分子的晶态比小分子的晶态有序程度差；高分子由很多结构单元通过化学键连接而成，因此沿着主链方向的有序程度要比垂直于主链方向的有序程度高，使得高分子的非晶态比小分子液态的有序程度高。对于高分子多相混合材料，还存在织态结构问题，即不同高分子之间或高分子与添加剂分子之间的排列与堆砌。

通常，将高分子的结构分为链结构和聚集态结构两部分。链结构是指单个高分子链的结构和形态，具体又分为近程结构和远程结构。近程结构属于一级结构，包括高分子链的化学组成、构型、支化、交联和共聚物的序列结构；远程结构属于二级结构，包括分子的大小、尺寸和形态。上述大部分内容将在本章讨论，分子的大小即聚合物分子量及分子量分布内容将在第四章讨论。聚集态结构是指高分子链聚集在一起形成的高分子材料整体的内部结构，包括非晶态结构、晶态结构、液晶态结构、取向态结构及织态结构等，将在第二章讨论。

1.2 高分子链的近程结构

1.2.1 高分子链的化学组成

在线课程

1-1

高分子链的化学组成不同将赋予高分子材料不同的性能和用途，可以通过元素分析和X射线荧光光谱等判断组成高分子链的元素种类，通过红外光谱、拉曼光谱和核磁共振等方法确定高分子链的结构单元、侧基和端基的化学组成。高分子链按化学组成不同主要分为碳链高分子、杂链高分子和元素高分子，此外还可形成环状、梯形等特殊结构的高分子。

① 碳链高分子：分子主链全部由碳原子以共价键相连接的高分子，如聚乙烯、聚苯乙烯、聚丙烯腈、聚丁二烯等，见表 1-1。这类聚合物大多由加聚反应制得，产量高、适用性广，具有较好的可塑性，易于加工成型，常用于一般民用或工业产品，但由于 C—C 键能较低（约 $347kJ \cdot mol^{-1}$），故耐热性较差，易老化。

② 杂链高分子：分子主链中除含有碳外，还有氧、氮、硫等其他原子的高分子，如聚甲醛、聚酯（—OCO—）、聚酰胺（—CO—NH—）、聚砜（—SO_2—）等，见表 1-1。这类聚合物由缩聚或开环聚合制得，通常具有较好的耐热性和强度，常用作工程塑料或纤维材料，但较易水解、醇解和酸解。

③ 元素高分子：分子主链是由除碳以外的其他原子，如硅、硼、铝、钛和氧、氮、硫、磷等，通过价键相连接的高分子。

若主链不含碳原子而侧基上含有有机基团，则称为元素有机高分子，如聚二甲基硅氧烷、聚磷氮烯等，这类聚合物通常兼具无机物的热稳定性和有机物的弹性及塑性，例如聚烃类硅氧烷，也称为硅橡胶，主链中的 Si—O 键键能（约 $368kJ \cdot mol^{-1}$）高于 C—C 键键能，且分子链柔顺性好，是众多橡胶品种中耐温的佼佼者，可耐受-100℃到 350℃的温度，用于火箭喷管内壁防热涂层时，能耐瞬时数千度的高温。但由于合成硅橡胶的单体活性小，聚合产物分子量较低，加之分子间作用力小，强度较差。

若主链和侧基上均不含有碳原子，则称为无机高分子，如聚硅烷、聚氮化硫等，这类聚合物耐高温性能优异，但耐水性差、力学强度较低，化学稳定性较差。常见元素高分子结构为：

$$\left[O - \underset{CH_3}{\overset{CH_3}{|}}{Si} \right]_n$$

聚二甲基硅氧烷

$$\left[N = \underset{R}{\overset{R}{|}}{P} \right]_n$$

聚磷氮烯

$$\left(\underset{H}{\overset{H}{|}}{Si} \right)_n$$

聚硅烷

$$\left[S = N \right]_n$$

聚氮化硫

表 1-1 常见的碳链和杂链高分子

聚合物	重复单元	聚合物	重复单元
聚乙烯（PE）	—CH_2—CH_2—	聚丁二烯（PB）	—CH_2—CH═CH—CH_2—
聚丙烯（PP）	—CH_2—CH(—CH_3)—	聚异戊二烯（PIP）	—CH_2—C(—CH_3)═CH—CH_2—

续表

聚合物	重复单元	聚合物	重复单元
聚苯乙烯（PS）	$-CH_2-CH(C_6H_5)-$	聚氯丁二烯（PCP）	$-CH_2-C(Cl)=CH-CH_2-$
聚异丁烯（PIB）	$-CH_2-C(CH_3)_2-$	聚乙炔（PA）	$-CH=CH-$
聚氯乙烯（PVC）	$-CH_2-CH(Cl)-$	聚对苯（PPP）	$-C_6H_4-C_6H_4-$
聚偏二氯乙烯（PVDC）	$-CH_2-CCl_2-$	聚甲醛（POM）	$-O-CH_2-$
聚 1,2-二氯乙烯	$-CH(Cl)-CH(Cl)-$	聚环氧乙烷（PEO）	$-O-CH_2-CH_2-$
聚乙烯醇（PVA）	$-CH_2-CH(OH)-$	聚苯醚（PPO）	$-O-C_6H_2(CH_3)_2-$
聚丙烯腈（PAN）	$-CH_2-CH(CN)-$	聚碳酸酯（PC）	$-O-C_6H_4-C(CH_3)_2-C_6H_4-O-C(=O)-$
聚丙烯酰胺（PAM）	$-CH_2-CH(CONH_2)-$	聚砜（PSF）	$-O-C_6H_4-C(CH_3)_2-C_6H_4-O-C_6H_4-SO_2-C_6H_4-$
聚丙烯酸（PAA）	$-CH_2-CH(COOH)-$	聚对苯二甲酰对苯二胺（PPTA）	$-HN-C_6H_4-NH-OC-C_6H_4-CO-$
聚丙烯酸锌	$-CH_2-CH(COOZn)-$	聚对苯二甲酸乙二醇酯（PET）	$-OCH_2CH_2-O-C(=O)-C_6H_4-C(=O)-$
聚甲基丙烯酸甲酯（PMMA）	$-CH_2-C(CH_3)(COOCH_3)-$	尼龙 6（PA6）	$-NH-(CH_2)_5-CO-$
聚醋酸乙烯酯（PVAc）	$-CH_2-CH(OCOCH_3)-$	尼龙 66（PA66）	$-NH-(CH_2)_6-NH-CO-(CH_2)_4-CO-$

若线型高分子的两个末端分子在分子内连接，则形成环状高分子。例如，通过阴离子聚合已制备出分子量达几十万的环状聚苯乙烯；利用假高稀技术通过亲核缩聚制备聚芳醚类环

状低聚物（图 1-1），产率可达 60%～70%。

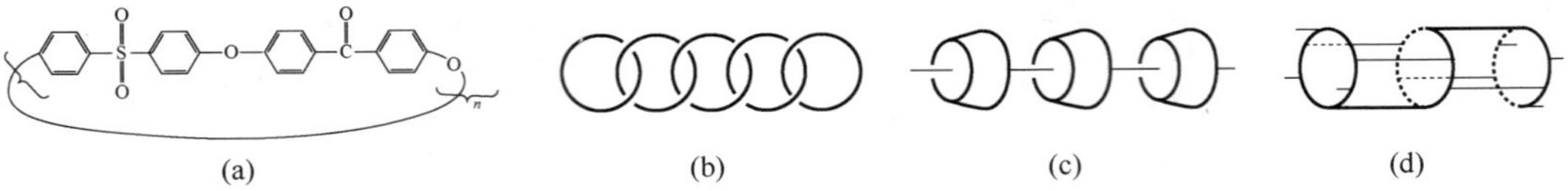

(a)　(b)　(c)　(d)

图 1-1　聚芳醚类环状低聚物（a）、聚索烃（b）、聚轮烷（c）和聚合物管（d）结构示意图

在环状高分子合成过程中，还可得到聚索烃（polycatenane）副产物，环状分子像扣环一样彼此套接在一起，而环之间不形成共价键。大环型分子中穿入线型高分子链，可生成聚轮烷（polyrotaxane），聚轮烷还可进一步制备聚合物管（polymer tube），如图 1-1 所示。

若高分子主链不是一个单链，而是具有“梯形”结构，则形成梯形聚合物（ladder polymer）。例如，以二苯甲酮四羧酸二酐和四氨基二苯醚聚合可得分段梯形聚合物，以均苯四甲酸二酐和四氨基苯聚合可得全梯形聚合物：

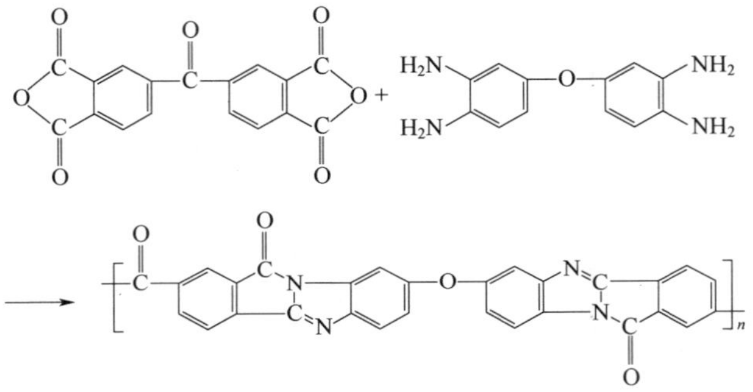

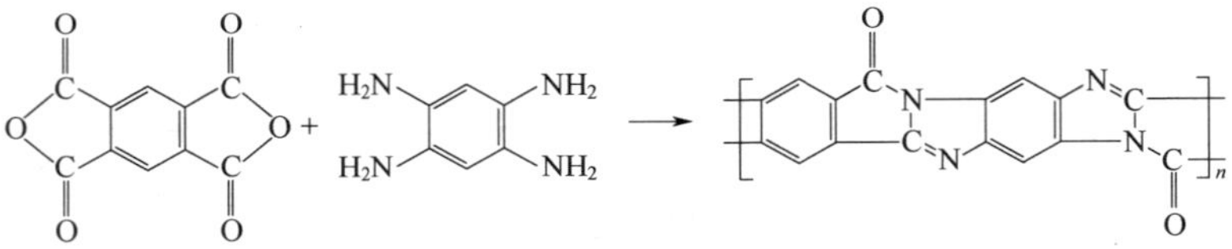

该类高分子主链在受热或受力时不易被打断，即使几个键断裂，只要不在同一个梯格内，分子量便不会降低，因此这类聚合物一般都具有较高的热稳定性和强度。

此外，还有片形、带形、遥爪形等特殊结构的高分子。

侧基（side group）是与高分子主链连接，分布在主链旁侧的原子或基团，包括卤素、羟基、烷基、烷氧基、羧基、酯基和芳基等。侧基的体积、极性、对称性、柔性等对高分子链的结构和性能都会产生重要影响。例如，聚丙烯、聚苯乙烯、聚氯乙烯的分子主链相同，侧基分别为非极性侧基—CH_3、—C_6H_5 和极性侧基—Cl，造成了三种通用塑料在结晶性和力学强度上的显著差别。

端基（end group）是位于高分子链两端的基团，可来自单体、引发剂、分子量调节剂或溶剂等，虽然含量少，但对聚合物性能尤其是热稳定性的影响不可忽视。例如，聚甲醛的羟端基被乙酸酐酯化后，热稳定性提升。聚碳酸酯的羟端基和酰氯端基易引起其高温下降解，在聚合过程中加入少量单官能团化合物，如苯酚，既可以对端基进行封锁提高热稳定性，又可以控制分子量。

1.2.2　高分子链的构型

在线课程
1-2

构型（configuration）是指分子中由化学键所固定的原子在空间的几何排列。这种排列是稳定的，要改变构型必须经过化学键的断裂和重组。结构单元的键接方式和空间立构均属构型范畴，可以通过化学分析、裂解色谱、X 射线衍射、红外光谱和核磁共振等方法测定分析。构型不同可以形成键接异构体、旋光异构体和几何异构体。

（1）键接异构体

在缩聚或开环聚合中，结构单元的键接方式一般是明确的，但在加聚反应中，结构单元的键接方式会因单体结构和聚合反应条件的不同而异，形成键接异构体（linkage isomer），也称为顺序异构体。

对于单烯类单体，若具有不对称取代，如 $CH_2{=}CHR$，就产生了头尾问题，结构单元的键接顺序可能有头-尾、头-头（尾-尾）和上述键接方式同时出现的无规键接，如图 1-2 所示。

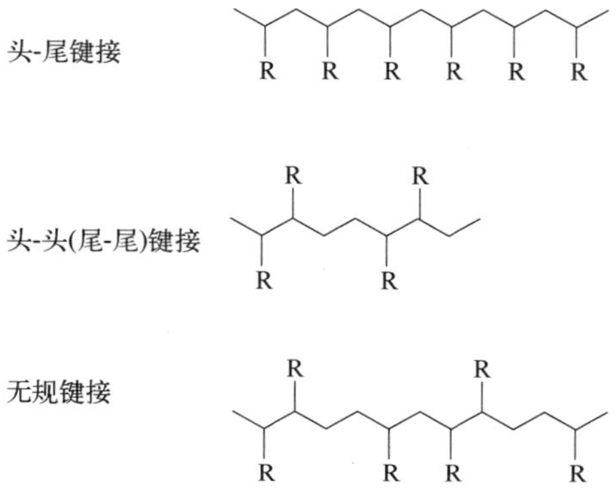

在自由基或离子型聚合的产物中，大多采用头-尾键接方式，单体位阻效应较小以及链增长端的共振稳定性较低时，头-头（尾-尾）键接结构的比例会有所增加。例如，聚偏氟乙烯中头-头键接含量为 8%～12%，聚氟乙烯中头-头键接含量可达 16%。结构单元键接方式的差异会对高分子材料的性能产生显著的影响。维尼纶是以聚乙烯醇为原料，通过甲醛对聚乙烯醇的羟基进行缩醛化得到的产物，其性能接近棉花，有“合成棉花”之称。只有聚乙烯醇分子链以头-尾键接的方式，才易与甲醛缩合。如果是头-头键接，羟基则不易缩醛化，使得产物中仍保留部分羟基，导致维尼纶纤维强度下降，缩水率增大。

头-尾键接

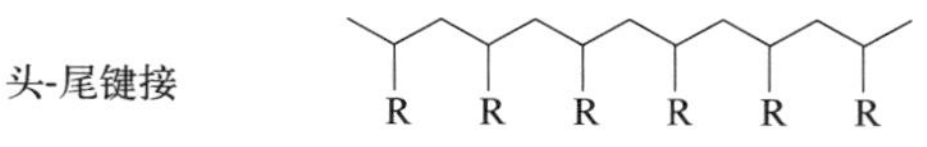

头-头(尾-尾)键接

无规键接

图 1-2　聚合物分子链的键接异构体

对于双烯类单体，聚合时结构单元的键接方式更加复杂。首先，因双键打开位置的不同可能存在不同的加聚方式。例如，异戊二烯在聚合过程中存在 1,4-加聚、1,2-加聚和 3,4-加聚等不同情况，如图 1-3 所示。每种加聚情况下又会出现头-尾、头-头（尾-尾）和无规等不同键接顺序。此外，1,4-加聚产物因主链中含有双键，又有顺式和反式的几何异构体之分。

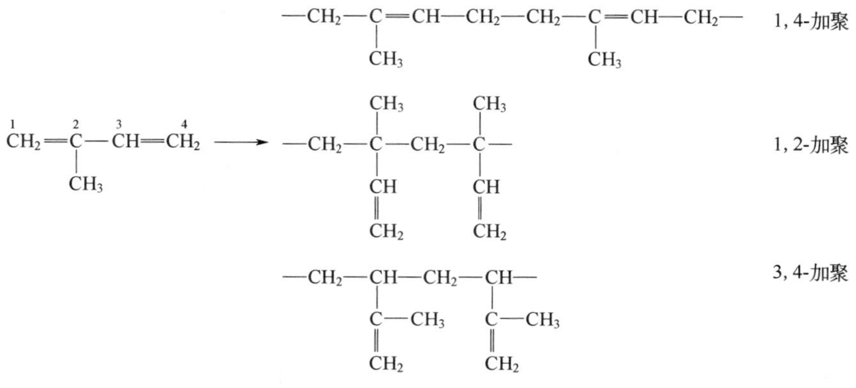

$$\overset{1}{C}H_2{=}\overset{2}{C}(CH_3){-}\overset{3}{C}H{=}\overset{4}{C}H_2 \longrightarrow$$

1, 4-加聚：$-CH_2-C(CH_3){=}CH-CH_2-CH_2-C(CH_3){=}CH-CH_2-$

1, 2-加聚：$-CH_2-C(CH_3)(CH{=}CH_2)-CH_2-C(CH_3)(CH{=}CH_2)-$

3, 4-加聚：$-CH_2-CH(C(CH_3){=}CH_2)-CH_2-CH(C(CH_3){=}CH_2)-$

图 1-3　异戊二烯的加聚方式

（2）旋光异构体

饱和碳氢化合物分子中的碳以 sp^3 杂化轨道成键，若与之相连的 4 个原子或基团都不相同，则该碳原子称为手性碳或不对称碳原子，以 C^*表示。当 C^*处于高分子主链上时，原子或基团的不同排布将产生不同的立体构型。

对于结构单元为—CH_2—C^*HR—型的高分子，C^*两端的链节不完全相同，因此 C^*是一个不对称碳原子，于是每个链节可能有 *d* 型和 *l* 型两种旋光异构单元。两种旋光异构单元在高分子中有三种不同键接方式，形成三种不同的旋光异构体，也称对映异构体。当高分子全部由一种旋光异构单元键接而成，则称为全同立构（isotactic）；两种旋光异构单元交替键接，则称为间同立构（syndiotactic）；两种旋光异构单元没有规律地任意键接，则称为无规立构（atactic）。图 1-4 为结构单元为—CH_2—C^*HR—型聚合物链的旋光异构体，假定把主链上的碳原子排列在平面上呈锯齿状，则全同立构链中的取代基 R 都位于平面的同一侧，间同立构链中的 R 基交替排列在平面的两侧，无规立构链中的 R 基杂乱无章地排列在平面的两侧。

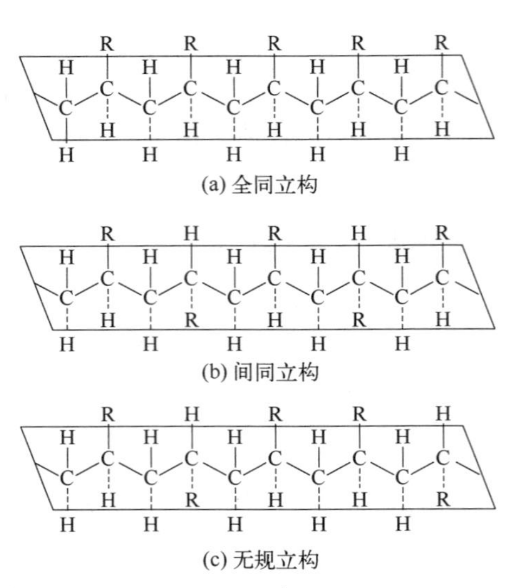

图 1-4　$\pm CH_2—C^*HR \pm_n$ 型聚合物分子链的旋光异构体

全同立构和间同立构高分子统称为有规立构高分子，等规度定义为高分子中全同立构和间同立构所占的百分比，是衡量高分子规整程度的一个重要指标，直接影响着高分子材料的结晶能力。例如全同和间同立构聚丙烯，因分子链结构规整、结晶能力强，故密度大、熔点高，可纺丝做成纤维，亦可作为性能较好的塑料，而无规聚丙烯是一种非结晶性材料，呈橡胶状的弹性体。聚合物的立构规整性同聚合机理有关，通常自由基聚合得到的产物大都是无规的，而采用特殊催化剂的定向聚合可获得有规立构高分子。需要指出的是，对于小分子物质，不同的空间构型具有不同的旋光性；高分子链虽然含有许多不对称碳原子，但由于内消旋或外消旋的作用，即使空间规整性很好的高分子通常也没有旋光性。

对于结构单元为—C^*HX—C^*HY—型的高分子，两个 C^*均为不对称碳原子，可以形成三种不同的有规立构构型，即叠同双全同立构、非叠同双全同立构和双间同立构，如图 1-5 所示。

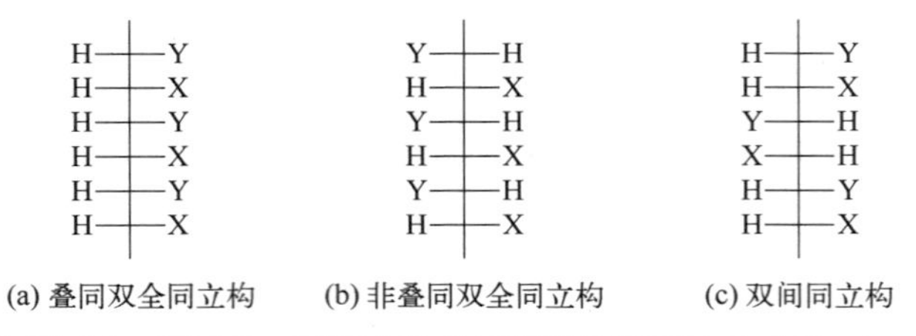

图 1-5　$\pm C^*HX—C^*HY \pm_n$ 型聚合物分子链的旋光异构体（Fischer 投影式）

（3）几何异构体

双烯类单体 1,4-加聚时，主链上存在不能旋转的内双键，与内双键的两个碳原子键接的基团在双键两侧排列方式不同，形成的异构体称为几何异构体，又称顺反异构体。当与内双键的两个碳原子键接的H原子或其他取代基位于双键的同侧时，称为顺式（cis）构型，分处于双键的两侧则称为反式（trans）构型。图1-6为1,4-加聚的聚异戊二烯的顺式和反式结构。

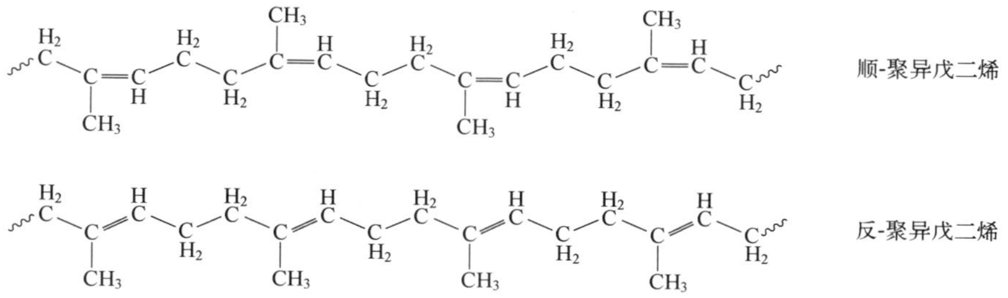

顺-聚异戊二烯

反-聚异戊二烯

图1-6　聚异戊二烯的几何异构体

顺-1,4-聚异戊二烯，分子链等同周期大（0.81nm）、链间距离大、结晶能力差，常温下具有高弹性。天然橡胶（NR）中含有98%的顺-1,4-聚异戊二烯，是综合性能最为优异的橡胶品种。反-1,4-聚异戊二烯，分子链等同周期小（0.47nm），结构比较规整，容易结晶，常温下为一种硬韧状的类塑料材料，是古塔波胶的主要成分，一般用于海底、地下电缆的覆盖层，电工绝缘材料及耐酸碱材料。类似地，顺-1,4-聚丁二烯常温下是一种弹性很好的橡胶，是顺丁橡胶（BR）的主要成分，具有弹性高、耐磨性好、耐寒性好、生热低、耐曲挠性和动态性能好等特点，广泛应用于轮胎、胶带、制鞋工业。反-1,4-聚丁二烯为结晶性塑料，熔点135～150℃。1,2-加聚的全同或间同立构聚丁二烯，由于立体构型规整性好，容易结晶，弹性很差，只能作为塑料使用。

1.2.3　支化与交联

在线课程 1-2

通常条件下合成的高分子多为线型高分子，既可以在适当溶剂中溶解，也可以在加热时熔融，易于加工成型。如果在连锁聚合过程中存在自由基的链转移反应，或者双烯类单体中的第二双键活化，或在逐步聚合过程中有三个或三个以上官能度单体的存在等，则可能会生成支化或交联高分子，如图1-7所示。

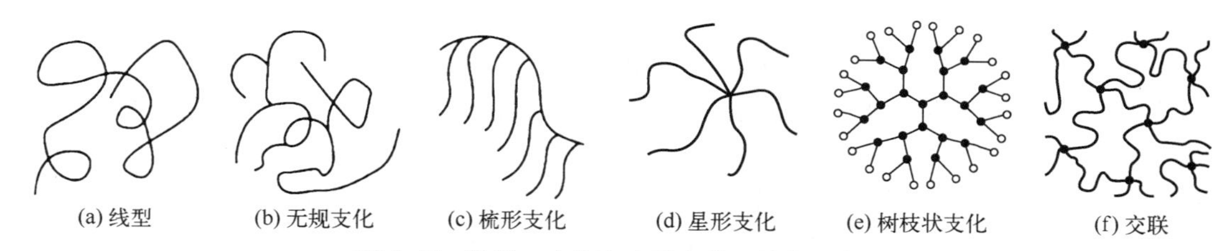

图1-7　线型、支化和交联高分子结构示意图

（1）支化高分子

按照支链长度的不同可将支化高分子分为短链支化和长链支化。按照支链排布方式的不同可将支化高分子分为无规、梳形、星形和树枝状支化等。表征支化程度的参数包括支化点密度、两相邻支化点之间链的平均分子量、支化因子等，目前这些参数的测定比较困难，可采用光散射法、特性黏数比较法和红外光谱法测定分析支化程度。支化高分子的化学性质与线型高分子相似，但物理性能有时差别较大。例如，高压聚乙烯（又称低密度聚乙烯，

LDPE)为典型的无规长链支化高分子，支化破坏了链的结构规整性，使其结晶度大大降低，一般用于软塑料制品、薄膜材料等；低压聚乙烯（又称高密度聚乙烯，HDPE）属于线型高分子，只有少量的短支链，在密度、熔点、结晶度和硬度等方面都高于 LDPE，多用作硬塑料制品，如管材、棒材、单丝绳等，见表 1-2。

表 1-2　各类聚乙烯的性能比较

聚乙烯类型	结晶度/%	密度/（$g \cdot cm^{-3}$）	熔点/℃	拉伸强度/MPa	最高使用温度/℃
LDPE	60～70	0.91～0.94	105	10～20	约 90
HDPE	95	0.95～0.97	135	20～70	约 100
XLPE		0.95～1.40	—	50～100	约 110

（2）交联高分子

高分子链之间通过化学键相互连接形成三维网状结构的过程，称为交联。交联聚合物又称体型聚合物，两个交联点之间的一段分子链称为网链。热固性塑料（如酚醛、环氧、不饱和聚酯）、硫化橡胶和交联聚乙烯（XLPE）等均为交联高分子。表征交联程度的参数包括交联点密度、相邻两个交联点之间网链的平均分子量（又称有效网链的平均分子量，$\overline{M_c}$）、网链密度等，可采用平衡溶胀法、核磁共振法、橡胶弹性模量法等测定分析。支化高分子与线型高分子一样，可以在适当溶剂中溶解，在加热时熔融，而交联高分子具有不溶不熔的特点。交联结构的存在，虽然使得材料不能二次成型加工，但也赋予了材料更优越的性能。例如，相较于线型和支化聚乙烯，交联聚乙烯在耐热性、电绝缘性、力学强度和耐磨损性等方面均有显著提升（表 1-2），主要用作电器接头、电线电缆的绝缘套管等。未经交联（硫化）的橡胶，分子之间容易滑动，受热、受力后变软发黏，塑性形变大，没有使用价值。经交联形成网状结构后，分子链间不能滑移，不仅具有良好的耐热、耐溶剂性，还具有高弹性和一定的强度，成为性能优良的弹性体材料。

在线课程 1-2

1.2.4　共聚物的序列结构

由一种单体聚合而成的聚合物称为均聚物（homopolymer），由两种及两种以上单体共聚而成的聚合物称为共聚物（copolymer）。与均聚物的近程结构相比，共聚物更为复杂。在同一种结构单元所组成的链节内，存在着前述均聚物可能的各种结构变化，包括键接顺序和空间立构等结构问题；还可能因共聚方法和条件不同，而产生不同结构单元组成的链节相互键合的序列问题，即共聚物的序列结构。不同的链节序列排布方式形成的异构体称为序列异构体。由 A、B 两种结构单元组成的二元共聚物，可能存在的序列异构体包括无规共聚物（random copolymer）、交替共聚物（alternating copolymer）、嵌段共聚物（block copolymer）和接枝共聚物（graft copolymer）四种，结构如图 1-8 所示。

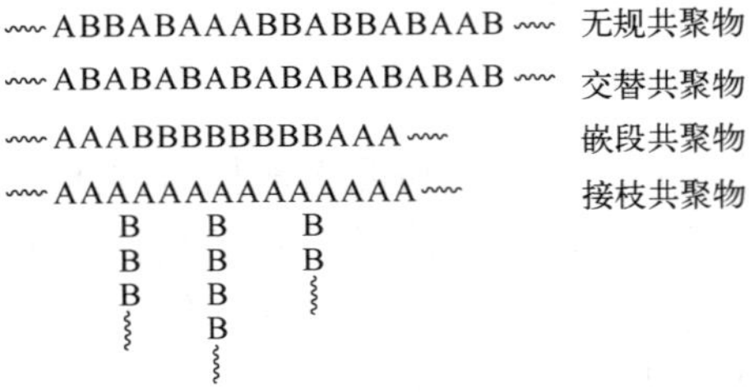

~~ ABBABAAABBABBABAAB ~~　无规共聚物
~~ ABABABABABABABABAB ~~　交替共聚物
~~ AAABBBBBBBBBAAA ~~　嵌段共聚物
~~ AAAAAAAAAAAAAA ~~　接枝共聚物
(B B B / B B B / B B / B 支链)

图 1-8　二元共聚物的序列异构体

无规共聚物中，结构单元无规连接，材料性质呈现类似均相体系材料的性质，但在溶液性质、结晶性质和力学性质等方面都与各自均聚物不同。例如，聚乙烯和聚丙烯均为塑料，而乙烯和丙烯的无规共聚物则作为橡胶使用。

交替共聚物中，两种结构单元交替排列，这种键接方式的有序度高，共聚物主链结构规整性好，可以将其视为—AB—作为重复结构单元的均聚物，属于一种广义均相体系。丁腈橡胶（NBR）是由丙烯腈和丁二烯两种单体聚合而得的共聚物，与无规共聚的丁腈橡胶相比，交替共聚的丁腈橡胶主链键接结构规整，平均组成恒定，微观结构均一，无丙烯腈微嵌段、无凝胶，故耐寒性、耐油性优异，拉伸应力下能够结晶，力学强度明显高于无规共聚的丁腈橡胶。

接枝共聚物和嵌段共聚物中，各组分保持其均聚物的结构特性，而不同均聚物链之间又以化学键相连接，共同形成大分子。不同的聚合物往往是不互容的，因此接枝或嵌段共聚物多数情况下为非均相体系，材料表现出各相的综合性能，为聚合物的改性和特殊设计要求提供了广泛的可能性。例如，ABS 树脂是用途广泛的工程塑料，除共混型外，大多由丙烯腈、丁二烯和苯乙烯通过无规共聚与接枝共聚相结合获得。其结构复杂，可以是丁苯橡胶为主链，苯乙烯和丙烯腈接在支链上；也可以是丁腈橡胶为主链，苯乙烯接在支链上；还可以是苯乙烯-丙烯腈的共聚物为主链，丁二烯和丙烯腈接在支链上等，这类接枝共聚物都称为ABS 树脂。分子结构不同，材料的性能也有差别，但总体来说，ABS 三元接枝共聚物兼具三种组分的特性。其中，丙烯腈组分带有—CN基，能使聚合物耐化学腐蚀，提高拉伸强度和硬度；丁二烯组分能使聚合物具有橡胶状韧性，提高抗冲强度；苯乙烯组分的高温流动性好，使聚合物便于加工成型，且可改善制品表面光洁度。SBS 树脂是由阴离子聚合制得的苯乙烯（S）-丁二烯（B）-苯乙烯（S）嵌段共聚物。常温下，聚丁二烯段形成连续的橡胶相，聚苯乙烯段形成团簇微区分散在连续相中，对聚丁二烯起物理交联作用，如图 1-9 所示。加工温度下，聚苯乙烯微区熔融后具有流动性，因而SBS 是一种可进行加工而不需交联的橡胶，是一种热塑性弹性体。

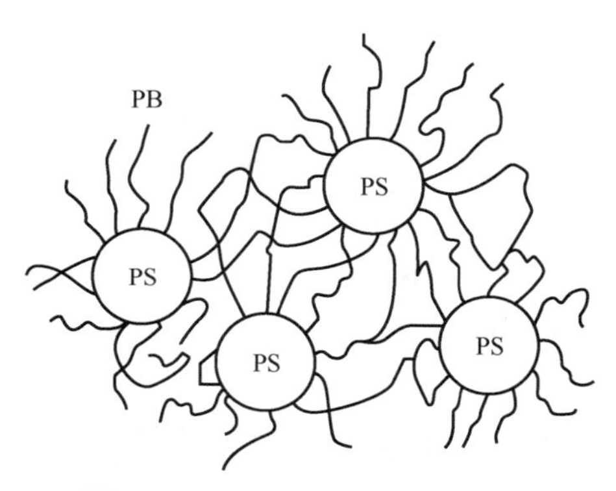

图1-9 SBS 热塑性弹性体结构

共聚物的序列结构参数包括共聚物的组成比、平均序列长度、序列长度分布和嵌段数等，这些参数可以采用核磁共振、红外光谱、凝胶渗透色谱（GPC）等方法测定分析。

1.3 高分子链的远程结构

在线课程 1-3

1.3.1 高分子链的内旋转构象

高分子的主链很长，长径比很大，通常这样的链状分子并不是伸直的，而是呈蜷曲状、折叠状、螺旋状等各种形态，并且这些形态会随条件和环境变化而发生改变。高分子链之所以能够呈现不同的形态，与高分子链的单键内旋转有关。高分子链中有数目众多的单键，由 σ 电子组成，电子云呈轴对称分布。高分子运动时，单键可以绕轴旋转而不影响 σ

键的电子云分布，为了同整个分子的转动相区别，把这种单键的转动称为内旋转。

当碳链上不带有任何其他原子或基团时，没有位阻效应，C—C 单键的内旋转是完全自由的，只需满足两个相邻 C—C 键键角为 109°28′，如图 1-10 所示。高分子链中的 C1—C2 键内旋转，带动 C2—C3 键跟着旋转，C2—C3 键的轨迹将形成一个圆锥面，C3 可以出现在圆锥底面圆周的任何位置上。以此类推，C2—C3 键的内旋转也会带动 C3—C4 键的轨迹形成一个圆锥面，C4 可以出现在另一个圆锥底面圆周的任何位置上。当 C1—C2 键和 C2—C3 键同时内旋转，C4 的活动余地将更大。一个高分子链中有成千上万个单键，每个单键都可以内旋转，可以想象，高分子在空间的形态是千变万化的，长链能够很大程度地蜷曲。

由于单键内旋转而产生的分子在空间的不同形态称为构象（conformation）。由于热运动，分子的构象时刻在改变，因此高分子链的构象是统计性的，分子链呈伸直构象的概率极小，而呈蜷曲构象的概率较大，将不规则蜷曲的高分子链的构象称为无规线团（random coil）。

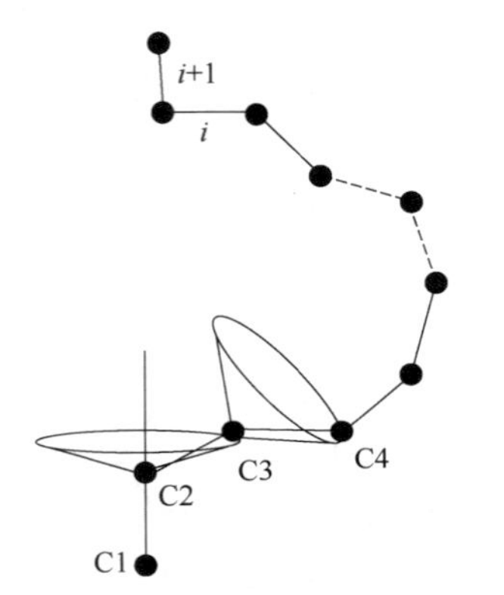

图 1-10 高分子链的单键内旋转和链段

高分子链中的一个单键转动势必会牵连或影响相邻的一段链的运动，随着单键与单键相隔位置的变远，二者空间位置的相互牵制关系变弱。可以推想，高分子链中从第 $i+1$ 个键起（通常 $i \ll$ 聚合度），原子在空间的可取位置已与第一个键完全无关，如图 1-10 所示。将若干个相互牵连的相邻单键合并作为一个相对独立的运动单元，称为链段（segment）。高分子链可视为由若干链段组成，链段与链段之间的连接可看作是自由的，链段是分子链中在三维空间可以任意取向的最小运动单元。

1.3.2 高分子链的柔顺性

在线课程 1-3

实际上，C—C 单键的内旋转并非完全自由，由于碳原子上总要带有其他原子或基团，这些非键合原子或基团充分接近时，外层电子云之间将产生斥力，使单键的内旋转受阻，于是单键内旋转时需要消耗一定的能量以克服所受阻力。图 1-11 描述了丁烷分子内旋转势能 E 与内旋转角 ϕ 之间的关系。以两个甲基处于对位交叉为初始状态，此时 $\phi=0°$，两个甲基相距最远，势能最低，对应的构象最稳定，称为反式构象。在 $\phi=60°$、300° 时，甲基与氢原子重叠，势能较高，对应的构象称为偏式构象。在 $\phi=120°$、240° 时，两个甲基处于邻位交叉状态，由于甲基相距较反式构象近，势能也较反式构象高，称为旁式构象。偏式和旁式构象均有左、右两种可能。在 $\phi=180°$ 时，两个甲基完全重叠，势能最高，对应的构象称为顺式构象。在 360° 的旋转过程中，位能曲线上将依次出现三处势能谷和三处势能峰。这种由单键内旋转而形成的不同构象的分子称为内旋转异构体。聚乙烯可以看作用两个链基取代丁烷上的两个甲基，因此聚乙烯的内旋转势能曲线与丁烷类似，势能谷对应的反式构象、左旁式构象和右旁式构象为稳定构象。

分子链能够改变其构象的性质称为柔顺性，分子的柔顺性可以从静态和动态两个方面理解。静态柔顺性是指高分子链在热力学平衡条件下的柔顺性，由反式构象和旁式构象的势能差ΔU（图 1-11）和热能kT之比决定。当$\Delta U < kT$时，反式与旁式构象出现的概率接近，二者在高分子链中趋于无规排列。此时，构象种类多，高分子链蜷曲程度大，呈无规线团状，表现出较好的静态柔顺性。动态柔顺性是指分子链从一种平衡态构象转变成另一种平衡态构象的速度或难易程度，由图 1-11 所示的内旋转势能曲线上的内旋转势垒ΔE（反式构象与偏式构象的势能差）与热能kT的关系决定。当$\Delta E \ll kT$时，反式与旁式构象的转变可以在极短的时间（约 10^{-11}s）内完成，此时高分子链具有较好的动态柔顺性。高分子链的柔顺性是静态柔顺性和动态柔顺性的综合效应，两者有时一致，有时并不一致。

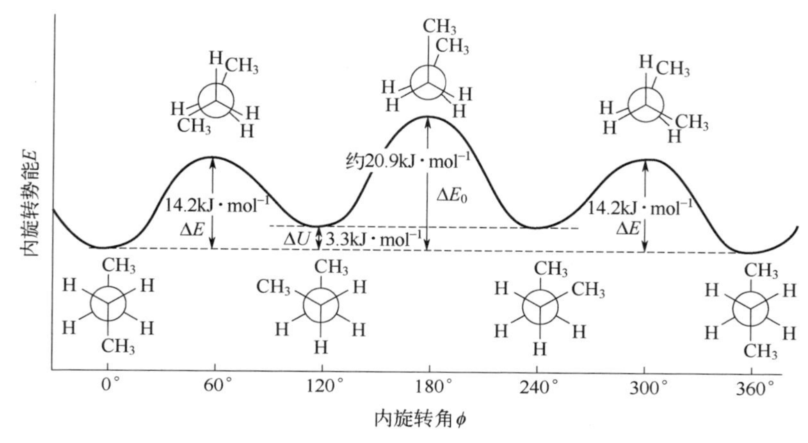

图 1-11 丁烷分子的内旋转势能曲线

高分子链具有柔顺性源自单键的内旋转，通常高分子链上的单键数目越多，内旋转越自由，高分子链的构象数越大，链段长度越短，分子链柔顺性越好。高分子的分子结构和所处的外场条件都直接影响高分子链的柔顺性。

（1）主链结构

主链为饱和单键的高分子，一般柔顺性较好，σ键的键长、键角、相邻σ键上的非键合原子、基团间的距离和作用力等都会影响高分子链的柔顺性。主链单键比较常见的有 C—C、C—O、C—N 和 Si—O 键，四种σ键的键长分别为 0.154nm、0.143nm、0.147nm 和 0.164nm，键角如图 1-12 所示。C—O 键的键长比 C—C 键小，但氧原子周围没有其他原子和基团，C—O 键的存在使得相邻σ键上非键合原子或基团之间的斥力降低，内旋转较 C—C 键容易，分子链柔顺性好。Si—O 键除了具有 C—O 键的特点外，其键长和键角都要比 C—O 大，内旋转也更为容易，柔顺性也更好。例如，聚二甲基硅氧烷主链为 Si—O 键，是耐低温、弹性很好的合成橡胶；聚己二酸己二酯主链含有 C—O 键，柔顺性好于聚乙烯，可用作涂料。

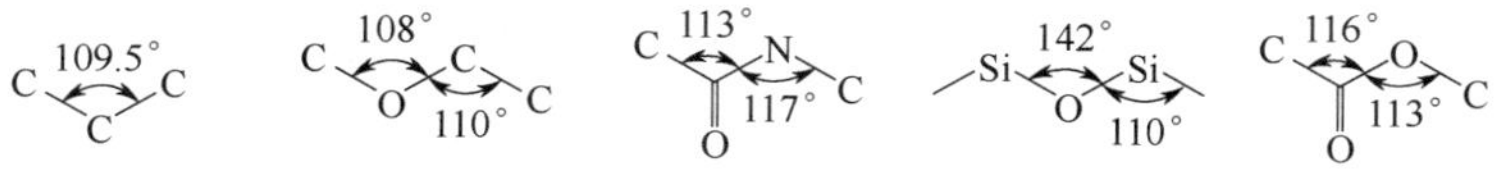

图 1-12 几种共价单键的键角

主链含有双键的高分子，对于孤立双键，虽然双键不能内旋转，但连在双键上的原子或基团数目较单键少，因此与双键相邻的单键内旋转势垒降低，分子链的柔顺性较好，很多可用作橡胶。孤立双键不仅可满足橡胶在硫化过程中的交联反应活性，更保证了橡胶材料的高弹性。例如，顺丁橡胶和天然橡胶主链中都含有孤立双键，分子链都具有优异的柔顺性。

对于共轭双键，因π电子云相互交叠而不能旋转，因此主链由共轭双键组成的高分子链呈刚性。例如，导电高分子聚乙炔、聚对苯等为典型的刚性分子。

—CH═CH—CH═CH—CH═CH— 聚乙炔

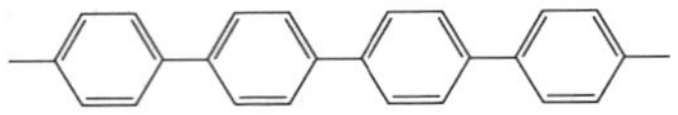

聚对苯

主链含有芳环或芳杂环的高分子，由于芳环或芳杂环不能内旋转而柔顺性较差，在温度较高的情况下，链段也不易运动，表现出耐高温和高强度的特点，可用作耐高温的工程塑料。例如，聚苯醚（PPO），其结构式为

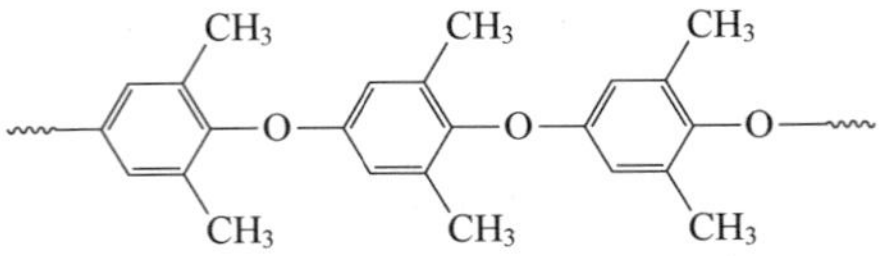

一方面，主链结构中有芳环，使得 PPO 分子链具有刚性且材料耐高温；另一方面，主链中含有 C—O 键，使得 PPO 分子链具有一定的柔性，制品可以注塑成型。在注塑成型时，偏刚性的 PPO 分子链受力变形后得不到充分回缩，制品内部有残余应力，易导致应力开裂。

（2）取代基

取代基的极性越强，其相互间的作用力越大，单键的内旋转越困难，高分子链的柔顺性越差。例如，取代基的极性由大到小：—CN＞—Cl＞—CH_3，相应的高分子链柔顺性由好到差：聚丙烯＞聚氯乙烯＞聚丙烯腈。

非极性取代基主要考虑位阻作用对分子链柔顺性的影响。取代基体积越大，内旋转的空间位阻越大，分子链刚性越大。例如，聚乙烯、聚丙烯、聚苯乙烯的取代基体积依次增大，致使内旋转位阻递增，分子链柔顺性依次下降。

无论是极性还是非极性取代基，其分布密度和分布位置都对分子链的柔顺性产生影响。非对称取代基越多，取代基沿主链排布的密度越大，非键合原子或基团间的斥力越大，分子链柔顺性越差。例如，聚氯乙烯分子链的柔顺性好于聚 1,2-二氯乙烯，氯化聚乙烯分子链的柔顺性好于聚氯乙烯，且分子链柔顺性随氯化程度的降低而增加。对称分布的取代基，左式和右式构象势能相同，且分子链间距离增大，因此分子链柔顺性增加。例如，聚异丁烯分子链柔顺性好于聚乙烯、聚丙烯，可用作橡胶。

（3）其他结构因素

实际上，影响分子链柔顺性的结构因素还有很多，如分子链的规整性、分子间相互作用力、分子量、支化、交联等。

分子结构越规整，聚合物结晶能力越强，晶区分子链上的原子或基团固定在晶格上，导致单键无法内旋转，链的柔顺性大大下降。例如，聚乙烯的分子链是柔顺的，但由于结构规整易结晶，所以呈现塑料的性质，而不能作为橡胶使用。

分子间相互作用力越大，内旋转越困难，链的柔顺性越差。例如，纤维素、蛋白质分子中存在大量的氢键，导致分子链的构象难以改变，使分子链呈刚性。

分子量越大，单键数目越大，内旋转即使受到某种程度的限制，整个分子链仍旧可以呈现出很多种构象，因此一般来说分子量越大，链的柔顺性越好。但当分子量增大到某一临界值后，链的构象数服从统计规律时，柔顺性就不再受分子量的影响。

对于支化结构，短支链往往能增大分子链间的距离，降低分子链间的相互作用力，使分子链柔顺性增加；长支链则起到阻碍单键内旋转的作用，使分子链柔顺性下降。例如，聚丙烯酸酯类分子链上的酯基为柔性非极性取代基。当酯基中碳原子数较少时，降低分子链间作用力起主导作用，聚丙烯酸酯类分子链的柔顺性随酯基中碳原子数的增加而增大，聚丙烯酸甲酯、聚丙烯酸乙酯、聚丙烯酸丙酯的柔顺性依次增大；当酯基中碳原子数较多时（>18），取代基的位阻起主导作用，分子链的柔顺性开始依次降低。

对于交联结构，当轻度交联时，相邻交联点之间的网链长度远大于链段长度，链的柔顺性不会受到明显的影响；当重度交联时，内旋转受到交联化学键的限制，链的柔顺性降低。例如，一般的硫化橡胶只含约 2%的硫黄，而硬质硫化橡胶约含 30%的硫黄，交联程度提高，分子链柔顺性降低。

（4）外界因素

除分子结构外，外界因素对链的柔顺性也有很大的影响。温度升高，分子热运动能量增加，更易发生内旋转，链的柔顺性增加。例如，聚甲基丙烯酸甲酯，室温时坚若玻璃，俗称有机玻璃，但加热到约 100℃时，会变得柔软而富有弹性；天然橡胶在室温下表现出良好的柔顺性，但冷却到约-70℃时，则会变得硬而脆。外力作用速度缓慢时，高分子链表现出柔顺性；外力作用速度加快时，高分子链来不及通过内旋转而改变构象，柔顺性无法体现出来，分子链显得僵硬。溶剂分子和高分子链之间的相互作用对高分子链的形态也有十分重要的影响。高分子链在良溶剂中形态较为舒展，在不良溶剂中较为紧缩。

1.3.3　高分子链的构象统计

在线课程 1-4

由于分子的热运动，聚合物的分子链构象瞬息万变，主要采用均方末端距 $\overline{h^2}$ 和均方旋转半径 $\overline{R^2}$ 来表征高分子的尺寸。末端距 h 是指线型高分子链的一端到另一端的直线距离（图 1-13），均方末端距 $\overline{h^2}$ 为末端距向量的平方按分子链构象分布求统计平均值。对于支化聚合物，用均方旋转半径 $\overline{R^2}$ 更适合描述分子链的尺寸，而且 $\overline{R^2}$ 可以通过光散射法直接测定。假定高分子链中包含 n 个质量均为 m_i 的链段，从高分子链质心到第 i 个质点（链段质量中心）的距离为 r_i（图 1-13），均方旋转半径 $\overline{R^2}$ 定义为从分子链质心到各质点距离的平方以链段质量 m_i 为权重的统计平均值：

$$\overline{R^2}=\frac{\sum_i m_i r_i^2}{\sum_i m_i} \tag{1-1}$$

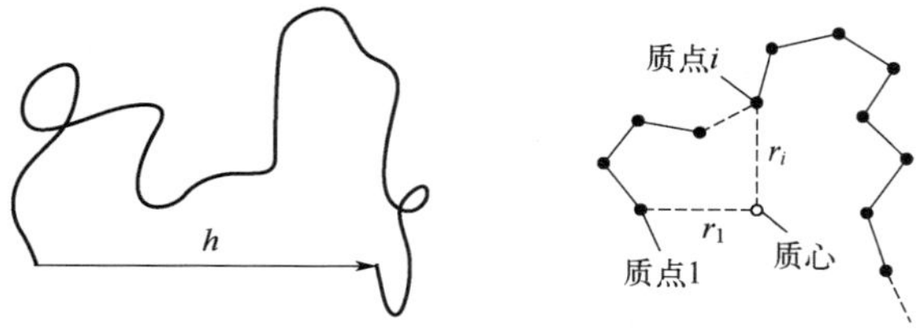

图 1-13　高分子链的末端距和均方旋转半径计算

由于柔性高分子链具有众多的构象，因此从分子链质心到各质点的距离的平方 r_i^2 与链的构象有关，所求的均方旋转半径 $\overline{R^2}$ 也是按分子链构象分布求统计平均值。

经数学证明，对于高斯链，当分子量为无限大时，或实验中高分子链处于无扰状态（θ 条件，见 3.2.2 小节）时，均方末端距和均方旋转半径具有如下关系：

$$\overline{h^2} = 6\overline{R^2} \tag{1-2}$$

分子链中的单键内旋转受到键角的限制和势垒的障碍，实际情况比较复杂。下面将由简到繁，以不同的高分子链模型为对象，分别采用几何算法和统计算法求算均方末端距。

（1）自由连接链

自由连接链（freely jointed chain），又称自由结合链，是一种理想化的柔性分子链模型。模型中假定分子由足够多的 n 个不占体积的化学键自由连接组成，每个键长度均为 l，在任何方向取向的概率都相等，没有键角的限制和势垒的障碍，内旋转完全自由，如图 1-14 所示。

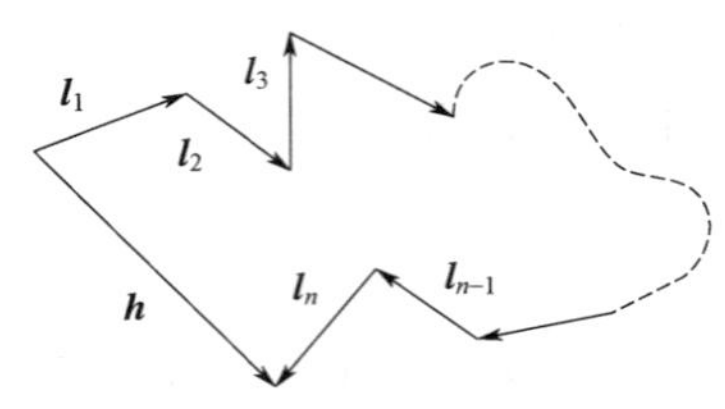

图 1-14 自由连接链

① 几何算法

从几何学角度考虑，高分子链的末端距 $\boldsymbol{h}$ 应为各个键向量之和

$$\boldsymbol{h} = \boldsymbol{l}_1 + \boldsymbol{l}_2 + \cdots + \boldsymbol{l}_n = \sum_{i=1}^{n} \boldsymbol{l}_i \tag{1-3}$$

令 $\boldsymbol{e}_i$ 为方向与 $\boldsymbol{l}_i$ 方向一致的单位向量，则 $\boldsymbol{l}_i = \boldsymbol{l} \cdot \boldsymbol{e}_i$，那么自由连接链的均方末端距 $\overline{h_{\mathrm{f,j}}^2}$ 为

$$\overline{\boldsymbol{h}_{\mathrm{f,j}}^2} = \sum_{i=1}^{n}\sum_{j=1}^{n} \boldsymbol{l}_i \cdot \boldsymbol{l}_j = l^2 \sum_{i=1}^{n}\sum_{j=1}^{n} \boldsymbol{e}_i \cdot \boldsymbol{e}_j = l^2 \left(n + 2\overline{\sum_{i=1}^{n-1}\sum_{j=i+1}^{n} e_i \cdot e_j} \right) \tag{1-4}$$

由于化学键自由连接，在各个方向取向的概率相等，因此式（1-4）中最右边一项的平均值为零。那么

$$\overline{h_{\mathrm{f,j}}^2} = nl^2 \tag{1-5}$$

② 统计算法

从统计学角度，分子链的一端固定在坐标原点，另一端在空间的位置则随时间而变化，末端距 h 是一个变量，均方末端距 $\overline{h^2}$ 可表示为

$$\overline{h^2} = \int_0^{\infty} W(h) h^2 \mathrm{d}h \tag{1-6}$$

式中，$W(h)$ 为末端距 h 概率密度函数（又称末端距径向分布函数）。

对于自由连接链，套用古老的数学课题“三维空间无规行走”（图 1-15）。如一个盲人能在三维空间任意行走，由坐标原点出发，行走的步长 l 相当于键长，总计行走 n 步（$n \gg 1$），n 相当于总键数，他出现在离原点为 $h \sim h + \mathrm{d}h$ 的球壳状体积元中的概率 $W(h)\mathrm{d}h$ 为

$$W(h)\mathrm{d}h = \left(\frac{\beta}{\sqrt{\pi}} \right)^3 \mathrm{e}^{-\beta^2 h^2} 4\pi h^2 \mathrm{d}h \tag{1-7}$$

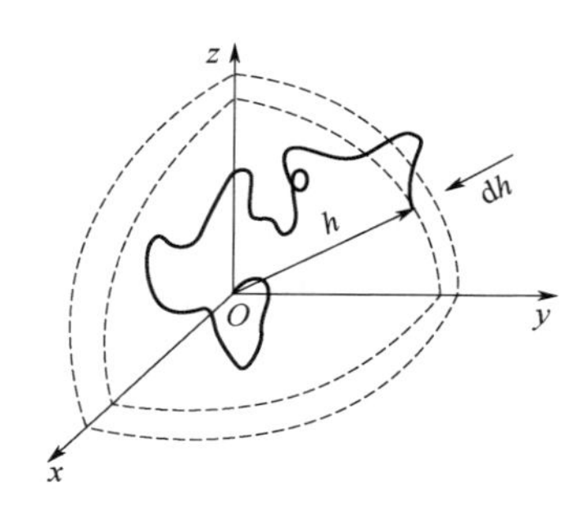

图 1-15 三维空间无规行走

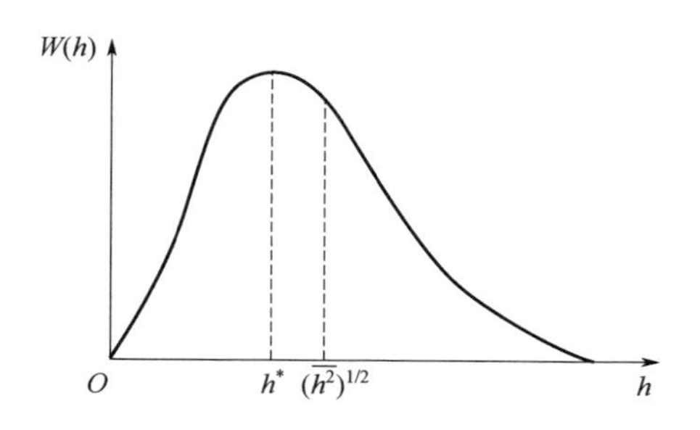

图 1-16 末端距概率密度函数 $W(h)$和 h 关系

式中，$\beta^2=\frac{3}{2}\times\frac{1}{nl^2}$。末端距概率密度函数为：

$$W(h)=\left(\frac{\beta}{\sqrt{\pi}}\right)^3 \mathrm{e}^{-\beta^2h^2}4\pi h^2 \tag{1-8}$$

$W(h)$ 为高斯（Gauss）型，与 h 关系如图 1-16 所示。末端距分布符合式（1-8）高斯型分布的分子链称为高斯链，显然自由连接链为高斯链。

图 1-16 中 $W(h)$ 极大值对应的末端距称为最概然末端距 h^*，即出现的机会最多、概率最大的末端距。令 $\mathrm{d}W(h)/\mathrm{d}h=0$，则有

$$h^*=\frac{1}{\beta}=l\sqrt{\frac{2}{3}n} \tag{1-9}$$

将式（1-8）代入式（1-6），则自由连接链的均方末端距为

$$\overline{h_{\mathrm{f,j}}^2}=\int_0^{\infty}W(h)h^2\mathrm{d}h=\int_0^{\infty}h^2\left(\frac{\beta}{\sqrt{\pi}}\right)^3\mathrm{e}^{-\beta^2h^2}4\pi h^2\mathrm{d}h=\frac{3}{2\beta^2}=nl^2 \tag{1-10}$$

该结果与几何算法的结果式（1-5）完全一致。

综上，自由连接链是极端理想化的模型，其均方末端距只与分子链的化学键数目和键长有关。

（2）自由旋转链

实际上共价键是有方向性的，化学键在空间的取向不可能是任意的，受到键角的限制。假定分子链中的化学键都可以在键角允许的方向上自由旋转，没有势垒的障碍，这种分子链模型称为自由旋转链（freely rotating chain），如图 1-17 所示。图中 θ 为键角的补角，ϕ 为内旋转角，自由旋转链中，每个单键在以 2θ 为顶角的锥面上运动，内旋转角 ϕ 的取值是任意的。

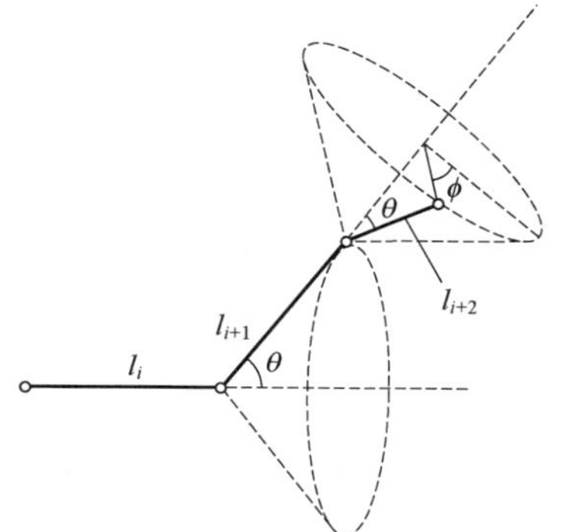

图 1-17 自由旋转链

自由旋转链的均方末端距 $\overline{h_{\mathrm{f,r}}^2}$ 也可按式（1-4）进行计算。和自由连接链有所不同的是，对于式（1-4）右边最后一项，即各个向量积的和的平均值，不再为 0。

考虑键角的限制

$$\boldsymbol{e}_i\cdot\boldsymbol{e}_{i+1}=\cos\theta$$

$$\boldsymbol{e}_i\cdot\boldsymbol{e}_{i+2}=\cos^2\theta$$

$$\boldsymbol{e}_i \cdot \boldsymbol{e}_j = \cos^{|j-i|}\theta$$

代入式（1-4）中整理可以得到

$$\overline{\boldsymbol{h}_{\mathrm{f,r}}^2} = l^2\left(n + 2\overline{\sum_{i=1}^{n-1}\sum_{j=i+1}^{n}\boldsymbol{e}_i \cdot \boldsymbol{e}_j}\right) = l^2\left[n\frac{1+\cos\theta}{1-\cos\theta} - \frac{2\cos\theta(1-\cos^n\theta)}{(1-\cos\theta)^2}\right] \tag{1-11}$$

由于化学键数目 n 很大，上式右边方括号内的第二项远小于第一项，可忽略，于是得到自由旋转链的均方末端距为

$$\overline{h_{\mathrm{f,r}}^2} = nl^2\frac{1+\cos\theta}{1-\cos\theta} \tag{1-12}$$

自由旋转链的均方末端距，不仅与分子链的化学键数目和键长有关，而且对键角也有很大的依赖性。饱和直链烷烃中的C—C键键角为109°28′，键角的补角 θ 为70°32′，$\cos\theta \approx 1/3$，可以得到 $\overline{h_{\mathrm{f,r}}^2} \approx 2nl^2$。由此可见，自由旋转链模型在自由连接链模型的基础上考虑了键角的限制，均方末端距增大。

（3）受阻旋转链

更进一步，单键的内旋转不是完全自由的，实际分子链的单键内旋转不仅受到键角的限制，还要考虑相邻非键合原子或基团间相互作用的影响，内旋转势能不等于常数，而是与内旋转角 ϕ 有关的函数，即单键的内旋转是受阻碍的，于是提出受阻旋转链模型（chain with restricted rotation）。

当内旋转势能函数 $U(\phi)$ 为偶函数，即 $U(\phi)=U(-\phi)$，可以得到受阻旋转链的均方末端距为

$$\overline{h_{\phi}^2} = nl^2\frac{1+\cos\theta}{1-\cos\theta} \times \frac{1+\overline{\cos\phi}}{1-\overline{\cos\phi}} \tag{1-13}$$

$$\overline{\cos\phi} = \frac{\int_0^{2\pi}\mathrm{e}^{-U(\phi)/kT}\cos\phi\,\mathrm{d}\phi}{\int_0^{2\pi}\mathrm{e}^{-U(\phi)/kT}\mathrm{d}\phi} \tag{1-14}$$

θ 和 ϕ 角对高分子链均方末端距的影响，都属于分子的近程相互作用。实际上，高分子链中结构单元间的远程相互作用对内旋转也有很大的影响，$U(\phi)$ 是一个复杂的函数。当内旋转受阻时，$\overline{\cos\phi}>0$，由此可见，受阻旋转链模型在自由旋转链模型的基础上考虑了内旋转位阻的限制，均方末端距增大。

（4）伸展链

对大多数高分子链来说，呈充分伸展构象的概率很小。在结晶聚合物中，分子整链或其局部沿晶格按伸展链形式排布，锯齿形为构象主要形式之一。用 $L_{\max}$ 表示链的最大伸展长度，$L_{\max}$ 为锯齿形长链在主链方向上的投影，如图1-18所示。

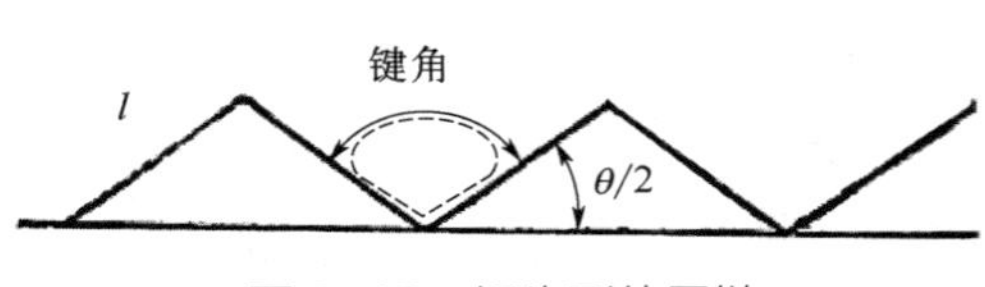

图1-18　锯齿形伸展链

已知 θ 为键角的补角，l 为单键长度，则

$$L_{\max} = nl\cos\frac{\theta}{2} \tag{1-15}$$

聚乙烯分子链在伸展状态时呈锯齿形，键角为109°28′，$\cos\theta \approx 1/3$，于是对于聚乙烯锯

齿形伸展链，有

$$L_{max} = \sqrt{\frac{2}{3}}nl \tag{1-16}$$

（5）等效自由连接链

自由连接链、自由旋转链和受阻旋转链的均方末端距都是以单键为计算或统计单元，并规定了一些假定条件而获得的。然而，实际分子链的单键内旋转存在键角的限制，并受到非键合原子或基团间相互作用的阻碍，没有任何真正的高分子链能够符合上述模型，只是随着分子结构的不同，偏离模型假定条件的程度不同而已。因此，由上述模型获得的均方末端距公式虽然在理论上具有重要的价值，但只能用于定性估计高分子的尺寸，不能定量计算。事实上，任何实际高分子链的尺寸都是由实验测定的。

虽然实际分子链的单键之间连接不自由，但若干个单键所组成的链段是可以作为相对独立运动单元的，那么高分子链就可以看作由许多自由连接的链段组成，这种链段称为Kuhn链段，这种分子链称为等效自由连接链（equivalent freely jointed chain），如图1-19所示。

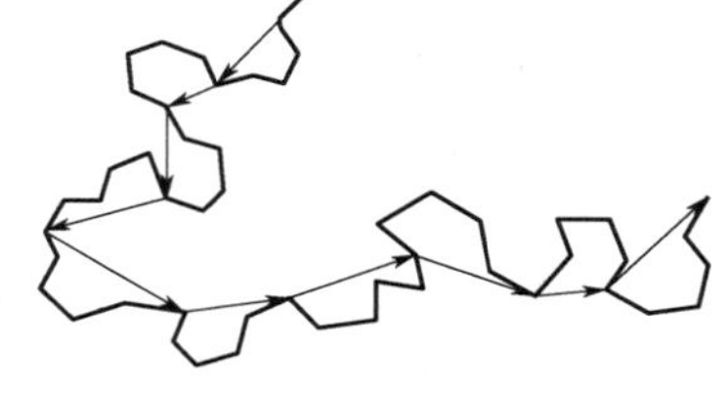

图1-19 等效自由连接链

所谓等效，意味着只要链段数目足够多，那么分子链还是柔性的，以链段为统计单元的分子链末端距分布符合式（1-8）所示的高斯型分布，若Kuhn链段的平均长度为b，数目为Z，则有

$$\begin{cases} W(h) = \left(\dfrac{\beta'}{\sqrt{\pi}}\right)^3 e^{-\beta'^2 h^2} 4\pi h^2 \\ \beta'^2 = \dfrac{3}{2Zb^2} \end{cases}$$

等效自由连接链的均方末端距$\overline{h_e^2}$为

$$\overline{h_e^2} = \int_0^\infty W(h) h^2 dh = \int_0^\infty h^2 \left(\frac{\beta'}{\sqrt{\pi}}\right)^3 e^{-\beta'^2 h^2} 4\pi h^2 dh = \frac{3}{2\beta'^2} = Zb^2 \tag{1-17}$$

由于链段与链段自由连接，所以等效自由连接链的伸直长度h_{max}为

$$h_{max} = Zb \tag{1-18}$$

实际的单个高分子只有在稀溶液中才能稳定存在，分子链自身占有体积、链与溶剂分子之间、链与链之间的相互作用等会对链的构象产生影响。在θ条件下，分子链的排斥体积为零（参见3.2.3小节），处于无扰状态，此时测得的均方末端距称为无扰均方末端距$\overline{h_0^2}$，能够反映高分子链本身的真实结构特征。将无扰状态下的高分子链进行粗粒化划分成等效自由连接链，则高分子链的无扰均方末端距$\overline{h_0^2}$和伸直长度L_{max}满足：

$$\overline{h_0^2} = Zb^2 \tag{1-19}$$

$$L_{max} = Zb \tag{1-20}$$

由此可以获得等效自由连接链的链段数目和链段长度分别为

$$Z = \frac{L_{max}^2}{\overline{h_0^2}} \tag{1-21}$$

$$b = \frac{\overline{h_0^2}}{L_{\max}} \tag{1-22}$$

式中，$\overline{h_0^2}$ 由实验测定，$L_{\max}$ 根据高分子结构由式（1-15）计算获得。

等效自由连接链的末端距分布符合高斯分布函数，故也是高斯链。虽然等效自由连接链与自由连接链的末端距概率密度函数形式相同，但二者之间却有很大差别。自由连接链以单键为统计单元，不是真实存在的，而等效自由连接链以链段为统计单元，是确实存在的，并且体现了大量柔性高分子的共性。

1.3.4 柔顺性的表征参数

柔性高分子链可以用统一的等效自由连接链来描述，但分子结构不同，高分子链柔顺性不同。柔顺性差，表现为分子尺寸扩张，均方末端距增大，链段长度增加，通常使用下列参数定量表征分子链的柔顺性。

（1）空间位阻参数

当键长和键的数目固定时，链越柔顺，其均方末端距越小，故可用实测的无扰均方末端距 $\overline{h_0^2}$ 与自由旋转链模型计算的均方末端距 $\overline{h_{\mathrm{f,r}}^2}$ 的比值，作为分子链柔顺性的量度，即

$$\sigma = \frac{\overline{h_0^2}}{\overline{h_{\mathrm{f,r}}^2}} \tag{1-23}$$

式中，σ 是由于链的内旋转受阻而导致的分子尺寸增大程度的量度，称为空间位阻参数（steric factor），也称刚性因子。σ 值越小，表明分子链单键内旋转所受阻力越小，链柔顺性越好。一些常见聚合物的空间位阻参数 σ 列于表 1-3。

表 1-3 常见聚合物的空间位阻参数 σ

聚合物	溶剂	温度/℃	σ	聚合物	溶剂	温度/℃	σ
聚二甲基硅氧烷	丁酮、甲苯	25	1.39	聚乙烯醇	水	30	2.04
顺-1,4-聚异戊二烯	苯	20	1.67	聚苯乙烯	环己烷	34.5	2.17
反-1,4-聚异戊二烯	二氧六环	47.7	1.30	聚乙烯	十氢萘	140	1.84
聚丙烯腈	二甲基甲酰胺	25	2.20	三硝基纤维素	丙酮	25	4.70
无规聚丙烯	环己烷、甲苯	30	1.76	聚异丁烯	苯	24	1.80

（2）无扰尺寸

θ 条件下的无扰均方末端距 $\overline{h_0^2}$ 与化学键数目 n 成正比，而 n 又正比于分子量 M，故可用单位分子量的无扰均方末端距作为衡量分子链柔顺性的参数，令

$$A = \left(\frac{\overline{h_0^2}}{M}\right)^{1/2} \tag{1-24}$$

式中，A 称为无扰尺寸，量纲为长度量纲。A 值越小，分子链越柔顺。由构象统计可知，对于柔性较大的分子链，若分子量不太小，其链段分布符合高斯链的特征时，A 值只

取决于分子的近程结构，与分子量无关。

（3）Flory 特征比

Flory 特征比 C 为无扰均方末端距$\overline{h_0^2}$与自由连接链模型计算的均方末端距$\overline{h_{f,j}^2}$的比值，即

$$C=\frac{\overline{h_0^2}}{\overline{h_{f,j}^2}}=\frac{\overline{h_0^2}}{nl^2} \tag{1-25}$$

上式也可以写成如下形式：

$$\overline{h_0^2}=nl^2C$$

可见，Flory 特征比 C 可理解为实际分子链的柔顺性相对于理想自由连接链模型所加的修正因子。C 值越小，分子链越接近单键自由连接的情况，链的柔顺性越好。对于同一种柔性高分子链，在一定范围内 Flory 特征比 C 随分子量的增加而增大，最后趋于定值，称为极限特征比，用C_∞表示（图 1-20）。

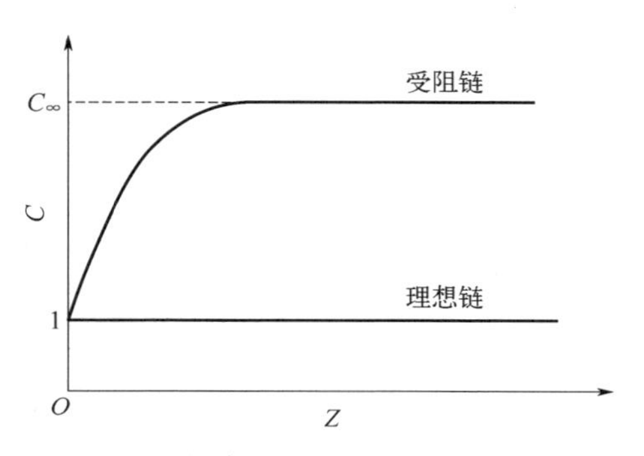

图 1-20 Flory 特征比 C 与链段数 Z 的关系

（4）链段长度

若以等效自由连接链描述分子的尺寸，则链越柔顺，高分子链可能实现的构象数越多，链段越短，故链段长度 b 也可以表征链的柔顺性。例如，对聚乙烯链的柔顺性做不同的假定，则均方末端距不同，链段长度不同，见表 1-4。

表 1-4 不同柔性聚乙烯链的链段长度 b

聚乙烯	均方末端距	链段长度 b
假定自由连接	$\overline{h_{f,j}^2}=nl^2$	l
假定自由旋转	$\overline{h_{f,r}^2}\approx 2nl^2$	$2.45l$
θ 条件下测定	$\overline{h_0^2}=6.76nl^2$	$8.28l$
锯齿形伸展链	$\overline{L_{max}^2}=\frac{2}{3}n^2l^2$	$\sqrt{\frac{2}{3}}nl$

1.3.5 蠕虫状链

自由连接链的纯粹理想柔性链是不存在的，实际的高分子链由于化学结构的不同、键角的限制和内旋转的受阻，链的柔顺性降低，或者说使之具有一定的刚性。柔性与刚性是相对而言的，并没有截然的界限，称柔性占主导地位的链为柔性链，称刚性占主导地位的链为刚性链，介于中间的则称为半刚性链。对于刚性较大的分子链，无扰尺寸 A 和 Flory 特征比 C 不再趋向某个极限值，而是随着分子量的增加而一直增大。

大多数通用高分子材料属于柔性链材料；典型的刚性链包括主链由共轭双键组成的高分子（如聚乙炔、聚对苯等）、全梯形高分子（如聚吡咯等），以及存在强烈相互作用的纤维

素及其衍生物、天然和合成聚肽等。另外，柔顺性还受到分子量的影响，具有柔性特征的分子链随着分子量的降低，链中结构单元数量减少，致使其构象不再符合统计规律，也就成为半柔性或半刚性分子链。

蠕虫状链（wormlike chain）由 Porod 和 Kratky 提出，是一种连续空间曲线模型，可以描述不同柔顺性，主要是刚性和半刚性分子链的模型，相当于自由旋转链在键角很大情况下的特例。

假定分子链为自由旋转链，包含 n 个长度为 l 的化学键，键角的补角为 θ （θ 很小），分子链的总长（轮廓长度）$L \approx nl$ 。若把第一个键固定在 z 轴方向，那么第二个键在 z 轴方向的投影为 $l\cos\theta$，第三个键在 z 轴方向的投影为 $l\cos^2\theta$，以此类推，第 n 个键在 z 轴方向的投影为 $l\cos^{n-1}\theta$。于是，整个分子链在 z 轴方向的投影的平均值 $\overline{z}$ 为：

$$\overline{z} = l + l\cos\theta + l\cos^2\theta + \cdots l\cos^{n-1}\theta = l\frac{1-\cos^n\theta}{1-\cos\theta} \tag{1-26}$$

对于无限长的链，$n \to \infty$，$\cos^n\theta \to 0$，则有

$$\lim_{n\to\infty}\overline{z} = \frac{l}{1-\cos\theta} \tag{1-27}$$

此极限值称为持续长度（persistence length），用 a 表示

$$a = \frac{1}{l}\sum_{i=1}^{\infty} l_1 \cdot l_i = l\sum_{i=1}^{\infty}\cos^i\theta = \frac{l}{1-\cos\theta} \tag{1-28}$$

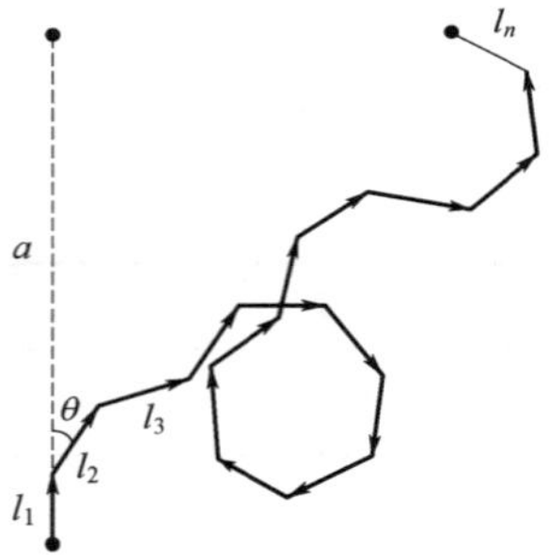

图 1-21　持续长度 a

持续长度 a 的物理意义是无限长的自由旋转链在第一个键的方向上投影的平均值（图 1-21）。它可以看作保持某个给定方向的倾向，也是高分子链的刚性尺度，a 值越大，链的刚性越强。a 值与链的结构有关，随键长、键角的增大而增大。

自由旋转链是一条无规折线状的分子链，保持分子链的总长 L 和持续长度 a 不变，将键长无限分割，则键角的补角 θ 无限减小，以致 $\theta \to 0$，使高分子链的形状从棱角清晰的无规折线变成逐渐改变的蠕虫状线条。分割后，l 减小而 n 增大，$L = nl$ 和式（1-28）的关系保持不变，这样可以利用 e^{-x} 的级数展开式

$$e^{-x} = 1 - x + \frac{x^2}{2!} - \frac{x^3}{3!} + \cdots$$

和下列关系式

$$\theta \to 0,\quad \cos\theta \to 1,\quad 1-\cos\theta \ll 1$$

得到 $e^{-(1-\cos\theta)} \approx \cos\theta$，则有

$$\cos^n\theta = e^{-n(1-\cos\theta)} = e^{-L/a} \tag{1-29}$$

将式（1-28）和式（1-29）代入式（1-26），得

$$\overline{z} = a(1 - e^{-L/a}) \tag{1-30}$$

上式表达了高分子链在第一个键方向上的平均投影 $\overline{z}$ 与轮廓长度 L 及持续长度 a 之间的关系。可以看到，如果是一条无限长的链，则 $L \to \infty$，$\overline{z} \to a$，这与式（1-28）表达的 a 的物

理意义一致。

将式（1-28）和式（1-29）及 $L=nl$ 代入式（1-11），则有

$$\overline{h^2}=l\left[(1+\cos\theta)an-\frac{2\cos\theta a^2}{l}(1-\mathrm{e}^{-L/a})\right]$$

当 $\cos\theta\to 1$ 时，得到蠕虫状分子链的均方末端距 $\overline{h_{\mathrm{w}}^2}$ 为

$$\overline{h_{\mathrm{w}}^2}=2aL\left[1-\frac{a}{L}(1-\mathrm{e}^{-L/a})\right] \tag{1-31}$$

类似地，可以得到蠕虫状分子链的均方旋转半径 $\overline{R_{\mathrm{w}}^2}$ 为

$$\overline{R_{\mathrm{w}}^2}=a^2\left[\frac{2a^2}{L^2}\left(\frac{L}{a}-1+\mathrm{e}^{-L/a}\right)-1+\frac{L}{3a}\right] \tag{1-32}$$

式（1-30）～式（1-32）为由蠕虫状链模型所导出的各种关系式，这种模型和这些关系式不仅可以描述刚性链，也可以描述柔性链，由于柔性链的构象分布符合高斯型分布函数，因此蠕虫状链模型更多地用于描述刚性和半刚性分子链。

对于柔性链，$L\gg a$，$\mathrm{e}^{-L/a}\to 0$，代入式（1-31）和式（1-32）并化简，则有

$$\overline{h^2}=2aL=2anl \tag{1-33}$$

$$\overline{R^2}=\frac{aL}{3}=\frac{\overline{h^2}}{6} \tag{1-34}$$

式（1-34）结果与式（1-2）一致。

对于刚性链，$L\ll a$，$L/a\to 0$，仍然利用 e^{-x} 的级数展开式将式（1-31）和式（1-32）展开并化简如下：

$$\overline{h^2}=L^2\left[1-\frac{1}{3}\left(\frac{L}{a}\right)+\frac{1}{12}\left(\frac{L}{a}\right)^2-\cdots\right]\approx L^2 \tag{1-35}$$

$$\overline{R^2}=\frac{L^2}{12}\left[1-\frac{1}{5}\left(\frac{L}{a}\right)+\frac{1}{30}\left(\frac{L}{a}\right)^2-\cdots\right]\approx\frac{L^2}{12}=\frac{\overline{h^2}}{12} \tag{1-36}$$

习题与思考题

拓展阅读

高分子科学大事年表

1. 高分子结构包括哪些内容？
2. 何谓构型？不考虑键接结构，试讨论线型聚异戊二烯可能有哪些构型异构体。
3. 何谓构象？假若聚苯乙烯等规度不高，能否通过改变构象的方法提高其等规度，为什么？
4. 试说明 LDPE、HDPE 和 XLPE 在结构和性能方面有哪些不同。
5. 何谓高分子链的柔顺性？有哪些参数可以表征高分子链的柔顺性？如何表征？
6. 从结构角度比较下列高分子链的柔顺性，并说明原因。

（1）聚丙烯腈、聚甲醛、聚乙烯、聚苯乙炔

（2）聚苯乙烯、聚苯醚、聚丙烯、聚异丁烯

7. 聚乙烯没有侧基，内旋转位阻不大，分子链柔顺性好，为什么它在室温下是塑料而不是橡胶？

8. 理想柔性高分子链可以用自由连接链模型来描述，但真实的高分子链在通常情况下并不符合这一模型，原因是什么？这种矛盾如何解决？

9. 假定聚乙烯的聚合度为 4000，求其完全伸展为锯齿形链的伸直长度 L_{max} 以及与自由旋转链的根均方末端距（均方末端距的平方根）的比值，并用分子运动观点解释某些高分子材料在外力作用下可以产生很大形变的原因。

10. 已知 C—C 键长为 0.154nm，键角为 109.5°，线型聚乙烯的分子量为 10^6，试计算该 PE 链在不同条件下的均方末端距和链段数目：（1）假定为自由连接链；（2）等效自由连接链，链段长度为 18.5 个 C—C 键的伸直长度；（3）Flory 特征比 C 为 6.76，θ 状态下。

第 2 章　聚合物的聚集态结构

思维导图

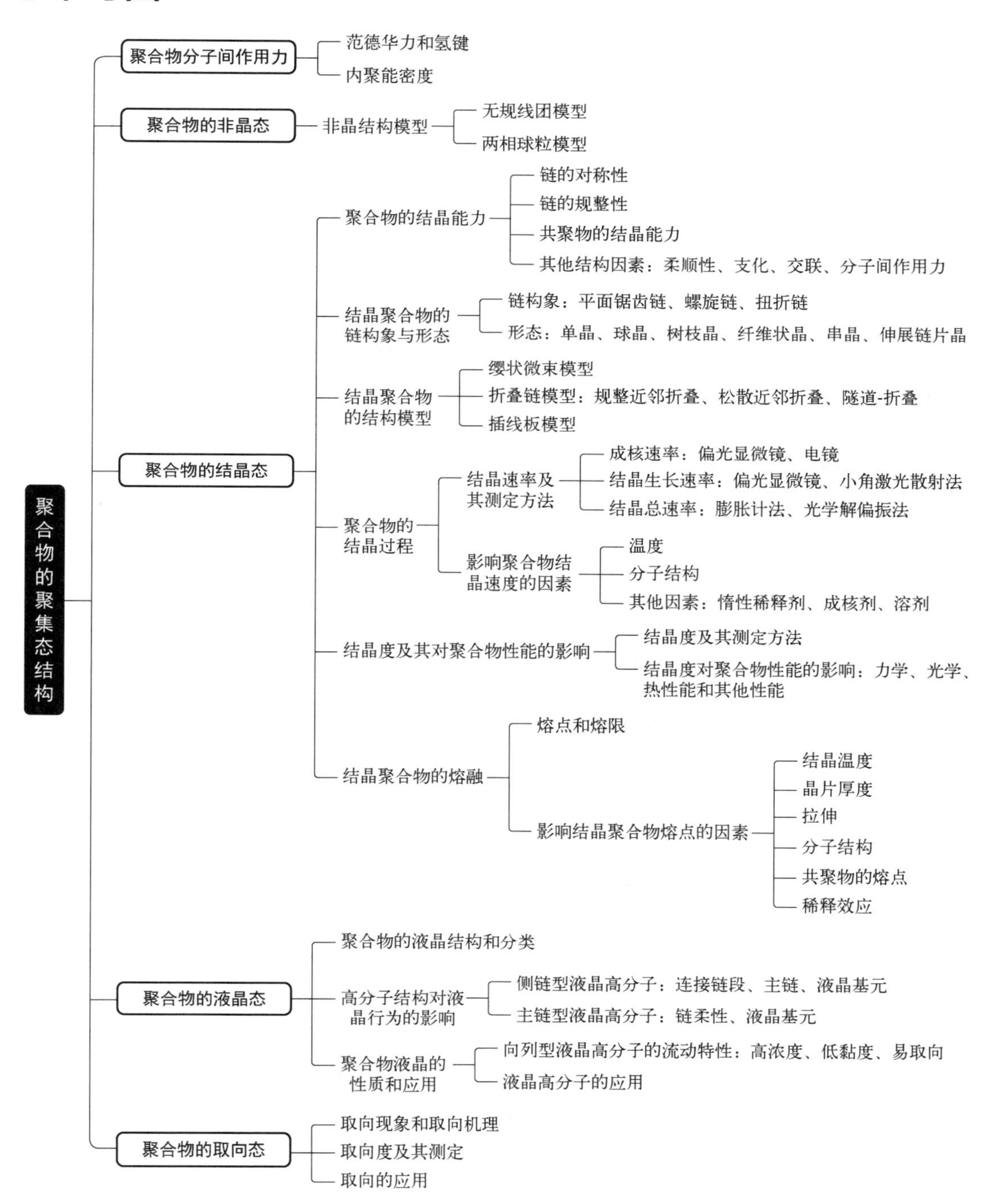

通常，聚合物材料总是由众多的高分子链聚集在一起形成的。高分子的聚集态结构是指高分子链之间的排列和堆砌的结构，也称凝聚态结构或超分子结构。高分子的链结构是决定其基本性质的主要因素，而高分子本体（材料）性质受到聚集态结构的制约。

材料设计的基础是结构与性能的关系，为建立这种关系，必须对高分子聚集态的结构特征及其影响因素做深入的了解。高分子的聚集态包括结晶态、非晶态、取向态、液晶态等，这些聚集态或者共存，或者单独存在，取决于内因和外因两方面的作用。内因是高分子的链结构，从根本上决定着实现各种聚集态的可能性；外因是聚合物材料的加工与成型过程以及其他外场作用，为实现可能的聚集态提供条件。本章将介绍高分子各种聚集态结构的特征及演变规律，讨论影响聚集态结构变化的因素及结构与材料性能之间的关系。

2.1 聚合物分子间作用力

物质的结构是指物质的组成单元（原子或分子）之间在相互吸引和排斥作用达到平衡时的空间排布，因此为了认识高分子的结构，首先应了解存在于高分子间的相互作用。分子间的作用力包括范德华力和氢键，它们存在于分子之间和分子内的非键合原子之间，表现为基团之间的相互作用。这两种作用力虽然比化学键要小得多，但对物质的熔点、沸点、熔融热、溶解热、黏度等，以及分子的聚集态结构乃至其性能具有十分重要的作用。

2.2.1 范德华力与氢键

（1）范德华力

范德华力是普遍存在于非键基团间的相互作用力，没有方向性和饱和性，作用范围小于 1nm，作用能约比化学键小 1～2 个数量级，分为静电力、诱导力和色散力三种类型，三种力所占比例根据分子的极性和变形性不同而改变。

① 静电力　静电力是极性分子之间的引力。极性分子都具有永久偶极，永久偶极之间静电相互作用的大小与分子偶极的大小和定向程度有关。定向程度越高则静电力越大，而无序的热运动会使得偶极的定向程度降低，所以随着温度的升高，静电力将减小。静电力的作用能一般在 13～21kJ·mol^{-1}。极性聚合物，如聚氯乙烯、聚甲基丙烯酸甲酯、聚乙烯醇等的分子间作用力主要是静电力。

② 诱导力　诱导力是极性分子的永久偶极与其在其他分子上引起的诱导偶极之间的相互作用力。在极性分子的周围存在分子电场，其他分子（极性或者非极性）在与极性分子靠近时，都将受到其分子电场的作用而产生诱导偶极，所以诱导力存在于极性分子与非极性分子之间，也存在于极性分子和极性分子之间。诱导力的作用能一般在 6～13kJ·mol^{-1}。

③ 色散力　色散力是分子瞬时偶极之间的相互作用力。在任何分子中，电子都在围绕着原子不停地旋转，原子核也在不停地振动。在某一瞬间，分子的正、负电荷中心互相不重合，便会产生瞬时偶极。因此色散力存在于所有的极性、非极性分子中，是范德华力中最普遍的一种。色散力的作用一般在 0.8～8kJ·mol^{-1}。在一般非极性高分子中，色散力的作用占分子之间相互作用总能量的 80%～100%。例如聚乙烯、聚丙烯、聚苯乙烯等非极性聚合物

中的分子间作用力主要是色散力。

（2）氢键

由于氢原子同电负性很大的其他原子键合时，表现出很大的电正性，以致它同另外的电负性原子产生较强的相互吸引而形成氢键。以X和Y表示两个电负性很强且原子半径较小的原子，则氢键可表示为X-H…Y。其中X-H基本上是共价键，而H…Y是较强的有方向性的静电力。H的半径很小，且无内层电子，可以允许有多余负电荷的Y原子充分接近，致使氢键的作用较范德华力作用要强，一般为 10～30kJ・mol^{-1}。但是，只能有一个 Y 原子接近这个共价键上的 H 原子，如果另有一个电负性原子也来接近，则它受到 X 和 Y 的推斥力将超过受到H的吸引力，因而氢键有饱和性。为了使Y原子与X-H之间的相互作用力最强烈，要求Y的孤对电子云的对称轴尽可能与X-H键的方向相一致，因而氢键又具有方向性。从这两点来看，氢键与化学键相似，但是氢键的键能比化学键小得多，不超过 40kJ・mol^{-1}，与范德华力的数量级相同，所以通常说氢键是一种强力的、有方向性的分子间作用力。氢键的强弱取决于 X、Y 电负性的大小和 Y 的半径，X、Y 的电负性越大，Y 的半径越小，则氢键越强。

氢键既可以在分子间形成，也可以在分子内形成。例如，聚酰胺中 N—H 键上的氢可以同其他链上羰基中的氧形成分子间氢键，而纤维素中则存在大量的分子间和分子内氢键。

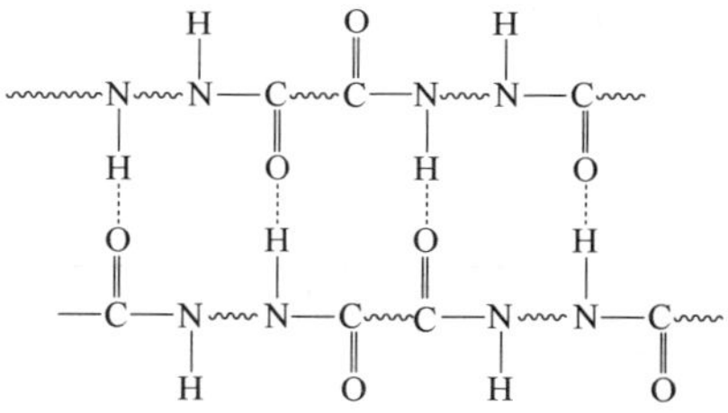

聚酰胺 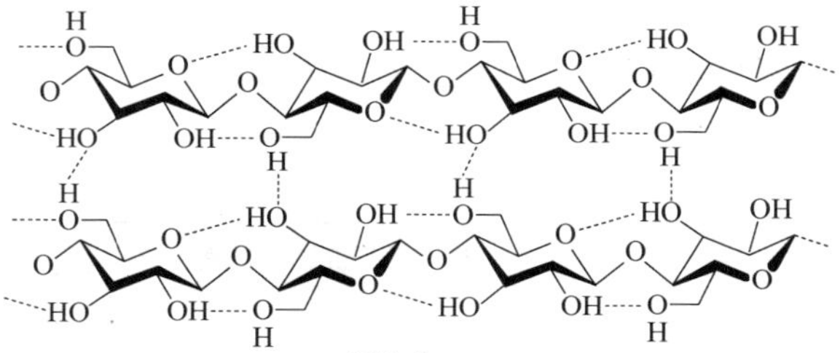　　　　纤维素

2.2.2 内聚能密度

在聚合物中，由于分子量很大，分子链很长，分子间的作用力是很大的。高分子的聚集态只有固态和液态，说明高分子的分子间作用力超过了组成它的化学键的键能。因此，在聚合物中，分子间作用力起着更加特殊的重要作用，可以说，离开分子间的相互作用来解释高分子的聚集状态、堆砌方式以及各种物理性质是不可能的。

分子间以及分子内的非键合原子之间因范德华力和氢键的作用而趋于彼此吸引，但这种作用不是无限制的。基团之间距离的减小，使其内层电子的斥力越来越明显，结果吸引力和排斥力的综合效应使分子间处于平衡态。由于高分子的分子量很大，高分子材料整体的分子间作用力相当大，远超分子链中化学键的键能。如果希望通过加热的方法将聚合物大分子链相互拆开，当能量还不足以克服分子间作用力时，分子链中的化学键就会断裂，高分子发生降解。所以聚合物只能以固态或液态存在，不能以气态存在。

聚合物分子间作用力的大小通常采用内聚能或内聚能密度来表示。内聚能定义为克服分子间的作用力，把一摩尔液体或固体分子移到其分子间作用力范围之外所需要的能量

$$\Delta E = \Delta H_v - RT \tag{2-1}$$

式中，ΔE 是内聚能；ΔH_v 是摩尔蒸发热（或摩尔升华热 ΔH_s）；RT 是转化为气体时所做的膨胀功。内聚能密度（cohesive energy density，CED）是单位体积的内聚能

$$\text{CED}=\frac{\Delta E}{\tilde{V}} \tag{2-2}$$

式中，$\tilde{V}$ 为摩尔体积。

对于低分子化合物，其内聚能近似等于恒容蒸发热或升华热，可以直接由热力学数据计算其内聚能密度。然而，聚合物不能汽化，因而不能直接测定它的内聚能和内聚能密度，只能用与低分子溶剂相比较的办法来进行估计（参见 3.1.2 小节）。

表 2-1 中列出了部分聚合物的内聚能密度数据。可以看出，内聚能密度的大小与聚合物的物理性质之间存在着明显的对应关系。CED＜290MJ • m^{-3} 的聚合物，都是非极性聚合物，分子链上不含有极性基团，分子间作用力主要是色散力，分子间相互作用较弱，加上分子链的柔顺性较好，使得这些聚合物材料易于变形，富有弹性，可作为橡胶。聚乙烯是个例外，因易于结晶而失去弹性，只能作为塑料使用；CED＞420MJ • m^{-3} 的聚合物，它们或是分子链上有强极性基团，或是分子链间能形成氢键，因此分子间作用力大，具有较好的力学强度和耐热性，再加上分子链结构比较规整，易于结晶、取向，强度更高，可作为优良的纤维材料；CED 在 290～420MJ • m^{-3} 的聚合物，其分子间作用力居中，适合于作为塑料使用。由此可见，分子间作用力的大小，对聚合物的强度、耐热性和聚集态结构都有很大影响，进而决定材料的使用性能和应用领域。

表 2-1 部分聚合物的内聚能密度

聚合物	内聚能密度/（MJ · m^{-3}）	聚合物	内聚能密度/（MJ · m^{-3}）
聚乙烯	259	聚甲基丙烯酸甲酯	347
聚异丁烯	272	聚醋酸乙烯酯	368
天然橡胶	280	聚氯乙烯	381
聚丁二烯	276	聚对苯二甲酸乙二醇酯	477
丁苯橡胶	276	尼龙 66	774
聚苯乙烯	305	聚丙烯腈	992

2.2 聚合物的非晶态

非晶态结构问题与晶态结构问题是密切相关的，并且可以说前者是后者的基础，因为聚合物结晶通常总是从非晶态的熔体中形成的，因而非晶态结构的研究和晶态结构研究总是相互联系、相互推动的。非晶态结构问题是一个更为普遍存在的问题，有大量完全非晶的聚合物，即使在结晶聚合物中，实际上也都包含着非晶区，非晶聚合物的本体性质直接决定非晶态结构。即使是结晶聚合物，其非晶区的结构也对本体性质有着不可忽视的作用。高分子材料在很多情况下以非晶固体的形式存在。温度低时，这种非晶固体如同玻璃，称为玻璃态聚合物；温度高时，如同橡胶，称为高弹态聚合物。这部分内容将在第五章详细讨论。

对非晶态结构的认识是不断发展的，历史上曾提出过很多模型，目前有两种代表性的模型，分别为无规线团模型和两相球粒模型（折叠链缨状胶束粒子模型），如图2-1和图2-2所示。

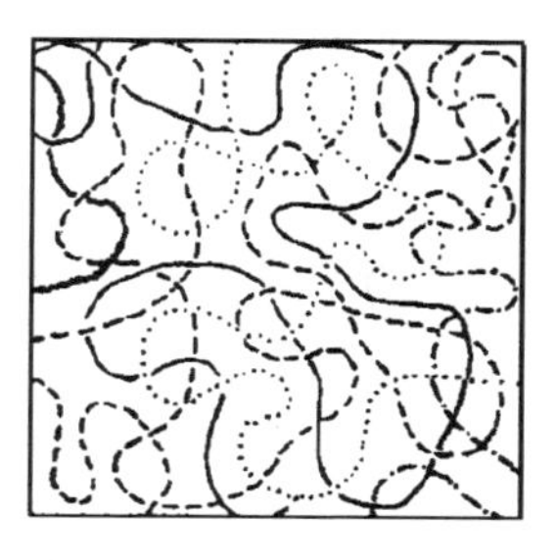

图2-1　无规线团模型

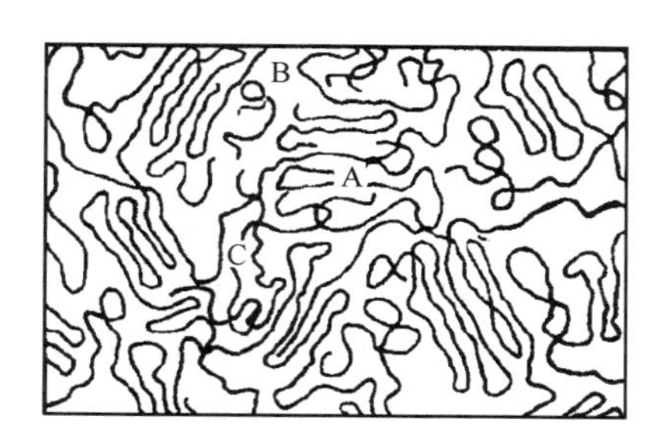

图2-2　折叠链缨状胶束粒子模型

A—有序区；B—粒界区；C—粒间区

（1）无规线团模型

Flory 提出，在非晶态聚合物的本体中，分子链的构象与在溶液中一样，呈无规线团状，线团的尺寸与在 θ 状态下高分子的尺寸相当，线团分子之间是任意相互贯穿和无规缠结的，链段的堆砌不存在任何有序的结构，因而非晶态聚合物在凝聚态结构上是均相的。

无规线团模型有许多实验证据，其中特别值得注意的是：

① 橡胶的弹性理论完全是建立在无规线团模型基础上的，而且实验证明，橡胶的弹性模量和应力-温度系数关系并不随稀释剂的加入而有反常的改变，说明在非晶态下，分子链是完全无序的，并不存在可被进一步溶解或拆散的局部有序结构。

② 在非晶聚合物的本体和溶液中，分别用高能辐射使高分子发生交联，实验结果并未发现本体体系中发生分子内交联的倾向比溶液中更大，说明本体中并不存在诸如紧缩的线团或折叠链那些局部有序结构。

③ 用X射线小角散射实验测定含有标记分子的聚苯乙烯本体试样中聚苯乙烯分子的旋转半径，与溶液中聚苯乙烯分子的旋转半径相近，表明高分子链无论在本体中还是在溶液中都具有相同的构象。

④ 许多中子小角散射（SANS）的实验结果特别有力地支持了无规线团模型。不管是对非晶态聚合物本体和溶液中分子链旋转半径的测定结果，还是不同分子量聚合物试样在本体和溶液中分子链的旋转半径和分子量的关系的测定结果，都证明非晶态高分子的形态是无规线团。

（2）两相球粒模型

Yeh 等认为，非晶态聚合物存在着一定程度的局部有序，包含粒子相和粒间相两个部分，而粒子相又可分为有序区和粒界区（图2-2）。在有序区中，分子链是互相平行排列的，其有序程度与链结构、分子间力和热历史等因素有关。有序区的尺寸在 2～4nm，周围有1～2nm 的粒界区，由折叠链的弯曲部分、链端、缠结点和连接链组成。粒间相则由无规线团、低分子物、分子链末端和连接链组成，尺寸在 1～5nm。模型认为一根分子链可以通过几个粒子相和粒间相。

这个模型解释了下列事实：

① 模型包含了一个无序的粒间相，从而能为橡胶弹性变形的回缩力提供必要的构象

熵，因而可以解释橡胶弹性的回缩力。

② 实验测得许多聚合物的非晶和结晶密度比 ρ_a/ρ_c=0.85～0.96，而按分子链呈无规线团形态的完全无序的模型计算 ρ_a/ρ_c＜0.65，这种密度比的偏高，说明非晶聚合物的密度比完全无序模型计算的要高。两相球粒模型指出，有序的粒子相与无序的粒间相并存，两相中链段堆砌情况的差别导致了密度的差别，粒子相中的链呈有序堆砌，其密度应较接近 ρ_c，因而总的密度自然就偏高。

③ 模型的粒子相中链段的有序堆砌，为结晶的迅速发展准备了条件，这也就不难解释许多聚合物结晶速率很快的事实。

④ 某些非晶态聚合物缓慢冷却或热处理后密度增加，电镜下还观察到球粒增大，这可以用粒子相有序程度的增加和粒子相的扩大来解释。

可以看到，对于非晶态结构争论的焦点集中在究竟是完全无序还是局部有序。无规线团构象目前已被普遍接受，但是同时又不排除线团内部小的区域，例如 1～2 nm 范围内存在几个链单元局部平行排列的可能。随着研究和争论的深入，理论将不断完善，高分子凝聚态结构最终是可以弄清楚的。

2.3 聚合物的结晶态

聚合物的结晶态是聚合物材料最重要的凝聚态之一，聚合物结晶通常是由其溶液或熔体在适宜的条件下形成的。结晶聚合物中既有结晶区又有非晶区。由于加工历史不同，聚合物材料内会有不同的结晶态或非晶态，导致材料具有不同的物理性能，因此研究高分子结晶和结晶态结构的特点具有重要的意义。

2.3.1 聚合物的结晶能力

在线课程
2-1

结晶要求高分子链伸展且平行排列，呈结晶学中的“密堆砌”，因而高分子链结构不同，结晶能力不同。

（1）链的对称性

化学结构简单、对称性好的高分子链容易结晶；结构复杂、对称性差的不易结晶，甚至完全不能结晶。例如，聚乙烯（PE）和聚四氟乙烯（PTFE），分子链结构简单，主链上没有不对称原子，所以非常容易结晶，结晶度高。高密度聚乙烯为线型分子链，只有极少数短支链，结晶速率极快，结晶度可达 95%。低密度聚乙烯分子链中含有长链支化，对称性降低，结晶度只能达到 50%～70%。

若聚乙烯或聚四氟乙烯结构单元上的一个氢原子或氟原子被氯原子取代，变成聚氯乙烯或聚三氟氯乙烯，主链上出现了不对称碳原子，则结晶能力降低。若一个碳原子上的两个氢原子或氟原子同时被氯取代，主链上碳原子保持对称，则结晶能力又有所提高，比较表 2-2 中聚合物的结构及其最大结晶度就能够说明这个问题。

杂链高分子，如聚甲醛、脂肪族或芳香族聚酯、聚醚、聚酰胺、聚砜等，虽然主链含杂原子使对称性下降，但仍属于对称结构，有一定的结晶能力。

表 2-2　聚合物结构与最大结晶度

聚合物	聚氯乙烯	聚偏氯乙烯	聚四氟乙烯
结构式	$\left[\mathrm{CH_2-CH(Cl)}\right]_n$	$\left[\mathrm{CH_2-C(Cl)_2}\right]_n$	$\left[\mathrm{CF_2-CF_2}\right]_n$
最大结晶度	7%	75%	>90%

（2）链的规整性

对单烯类高分子，当主链上含不对称中心时，结晶能力与链的立构规整性有关。分子链规整性很差的无规立构聚合物，如自由基聚合的聚甲基丙烯酸甲酯（PMMA）、聚苯乙烯（PS）、聚醋酸乙烯酯（PVAc），它们的分子链很难排入规则的晶格，一般不能结晶，而全同立构和间同立构体则都能结晶，且等规度越高结晶能力越强。

双烯类高分子主链上有双键存在，有顺式和反式两种几何异构体，均可以结晶，但反式结构分子链的等同周期小，如聚异戊二烯反式结构的等同周期为 4.7×10^{-10}m，顺式结构等同周期为 8.1×10^{-10}m，故反式聚异戊二烯在常温下就能结晶，不能作为橡胶使用；顺式聚异戊二烯只有在低温或拉伸力作用下才能结晶，是很好的橡胶。

有几个值得注意的例外情况，自由基聚合得到的聚三氟氯乙烯，主链上有不对称碳原子，具有相当强的结晶能力，最高结晶度可达 90%。这是由于氯原子与氟原子体积相差不大，不妨碍分子链做规整堆积，类似于聚四氟乙烯；无规聚醋酸乙烯酯不能结晶，但由它水解得到的聚乙烯醇（PVA）能结晶，原因在于羟基的体积不大，而又具有较强的极性。无规聚氯乙烯（PVC）具有微弱的结晶能力，原因在于氯原子电负性较大，分子链上的氯原子彼此错开排列，形成类似于间同立构的结构，有利于结晶。

（3）共聚物的结晶能力

无规共聚物通常会破坏链结构的对称性和规整性，从而使结晶能力下降，甚至不能结晶。如乙烯-丙烯共聚物，其化学结构相当于在聚乙烯分子链上引入若干侧甲基，破坏了原有高分子结构的规整性，结晶性降低。乙烯和丙烯的比例不同，可以得到不同结晶度乃至完全非晶态共聚物。当丙烯含量增大到 25%左右时，乙丙共聚物变成非晶态橡胶——乙丙橡胶。乙烯-辛烯共聚物又称为聚烯烃弹性体（POE），1-辛烯含量约 20%，使材料结晶性大大降低而成为弹性体。

嵌段共聚、接枝共聚一般不影响结晶能力。嵌段共聚物中的各嵌段、接枝共聚物中的主链和支链，它们都保持各自的结晶独立性。

（4）其他结构因素

① 链的柔顺性：一定的链柔顺性，是结晶时链段向结晶表面扩散和排列所必需的。例如，链柔顺性好的 PE 结晶能力强；主链上含苯环的聚对苯二甲酸乙二醇酯（PET）柔性下降，结晶能力较差；主链上苯环密度更高的聚碳酸酯（PC），链的柔顺性更差，结晶能力更差。

② 支化使链的对称性和规整性降低，结晶能力下降。例如，高压法制备的聚乙烯的结晶能力小于低压线型聚乙烯。

③ 交联大大限制了链的活动性，随着交联度的增加，结晶能力下降。

④ 分子间作用力也往往使得链的柔顺性降低，影响结晶能力。但分子间能形成氢键时，则有利于结晶结构的稳定，如尼龙（PA）、纤维素等。

在线课程
2-1

2.3.2 结晶聚合物的链构象与形态

（1）晶体中高分子链的构象

虽然在高分子材料聚集态形成时，分子间相互作用（次价键）起重要作用，但在高分子晶体中决定高分子链构象的主要作用仍是分子内相互作用。从热力学角度考虑，分子链在晶体内总是采取能量最低（分子内相互作用能最低）的构象。这使得晶体中的分子链多采取相对伸展的构象，利于分子链的相互平行排列，能量最低，结构最稳定，容易实现紧密堆积。

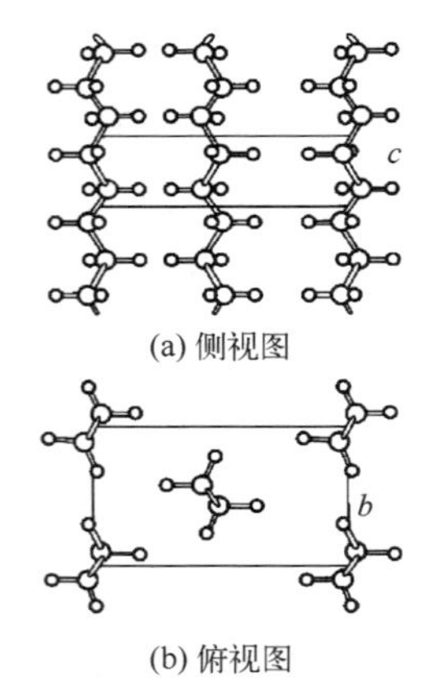

图 2-3　聚乙烯晶胞结构

① 平面锯齿链构象　平面锯齿链构象是一种全反式构象，聚乙烯、聚甲醛、聚酰胺、聚丙烯腈等取代基较小的碳链高分子，在晶态常取反式平面锯齿链构象。此外脂肪族聚酯、聚乙烯醇等分子链结晶时也采取锯齿链构象。图 2-3 为聚乙烯晶胞结构示意图，可以看到分子链沿晶胞 *c* 轴呈伸展的平面锯齿链构象。基于此图，再考虑 C—C 键长为 0.154nm，键角为 109.5°，可以得到聚乙烯一个重复单元在 *c* 轴上的投影长度为 0.252nm，与实测的聚乙烯晶胞 *c* 轴长度 0.255nm 十分接近，表明晶体中聚乙烯分子链确实采取全反式平面锯齿链构象。

② 螺旋链构象　分子链中有较大侧基的高分子，如全同立构聚丙烯、全同聚苯乙烯、聚四氟乙烯等，为使分子链排列时空间位阻小，多采取反式-旁式相间的螺旋链构象，见图 2-4。

聚丙烯晶胞中，每三个结构单元形成一个螺圈，重复出现，它们在 *c* 轴的投影之和，即晶胞 *c* 轴的长度，亦称为等同周期。等同周期定义为分子链排列时以相同结构单元重复出现的周期长度。聚丙烯的等同周期为 0.65nm。这种周期性的螺旋结构常用符号 $H3_1$ 表示，表示一个等同周期中含有 3 个结构单元，形成一个螺圈。类似地，聚环氧乙烷的螺旋结构用符号 $H7_2$ 表示，它表示一个等同周期中含有 7 个结构单元，形成两个螺圈。聚甲醛的螺旋结构用符号 $H9_5$ 表示，聚四氟乙烯的螺旋结构用符号 $H13_6$ 表示。

③ 扭折链构象　有些分子链具有对称的极性取代基，如聚偏氯乙烯等，分子链排列时可能采取反式-左旁式-反式-右旁式构象，在晶胞中不形成螺旋链，见图 2-5。聚偏氯乙烯的等同周期为 0.467nm，包括两个链节，四个碳原子。

（2）聚合物的结晶形态

晶体中高分子链的构象及其排布决定了高分子结晶的晶型，反映的是结晶的微观结构。在晶系确定的前提下，因结晶条件的改变，高分子晶体在宏观或亚微观可能呈现多种多样的形态，包括单晶、球晶、树枝晶、纤维状晶、串晶和伸展链片晶等。

① 单晶　高分子单晶一般只能在浓度为 0.01%～0.1%的极稀溶液中缓慢结晶时生成。在电镜下可直接观察到它们是具有规则几何外形的薄片状晶体，单晶厚度一般在 10nm 左右，大小一般可达几微米到几十微米甚至更大。图 2-6（a）是聚乙烯单晶的电镜照片，聚乙烯的单晶为菱形的单层平面片晶。图 2-6（b）是聚甲醛单晶的电镜照片，聚甲醛单晶呈平面

六边形。可见不同聚合物的单晶呈现不同的特征形状。

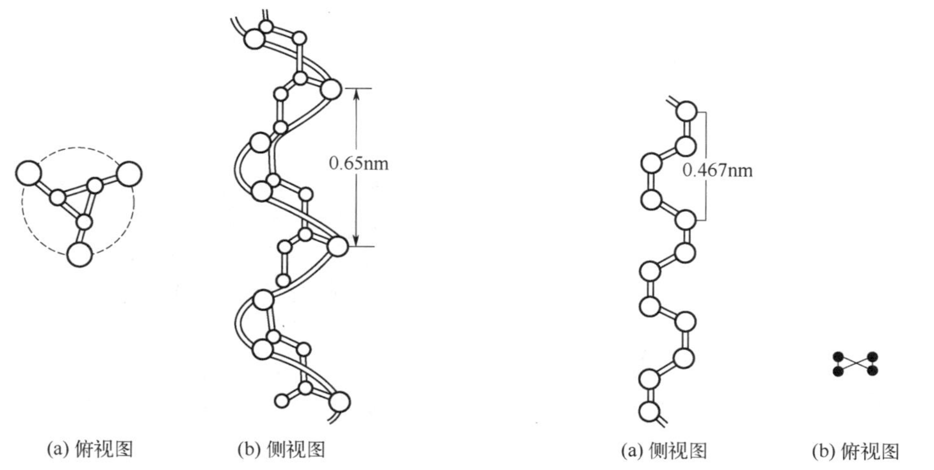

图 2-4　聚丙烯分子链的螺旋构象

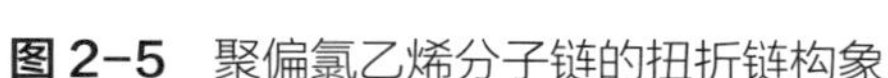

图 2-5　聚偏氯乙烯分子链的扭折链构象

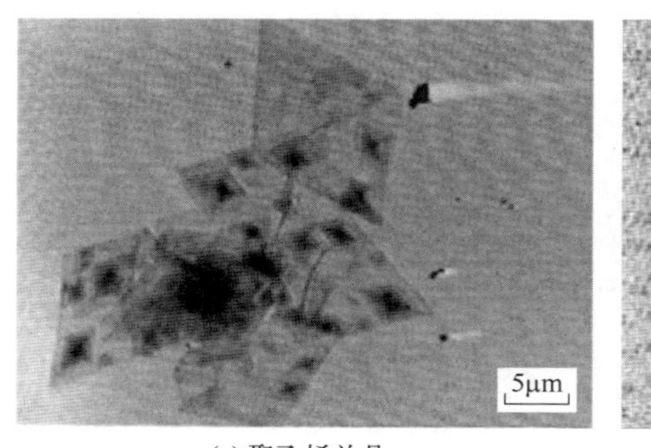

(a) 聚乙烯单晶

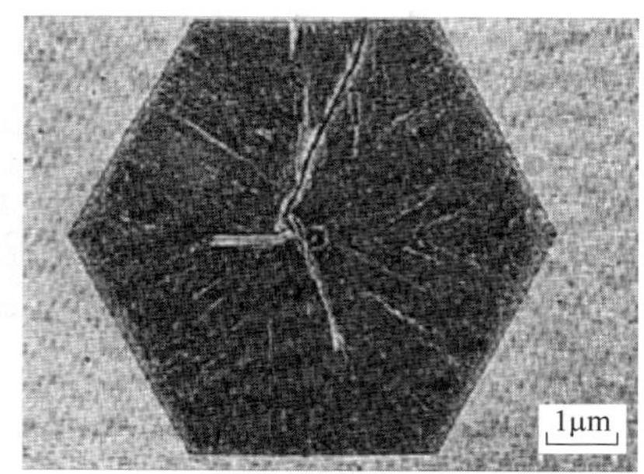

(b) 聚甲醛单晶

图 2-6　聚合物单晶的电镜照片

生长条件的改变对单晶的形状和尺寸等有很大影响。为了培养完善的单晶，一般来说，条件是相当苛刻的。首先溶液浓度要足够稀；其次结晶温度要足够高，或者过冷程度（即熔点与结晶温度之差）要小，使结晶速率足够慢。一般过冷程度为 20～30K 时，可形成单层片晶，随着结晶温度的降低或者过冷程度的增加，结晶速率加快，将形成多层片晶，甚至更复杂的结晶形式。对于溶剂，通常热力学上的不良溶剂有利于生长更为完善的单晶。在同一温度下，高分子倾向于按照分子量由大到小的顺序先后结晶出来，因此，晶核一般是由最长的分子组成的，最短的分子最后结晶。但是这里需要注意，所谓的高分子单晶是由溶液中生长的片状晶体的总称，并非结晶学意义上的真正单晶。

② 球晶　球晶是高分子结晶的一种最常见的结晶形态，高分子从浓溶液中或从熔体中冷却结晶时，多生成外观为球状的复杂的晶体结构。球晶的生长模型如图 2-7 所示，形象地描绘了球晶生长的各阶段。成核初始它只是一个多层片晶，逐渐向外张开生长（仍属多层片晶），不断分叉生长，经捆束状形式，最后才形成填满空间的球状外形。实际上这还属于早期阶段，最后的球晶通常还要大得多。由电子显微镜再借助于高锰酸钾蚀刻技术，可以清晰地看到球晶的捆束状结构（图 2-8），球晶是许多自球心径向生长的晶片形成的多晶聚集体，晶片厚度也是 10nm 左右，在这些晶片中，分子链垂直于晶片平面排列。因此，在球晶中分子

链总是垂直于球晶半径方向。

球晶可以长得很大，能达几十微米，甚至达到厘米数量级。在正交偏光显微镜下观察球晶，由于其对称性和双折射性，可见球晶特有的黑十字消光图形，见图 2-9（a）。有时，片晶在径向延伸的同时还可周期性地扭转，造成沿球晶切向的折射率呈周期性变化，在偏光显微镜中将会看到由此产生的一系列消光同心环，见图 2-9（b）。

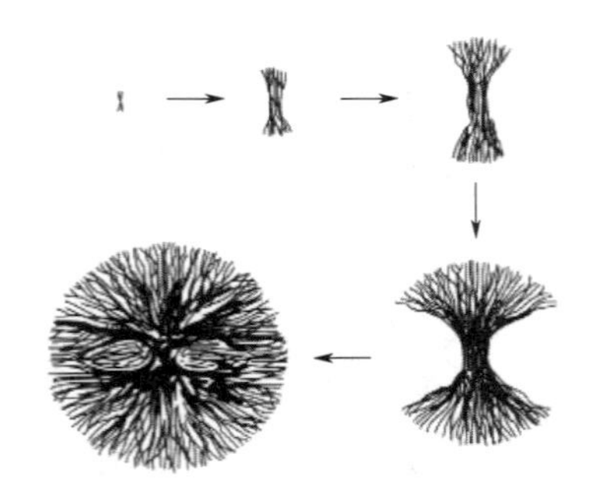

图 2-7 球晶的生长模型

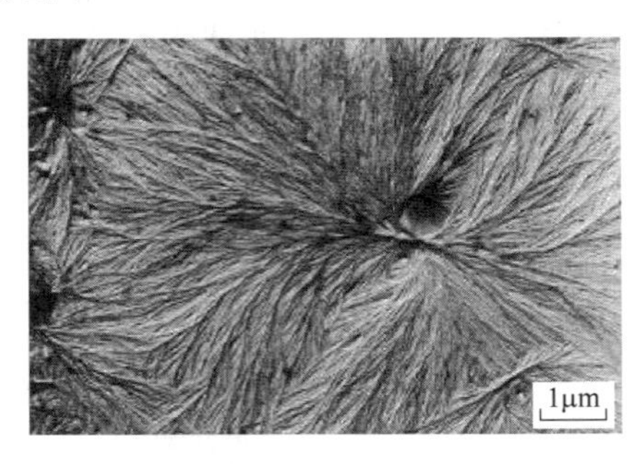

图 2-8 聚 4-甲基-1-戊烯球晶的捆束状结构

(a) 聚环氧乙烷

(b) 带消光同心环的聚戊二酸丙二酯

图 2-9 聚合物的偏光显微镜照片

③ 树枝晶　在高分子溶液中生长的晶体，如果浓度较高或分子量太大，抑或结晶温度较低时，高分子不再形成单晶，而是倾向于生成树枝晶，其为树枝状的多晶体。树枝晶生成原因在于晶片的某些特殊部位在生长中较其他部位占优势，造成结晶的不均匀发展，形成分枝，这些分枝实际上是由许多片晶组成的。图 2-10 是聚乙烯的树枝晶照片。树枝晶和球晶不同，虽然两者都是由片晶组成的多晶体，但是球晶是在半径所有方向上同步发展，而树枝晶则是在特定方向上优先发展；球晶中只能看到片层状结构，而在树枝晶中可看到片晶的规则外形。

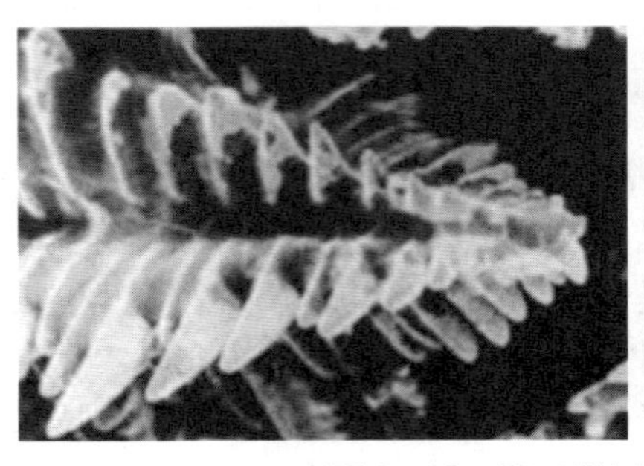

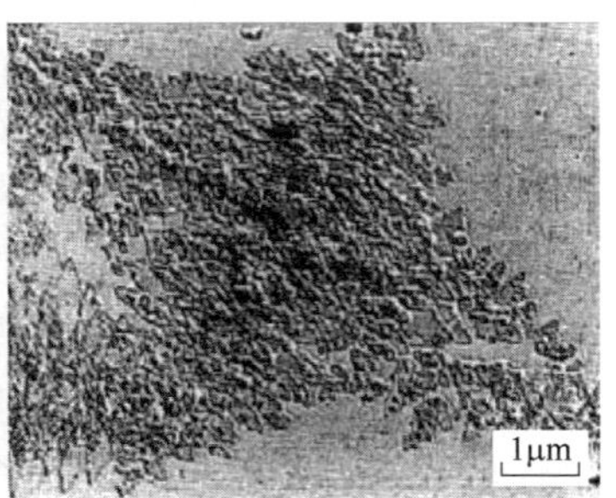

图 2-10 聚乙烯树枝晶电镜照片

④ 纤维状晶和串晶　聚合物在结晶过程中如果受到搅拌、拉伸或剪切等应力的作用时，可形成纤维状晶。纤维状晶的分子链伸长方向同纤维轴向平行，整个分子链呈完全伸展状态。纤维状晶的长度可大大超过分子链的实际长度，说明纤维状晶中有不同分子链的接续。串晶是在纤维状晶的表面上外延生长许多片状附晶，形成一种类似于串珠式结构的特殊结晶形态。这种流动诱发结晶或应变诱发结晶，由于与生产实际中聚合物的结晶过程更为接近，具有技术重要性。

图 2-11　高温高压下得到的聚乙烯的伸展链片晶的电镜照片

⑤ 伸展链片晶　聚合物在非常高的压力下结晶，可以得到分子链完全伸展的厚片状晶体，又称伸展链片晶。例如，聚乙烯在压力为 490MPa，温度为 226℃，8h 的条件下，可生成熔点为 140.1℃的伸展链片晶（图 2-11），其结晶度为 97%，伸展链片晶厚度达 3μm，密度可达 $0.9938g \cdot cm^{-3}$，同理论计算的理想晶体的数值（$1.00g \cdot cm^{-3}$）非常接近。随着结晶温度的升高和时间的延长，聚乙烯伸展链片晶厚度可达 40μm。除聚乙烯外，聚四氟乙烯、聚三氟氯乙烯、聚偏氯乙烯和尼龙等，在高压下结晶也能形成伸展链片晶。伸展链片晶是由完全伸展开的分子链平行地规则排列而形成的，晶片厚度和分子链长相当，其大小同分子量有关。这种晶体熔点最高，相当于无限厚片晶的熔点，被认为是高分子热力学上最稳定的一种聚集态结构。

2.3.3 结晶聚合物的结构模型

在线课程 2-2

（1）缨状微束模型

缨状微束模型又称为两相模型，此模型认为结晶聚合物是部分高分子链段的规整排列，其中有晶区和非晶区两相并存。晶区为规则排列的分子链段微束，其取向是随机的。在非晶区中，分子链则呈无序堆砌。晶区的尺寸很小，一根分子链可以同时穿过几个晶区和非晶区，如图 2-12 所示。

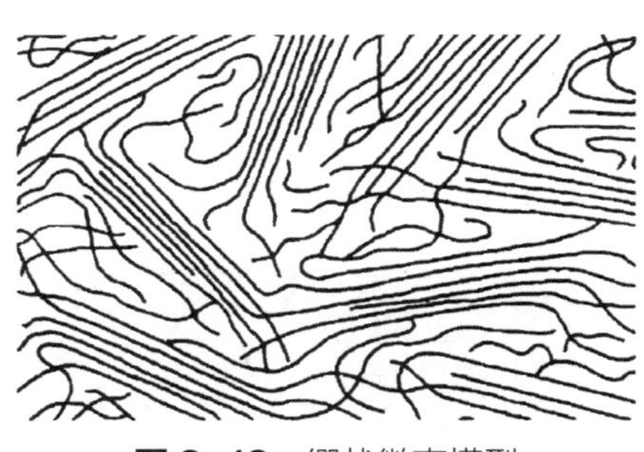

图 2-12　缨状微束模型

缨状微束模型有效地解释了许多实验事实。例如：①由于不是整个分子链结晶，晶区尺寸同分子量无关，可以大大小于高分子链的链长。②由于结晶和非晶两相共存，所以聚合物的宏观密度小于从晶胞组成出发计算的理论密度。在结晶高分子的X射线衍射图中，除了有晶态的衍射环之外，还同时有对应于非晶态结构的弥散环。③在拉伸中微晶发生取向，因而在 X 射线衍射图中出现圆环蜕化为圆弧的现象；而拉伸时非晶链的取向，提供了聚合物的光学双折射性。④结晶聚合物的熔融有较宽的熔限，这是微晶大小不一所致。

缨状微束模型自提出后在很长时期内被广泛地接受和采纳。但是，随着研究工作的深入，缨状微束模型遇到了难以克服的困难。如结晶和非晶是可以独立存在的；单晶晶片厚为 10nm 左右，而伸展着的整个分子链可达 100nm 以上，且分子链轴方向与单晶薄片垂直。

（2）折叠链模型

折叠链模型认为高分子结晶是由于高分子链的反复折叠形成的，见图 2-13（a）。根据折叠链模型，高分子单晶理所当然地可以有规则的几何外形和比分子链长小得多的厚度。而且，分子链在单晶生长面上规则折叠的一个重要结果是晶体将被分成若干扇区，见图 2-13（b），这种扇形化作用是聚合物单晶独有的特征，而在其他一般的单晶中，如石蜡烃单晶，其各部分的结构都是一样的，见图 2-13（c）。

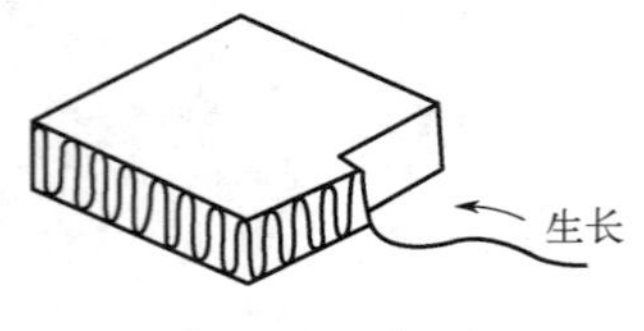

(a) 折叠链片晶的生长　(b) 折叠链片晶的扇形化作用

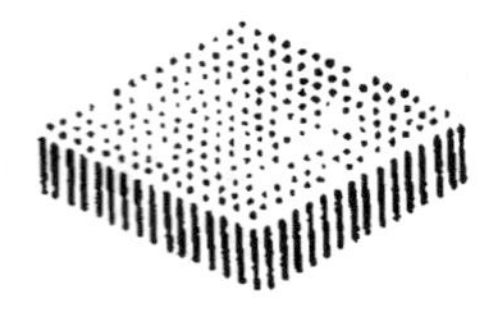

(c) 短链石蜡烃的片晶

图 2-13　折叠链片晶

Keller 最初提出的折叠链模型认为，高分子链是规整近邻折叠的，链的曲折部分所占比例很小，非晶区部分以不规则链段形式夹在片层之间（图 2-14）。但进一步实验发现，即使在高分子单晶中，仍然有可观的晶体缺陷。有些单晶表面结构很松散，其密度远小于理想晶体的密度值。用 X 射线衍射测定单晶的结晶度约为 75%～85%，而用发烟硝酸蚀刻单晶表面后，测得其结晶度则接近 100%。作为规整折叠链的修正，Fischer 提出了松散近邻折叠模型，认为晶片中同一分子链是相邻排列的，但是其转折部分不是短小且规则的，而是既松散又不规则的，如图 2-15（a）所示。

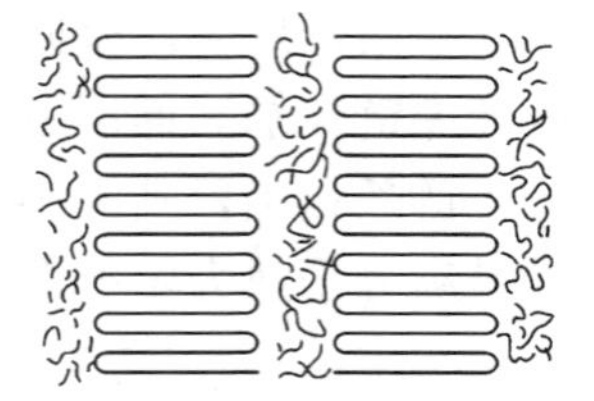

图 2-14　近邻规整折叠链模型

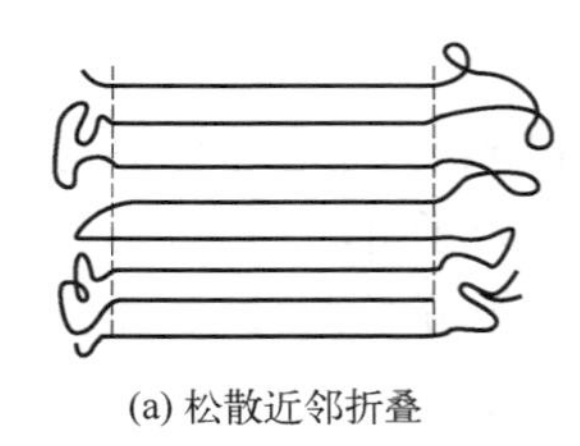

(a) 松散近邻折叠

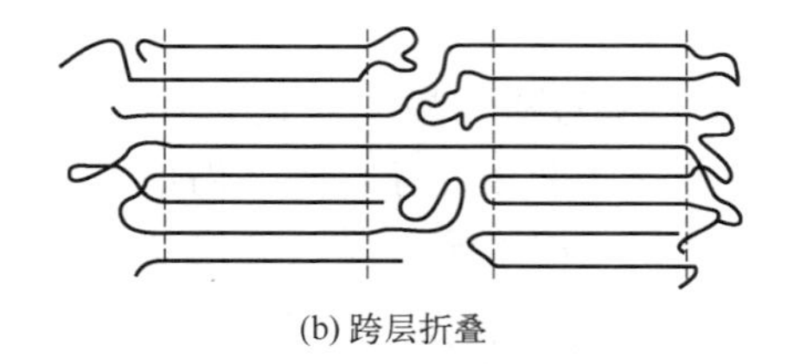

(b) 跨层折叠

图 2-15　Keller 模型的修正

在多层片晶结构中，无论 Keller 的规整近邻折叠，还是 Fischer 的松散近邻折叠，都会得出片层之间被无序部分充填而无任何联系的结论。为了研究球晶片层之间的联系，将聚乙烯与石蜡混在一起结晶，然后以溶剂抽提将石蜡溶掉，得到的电镜照片如图 2-16 所示。可以看到晶片与晶片之间由许多伸展链束连接着。因此可以想象，一根分子链不一定完全在同一个片晶中折叠，而是可以在一个片晶中折叠一部分之后再进入另外一个片晶中折叠，也可能同时在不同的片晶中折叠。因此认为，规整近邻折叠与松散近邻折叠只不过是折叠链中的特殊模式，实际情况下两种折叠都是可能的，在多层片晶中，分子链还可以跨层折叠，从而使片层之间可存在相互连接的分子链，如图 2-15（b）所示。

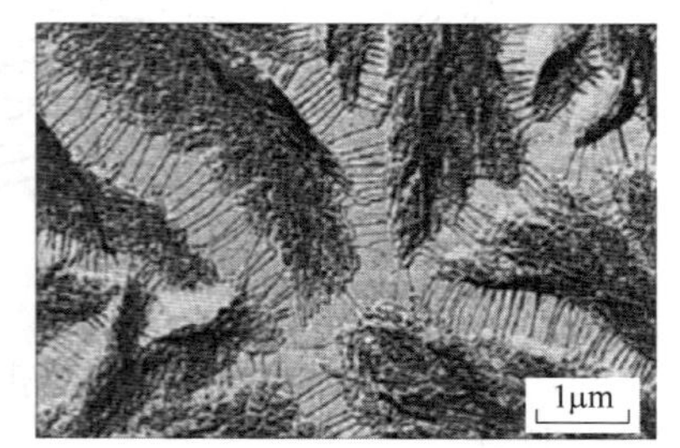

图 2-16　片晶之间的联系

高分子结晶的结构与形态具有多重性的特点，大都是晶相与非晶相同时存在于一个体系中，具有多样性的结构，Hosemann 总结了各种模型的特点，提出一个综合模型，包括结晶中链的不同状态和晶体缺陷，称为隧道-折叠链模型，如图 2-17 所示。显然，这一模型具有一定的普遍意义。

（3）插线板模型

Flory 认为，高分子结晶时，分子链做近邻折叠的可能性是非常小的。以聚乙烯为例，它从熔体中结晶时速率很快，根本来不及通过分子运动而形成规整折叠。于是，Flory 提出了插线板模型，认为分子链从晶片出来后，并不在其近邻处折回去，而是进入非晶区，或者进入另一晶片中，或者以无规方式再返回原晶片。因此，晶片之间因分子链的贯穿而联系在一起，一根分子链可以同时属于结晶部分和非晶部分。就一层片晶而言，分子链的排列方式同老式电话交换台的插线板相似，晶片表面的分子链像插头电线那样毫无规则，构成非晶区（图 2-18）。

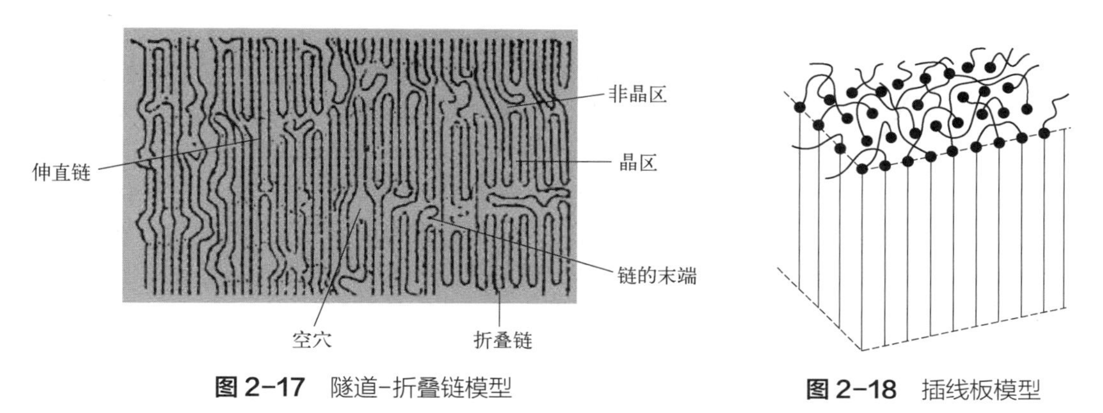

图 2-17 隧道-折叠链模型　　**图 2-18** 插线板模型

插线板模型得到了许多中子散射实验的支持，以中子散射的方法测定少量氘代高分子在普通高分子中的旋转半径，表明结晶聚合物熔体同本体具有几乎相同的分子尺寸。如果按照近邻折叠的观点，则结晶后的分子尺寸必然同结晶前的熔体中的尺寸有较大的差别；而按照插线板模型，在结晶过程中，分子链只是做链段的局部构象调整进入晶格，整个分子尺寸不会有明显的变化。

综上所述，折叠链模型和插线板模型分别从不同角度描述了高分子晶体的结构特点。对单晶晶片和稀溶液结晶而言，折叠链模型可能是适合的，而对多层晶片及熔体结晶的情形，插线板模型或许更适合。单分子链结晶与多分子链聚集体结晶过程肯定存在差异，其中分子链缠结对结晶过程的影响尚需深入细致地研究。

2.3.4 聚合物的结晶过程

在线课程 2-3

高分子结晶可在溶液中进行，也可在本体状态下进行。结晶过程与小分子类似，即包括晶核的形成和晶粒的生长两个步骤，晶核形成又分为均相成核和异相成核两种方式。

（1）结晶速率及其测定方法

高分子结晶的快慢用结晶速率表示，结晶速度包括成核速率、结晶生长速率和由它们共同决定的结晶总速率。测定方法如下。

成核速率：用偏光显微镜、电镜直接观察单位时间内的成核数目。

结晶生长速率：用偏光显微镜、小角激光散射法测定球晶半径随时间的增大速率。

结晶总速率：用膨胀计法、光学解偏振法测定结晶过程进行到一半的时间，以其倒数作为结晶总速率。

膨胀计法是研究结晶速率的经典方法。该法利用聚合物结晶过程中发生的体积收缩来研究结晶过程。具体方法如下：将聚合物与惰性液体装入膨胀计中，加热到聚合物的熔点以上，使聚合物全部成为非晶熔体，然后将膨胀计移入恒温槽中，聚合物开始恒温结晶，观察膨胀计毛细管内液体的高度随时间的变化，便可以考察结晶进行的情况。以 h_0、h_∞、h_t 分别代表膨胀计的起始、最终和 t 时间的读数，将（h_t-h_∞）/（h_0-h_∞）对 t 作图，得到如图 2-19 所示的反 S 形曲线。由曲线可以看出，结晶过程开始时体积收缩慢，过一段时间后加快，之后又逐渐减慢，最后体积收缩变得非常缓慢，这时结晶速率的衡量发生困难，变化终点的时间也不确定，然而体积收缩一半所需的时间可以准确测量，而且此时体积变化的速率较大，时间测量误差小。因此常用体积收缩一半所需的时间的倒数 $1/t_{1/2}$ 表示结晶速率。膨胀计法设备简单，但热平衡时间较长，起始时间不易测准，难以研究结晶速率较快的过程。

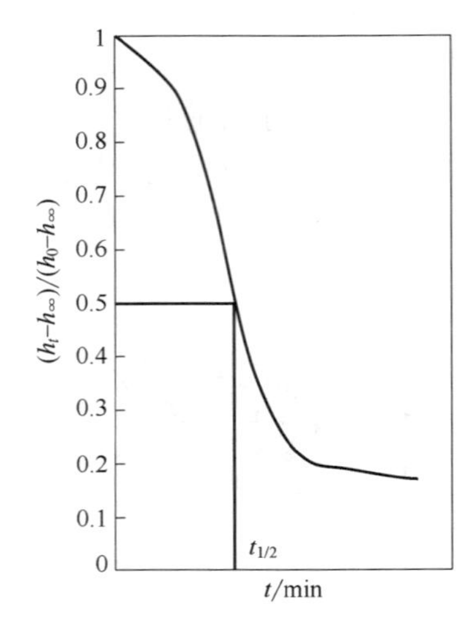

图 2-19 膨胀计法测量聚合物结晶速率

偏光显微镜法是研究结晶过程直观和常用的方法，可以在偏光显微镜下直接观察球晶的轮廓尺寸，配上热台就可以在等温条件下观察聚合物球晶的生长过程，测量球晶的半径随时间的变化。一般在等温结晶时，球晶半径与时间呈线性关系，这种关系一直保持到球晶长大到与邻近球晶发生连接为止。此法受显微镜视野的影响，只能观察少量球晶，样品的不均匀性会影响观察结果。

聚合物的等温结晶过程与小分子物质相似，也可用 Avrami 方程描述

$$\frac{V_t-V_\infty}{V_0-V_\infty}=\exp(-kt^n) \tag{2-3}$$

式中，V_0、V_∞ 和 V_t 分别代表聚合物的起始、最终和 t 时间的比体积；k 是结晶速率常数；n 是 Avrami 指数，它与成核机理和生长方式有关，等于成核过程的时间维数和晶粒生长的空间维数之和。均相成核是以高分子链段靠热运动形成有序排列的链束为晶核，具有时间依赖性，时间维数为 1；异相成核是以外来杂质、未完全熔融的参与结晶的聚合物、分散的小颗粒固体或容器为中心，吸附高分子链做有序排列形成晶核，与时间无关，时间维数为 0。例如，均相成核的球晶三维生长，则 $n=1+3=4$；异相成核的球晶三维生长，则 $n=0+3=3$。对于膨胀计法所得实验数据，可以直接作 $\lg\{-\ln[(h_t-h_\infty)/(h_0-h_\infty)]\}$ 对 $\lg t$ 图，便可得到斜率为 n，截距为 $\lg k$ 的直线。显然从式（2-3）可以看出，当 $(V_t-V_\infty)/(V_0-V_\infty)=1/2$ 时，则

$$t_{1/2}=\left(\frac{\ln 2}{k}\right)^{1/n} \text{或} \ k=\frac{\ln 2}{t_{1/2}^n} \tag{2-4}$$

这也就是结晶速率常数 k 的物理意义和采用 $t_{1/2}$ 来衡量结晶速率的依据，$t_{1/2}$ 称为半结晶期。Avrami方程曾应用于许多聚合物，取得了不同程度的成功，但由于有时间依赖性的初始成核作用、均相成核和异相成核同时存在以及二次结晶，聚合物结晶过程会与 Avrami 方程出现偏差。

（2）影响聚合物结晶速率的因素

① 温度　温度是影响结晶速率的最主要因素。图 2-20 给出了天然橡胶结晶速率与温度的关系，也反映了聚合物本体结晶速率和温度的普遍关系，即结晶速率-温度曲线呈单峰形，这是其晶核生成速率和晶体生长速率存在不同的温度依赖性共同作用的结果。成核过程的温度依赖性与成核方式有关，异相成核可以在较高的温度下发生，而均相成核只有在稍低的温度下才能发生。因为温度过高，分子的热运动过于剧烈，晶核不易形成，或生成的晶核不稳定，容易被分子热运动所破坏。随着温度的降低，均相成核的速率逐渐增大。结晶的生长过程则取决于链段向晶核扩散和规整堆积的速率，随着温度的降低，熔体的黏度增大，链段的活动能力降低，晶体生长的速率下降。

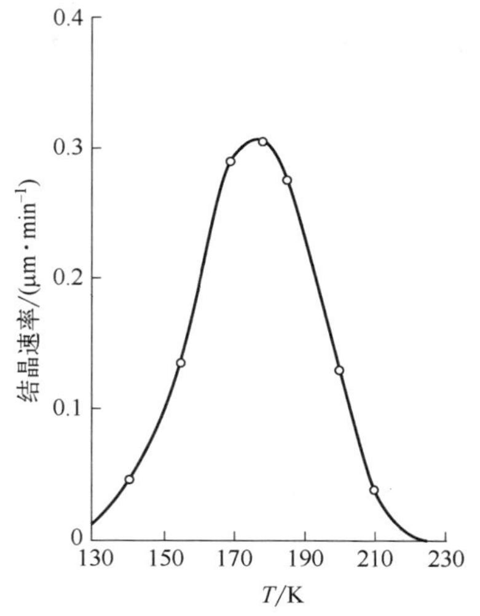

图 2-20　天然橡胶结晶速率与温度的关系

因此，聚合物的结晶速率随着熔体温度的逐渐降低，起先由于晶核生成的速率极小，结晶速率很小；之后，由于晶核形成速率增加，并且晶体生长速率很大，结晶速率增大；到某一适当的温度时，晶核形成和晶体生长都有较大的速率，结晶速率出现极大值；此后，虽然晶核形成的速率仍然较大，但是由于晶体生长速率逐渐下降，结晶速率也随之下降。在熔点（T_m）以上晶体将被熔融，而在玻璃化转变温度（T_g）以下，链段被冻结（参见 5.2.2 小节），因此，只有在 $T_g \sim T_m$ 之间，聚合物的本体结晶才能发生。在成核速率和结晶生长速率均较大时，总结晶速率才能达到峰值，此时所对应的结晶温度 T_{max}，可由如下两个经验关系式估算：

$$T_{max} = (0.80 \sim 0.85)T_m \tag{2-5}$$

$$T_{max} = 0.63T_m + 0.37T_g - 18.5 \tag{2-6}$$

② 分子结构　虽然目前还不能从理论上全面比较不同聚合物的结晶速率，但大量事实表明，链的结构越简单、对称性越高，链的立体规整性越好，取代基的空间位阻越小，链的柔顺性越大，则结晶速率越大。对于同一种聚合物，分子量越高，结晶速率越慢。

③ 其他因素　惰性稀释剂可降低结晶分子浓度，从而降低结晶速率。例如，在等规聚合物中加入相同化学组成的无规聚合物，可以使结晶速率降低到所需要的水平。这一现象常被用于研究那些结晶速率过快的聚合物的结晶行为，如聚乙烯、聚丙烯等。

在聚合物结晶过程中人为加入的能够促进结晶、起到晶核作用的物质，称为成核剂。常见成核剂包括芳香族羧酸酯或者盐（如苯甲酸钠、对苯二甲酸乙二醇酯等）、山梨醇缩醛、有机磷酸酯和松香酸盐等。其作用机理主要是在熔融状态下，由成核剂提供所需的晶核，聚合物由原来的均相成核转变成异相成核，从而加快了结晶速率，使晶粒结构细化，并有利于提高产品的刚性，缩短成型周期，保持最终产品的尺寸稳定性。另外，加入成核剂后，由于结晶尺寸变小，聚合物的透明性增加，表观光泽性改善。

有些溶剂也能明显促进结晶过程，其中水是最常遇到和最难避免的一种溶剂，其影响需要更加注意。水能促进尼龙和聚酯的结晶，因此生产透明尼龙网丝冷却时不宜使用水冷。

在线课程 2-4

2.3.5 结晶度及其对聚合物性能的影响

（1）结晶度及其测定方法

结晶聚合物中总是包含晶区和非晶区，结晶度定义为晶区部分在聚合物中所占的质量分数或体积分数，分别称为质量结晶度和体积结晶度，则

$$f_c^m = m_c / (m_c + m_a) \tag{2-7}$$

$$f_c^V = V_c / (V_c + V_a) \tag{2-8}$$

式中，m 为质量；V 为体积；下标 c 表示结晶；a 表示非晶。

聚合物晶区与非晶区的界限不明确，各种方法对晶区和非晶区的定义亦有所不同，故而用不同方法测定的结晶度有时差别很大，因此在提及结晶度时要说明测定方法。尽管结晶度的概念缺乏明确的物理意义，结晶度的数值随测定的方法而异，但是为了描述高分子的聚集态结构或加工过程中结构的变化情况，以及比较各种结构对聚合物物理性质的影响，结晶度的概念还是不可或缺的。

测定结晶度的方法有很多，其中最常用和最简单的方法是比容法，或称密度法。这种方法的依据是：分子在结晶中做有序堆积，使得晶区的密度 ρ_c 高于非晶区的密度 ρ_a。表 2-3 列出了部分聚合物的 ρ_a 和 ρ_c。假定比体积和密度存在加和性，则可以分别得到质量结晶度和体积结晶度与密度之间的关系为

$$f_c^m = \frac{(1/\rho_a) - (1/\rho)}{(1/\rho_a) - (1/\rho_c)} \tag{2-9}$$

$$f_c^V = \frac{\rho - \rho_a}{\rho_c - \rho_a} \tag{2-10}$$

表 2-3 部分结晶聚合物的晶区和非晶区的密度

聚合物	ρ_c/（g · cm^{-3}）	ρ_a/（g · cm^{-3}）	聚合物	ρ_c/（g · cm^{-3}）	ρ_a/（g · cm^{-3}）
聚乙烯	1.00	0.85	聚三氟氯乙烯	2.19	1.92
聚丙烯	0.95	0.85	尼龙 6	1.23	1.08
聚丁烯	0.95	0.86	尼龙 66	1.24	1.07
聚异丁烯	0.94	0.86	尼龙 610	1.19	1.04
聚戊烯	0.92	0.85	聚甲醛	1.54	1.25
聚丁二烯	1.01	0.89	聚氧化丙烯	1.15	1.00
聚乙炔	1.15	1.00	聚对苯二甲酸乙二醇酯	1.46	1.33
聚苯乙烯	1.13	1.05	聚碳酸酯	1.31	1.20
聚氯乙烯	1.52	1.39	聚乙烯醇	1.35	1.26
聚偏氯乙烯	2.00	1.74	聚甲基丙烯酸甲酯	1.23	1.17
聚偏氟乙烯	1.95	1.66	顺式聚异戊二烯	1.00	0.91
聚四氟乙烯	2.35	2.00	反式聚异戊二烯	1.05	0.90

其他比较常用的结晶度测量方法有X射线分析法、量热法和红外光谱法等。X射线结晶度是根据晶区和非晶区所造成的衍射点或弧和弥散环的强度来计算的；量热法测结晶度是以试样晶区熔融时吸收的熔融热与完全结晶试样或已知结晶度的标准试样的熔融热的对比来计算的；红外结晶度则是根据红外光谱上结晶或非晶的特征谱带的吸收强度与完全结晶和完全非晶试样的吸收强度的差别来推算的。此外，还有一些间接的方法，一般是基于晶相和非晶相中发生化学反应或物理变化的差别来进行测量的。

（2）结晶度对聚合物性能的影响

同一种单体，以不同的聚合方法或不同的成型条件可以制得结晶或不结晶的高分子材料。对于塑料和纤维，通常希望它们有合适的结晶度；而结晶会使橡胶硬化而失去弹性，汽车轮胎在北方的冬天有时会因为结晶而破裂。同一聚合物的结晶态和非晶态的力学性能往往差别很大。

① 力学性能　结晶度对聚合物力学性能的影响，要视聚合物的非晶区处于玻璃态还是橡胶态（高弹态，见5.1.2小节）而定。聚合物的晶态和非晶态的弹性模量接近，而橡胶态的模量却低几个数量级。因此，当聚合物的非晶区位于橡胶态时，模量、硬度随结晶度的提高而增大。在玻璃化转变温度以下，结晶度对脆性的影响较大；当结晶度增加，分子链排列趋于紧密，孔隙率下降，材料受到冲击后，分子链段没有活动的余地，冲击强度降低。在玻璃化转变温度以上，结晶度的增加使分子间的作用力增加，因而拉伸强度提高，但断裂伸长率减小；在玻璃化转变温度以下，聚合物随结晶度增加而变得很脆，拉伸强度下降。另外，在玻璃化转变温度以上，微晶体可以起到物理交联作用，使链的滑移减小，冲击强度略有下降。表2-4列出了聚合物力学性质随结晶度的变化趋势。

表2-4　结晶度对力学性质的影响趋势

状态	温度	弹性模量	硬度	冲击强度	拉伸强度	伸长率
橡胶态	$T_m \sim T_g$	↑	↑	（↓）	↑	↓
硬结晶态	$< T_g$	--	--	↓	↓	--

↑—上升；↓—下降；--—变化不大；（↓）稍有下降。

② 光学性质　晶区密度大于非晶区，因此密度随结晶度的增加而增加。大量实验表明，结晶和非晶密度的比值约为1.13，即$\rho_c/\rho_a=1.13$。因此测得某一样品的密度，即可粗略估计其结晶度：

$$\rho=\rho_a(1+0.13f_c^V) \tag{2-11}$$

物质的折射率与密度有关，因此聚合物中晶区与非晶区折射率不同，光线通过时在晶区界面上发生折射和反射，不能直接通过。因此两相并存的结晶聚合物通常呈乳白色，不透明，如PE、PTFE、PA等，结晶度减小，透明度增加，完全非晶的聚合物是透明的，如PMMA、PS、PC等。但是，有的聚合物晶区密度和非晶区密度差别很小，或者晶体尺寸比可见光波长还小，此时结晶并不影响聚合物的透明性。例如，聚4-甲基-1-戊烯，分子链上有较大的侧基，使其结晶排列不紧密，两相密度很接近，是透明聚合物。等规PP加工时加入成核剂，可减小结晶尺寸，改善透明度。

③ 热性能　作为塑料使用的聚合物，非晶或者结晶度比较低的聚合物的最高使用温度是玻璃化转变温度，而结晶度比较高的聚合物的最高使用温度是熔点。例如，聚乙烯、聚丙烯分子链比较柔顺，玻璃化转变温度较低（聚乙烯约-68℃，聚丙烯约-10℃），但由于两者的结晶度高，晶体熔融温度高，因此两种材料的软化温度大大提高。高密度聚乙烯软化温度达125～135℃，等规聚丙烯软化温度达140℃以上，应用范围大大扩展。

④ 其他性能　由于结晶使分子链紧密堆积，相比非晶态能更好地阻挡各种试剂的渗入，因此结晶度对耐溶剂性，耐气体、液体、蒸气等的渗透性，化学反应活性等都有影响。例如，普通聚乙烯醇结晶度只有30%，遇热水溶解，虽经230℃热处理85min后结晶度可提高到65%，但不经缩醛化处理仍无法作为民用衣料；而定向聚合得到的等规聚乙烯醇，结晶度很高，不经缩醛化反应也能制成耐热性很好的纤维。

2.3.6 结晶聚合物的熔融

在线课程 2-5

（1）熔点和熔限

在通常的升温速度下，结晶聚合物熔融过程的体积（或比热容）对温度的曲线如图2-21所示。作为对照，同时给出了低分子熔融过程的*V-T*曲线。可以清楚地看出，结晶聚合物的熔融过程与低分子既相似又有差别。结晶聚合物的熔融过程与低分子相似，也发生某些热力学函数（如体积、比热容等）的突变，然而这一过程并不像低分子那样发生在约0.2℃狭窄的温度范围内，而有一个较宽的熔融温度范围，这个温度范围通常称为熔限。在这个温度范围内，聚合物发生边熔融边升温的现象，而不像低分子那样，几乎保持在两相平衡的某一温度下，直到晶相全部熔融为止。

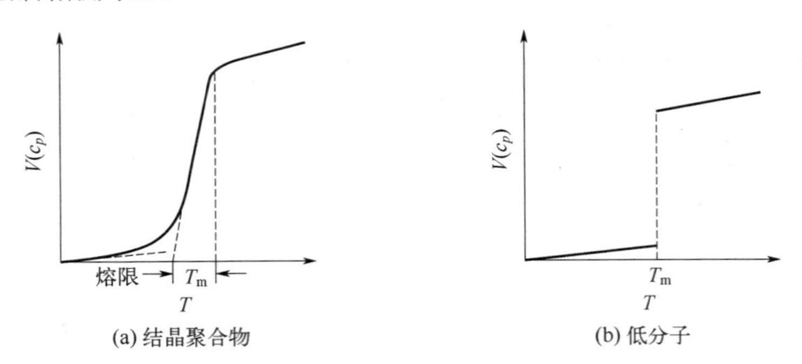

图2-21　结晶聚合物和低分子的熔融过程体积（比热容）-温度曲线

结晶聚合物熔融时出现边熔融、边升温的现象是由于结晶聚合物中含有完善程度不同的晶体。结晶时，随着温度降低，熔体的黏度迅速增加，分子链的活动性减小，来不及做充分的位置调整，使得结晶停留在不同的阶段，较不完善的晶体将在较低的温度下熔融，而较完善的晶体则需要在较高的温度下才能熔融，因而在通常的升温速度下，便出现较宽的熔融温度范围。对于结晶聚合物，熔融终点处对应的温度为聚合物的熔点。

原则上，结晶熔融时发生不连续变化的各种物理性质，如密度、折射率、比热容、透明性等，都可以用来测定熔点。此外，还有利用结晶熔融时双折射消失的偏光显微镜法，利用结晶熔融时X射线衍射图上晶区衍射消失的X射线衍射法，红外光谱图以及核磁共振谱上结晶引起的特征谱带消失的红外光谱法以及核磁共振法等。

（2）影响结晶聚合物熔点的因素

① 结晶温度

结晶聚合物的熔点和熔限与其结晶形成的温度有关。图 2-22 是橡胶的熔点和熔限与结晶温度的关系图。可以看到，结晶温度越低，熔点越低而且熔限越宽；而在较高的温度下结晶，则熔点较高，熔限较窄。

结晶温度对熔点和熔限的这种影响，是由于在较低的温度下结晶时，分子链的活动能力较差，形成的晶体较不完善，完善程度的差别也较大，显然，这样的晶体将在较低的温度下被破坏，即熔点较低，同时熔融温度范围也必然较宽；在较高的温度下结晶时，分子链活动能力较强，形成的结晶比较完善，完善程度的差别也较小，因而晶体的熔点较高且熔限较窄。

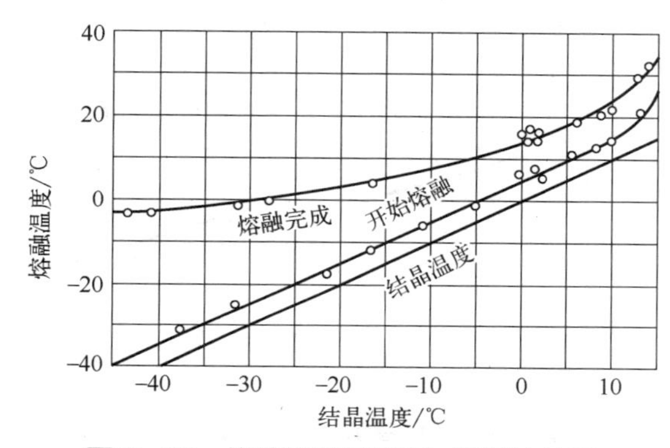

图 2-22　橡胶的结晶温度与熔限的关系

② 晶片厚度

结晶性聚合物成型过程中，往往要经过淬火或退火等热处理，以控制制品的结晶度。与此同时，随着结晶条件的不同，将形成晶片厚度和完善程度不同的结晶，它们将具有不同的熔点。表 2-5 给出了一组晶片厚度对熔点影响的数据，可以看出，结晶的熔点随着晶片厚度的增加而升高。

表 2-5　聚乙烯晶片厚度与熔点数据

l/nm	28.2	29.2	30.9	32.3	33.9	34.5	35.1	36.5	39.8	44.3	48.3
T_m/℃	131.5	131.9	132.2	132.7	134.1	133.7	134.4	134.3	135.5	136.5	136.7

一般认为，晶片厚度对熔点的这种影响与结晶的表面能有关。高分子晶体表面普遍存在堆砌较不规整的区域，因而在结晶表面上的链将不对熔融热做完全的贡献。与完善的单晶相比，晶片厚度越小，单位体积内的结晶物质将具有越高的表面能。因此，晶片厚度较小和较不完善的晶体，比晶片厚度较大和较完善的晶体的熔点要低些。J. I. Lauritzen 和 J. D. Hoffman 于 1960 年从单晶出发，导出了熔点 T_m 与晶片厚度 l 的关系

$$T_m = T_m^0\left(1-\frac{2\sigma_e}{l\Delta h}\right) \tag{2-12}$$

式中，T_m 和 T_m^0 分别表示晶片厚度为 l 和 ∞ 时的结晶熔点；Δh 是单位体积的熔融热；σ_e

是表面能。显然 l 越小，则 T_m 越低。$l\to\infty$ 时，$T_m \to T_m^0$，熔点将达到一个极限值，T_m^0 常称为平衡熔点，一般认为聚乙烯的 T_m^0 约为 145℃。

式（2-12）提供了一个直接的方法，T_m 对 $1/l$ 作图，通过斜率测定重要参数 σ_e，从温度坐标上的截距测定 T_m^0（图 2-23）。要测定某聚合物的这两个参数，实验上只需测量一组不同条件下得到的晶体的熔点和片晶的厚度。但是由于聚合物片晶的亚稳定性，在加热时，这些片晶很容易转变为具有更高熔点的较厚的片晶，使熔点和晶片厚度的准确测量遇到了很大的困难。因为，如果用传统的方法，用尽可能慢的升温速度在尽量接近热力学平衡的条件下测定熔点，那么在此期间晶片厚度将会发生较大的变化；相反地，如果快速升温，虽可避免熔点测量过程中晶片厚度的变化，但又因过热效应而易使所得熔点超过真实值。实验中只能在这两方面中寻找折中条件。通常推荐采用升温速度为 $10K \cdot min^{-1}$，此条件下可得到重复性较好的结果，得到的 σ_e 值也与其他方法得到的比较一致。

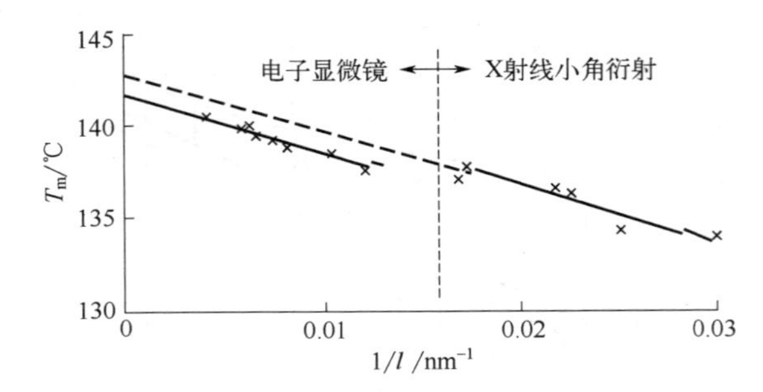

图 2-23　聚乙烯高压伸展链片晶的熔点与晶片厚度的关系

③ 拉伸

熔融纺丝时，总要进行牵伸，以提高纤维的强度。对于结晶聚合物，牵伸有利于聚合物结晶，结果提高了结晶度，同时也提高了熔点。从热力学角度很容易解释这一现象。因为要使聚合物能自动地进行结晶，必须使结晶过程自由能的变化小于零，$\Delta G<0$。

$$\Delta G = \Delta H - T\Delta S \tag{2-13}$$

无论任何物质，从非晶态到晶态，分子的排列是从无序到有序的过程，熵总是减小的，$\Delta S<0$。要使 $\Delta G<0$，必须使 $\Delta H<0$，而且 $|\Delta H| > T|\Delta S|$。某些聚合物从非晶态到晶态 $|\Delta S|$ 很大，而结晶的热效应 ΔH 却很小，要使 $|\Delta H| > T|\Delta S|$ 只有两种可能性：①降低 T；②降低 $|\Delta S|$。但过分降低温度则分子活动有困难，可能变成玻璃态而不结晶，所以应设法降低 $|\Delta S|$。在结晶前对聚合物进行拉伸，使高分子链在非晶态中已经具有一定有序性，这样结晶时相应的 $|\Delta S|$ 也就小了，使结晶能够进行，所以拉伸有利于结晶。例如，天然橡胶在常温下结晶需要几十年，而拉伸时只需几秒钟就能结晶，除去外力则结晶立即熔化。

在熔点时，晶相与非晶相达到热力学平衡，$\Delta G=0$，故

$$T_m = \Delta H / \Delta S \tag{2-14}$$

拉伸使熵变减小，熔点提高。这个结论对拉伸非晶相聚合物而言是正确的，因而拉伸所用的力与熔点之间有一定的关系。以纤维为例，假定使纤维取向所用的力为 x，则 x 与熔点 T_m 的关系是：

$$(\partial x / \partial T_m)_p = -\Delta S / \Delta L \tag{2-15}$$

式中，x 是在温度 T_m 时纤维中取向的晶态与解取向的非晶态之间维持平衡所需的力；ΔL 和 ΔS 是熔融时纤维长度的变化和熵的变化。

熔融时 ΔL 是负的，ΔS 是正的，因此 $(\partial x / \partial T_m)_p$ 也是正的，这就是说，使纤维取向所用的力愈大则熔点愈高。某些橡胶，比如天然橡胶，在室温未拉伸时是非晶态的，当高倍拉伸时则发生结晶，微晶的熔点由于拉伸比的增加而明显地升高。

④ 分子结构

由熔点的热力学定义式 $T_m = \Delta H / \Delta S$ 出发，提高熔点可以从两个方面考虑，一方面是增加熔融热 ΔH，另一方面是减小熔融熵 ΔS。但是必须指出，熔点的高低是由这两个方面共同决定的，因此考虑高分子链结构与熔点的关系时，绝不能只考虑结构对其中某一方面的影响，而忽略了另一方面，否则将会得出错误的结论。

原则上增加熔融热对提高熔点有利，但是大量结晶聚合物的熔点和熔融数据（表 2-6）表明，熔融热数值与聚合物的熔点之间并不存在简单的对应关系。许多低熔点的聚合物有高的熔融热值；相反地，也有一些高熔点的聚合物其熔融热却不高。还须注意，熔融热不能笼统地与分子间相互作用大小相联系，因为熔融热不同于内聚能密度，内聚能是液（或固）-气相转变时分子间相互作用变化的量度，而熔融过程是固-液转变，熔融热应是熔融前后分子间相互作用变化的量度。例如，聚酰胺由于形成氢键，分子间的相互作用很强，但是有实验表明，红外光谱检测到熔点以上仍然存在部分氢键，即这部分氢键可能对熔融热没有贡献，因此虽然聚酰胺的熔点比相应的聚酯的熔点高得多，但是有些聚酰胺的 ΔH 却比相应的聚酯还低。所以，在考虑分子间相互作用大小或熔融热大小对熔点的影响时必须谨慎。

熔融熵的大小取决于熔融时体积变化和分子链可能存在的构象数目的变化。构象数目在晶体中只有一个，但在熔体中有许多个，因此，熔融熵与熔融态下的链构象数之间可建立较明确的对应关系，于是通常可以根据高分子链的柔顺性来推测其熔融熵，进而考虑它对聚合物熔点的影响。

表 2-6　一些结晶聚合物的熔融数据表

聚合物	熔点 T_m^0 /℃	熔融热 ΔH_m（重复单元）/（kJ·mol^{-1}）	熔融熵 ΔS（重复单元）/（J·℃$^{-1}$·mol^{-1}）
聚乙烯	146	4.02	9.6
聚丙烯（等规）	200	5.80	12.1
顺-1,4-聚丁二烯	11.5	9.20	32
反-1,4-聚丁二烯	142	3.61	8.7
聚苯乙烯（等规）	243	8.37	16.3
聚氯乙烯（等规）	212	12.7	26.2
聚偏氯乙烯	198	15.8	33.6
聚偏氟乙烯	210	6.69	13.8
聚三氟氯乙烯	220	5.02	10.2
聚四氟乙烯	327	2.87	4.78
聚甲醛	180	6.66	14.7
聚环氧乙烷	80	8.29	22.4

续表

聚合物	熔点 T_m^0 /℃	熔融热 ΔH_m（重复单元）/（kJ·mol^{-1}）	熔融熵 ΔS（重复单元）/（J·℃$^{-1}$·mol^{-1}）
聚四氢呋喃	57	1.44	43.7
聚六亚甲基氧醚	73.5	23.2	67.3
聚八亚甲基氧醚	74	29.4	84.4
聚对二甲苯	375	30.1	46.5
聚对苯二甲酸乙二醇酯	280	26.9	48.6
聚对苯二甲酸丁二醇酯	230	31.8	63.2
聚对苯二甲酸癸二醇酯	138	46.1	113

对于等规聚α-烯烃类聚合物，即当聚乙烯的亚甲基规则地被某一烷基取代时，由于主链内旋转位阻增加，分子链的柔顺性降低，熔点升高。例如

$\mathrm{\lbrack CH_2-CH_2 \rbrack_n}$ 聚乙烯 T_m^0=146℃

$\mathrm{\lbrack CH_2-CH(CH_3) \rbrack_n}$ 聚丙烯 200℃

$\mathrm{\lbrack CH_2-CH(CH(CH_3)-CH_3) \rbrack_n}$ 聚3-甲基-1-丁烯 304℃

$\mathrm{\lbrack CH_2-CH(C(CH_3)_2-CH_3) \rbrack_n}$ 聚3, 3′-二甲基-1-丁烯 ＞320℃

但是，由于这类聚合物在结晶中均采取螺旋形构象，当正烷基侧链的长度增加时，影响了链间的紧密堆砌，将使熔点下降。例如

$\mathrm{\lbrack CH_2-CH(CH_3) \rbrack_n}$ 聚丙烯 T_m^0=200℃

$\mathrm{\lbrack CH_2-CH(CH_2-CH_3) \rbrack_n}$ 聚1-丁烯 138℃

$\mathrm{\lbrack CH_2-CH(CH_2-CH_2-CH_3) \rbrack_n}$ 聚1-戊烯 130℃

$\mathrm{\lbrack CH_2-CH(CH_2-CH_2-CH_2-CH_3) \rbrack_n}$ 聚1-己烯 −55℃

侧链长度继续增加时，由于重新出现有序性的堆砌，将使熔点回升（图 2-24）。

当取代基为体积庞大的基团时，例如

$\mathrm{\lbrack CH_2-CH(C_6H_5) \rbrack_n}$ 聚苯乙烯 T_m^0=243℃

$\mathrm{\lbrack CH_2-CH(C_6H_4F) \rbrack_n}$ 聚对氟苯乙烯 265℃

$\mathrm{\lbrack CH_2-CH(C_6H_4-C(CH_3)_2-CH_3) \rbrack_n}$ 聚对叔丁基苯乙烯 300℃

$\mathrm{\lbrack CH_2-CH(C_{10}H_7) \rbrack_n}$ 聚α-乙烯基萘 360℃

$\mathrm{\lbrack CH_2-CH(N\text{-}carbazolyl) \rbrack_n}$ 聚乙烯咔唑 ＞320℃

由于内旋转的空间位阻，分子链的刚性增加，从而熔融熵减小，使熔点升高。这类取代基造成的空间位阻越大，熔点升高越多。

对于脂肪族聚酯、聚酰胺、聚氨酯和聚脲，这几类聚合物的熔点随重复单元长度的变化呈现统一的总趋势，它们都随重复单元长度的增加而逐渐趋近于聚乙烯的熔点（图 2-25）。因为随着重复单元长度的增加，主链上酯、酰胺、氨基甲酸酯和脲等极性基团的含量逐渐减少，使链的结构逐渐接近聚乙烯的链结构，不管其柔顺性还是链间的相互作用及堆砌密度，

都越来越接近于聚乙烯的情况，因此其熔点变化的这种趋势是容易理解的。

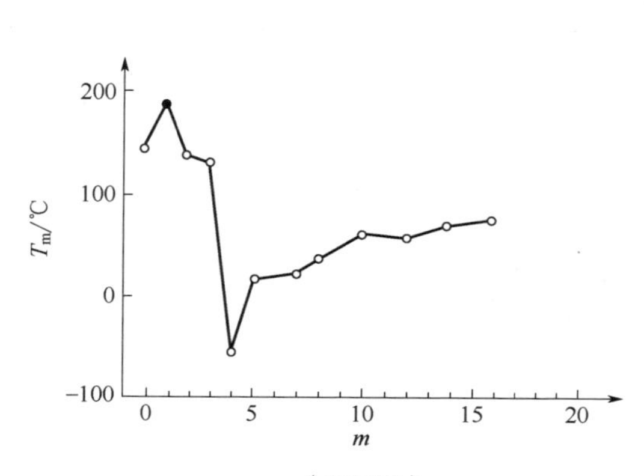

图 2-24 聚 α-烯烃 $\text{-}[CH_2CH]_n\text{-}$ ($(CH_2)_mH$) 的熔点随侧链长度的变化

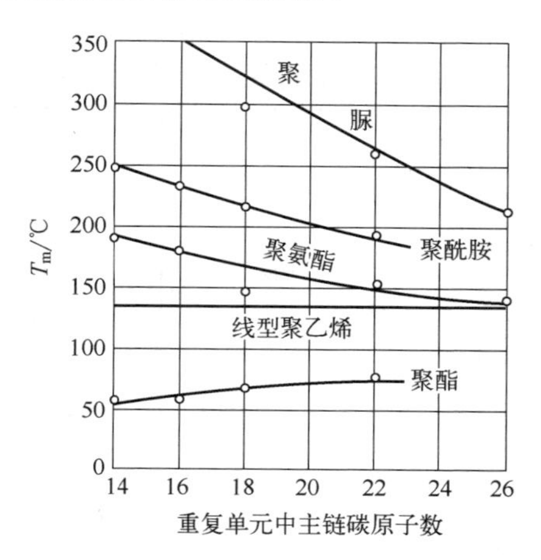

图 2-25 脂肪族同系聚合物熔点的变化趋势

关于上述几类聚合物之间的熔点差别，曾有人用生成分子间氢键和氢键的密度来解释聚酰胺、聚氨酯和聚脲的熔点高于聚乙烯以及它们彼此之间的熔点高低顺序，认为氢键的形成主要是增加了熔融热，因而氢键的密度越大，熔点越高。但是如前所述，熔融态中检测到氢键仍然存在，以及聚酰胺和聚酯的熔融热数值相近的事实，不支持这种解释。事实上，分子主链引进上述极性基团之后，也降低了链的柔顺性，特别是熔体中氢键的存在，进一步限制了许多可能构象的出现，因而使熔融熵减小，熔点升高。聚酯的低熔点一般认为是由较高的熔融熵造成的，因为在酯基中，C—O 键的内旋转位阻较 C—C 键小，增加了链的柔顺性。

较仔细的研究还发现，这几类聚合物的熔点随重复单元长度变化的总趋势还都呈现一种锯齿形变化的特征（图 2-26）。造成这种现象的原因可能仍然与形成分子间氢键的密度有关。以聚酰胺为例，分子链上酰胺基团形成氢键的概率与结构单元中碳原子数的奇偶数有关（表 2-7）。另外一种解释则认为，熔点随重复单元长度变化而上下交替变化的现象，是由不

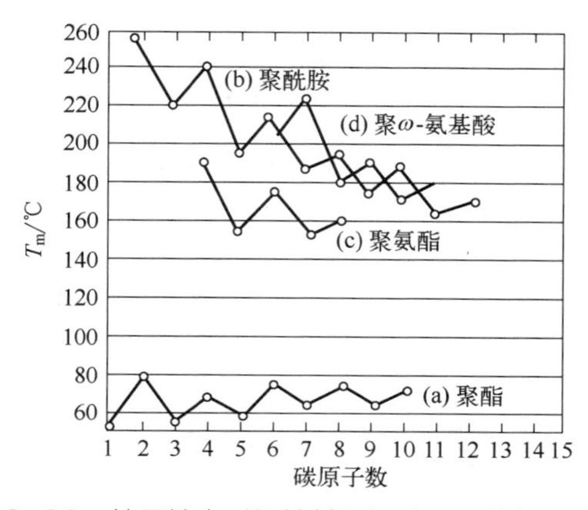

图 2-26 结晶熔点对极性基团间碳原子数的依赖性

（a）与癸二醇形成聚酯的二元酸的碳原子数；（b）与癸二酸形成聚酰胺的二元胺的碳原子数；（c）与丁二醇形成聚氨酯的二异氰酸的碳原子数；（d）聚 ω-氨基酸中 ω-氨基酸的碳原子数

同的晶体结构引起的，即这些聚合物的晶体架构随重复单元中碳原子数奇偶而交替变化。

表 2-7 聚酰胺链间氢键与重复单元中碳原子数奇偶的关系

聚酰胺分子间氢键结构	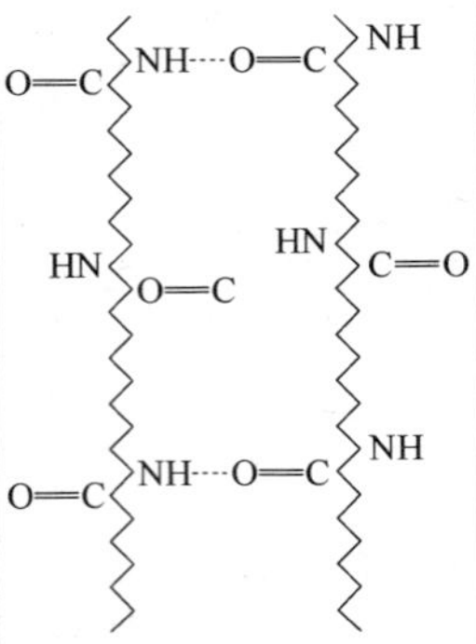 O=C NH···O=C NH HN O=C HN C=O O=C NH···O=C NH	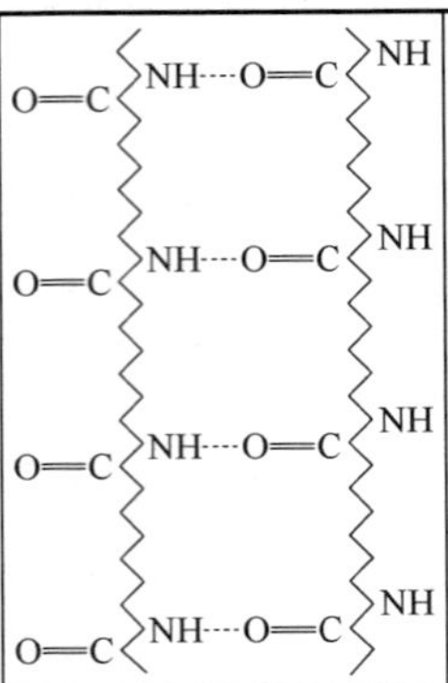 O=C NH···O=C NH O=C NH···O=C NH O=C NH···O=C NH O=C NH···O=C NH	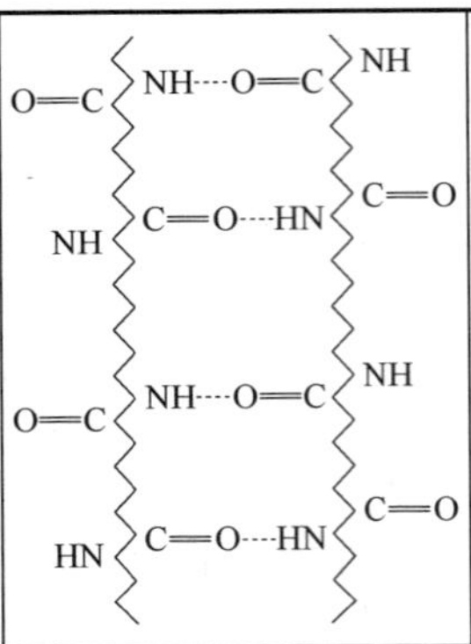 O=C NH···O=C NH NH C=O···HN C=O O=C NH···O=C NH HN C=O···HN C=O	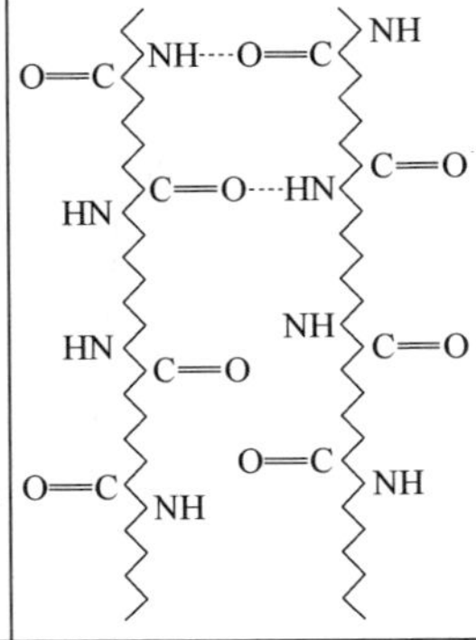 O=C NH···O=C NH HN C=O···HN C=O HN C=O NH C=O O=C NH O=C NH
碳原子数	偶数的氨基酸	奇数的氨基酸	偶酸偶胺	偶酸奇胺
形成氢键数	半数	全部	全部	半数
熔点	低	高	高	低

对于主链含苯环或其他刚性结构的聚合物，主链上含有环状结构或共轭结构使链的刚性大大增加，这类基团包括次苯基、联苯基、萘基、均苯四酸二酰亚胺基等，其结构如下：

次苯基 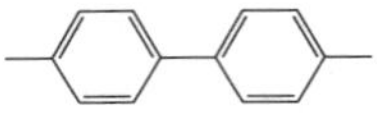　　联苯基 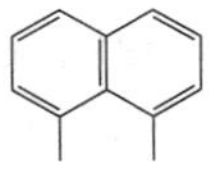　　萘基 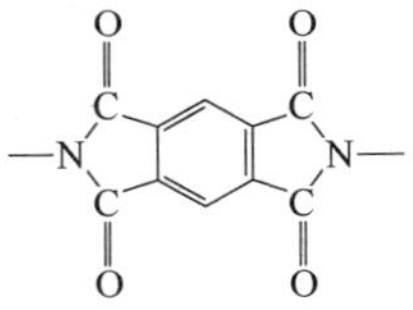　　均苯四酸二酰亚胺基

这类聚合物都具有较低的熔融熵，因而具有比其对应的饱和脂肪链聚合物高得多的熔点。

下面给出三组聚合物的结构及熔点数据：

聚合物	重复单元	T_m^0
聚乙烯	$—CH_2—CH_2—$	146℃
聚对二甲苯	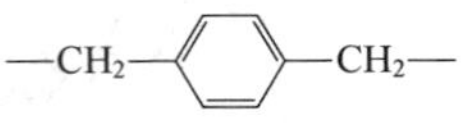 $—CH_2—C_6H_4—CH_2—$	375℃
聚对苯	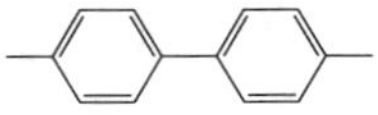 $—C_6H_4—C_6H_4—$	530℃
聚辛二酸乙二醇酯	$—(CH_2)_2—OC(=O)—(CH_2)_6—C(=O)O—$	45℃
聚对苯二甲酸乙二醇酯	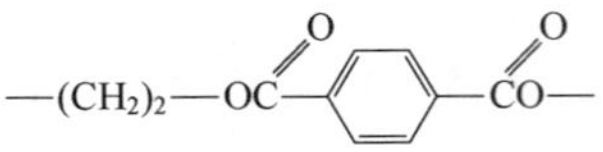 $—(CH_2)_2—OC(=O)—C_6H_4—C(=O)O—$	280℃
尼龙68	$—NH(CH_2)_6NHCO(CH_2)_6CO—$	235℃
半芳香尼龙	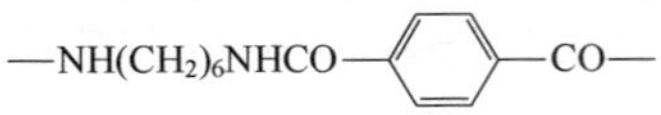 $—NH(CH_2)_6NHCO—C_6H_4—CO—$	350℃
芳香尼龙	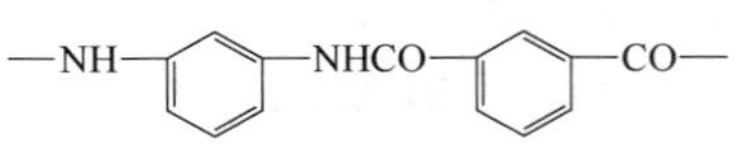 $—NH—C_6H_4—NHCO—C_6H_4—CO—$	430℃

从上面一系列数据可以看出，高分子主链上的对苯基单元能特别有效地使主链变得僵硬，因而使熔点升高。

对位芳族聚合物的熔点比相应的间位芳族要高，这是因为对称的关系，对位基团围绕其主链旋转 180°后构象不变，而间位基团在转动时构象就不同了，因此间位化合物在自由转动时能得到更多的熵，因而其熔点较低，例如

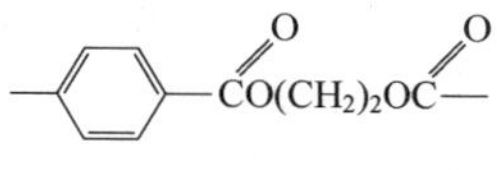

聚对苯二甲酸乙二醇酯
T_m^0=280℃

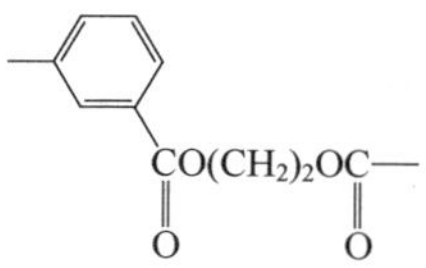

聚间苯二甲酸乙二醇酯
240℃

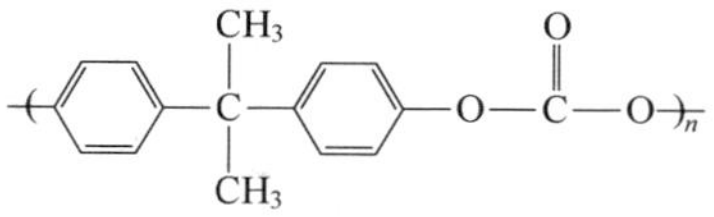

双酚A聚碳酸酯
295℃

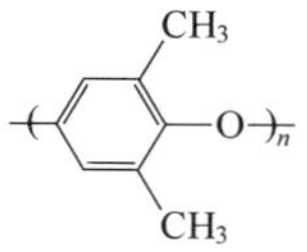

聚苯醚
481℃

芳香族比脂肪族聚碳酸酯和聚醚熔点要高得多，也是苯环使分子链刚性增加的结果。

此外，聚四氟乙烯具有很高的熔点 327℃，在 380℃它的黏度仍高达 10^{10}Pa·s（即 10^{11}P），在结晶熔融后，接近其分解温度时还没有可观察到的流动，因此不能用一般热塑性塑料的方法进行加工，因为分子的构象是几乎接近棒状的刚性分子。

二烯类的 1,4-聚合物都具有较低的熔点，这可能是其链上的孤立双键造成的特别好的链柔顺性和较小的分子间非极性相互作用，导致较大的熔融熵和较小的熔融热的结果。它们的顺式结构聚合物比反式结构聚合物具有更低的熔点，因为反式聚合物的链取全反式构象，在晶体中可做更为紧密的堆砌，从而得到更大的熔融热。

⑤ 共聚物的熔点

当结晶聚合物的单体与另一单体进行共聚时，如果这个共聚单体本身不能结晶，或者本身虽能结晶，但不能进入原结晶聚合物的晶格，与其形成共晶，则生成共聚物的结晶行为将发生变化，结晶熔点 T_m 与原结晶聚合物的平衡熔点 T_m^0 的关系可以用经典的热力学相平衡理论得到

$$\frac{1}{T_m}-\frac{1}{T_m^0}=-\frac{R}{\Delta H_u}\ln P \tag{2-16}$$

式中，P 代表共聚物中结晶单元相继增长的概率；R 是气体常数；ΔH_u 是每摩尔重复单元的熔融热。这一关系表明，共聚物的熔点与组成没有直接关系，而是取决于共聚物的序列分布性质。

对于无规共聚物，$P\equiv X_A$，因而

$$\frac{1}{T_m}-\frac{1}{T_m^0}=-\frac{R}{\Delta H_u}\ln X_A \tag{2-17}$$

式中，X_A 是结晶单元的摩尔分数。图 2-27 是一组无规共聚酯和无规共聚酰胺的熔点与组成关系的典型例子。可以看到，如理论所推断的，随着非结晶共聚单体浓度的增加，熔点

单调下降，直到一个适当的组成，这时共聚物两个组分的结晶熔点相同，达到低共熔点。

对于嵌段共聚物，$P \gg X_A$，有时甚至趋近于 1，因而这类聚合物大多相对于其均聚物的熔点只有轻微的降低；而对于交替共聚物，则有 $P \ll X_A$，熔点将发生急剧的降低。因此，可以预计具有相同组成的共聚物，由于序列分布不同，其熔点将会有很大的差别。这一结论已被大量实验所证实。

图 2-28 中给出一组与各种共聚单体嵌段共聚的聚对苯二甲酸乙二醇酯的嵌段共聚物的熔点和组成的关系。作为对照，两个相应的无规共聚物的熔点组成关系也一起给出。可以看出，两种不同类型共聚物的熔点-组成关系有非常明显的差别，和上述理论预测相吻合。在嵌段共聚物的曲线上，当共聚单体含量增至很大时，熔点仍然维持不变，并且与共聚单体的化学结构无关。一直到共聚单体含量大到某一比例后，熔点才发生急剧下降，最后稳定在添加组分的结晶熔点上。

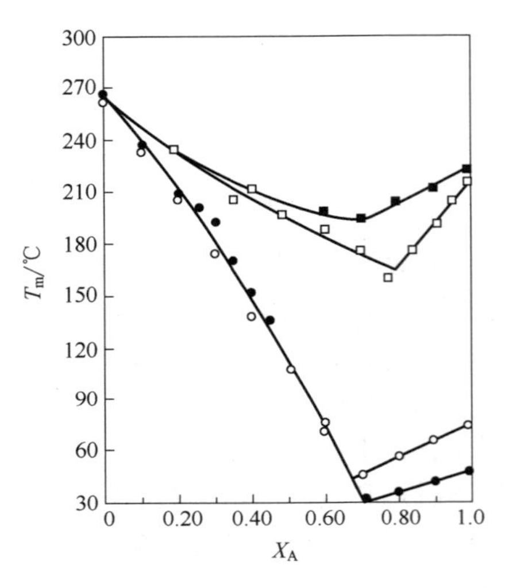

图 2-27 典型无规共聚酯、无规共聚酰胺的熔点与组成关系

●—对苯二甲酸和己二酸与乙二醇的共聚物；○—对苯二甲酸和癸二酸与乙二醇的共聚物；■—己二酸和癸二酸与己二胺的共聚物；□—己二酸和己二胺与己内酰胺的共聚物

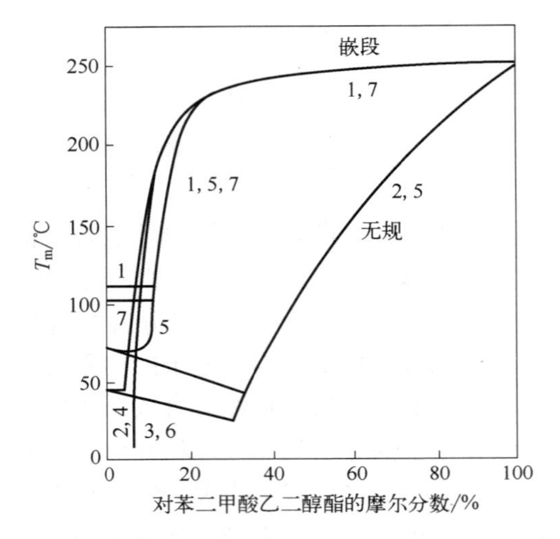

图 2-28 聚对苯二甲酸乙二醇酯的几种嵌段共聚物的熔点与组成关系

1—聚丁二酸乙二酯；2—聚己二酸乙二酯；3—聚己二酸二甘醇酯；4—聚壬二酸乙二酯；5—聚癸二酸乙二酯；6—聚邻苯二甲酸乙二醇酯；7—聚间苯二甲酸乙二醇酯

在适当的组成范围内，嵌段共聚物的熔点发生大幅度的变化，这给性能控制带来了很大的可变性。例如，一个结晶共聚物通过嵌段共聚可以有效地降低其熔点、模量和拉伸强度等。通过选择适当的共聚单体，还可以在保持所希望的力学性质的同时，提高其他性质，如可染性、吸水性或弹性等。如果为了满足加工需要降低熔点，也可以无规地引入共聚单体。

分子链上出现的结构不规整单元，包括等规聚合物的构型不规整单元（如取代烯烃等规聚合中的旋光构型不规则单元，或二烯类聚合中的顺反构型不规则单元），以及分子链上的支化点等，对结晶的影响与共聚单元相似，虽然它们在化学上与链上其他单元是一样的（这点与共聚单元不同），但是在此都可作为无规共聚物来处理。图 2-29 和图 2-30 是不同结构不规则单元引起熔点降低的实验结果。可以看到，随着这些单元含量的增加，熔点与结晶度下降，并且熔融过程明显变宽。通常，无规共聚物的熔限比均聚物和嵌段共聚物宽，这是结晶对序列长度的要求带来的扩大了的杂质效应的结果。

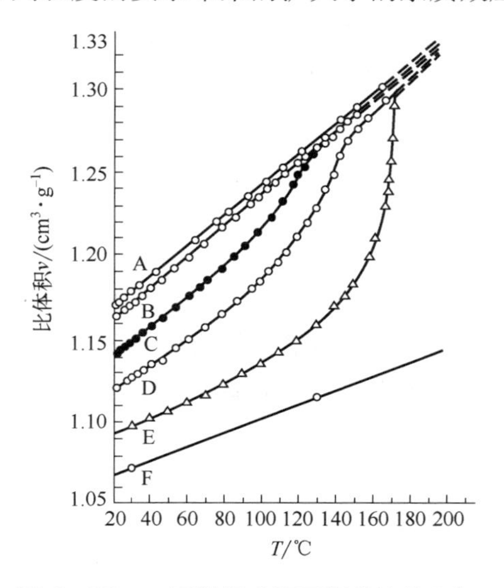

图 2-29　不同等规度聚丙烯的比体积与温度的关系

A—乙醚萃取，淬火；B—戊烷萃取，退火；
C—己烷萃取，退火；D—三甲基戊烷萃取，退火；
E—整个聚合物，退火；F—纯结晶聚合物计算值

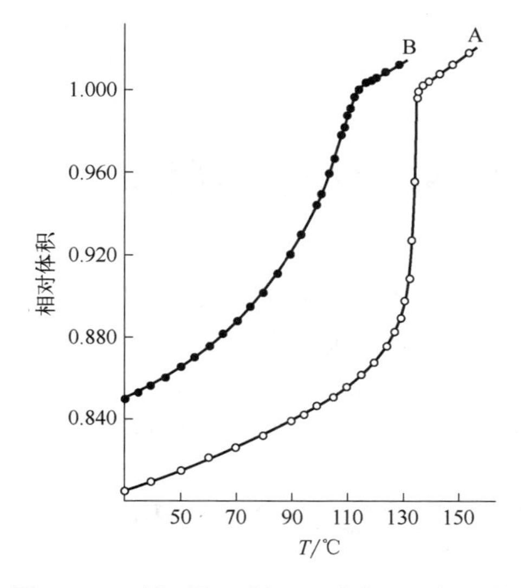

图 2-30　线型聚乙烯 A 和支化聚乙烯 B 的相对体积与温度的关系

⑥ 稀释效应

根据经典的相平衡热力学，杂质使低分子晶体熔点降低服从如下关系

$$\frac{1}{T_{\mathrm{m}}}-\frac{1}{T_{\mathrm{m}}^{0}}=-\frac{R}{\Delta H_{\mathrm{u}}}\ln a_{\mathrm{A}} \tag{2-18}$$

式中，a_{A} 是含可溶性杂质的晶体熔化后，结晶组分的活度。如果杂质浓度很低，$a_{\mathrm{A}}=X_{\mathrm{A}}$。

对于结晶聚合物，各种低分子的稀释剂（包括增塑剂、未聚合单体及其他可溶性添加剂）所造成的熔点降低，也有类似的关系式。如果低分子稀释剂的体积分数为 ϕ_1，则

$$\frac{1}{T_{\mathrm{m}}}-\frac{1}{T_{\mathrm{m}}^{0}}=-\frac{R}{\Delta H_{\mathrm{u}}}\times\frac{V_{\mathrm{u}}}{V_{1}}(\phi_1-\chi_1\phi_1^2) \tag{2-19}$$

式中，V_{u} 和 V_1 分别是高分子重复单元和低分子稀释剂的摩尔体积；χ_1 是高分子和稀释剂的相互作用参数（详见 3.2.1 小节），对于溶解能力很好的稀释剂，χ_1 可为负值，随着溶解能力下降，χ_1 增大，可见良溶剂比不良溶剂使聚合物熔点降低的效应更大。

式（2-19）已被许多不同聚合物的大量实验事实所证实，式中 ΔH_{u} 是链重复单元的特征熔融焓，而与结晶状态的性质无关。当研究一组不同稀释剂时，一种聚合物可得到相同的 ΔH_{u} 值。因而这个方程常用来测定聚合物的 ΔH_{u} 值，加上平衡熔点数据，可由式 $T_{\mathrm{m}}=\Delta H/\Delta S$ 计算出重复单元的熔融熵 ΔS_{u}。

如果把链端当作杂质处理，高分子的分子量对熔点的影响可以表示为

$$\frac{1}{T_{\mathrm{m}}}-\frac{1}{T_{\mathrm{m}}^{0}}=-\frac{R}{\Delta H_{\mathrm{u}}}\times\frac{2}{P_{\mathrm{n}}} \tag{2-20}$$

式中，P_n 是聚合物的数均聚合度。当分子量较大时，链端的数目很小，对熔点的影响很有限，通常不易觉察；但是当分子量较小时，则这种影响便不可忽视了。例如，聚丙烯分子量 M=30000 时，T_m=170℃；M=2000 时，T_m=114℃；而 M=900 时，T_m=90℃。

2.4　聚合物的液晶态

在线课程
2-6

一些物质的结晶结构受热熔融或者被溶剂溶解之后，表观上虽然失去了固态物质的刚性，变成了具有流动性的液态物质，但结构上仍然保留着一维或者二维有序排列，从而在物理性质上呈现出各向异性，形成一种兼有部分晶体和液体性质的过渡状态，这种中间状态称为液晶态，处在这种状态下的物质称为液晶。

2.4.1　聚合物液晶的结构和分类

液晶态和晶态、液态、气态一样，也是物质存在的一种状态。不过，只有具备某些特殊结构的物质才能在熔融或溶解后形成这种状态。液晶除了有液体的流动性外，还兼有结晶固体的取向有序性，其有序程度介于完全无序的各向同性的液态与三维有序的晶态之间。一般来说，可以形成液晶态的分子要满足以下三个条件。

① 分子具有不对称的几何形状。如细长棒状、平板状或盘状。理论分析指出，硬棒状分子的长度和直径的比值（简称长径比）要大于 6.4。但实际分子因其某些相互作用，有时在长径比小于 6.4 时也能形成液晶。

② 分子要有一定的刚性。如含有多重键、苯环等刚性基团。

③ 分子之间要有适当大小的作用力以维持分子的有序排列。为此，要求液晶分子含有极性或易于极化的基团。

小分子液晶化合物一般可用下式表示：

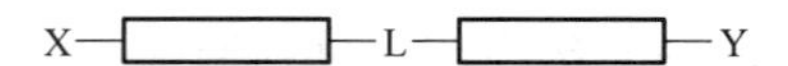

式中，长方框表示分子中的刚性环状结构，如 1,4-苯基、2,6-萘环、1,4-环己基等；X 和 Y 为刚性基团上的取代基，可为烷基、烷氧基、硝基和卤素等；L 为两刚性段之间的连接基，可以为酯基、酰胺基、偶氮基、氧化偶氮基和反式乙烯基等；环与环之间还可直接相连，如联苯、三联苯等。这种具有一定长径比从而满足形成液晶相结构要求的棒状小分子称为液晶基元。如果把液晶基元同高分子相连，使之作为高分子结构单元的一部分同其他链段共同组成高分子链，那么这种高分子也可能呈现液晶状态。

根据液晶基元在高分子中的位置，可以将液晶高分子分为两类：主链为柔性分子链，侧链带有液晶基元的称为侧链型液晶高分子，液晶基元可同主链直接相连［图 2-31（a）］，也可以通过柔性链段相连［图 2-31（b）］；液晶基元位于聚合物主链上时称为主链型液晶高分子，液晶基元之间可由化学键相连，这时整个高分子是完全刚性的，可把整个高分子链看成是一个长径比非常大的液晶基元［图 2-31（c）］，主链液晶高分子的液晶基元之间也可由柔性链段相连接［图 2-31（d）］。

根据液晶的生成条件，也可把液晶分为两类：把物质溶解在溶剂中所形成的液晶叫作溶致液晶，而把加热到其熔点或玻璃化温度以上形成的液晶称为热致液晶。

根据分组排列的形式和有序性，液晶有三种不同的结构类型，它们分别为：近晶型、向列型和胆甾型，它们的分子排列形式如图 2-32 所示。

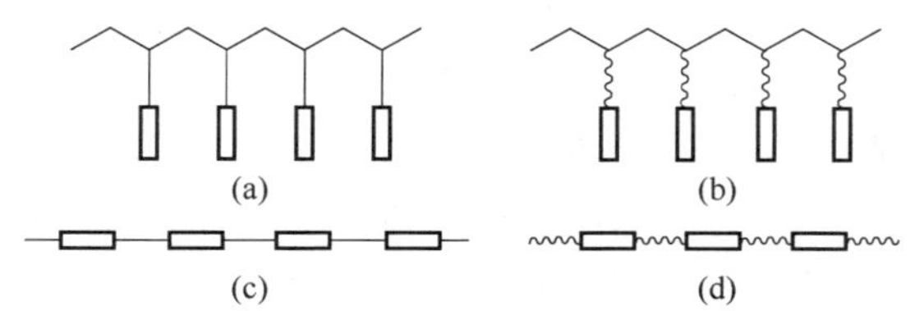

图 2-31　液晶高分子的类型

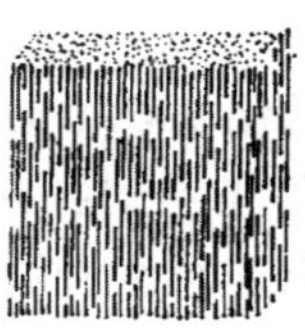
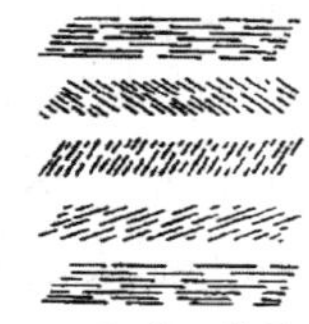
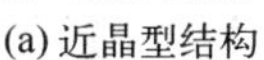

图 2-32　三类液晶的结构

近晶型液晶中，液晶基元相互平行排列成层状结构，其轴向与层片平面垂直。层内棒状结构的排列保持着大量的二维有序性。棒状结构在层内可以移动，但不能往复于层间。因此，不能发生垂直于层片方向的流动，而片层之间可以相互滑移。

向列型液晶中，液晶基元仅仅是彼此平行排列，不形成层状，它们的重心排列是无序的，只保留一维有序性，液晶基元可以沿其轴向移动。

胆甾型液晶的名称来源于一些胆甾醇衍生物所形成的液晶态结构。实际上，许多同胆甾醇无关的其他分子也可呈这种形态。在这类液晶中，液晶基元彼此平行排列成层状结构，但同近晶型结构不同，其轴向在层面上，层内各基元之间的排列同向列型相类似，重心是无序排布的，相邻的层与层之间，基元的轴向取向规则地依次扭曲一定的角度，层层累加而形成螺旋结构，因而有旋光性。

2.4.2　高分子结构对液晶行为的影响

结构对液晶行为的影响包括三个方面：形成液晶的可能性、液晶相的结构形态和液晶的转变温度。下面对侧链型液晶高分子和主链型液晶高分子分别进行讨论。

（1）侧链型液晶高分子

侧链型液晶高分子结构上可分为三个部分：聚合物主链、液晶基元和连接两者的连接链段。液晶基元对液晶态的形成无疑起主要作用，但主链和连接链段的结构则决定了液晶基元是否能够在一定条件下形成有序排列及其排列方式，从而对液晶行为产生影响。

① 连接链段的影响　连接链段通常为柔性链段，它的引入可降低高分子主链对液晶基元排列与取向的限制，减弱两者的相互作用，降低主链构象变化对侧链液晶所形成的干扰。

重复单元如下所示的两类聚合物：

A　$-\overset{H_2}{C}-C(CH_3)-$，侧基 $C(=O)CH(CH_2)_xCOO\ Chol$

B　$-\overset{H_2}{C}-C(CH_3)-$，侧基 $C(=O)CH(CH_2)_x-O-C_6H_4-C_6H_4-CN$

其中，Chol表示胆甾醇基。研究表明，当x=2时，A、B都没有液晶相形成，而A的x=5，6，8，10，11，B的x=5，11时，因为柔性链段的增长，两种聚合物都呈现近晶型液晶行为。

② 主链的影响　主链的柔性可影响液晶的稳定性。通常主链的柔性增加，可使液晶的转变温度降低。液晶状态是在一定温度范围内存在的。非晶高分子在其玻璃化温度以上、结晶性高分子在其熔点以上时，如果不出现液晶相，则都呈各向同性的“清亮”状态，若有液晶相形成，因其光学的各向异性，材料呈“混浊”状态。形成液晶态时，T_g或T_m为形成液晶相的温度起点，继续升温，在某温度下将发生各向异性的液晶相向各向同性的非晶相的热力学转变，物质由“混浊”变为“清亮”，这一转变温度称为清亮点T_i。所以，液晶存在的温度范围ΔT为（T_g或T_m）～T_i，增加主链刚性可使T_g（或T_m）和T_i都升高。下面两种单元构成的聚合物都可形成向列型液晶，从它们的液晶转变温度可说明这一规律。

—CH_2—CH—（侧基：C(=O)—O—R）　　T_g=320K　T_i=350K

—CH_2—$C(CH_3)$—（侧基：C(=O)—O—R）　　T_g=368K　T_i=394K

其中R为

—C_2H_4—O—C_6H_4—COO—C_6H_4—OCH_3

③ 液晶基元的影响　液晶基元的长度增加，通常使液晶相温度范围加宽，增加液晶相的稳定性。下面两种结构单元形成的聚合物：

—CH_2—$C(CH_3)$—（侧基：C(=O)—O—C_6H_{12}—O—C_6H_4—COO—C_6H_4—OCH_3）

—CH_2—$C(CH_3)$—（侧基：C(=O)—O—C_6H_{12}—O—C_6H_4—COO—C_6H_4—C_6H_4—OCH_3）

前者在309K（T_g）形成向列型液晶，清亮点为374K，温度范围ΔT=65K；而后者在333K（T_g）形成近晶型液晶，398K转变成向列型液晶，在535K到达清亮点，ΔT达202K，且有有序程度较高的近晶型液晶生成。

（2）主链型液晶高分子

① 链柔性　完全刚性的高分子，一般有很高的熔点，通常不出现热致液晶，它们可在适当的溶剂中形成溶致液晶。例如，聚对苯甲酰胺溶解在二甲基乙酰胺/LiCl中，或聚对苯二甲酰对苯二胺溶解在浓硫酸中，在一定浓度下，刚性分子呈有序排列，形成向列型液晶。由于液晶态的出现，溶液黏度下降。

在主链液晶基元之间引入柔性链段，可增加链柔性，使高分子的T_m或T_g下降，这类高分子可能呈现热致液晶行为。研究较多的是含多亚甲基柔性链段的聚合物。另外，对含聚环氧乙烷和聚二甲基硅氧烷柔性链段的聚合物也有报道。柔性链段对主链型液晶的影响一般有以下规律：随柔性链段的增长或链段柔性的增加，形成液晶相的转变温度降低；柔性链段可影响聚合物液晶态的有序度，一些研究表明柔性链段的增长使聚合物液晶由向列型转变成近晶型；如果柔性链段含量太大，大大减弱了液晶基元之间的相互作用，最终可导致聚合物不能形成液晶态；某些同一系列的含多亚甲基链段的聚合物的研究表明，液晶转变温度有“奇偶效应”。例如下列聚合物：

$$\left[O-\underset{\underset{O}{\|}}{C}-(CH_2)_x-COO-\langle\bigcirc\rangle-\underset{\underset{CH_3}{|}}{C}=\underset{\underset{H}{|}}{C}-\langle\bigcirc\rangle \right]_n$$

在 x=6～12 时都具有液晶行为，一般为向列型液晶，在 n=13、14 时还能呈现近晶型液晶相，其相转变温度如图 2-33 所示，随 x 的增加，T_g 和 T_i 呈下降趋势。柔性链段含偶数碳原子的聚合物比含奇数碳原子的转变温度要高。

② 液晶基元　增加刚性链段的长度，则增加了液晶基元的长径比，有利于液晶的生成与稳定。在液晶基元上引入取代基，可增加液晶基元的直径，使长径比下降，ΔT 减小。液晶基元的极性一般有保持液晶稳定性的作用。液晶基元结构上的细微差别有可能关系到液晶行为是否出现，这也可能是极性的差别造成的。

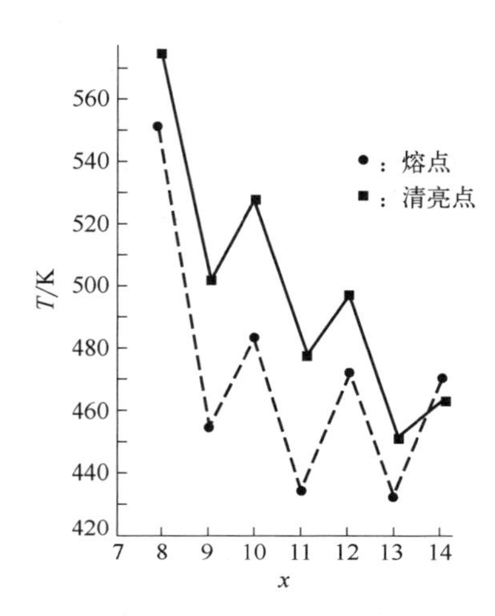

图 2-33　液晶聚合物的相转变温度

2.4.3　聚合物液晶的性质和应用

（1）向列型液晶高分子的流动特性

液晶态溶液具有不同于一般高分子溶液的一系列性质，其中特别有意义的是它的独特的流动特性，这是向列型液晶的共同特征。

图 2-34 是聚对苯二甲酰对苯二胺（PPTA）的浓硫酸溶液的黏度-浓度关系曲线。可以看到，它的黏度随浓度的变化规律与一般高分子溶液体系不同。一般体系的黏度是随浓度增加而单调增大的。这个液晶溶液在低浓度范围内黏度随浓度增加急剧上升，出现一个黏度极大值；随后，浓度增加，黏度反而急剧下降，并出现一个黏度极小值；最后，黏度又随浓度的增大而上升。这种黏度随浓度变化的形式，是刚性高分子链形成的液晶态溶液体系的一般规律，它反映了溶液体系内区域结构的变化。浓度很小时，刚性高分子在溶液中均匀分散，无规取向，呈均匀的各向同性溶液，这种溶液的黏度-浓度关系与一般体系相同。随着浓度的增加，黏度迅速增大，黏度出现极大值的浓度是一个临界浓度 c_1^*。达到这个浓度时，体系内开始建立起一定的有序区域结构，形成向列型液晶，使黏度迅速下降。这时，溶液中各向异性相与各向同性相共存。浓度继续增大，各向异性相所占比例增大，黏度减小，直到体系成为均匀的各向异性溶液时，体系的黏度达到极小值，这时溶液的浓度是另一个临界值 c_2^*。临界浓度 c_1^* 和 c_2^* 的值与聚合物的分子量和体系的温度有关，一般随分子量增大而降低，随温度的升高而增大。

图 2-35 是聚对苯二甲酰对苯二胺的浓硫酸溶液的黏度-温度关系曲线。可以看出，这种液晶态溶液的黏度随温度的变化规律也不同于一般高分子浓溶液体系。随着温度的升高，黏度并不是单调指数式下降的，而是在某一温度处出现一极小值，高于这个温度后，黏度又开

始上升，这显然是各向异性溶液开始向各向同性溶液转变引起的。继续升高温度，溶液的黏度在体系完全转变成均匀的各向同性溶液之前，出现一个极大值，之后，黏度又随温度升高而降低。液晶溶液的浓度增大，黏度出现极大和极小值的温度将向高温方向移动。

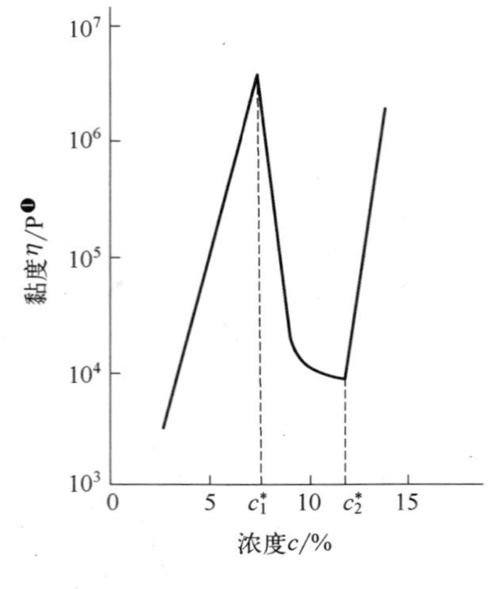

图 2-34　聚对苯二甲酰对苯二胺的浓硫酸溶液的黏度-浓度关系曲线（20℃，M=29700）

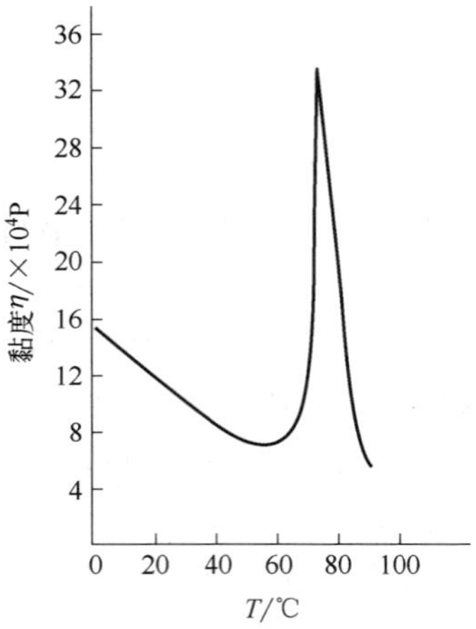

黏度η/×10⁴P
T/℃

图 2-35　聚对苯二甲酰对苯二胺的浓硫酸溶液的黏度-温度关系曲线（浓度 c=9.7%，M=29700）

图 2-36 是聚对苯甲酰胺的甲基乙酰胺溶液在剪切力作用下的行为。3%和 5%两条曲线是临界浓度以下各向同性溶液的行为，而 7%和 9.5%两条曲线则是液晶溶液的行为。可以看到，当剪切力较小时，液晶态溶液黏度的降低大于一般高分子溶液，说明液晶内流动单元更易取向；而当剪切力大到一定值后，溶液的黏度只和溶液的浓度有关，因为在高剪切力下，液晶态溶液和一般高分子溶液中的流动单元都已全部取向，差别消失。

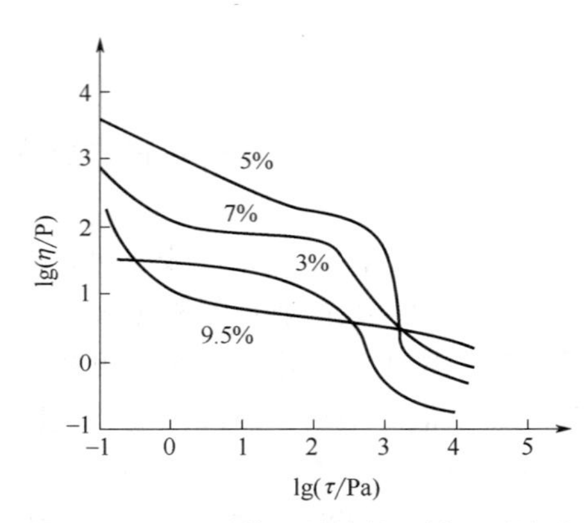

图 2-36　聚对苯甲酰胺的甲基乙酰胺溶液黏度与剪切力的关系曲线

（2）液晶高分子的应用

液晶的一系列不寻常的性质已经得到了广泛的实际应用。其中最为熟知的是液晶显示技术。它是利用向列型液晶灵敏的电响应特性和光学特性的例子。把透明的向列型液晶薄膜夹在两块导电玻璃板之间，在施加适当电压的点上，很快变成不透明，因此，当电压以某种图形加到液晶薄膜上，便产生图像。这一原理可以应用于数码显示、电光学快门，甚至可用于复杂图像的显示，做成电视屏幕、广告牌等。向列型液晶的光学特性还可以应用于光记录存储材料。另外，胆甾型液晶的颜色随温度而变化的特性，可用于温度的测量，小于 0.1℃的温度变化，可以借液晶的颜色用视觉辨别。还有胆甾型液晶的螺距会因某些微量杂质的存在而受到强烈的影响，从而改变颜色，这一特性可以用作某些化学药品痕量蒸气的指示。

将刚性高分子溶液的液晶体系所具有的流变学特性应用于纤维加工过程，已创造出一种新的纺丝技术——液晶纺丝。采用这种技术，在不到 10 年的时间里，使纤维的力学性能提高了

❶ 1P=0.1Pa・s。

两倍以上，获得了高强度、高模量、综合性能好的纤维。刚性高分子溶液形成的液晶体系的流变学特性是高浓度、低黏度和低剪切速率下的高取向度，因此采用液晶物料纺丝，顺利地解决了通常情况下难以解决的高浓度必然伴随着高黏度的问题。例如，根据液晶态溶液的浓度-温度-黏度关系，当纺丝的温度达 90℃时，聚对苯二甲酰对苯二胺的浓硫酸纺丝液的浓度可以提高到 20%左右（图 2-37）。同时，由于液晶分子的取向特性，纺丝时可以在较低的牵伸条件下，获得较高的取向度，避免纤维在高倍拉伸时产生应力和受到损伤。表 2-8 列出了常规纺丝和液晶纺丝工艺条件与所获得的聚对苯二甲酰对苯二胺纤维的力学性能数据。可以看到，运用液晶纺丝技术获得的纤维拉伸强度高达 $25g \cdot d^{-1}$（denier，旦尼尔，是纤维的度量单位，每 9000m 长度的纤维的质量克数，又称“旦”），模量高达 $1000g \cdot d^{-1}$。所得的高性能纤维用于制造防弹衣、缆绳和特种复合材料等。

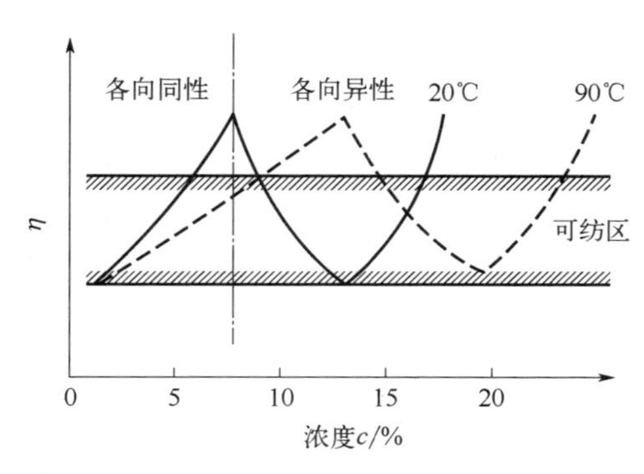

图 2-37　聚对苯二甲酰对苯二胺的浓硫酸纺丝液的浓度-温度-黏度关系图

原则上，液晶高分子对光、电、磁、声、热、力等因素的极其灵敏的反应，都可以作为特种功能材料加以利用，而它的高强度、高模量特性则可用作特种结构材料。

表 2-8　两种纺丝方法及所得聚对苯二甲酰对苯二胺纤维的力学性能对照表

纺丝方法	纺丝液浓度/%	纺丝液温度/°C	纺丝液光学性质	纺丝工艺	纤维拉伸强度/(g·d)	断裂伸长率/%	初始模量/(g·d)
常规纺丝	<8	约 20	各向同性	湿纺	≤11	2~3	400~800
液晶纺丝	13~20	80~90	各向异性	干喷湿纺	20~25	3~4	400~1000

2.5　聚合物的取向态

在线课程
2-7

2.5.1　聚合物的取向现象和取向机理

当线型高分子充分伸展的时候，其长度为其宽度的几百、几千甚至几万倍，这种悬殊的几何不对称性，使它们在外力场的作用下很容易沿外力场方向做占优势的平行排列，这就是取向。聚合物的取向现象包括分子链、链段以及结晶聚合物的晶片、晶带沿特定方向的择优排列。取向与结晶虽然都与高分子的有序性有关，但是它们的有序程度不同。取向是一维或二维在一定程度上的有序，而结晶则是三维有序。

对于未取向的高分子材料来说，其中链段方向是随机的，因此未取向的高分子材料是各向同性的；而取向的高分子材料中，链段在某些方向上是择优取向的。由于沿着分子链方向是共价键结合的，而垂直于分子链方向是链间范德华力或氢键，因此取向材料呈现各向异性。

取向的结果是，高分子材料的力学性质、光学性质、导热性以及声传播速度等方面发生显著的变化。力学性能中，抗张强度和挠曲疲劳强度在取向方向上显著增加，而与取向方向相垂直的方向上则降低，其他如冲击强度、断裂伸长率等也发生相应的变化。取向高分子材料会发生光的双折射现象，即在平行于取向方向与垂直于取向方向上的折射率出现了差别，一般用这两个折射率的差值来表征材料的光学各向异性

$$\Delta n = n_{/\!/} - n_{\perp}$$

式中，$n_{/\!/}$和$n_{\perp}$分别表示平行于和垂直于取向方向的折射率。取向通常还使材料的玻璃化转变温度提高。对于晶态聚合物，其密度和结晶度提高，因而材料的使用温度提高。

取向的高分子材料一般可以分为两类：一类是单轴取向；另一类是双轴取向。单轴取向最常见的例子是合成纤维的牵伸。一般在合成纤维纺丝时，从喷丝孔喷出的丝中，分子链已经有些取向了，再经过牵伸若干倍，分子链沿纤维方向的取向度得到进一步提高。薄膜也可以单轴拉伸取向，但是单轴取向的薄膜，在薄膜平面上出现明显的各向异性，在许多情况下是不理想的，因为在这种薄膜中，分子链只在薄膜平面的某一方向上取向平行排列，如图 2-38（a），结果薄膜的强度在平行于取向方向虽然有所提高，但垂直于取向方向却下降了，见图 2-39。实际使用中薄膜将在这个最弱的方向上发生破坏，因而实际强度甚至比未取向膜还差。若薄膜双轴取向，见图 2-38（b），在薄膜平面各个方向上的强度都有所提高。

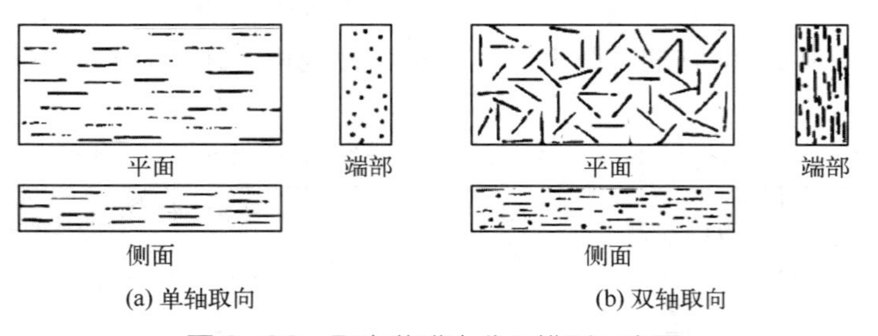

图 2-38　取向薄膜中分子排列示意图

高分子有大小两种运动单元，整链和链段，因此非晶态聚合物可能有两类取向，见图 2-40。链段取向可以通过单键的内旋转引起的链段运动来完成，这种取向过程在 T_g 附近就可以进行；分子取向，即整个分子链的取向，需要高分子各链段的协同运动才能实现，要在较高的温度下才能进行。这两种取向形成的聚合物的聚集态结构显然是不同的。分别具有这两种结构的两种材料，性能自然也不相同。例如就力学性质和声波传播速度而言，整个分子取向的材料有明显的各向异性，而链段取向的材料则不明显。

取向过程中链段运动必须克服聚合物内部的黏滞阻力，因而完成取向过程需要一定的时间。两种运动单元所受到的阻力大小不同，因而两类取向过程的速度有快慢之分，所需时间可相差几个数量级。在外力作用下，将首先发生链段的取向，然后才是整个分子链的取向。在高弹态下整个分子链的运动速度很慢，所以一般不易发生整个分子链取向，很容易发生链段取向。

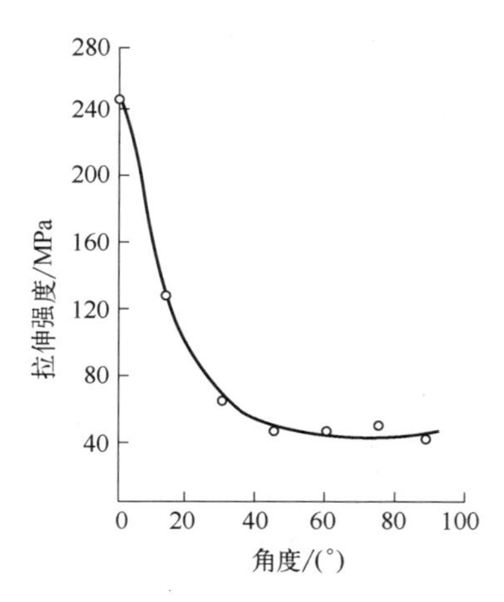

图 2-39　单轴取向涤纶薄膜在不同方向上的拉伸强度

图 2-40　非晶高分子取向

取向过程是一种分子的有序化过程，而热运动却使分子趋向紊乱无序，即所谓解取向过程。在热力学上，后一个过程是自发过程，而取向过程必须依靠外力场的帮助才能实现，而且即使在取向过程中，解取向过程也总是存在的。因此，取向状态在热力学上是一种非平衡态。在高弹态下，拉伸可以使链段取向，但是一旦外力除去，链段便自发解取向而回复原状；在黏流态下，外力使分子链取向，外力消失后，分子也会自发解取向。为了维持取向状态，获得取向材料，必须在取向后使温度迅速降到玻璃化温度以下，将分子和链段的运动"冻结"。这种"冻结"的热力学非平衡态，只有相对的稳定性，时间长了，特别是温度升高或者聚合物被溶剂溶胀时，仍然会发生自发的解取向。取向过程快，解取向速度也快，因此发生解取向时，链段解取向将比整个分子链解取向先发生。

至于结晶聚合物的取向，除了其非晶区中可能发生链段取向与整个分子链取向外，还可能发生晶粒的取向。在外力作用下，晶粒将沿外力方向做择优取向。关于结晶聚合物取向过程的细节，由于结晶结构模型的争论尚无定论，也存在着两种相反的看法：按照折叠链模型的观点，结晶聚合物拉伸时，非晶区先被取向到一定程度后，才发生晶区的破坏和重新排列，形成新的取向晶粒；而 Flory 等人则认为，在非晶态时，每个高分子线团（柔性链，分子量为 10^5）周围约有 200 个近邻分子与之缠结，聚合物结晶时，其缠结部分必然浓集在非晶区，就是说，非晶区中分子链要比晶区中分子链缠结得更多，因此进行单轴拉伸时，应该首先发生晶区的破坏，而非晶区中的连接链因为缠结得很厉害，不可能一开始就产生较大的形变。结晶聚合物的取向态比非晶聚合物的取向态较为稳定，因为这种稳定性是靠取向的晶粒来维持的，在晶格破坏之前，解取向是无法发生的。

2.5.2　取向度及其测定

为了比较材料的取向程度，引入取向度的概念，它是取向材料结构特点的重要指标，也是研究取向程度与物理性质关系的重要参数。

取向度一般用取向函数 F 来表示

$$F=\frac{1}{2}\left(3\overline{\cos^2\theta}-1\right) \tag{2-21}$$

式中，θ 为分子链主轴方向与取向方向之间的夹角。对于理想单轴取向，在链取向方向上，平均取向角 $\bar{\theta}=0$，$\overline{\cos^2\theta}=1$，则 $F=1$；在垂直于链取向的方向上，$\bar{\theta}=90°$，$\overline{\cos^2\theta}=0$，则 $F=-0.5$；完全无规取向时，$F=0$，$\overline{\cos^2\theta}=1/3$，$\bar{\theta}=54°44'$。实际取向试样的平均取向角为

$$\bar{\theta}=\arccos\sqrt{\frac{1}{3}(2F+1)} \tag{2-22}$$

测定取向度的方法很多，有声波传播法、光学双折射法、广角X射线衍射法、红外二色性法以及偏振荧光法等方法，下面简单介绍前两种方法。

声波传播速度沿着分子主链方向要比垂直于主链的方向快得多，因为在主链方向上，振动在原子间的传递是靠化学键来实现的，而在垂直于主链的方向上，原子间只有弱得多的分子间力。如果无规取向的聚合物中的声速用 C_u 表示，待测试样中的声速为 C，则可以按下式计算取向度和 $\overline{\cos^2\theta}$

$$F=1-\left(\frac{C_u}{C}\right)^2 \tag{2-23}$$

$$\overline{\cos^2\theta}=1-\frac{2}{3}\left(\frac{C_u}{C}\right)^2 \tag{2-24}$$

显然，当待测试样是无规取向时，$C_u/C=1$，则 $F=0$，$\overline{\cos^2\theta}=1/3$，$\bar{\theta}=54°44'$；而完全取向的试样 $(C_u/C)^2\to 0$，则 $F\to 1$，$\overline{\cos^2\theta}\to 1$，$\bar{\theta}\to 0$。这种方法得到的是晶区和非晶区的平均取向度。同时由于声波在聚合物中的波长较大，方法反映的只是分子取向的情况。

光学双折射法通常直接用两个互相垂直方向上折射率之差 Δn 作为衡量取向度的指标。无规取向试样是光学各向同性的，$\Delta n=0$，而完全取向试样则 Δn 可达到最大。应该注意的是，在一个待测试样上，不同方向上将会得到不同的值。例如单轴取向的薄膜，在平行于薄膜平面的两个方向间存在最大的 Δn，而在双轴取向的薄膜上，平行于膜面的两个方向间 Δn 很小或者等于零，只有在平行膜面和垂直膜面的两个方向间，才有最大 Δn。利用这个特性，可以区别取向的种类。这个方法得到的 Δn 与取向度 F 之间存在线性关系，由实验可以找到这种关系（图 2-41）。因此，这种方法得到的 Δn 在必要时可以换算成取向度 F。所测得的取向度与晶区和非晶区的总取向度有关。该方法反映的是链段的取向。

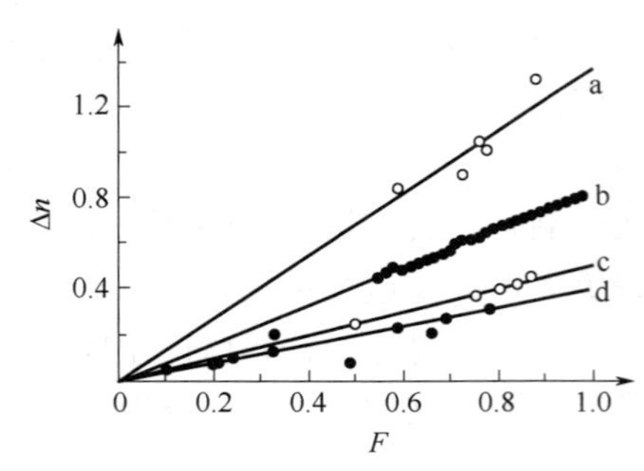

图 2-41 几种聚合物的光学双折射 Δn 和声速法测得的 F 的关系

a—聚对苯二甲酸乙二醇酯；b—尼龙 66；c—纤维素；d—全同聚丙烯

广角 X 射线衍射法是根据拉伸取向过程中，随取向度的增加，环形衍射变成圆弧并逐渐缩小，最后成为衍射点的事实，以圆弧长度的倒数作为微晶取向度的量度。红外二色性法是根据取向试样存在红外吸收的各向异性来测量的，根据结晶谱线和非晶谱线的二色性可以分别确定晶区和非晶区的取向度。偏振荧光法则只反映非晶区的取向度。由于测定取向度的各种方法不易实行，在实际工作中也常常用拉伸比作为取向的量度，但必须注意的是，在极端情况下，拉伸可以不产生取向，而只发生黏流，取向的程度在很大程度上与拉伸的条件和材料的历史有关，应用时必须注意。

2.5.3　取向的应用

取向对聚合物材料的物理力学性能影响很大。例如，尼龙等合成纤维生产中广泛采用牵伸工艺来大幅度提高其拉伸强度。利用拉伸取向可以获得伸直链晶片为主的超高模量和超高强度的纤维。此外，通过牵伸提高纤维取向度从而提高其拉伸强度的同时，断裂伸长率大幅降低。这是由于取向过度，分子排列过于规整，分子间相互作用力太大，纤维弹性太小，呈现脆性。在实际使用中，一般要求纤维具有 10%～20%的弹性伸长，即要求兼具高强度和适当的弹性。在加工成型时，可以利用分子取向和链段取向速度的不同，用慢的取向过程使整个高分子链得到良好的取向，以达到高强度，而后通过快的解取向过程使链段解取向，以具有弹性。以黏胶丝为例，当黏胶丝自喷丝口喷入酸性介质时，黏胶丝开始凝固，于凝固未完全的溶胀态和较高温度下进行拉伸，此时聚合物仍有显著的流动性，可以获得整个分子链的取向。然后在很短的时间内用热空气和水蒸气快吹一下，使链段解取向，后一过程称为“热处理”。

一些要求二维强度高而平面内性能均匀的薄膜材料（电影胶卷片基、录音录像磁带等）都是采用双轴拉伸薄膜制成的；对于某些外形比较简单的薄壁塑料制品，利用取向提高强度的实例也很多。如用 PMMA 制作的战斗机的透明机舱，取向后，冲击强度提高。用 PVC 或 ABS 为原料生产安全帽时，也采用真空成型工艺来获得取向制品，以提高安全帽承受冲击力的能力。各种中空塑料制品（瓶、罐、筒等）广泛采用吹塑成型工艺，也有通过取向提高制品强度的目的。

第2章

拓展阅读

中国高分子物理研究与教学的奠基人——钱人元

习题与思考题

1. 何谓内聚能密度？它与分子间作用力的关系如何？如何测定聚合物的内聚能密度？

2. 比较下列高分子的结晶能力，并说明原因。

（1）无规聚氯乙烯、聚偏氯乙烯、无规聚苯乙烯、聚乙烯

（2）尼龙 6、尼龙 66、尼龙 1010

3. 由 X 射线衍射法测得 PE 结晶为正交晶系，晶胞参数 a=0.736nm，b=0.492nm，c=0.2534nm。

（1）试结合图 2-3 所示的 PE 晶胞结构，计算完全结晶 PE 的比容。

（2）若 PE 无定形部分密度为 $\rho_a = 0.83\text{g}\cdot\text{cm}^{-3}$，试计算密度为 $0.95\ \text{g}\cdot\text{cm}^{-3}$ 的聚乙烯试样的体积结晶度。

4. 结晶聚合物为什么没有明确的熔点？

5. 试解释为什么缓慢冷却的涤纶薄片具有脆性，而迅速冷却并经过拉伸后，却是韧性很好的薄膜材料？

6. 已知聚三氟氯乙烯的 $T_g = 45℃$，$T_m = 210℃$，试画出其在 40～220℃温度区间内的成核速率、晶体生长速率和总结晶速率随温度变化的示意图，并解释聚三氟氯乙烯用于化工容器表面耐腐蚀不能在120℃以上长期工作的原因。

7. 用 DSC 法研究聚对苯二甲酸乙二醇酯在 232.4℃的等温结晶过程，由结晶放热峰原始

曲线获得如下数据

结晶时间 t/min	7.6	11.4	17.4	21.6	25.6	27.6	31.6	35.6	36.6	38.1
$f_c(t)/f_c(\infty)$ /%	3.41	11.5	34.7	54.9	72.7	80.0	91.0	97.3	98.2	99.3

其中 $f_c(t)$ 和 $f_c(\infty)$ 分别表示 t 时间的结晶度和平衡结晶度。试求出 Avrami 指数 n 、结晶速率常数 k 、半结晶期 $t_{1/2}$ 和结晶总速率。

8. 有两种乙烯和丙烯的共聚物，其组成相同，但一种室温时是皮革状的，一直到温度降至约 −70℃ 时才变硬；另一种室温时却是硬而韧又不透明的材料。试推测它们结构上的差别。

9. 根据生成条件不同，液晶高分子有哪些类型？以线型 PE、PPTA 和聚（苯基对苯二甲酸对苯二醇酯）(PP-PhT) 为例，说明能够形成液晶高分子所需的结构条件。

10. 均聚物 A 的熔点为200℃，其熔融热为 8.368kJ · mol^{-1}（重复单元），如果在结晶的 A-B 无规共聚物中，单体 B 不能进入晶格，试预测含单体 B 摩尔分数为 10%的 A-B 无规共聚物的熔点。如果在均聚物 A 中分别引入体积分数 10%的两种增塑剂，假定两种增塑剂的 χ_1 分别为 0.2 和−0.2，假定高分子重复单元和低分子稀释剂的摩尔体积相同，试计算加入增塑剂的聚合物的熔点，并讨论共聚和增塑对熔点影响的大小以及不同增塑剂降低聚合物熔点的效应大小。

第 3 章　高分子溶液

思维导图

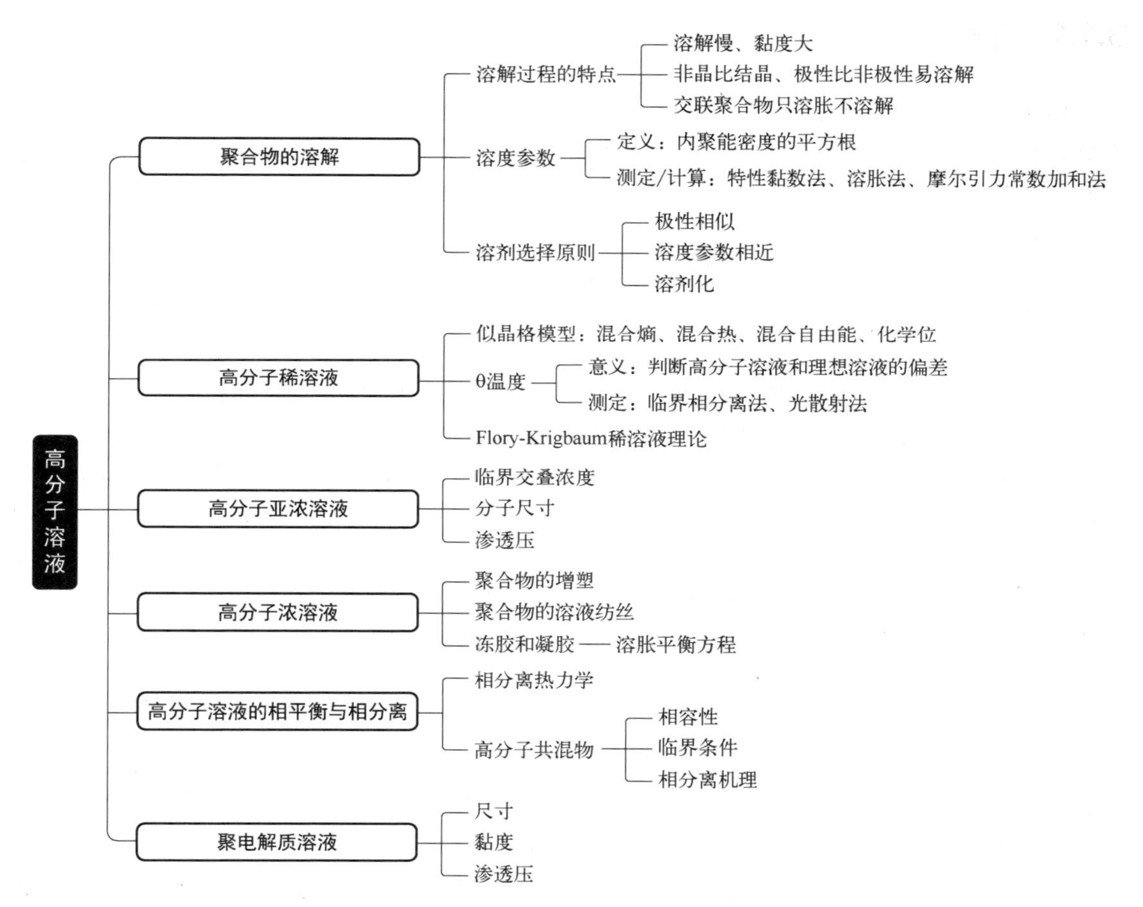

高分子溶液是高分子溶于溶剂中所形成的热力学稳定的二元或多元体系，在生产实践和科学研究中广泛应用。按照现代高分子凝聚态物理学的观点，高分子溶液按浓度及分子链形态的不同分为：高分子极稀溶液、稀溶液、亚浓溶液、浓溶液、极浓溶液和熔体五个层次，其间的分界浓度分别为动态接触浓度 c_s 、临界交叠浓度/接触浓度 c^* 、缠结浓度 c_e 和全高斯链浓度 c^{**} 。

通过对高分子溶液的研究，可以获得高分子的化学结构、构象、尺寸、分子量及分子量分布、高分子与溶剂相互作用等重要信息。高分子科学的许多新模型、新理论、新观点和新方法也是在高分子溶液研究中逐渐形成并发展的。不仅如此，高分子溶液与工程实践息息相关。例如高分子稀溶液被用作土壤改良剂、管道输运减阻剂、钻井泥浆处理剂等。通常浓度在 1%以下的稀溶液，黏度很小而且稳定，在没有化学变化的条件下性质不随时间改变。

高分子纤维可通过溶液纺丝技术制备，纺丝液的浓度一般在15%以上，黏度较大且稳定性较差。许多涂料、黏合剂，其基体都是高分子溶液，浓度可高达60%，并以溶液的形式直接应用。呈半固体状不能流动的高分子冻胶或凝胶，呈固体状且具有一定力学强度的增塑聚合物，以及能相容的高聚物共混体系等，都属于高分子溶液的范畴。

3.1 聚合物的溶解

在线课程

3-1

3.1.1 溶解过程的特点

由于高分子结构的复杂性，如分子量大且具有多分散性，分子链可以是线型、支化或交联，聚集态又有结晶与非晶之分等，因此高分子的溶解比小分子物质的溶解复杂得多，主要有以下几个特点。

（1）溶解慢，黏度大

高分子溶解过程相当缓慢，常常需要几小时、几天，甚至几星期，这是因为高分子与溶剂分子尺寸相差悬殊，二者的分子运动速度差别大，而且聚合物分子链之间彼此缠结。因此高分子的溶解过程通常要经过两个阶段，即先溶胀再溶解。首先，溶剂分子比较快地渗透、扩散进入聚合物内部，削弱大分子链之间的相互作用力，使聚合物体积膨胀的过程称为溶胀。然后，对于线型和支化高分子，分子链松动、解缠结，高分子均匀地分散在溶液中，形成完全溶解的分子分散的均相体系。聚合物分子量越大，溶解度越小；分子量越小，溶解度越大。

由于聚合物分子量大，分子链间相互作用力强，流动阻力大，因而高分子溶液比同浓度小分子溶液的黏度大得多，且随浓度的增加而显著增大。例如，浓度为1%～2%的高分子溶液黏度同小分子溶剂黏度有数量级的差别，浓度为5%的天然橡胶-苯溶液已成为冻胶状态，失去了自发流动性。

（2）不同类型聚合物溶解性能差异大

结晶和非晶态聚合物，极性和非极性聚合物溶解过程不同，溶解性能差异大。非晶态聚合物比结晶聚合物易于溶解，极性聚合物比非极性聚合物易于溶解。非晶态聚合物分子链堆砌比较松散，分子间相互作用弱，有利于溶剂分子的扩散和渗透，使聚合物先溶胀再溶解。结晶聚合物的晶区分子链排列规整、堆砌紧密，分子间相互作用强，不仅限制了分子链的运动，而且使溶剂分子难以向聚合物内部渗透，溶解性较差。极性聚合物与极性溶剂分子之间存在强烈的相互作用，溶解时放热，溶解过程能自发进行，而非极性聚合物溶解过程一般是吸热的，需选择合适的溶剂才能溶解。

结晶性非极性聚合物的溶剂选择最为困难，因为晶区部分的熔融和非极性高分子与溶剂的混合都是吸热过程，一般需选择合适溶剂并且升高温度才能溶解。例如，聚乙烯要在120℃以上才能溶于四氢萘、对二甲苯等非极性溶剂；聚丙烯要在135℃才能溶于十氢萘。

（3）交联聚合物只溶胀不溶解

交联聚合物分子链之间有化学键连接，形成三维网状结构，溶剂小分子可以扩散、渗透到网链之间，发生有限溶胀，即达到一定程度后，聚合物体积不再膨胀，达到溶胀平衡。

最大溶胀程度同聚合物的交联程度有关，交联度越大，溶胀度越小；交联度越小，溶胀度越大。但由于交联化学键的束缚，不能进一步拆散交联的分子链，因此交联高聚物只能停留在溶胀阶段，不会溶解。

3.1.2 溶度参数

溶解过程是溶质分子和溶剂分子互相混合的过程，在恒温恒压下，该过程自发进行的必要条件是混合自由能 $\Delta G_M<0$，即

$$\Delta G_M = \Delta H_M - T\Delta S_M < 0 \tag{3-1}$$

式中，T 是溶解温度；ΔS_M 和 ΔH_M 分别为混合熵和混合热。

溶解过程中，分子的排列趋于混乱，熵是增加的，即 $\Delta S_M>0$，$-T\Delta S_M<0$，因此 ΔG_M 的正负取决于混合热 ΔH_M 的正负和大小。若 $\Delta H_M<0$ 或 $\Delta H_M=0$，即溶解时放热或与外界无热交换，必有 $\Delta G_M<0$，所以溶解过程能自发进行，极性聚合物在极性溶剂中溶解就属于这种情形。若 $\Delta H_M>0$，即溶解时吸热，此时只有 $|\Delta H_M|<T|\Delta S_M|$，才能使式（3-1）成立，即只有升高温度 T 或减小混合热 ΔH_M，才能使体系自发溶解，非极性聚合物与溶剂混合多属于此种情形。

对于非极性聚合物与溶剂，根据 Hildebrand 溶度公式，混合时热量的变化为

$$\Delta H_M = V_M\phi_1\phi_2\left[(\Delta E_1/V_{m,1})^{1/2}-(\Delta E_2/V_{m,2})^{1/2}\right]^2 = V_M\phi_1\phi_2(\delta_1-\delta_2)^2 \tag{3-2}$$

式中，下标 1、2 分别表示溶剂和溶质；V_M 为溶液摩尔混合体积；V_m 为摩尔体积；ΔE 为内聚能；$\Delta E/V_m$ 为内聚能密度 CED；δ 为溶度参数，定义为内聚能密度的平方根，即

$$\delta = (\Delta E/V_m)^{1/2} \tag{3-3}$$

其单位为 $J^{1/2}\cdot m^{-3/2}$、$MPa^{1/2}$ 或 $cal^{1/2}\cdot cm^{-3/2}$。

由式（3-2）可见，δ_1 和 δ_2 越接近，ΔH_M 越小，越有利于溶解。表 3-1 和表 3-2 分别列出了一些溶剂和聚合物的溶度参数。

表 3-1 常用溶剂的沸点、摩尔体积、溶度参数和极性分数

溶剂	沸点/℃	V_m/（$cm^3\cdot mol^{-1}$）	δ/（$cal^{1/2}\cdot cm^{-3/2}$）	P
二异丙醚	68.5	141	7.0	
正戊烷	36.1	116	7.05	0
异戊烷	27.9	117	7.05	0
正己烷	69.0	132	7.3	0
正庚烷	98.4	147	7.45	0
乙醚	34.5	105	7.4	0.033
正辛烷	125.7	164	7.55	0
环己烷	80.7	109	8.2	0
甲基丙烯酸丁酯	160	106	8.2	0.096
氯乙烷	12.3	73	8.5	0.319

续表

溶剂	沸点/℃	V_m /（$cm^3 \cdot mol^{-1}$）	δ /（$cal^{1/2} \cdot cm^{-3/2}$）	P
1,1,1-三氯乙烷	74.1	100	8.5	0.069
乙酸戊酯	149.3	148	8.5	0.070
乙酸丁酯	126.5	132	8.55	0.167
四氯化碳	76.5	97	8.6	0
正丙苯	157.5	140	8.65	0
苯乙烯	143.8	115	8.66	0
甲基丙烯酸甲酯	102.0	106	8.7	0.149
乙酸乙烯酯	72.9	92	8.7	0.052
对二甲苯	138.4	124	8.75	0
二乙基酮	101.7	105	8.8	0.286
间二甲苯	139.1	123	8.8	0.001
乙苯	136.2	123	8.8	0.001
异丙苯	152.4	140	8.86	0.002
甲苯	110.6	107	8.9	0.001
丙烯酸甲酯	80.3	90	8.9	0.001
邻二甲苯	144.4	121	9.0	0.001
顺-十氢萘	194	158.4	9.0	
乙酸乙酯	77.1	99	9.1	0.167
1,1-二氯乙烷	57.3	85	9.1	0.215
甲基丙烯腈	90.3	83.5	9.1	0.746
苯	80.1	89	9.15	0
氯仿	61.7	81	9.3	0.017
丁酮	79.6	89.5	9.3	0.510
四氯乙烯	121.1	101	9.4	0.010
甲酸乙酯	54.5	80	9.4	0.131
氯苯	125.9	107	9.5	0.058
苯甲酸乙酯	212.7	143	9.7	0.057
二氯甲烷	39.7	65	9.7	0.120
顺-二氯乙烯	60.3	75.5	9.7	0.165
1,2-二氯乙烷	83.5	79	9.8	0.043
乙醛	20.8	57	9.8	0.715
萘	218	123	9.9	0
环己酮	155.8	109	9.9	0.380
四氢呋喃	64～65	81	9.9	0

续表

溶剂	沸点/℃	V_m /（$cm^3 \cdot mol^{-1}$）	δ /（$cal^{1/2} \cdot cm^{-3/2}$）	P
二硫化碳	46.2	61.5	10.0	0
1,4-二氧六环	101.3	87	10.0	0.029
溴苯	156	105	10.0	0.029
丙酮	56.1	74	10.0	0.695
硝基苯	210.8	103	10.0	0.625
四氯乙烷	93	101	10.4	0.092
丙烯腈	77.4	66.5	10.45	0.802
丙腈	97.4	71	10.7	0.753
吡啶	115.3	81	10.7	0.174
苯胺	184.1	91	10.8	0.063
二甲基乙酰胺	165	92.5	11.1	0.682
硝基乙烷	16.5	76	11.1	0.710
环己醇	161.1	104	11.4	0.075
正丁醇	117.3	91	11.4	0.096
异丁醇	107.8	91	11.4	0.111
正丙醇	97.4	76	11.9	0.152
乙腈	81.1	53	11.9	0.852
二甲基甲酰胺	153.0	77	12.1	0.772
乙酸	117.9	57	12.6	0.296
硝基甲烷	-12	54	12.6	0.780
乙醇	78.3	57.6	12.7	0.268
二甲基亚砜	189	71	13.4	0.813
甲酸	100.7	37.9	13.5	
苯酚	181.8	87.5	14.5	0.057
甲醇	65	41	14.5	0.388
碳酸乙烯酯	248	66	14.5	0.924
二甲基砜	238	75	14.6	0.782
丙二腈	218～219	63	15.1	0.798
乙二醇	198	56	15.7	0.476
丙三醇	290.1	73	16.5	0.468
甲酰胺	210	40	17.8	0.88
水	100	18	23.2	0.819

表 3-2　部分聚合物的溶度参数

单位：$cal^{1/2} \cdot cm^{-3/2}$

聚合物	δ	聚合物	δ
聚甲基丙烯酸甲酯	9.0～9.5	聚四氟乙烯	6.2
聚丙烯酸甲酯	9.8～10.1	聚三氟氯乙烯	7.2
聚醋酸乙烯酯	9.4	聚偏氯乙烯	12.2
聚碳酸酯	9.5	聚丙烯腈	12.7～15.4
聚乙烯	7.9～8.1	聚甲基丙烯腈	10.7
聚丙烯	8.2～9.2	硝酸纤维素	8.5～11.5
聚苯乙烯	8.7～9.1	醋酸纤维素	10.9～12.3
聚异丁烯	7.7～8.0	聚乙烯醇	23.4
聚氯乙烯	9.5～10.0	聚硫橡胶	9.0～9.4
聚异戊二烯	7.9～8.3	聚二甲基硅氧烷	7.3～7.6
聚对苯二甲酸乙二酯	10.7	聚苯基甲基硅氧烷	9.0
尼龙 66	13.6	聚丁二烯	8.1～8.6
聚氨酯	10.0	聚氯丁二烯	8.2～9.4
环氧树脂	9.7～10.9	乙丙橡胶	10.3
聚丁二烯-丙烯腈（82/18）	8.7	聚丁二烯-苯乙烯（85/15～87/13）	8.1～8.5
聚丁二烯-丙烯腈（75/25～70/30）	9.3～9.9	聚丁二烯-苯乙烯（75/25～72/28）	8.1～8.6
聚丁二烯-丙烯腈（61/39）	10.3	聚丁二烯-苯乙烯（60/40）	8.7

小分子溶剂的溶度参数可利用摩尔汽化热的测定，根据式（2-1）、式（2-2）和式（3-3）直接计算，而聚合物不能汽化，其溶度参数只能通过与小分子溶剂比较来间接测定，测定方法主要有特性黏数法和溶胀法。此外，还可根据结构单元中各基团的摩尔引力常数进行理论计算获得聚合物的溶度参数。

（1）特性黏数法

将聚合物溶解于一系列溶度参数不同的溶剂中，在一定温度下测量溶液的特性黏数$[\eta]$（特性黏数定义及测定参见 4.2.3 小节）。由于聚合物与各溶剂的溶度参数之差不同，高分子链在各种溶剂中的伸展情况不同，只有当溶剂的溶度参数与聚合物的溶度参数最接近时，高分子链构象最为伸展，溶液特性黏数最大。因此可以把$[\eta]$极大值所对应的溶剂的溶度参数作为聚合物的溶度参数。图 3-1 是利用特性黏数法测定聚异丁烯（PIB）和聚苯乙烯（PS）的溶度参数的实验结果，分别为$\delta_{PIB} = 16.2MPa^{1/2} = 7.9cal^{1/2} \cdot cm^{-3/2}$，$\delta_{PS} = 18.6MPa^{1/2} = 9.1cal^{1/2} \cdot cm^{-3/2}$。

（2）溶胀法

交联聚合物只能溶胀不能溶解，其溶度参数可以用溶胀法测定，即将交联聚合物置于一系列溶度参数不同的溶剂中，在一定温度下测量平衡溶胀比Q（平衡溶胀比的定义参见 3.4 小节）。当溶剂与交联聚合物的溶度参数最接近时，溶胀程度最大。因此可以把Q极大值所对应的溶剂的溶度参数作为待测交联聚合物的溶度参数。图 3-2 是利用溶胀法测定交联丁苯橡胶的溶度参数的实验结果。

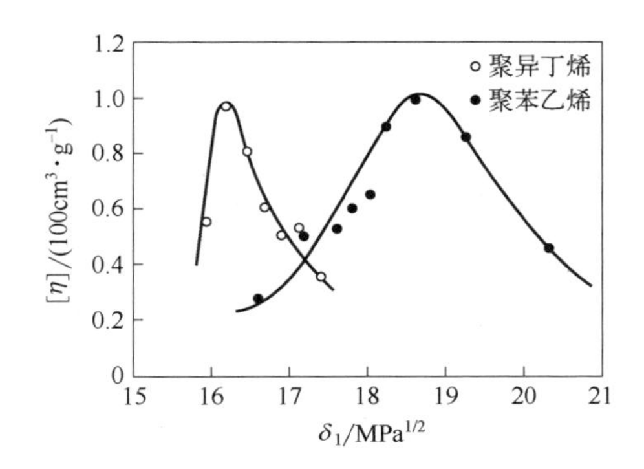

图 3-1　特性黏数法测定聚合物的溶度参数

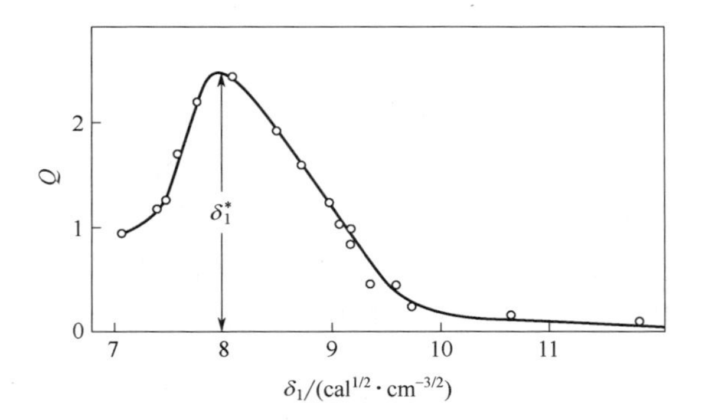

图 3-2　溶胀法测定交联聚合物的溶度参数

（3）理论计算法

聚合物的溶度参数还可由重复单元中各基团的摩尔引力常数 F 直接计算获得，即

$$\delta = \frac{\sum F_i}{V_\mathrm{m}} = \rho \frac{\sum F_i}{M_0} \tag{3-4}$$

式中，$\sum F_i$ 为各基团的摩尔引力常数之和；V_m 为重复单元摩尔体积；ρ 为聚合物密度；M_0 为重复单元分子量。表 3-3 列出了部分基团的摩尔引力常数值。例如，聚甲基丙烯酸甲酯的每个重复单元中有一个亚甲基、两个甲基、一个季碳和一个酯基，聚甲基丙烯酸甲酯密度为 1.19g • cm^{-3}，重复单元的分子量为 100.1g • mol^{-1}，则

$$\delta = 1.19 \times \frac{131.5 + 2 \times 148.3 + 32.0 + 326.6}{100.1} = 9.35(\mathrm{cal}^{1/2} \cdot \mathrm{cm}^{-3/2})$$

在实验测定值 9.0～9.5cal$^{1/2}$ • cm$^{-3/2}$ 范围内。

表 3-3　部分基团的摩尔引力常数　　单位：cal$^{1/2}$ · cm$^{-3/2}$ · mol^{-1}

基团	F	基团	F	基团	F	基团	F
—CH_3	148.3	—O—醚，乙缩醛	115.0	—NH_2	226.6	—Cl 芳香族	161.0
—CH_2—	131.5	—O—环氧化物	176.2	—NH—	180.0	—F	41.3
>CH—	86.0	—COO—	326.6	—N(—)—	61.1	共轭	23.3
>C<	32.0	>C═O	263.0	—C≡N	354.6	顺	-7.1
CH_2═	126.5	—CH	292.6	—NCO	358.7	反	-13.5
—CH═	121.5	$(CO)_2O$	567.3	—S—	209.4	六元环	-23.4
>C═	84.5	—OH→	225.8	Cl_2	342.7	邻位取代	9.7
—CH═芳香族	117.1	—H 芳香族	171.0	—Cl 第一	205.1	间位取代	6.6
>C═芳香族	98.1	—H 聚酸	-50.5	—Cl 第二	208.3	对位取代	40.3

3.1.3 溶剂的选择原则

（1）极性相似原则

极性指的是分子的电偶极矩 μ ，一般认为 $\mu>1.67\times10^{-30}\mathrm{C\cdot m}$ 为极性分子。极性相似原则是人们在长期研究小分子物质溶解过程中总结出来的规律，虽相对笼统，但一定程度上也可用于高分子溶液，即高分子与溶剂的极性越接近，越容易溶解。例如，非极性的天然橡胶、丁苯橡胶，未硫化时可溶于苯、甲苯、己烷和石油醚等非极性溶剂；聚丙烯腈可在二甲基甲酰胺、二甲基乙酰胺、乙腈、二甲基亚砜、碳酸乙烯酯和丙二腈等强极性溶剂中溶解；分子链含有极性基团的聚乙烯醇可溶于水和乙醇，不溶于非极性的苯。

（2）溶度参数相近原则

对于稍有极性的聚合物的溶解，式（3-2）溶度公式可进一步修正为

$$\Delta H_{\mathrm{M}}=V_{\mathrm{M}}\phi_1\phi_2\left[(\omega_1-\omega_2)^2-(\Omega_1-\Omega_2)^2\right] \tag{3-5}$$

式中，ω 和 Ω 分别为分子极性部分和非极性部分的溶度参数，与分子的溶度参数 δ 的关系为

$$\omega^2=P\delta^2 \qquad \Omega^2=d\delta^2 \tag{3-6}$$

式中，P 和 d 分别为分子的极性分数和非极性分数。表3-1中列出了常用溶剂的 P 值。

对于非极性或弱极性聚合物的溶解，更多地需要考虑溶度参数相近原则，式（3-2）和式（3-5）是该原则的定量化。对于非极性聚合物，其溶度参数与溶剂溶度参数相近，有利于溶解。对于稍有极性的聚合物，不但要求其与溶剂的溶度参数中非极性部分接近，还要求极性部分也接近，才能溶解。例如，弱极性的聚苯乙烯 $\delta_2=9.1\mathrm{cal^{1/2}\cdot cm^{-3/2}}$ ，可以溶解于溶度参数 δ_1 在 $8.9\sim10.8\mathrm{cal^{1/2}\cdot cm^{-3/2}}$ 且 P 值较小的甲苯、苯、氯仿、顺-二氯乙烯、苯胺等极性不大的溶剂中，而丙酮（ $\delta_1=10\mathrm{cal^{1/2}\cdot cm^{-3/2}}$ ， $P=0.695$ ）虽溶度参数相近，但因极性太强而不能溶解聚苯乙烯。

除使用单一溶剂外，也可根据溶度参数相近原则采用混合溶剂溶解聚合物。混合溶剂的溶度参数 δ_{M} 可按下式进行大致调节

$$\delta_{\mathrm{M}}=\phi_1\delta_1+\phi_2\delta_2 \tag{3-7}$$

式中，ϕ_1 和 ϕ_2 分别为两种纯溶剂的体积分数；δ_1 和 δ_2 分别为两种纯溶剂的溶度参数。

有时混合溶剂对聚合物的溶解比单独使用某种溶剂好，例如对于氯醋共聚物（氯乙烯和乙酸乙烯共聚物，$\delta\approx10.3\mathrm{cal^{1/2}\cdot cm^{-3/2}}$），乙醚（$\delta=7.4\mathrm{cal^{1/2}\cdot cm^{-3/2}}$）和乙腈（$\delta=11.9\mathrm{cal^{1/2}\cdot cm^{-3/2}}$）两者单独使用时均不能溶解氯醋共聚物，即为非溶剂；而两者按体积比 33∶67 配制后，溶度参数变为 $10.4\mathrm{cal^{1/2}\cdot cm^{-3/2}}$ ，表现出对氯醋共聚物良好的溶解能力。反之，也存在两种溶剂混合后，溶解能力下降的情况，例如二甲基甲酰胺（ $\delta=12.1\mathrm{cal^{1/2}\cdot cm^{-3/2}}$ ）和丙二腈（ $\delta=15.1\mathrm{cal^{1/2}\cdot cm^{-3/2}}$ ）都能溶解聚丙烯腈（ $\delta=12.7\sim15.4\mathrm{cal^{1/2}\cdot cm^{-3/2}}$ ），但二者的混合液为聚丙烯腈的非溶剂。

（3）溶剂化原则

溶剂化作用与广义酸碱作用相关，广义的酸指电子接受体（亲电体），广义的碱指电子给予体（亲核体），两者相互作用产生溶剂化，利于聚合物的溶解。形成氢键也归为一种强的溶剂化作用，形成氢键时混合热 $\Delta H_{\mathrm{M}}<0$ ，体系放热，利于聚合物的溶解。溶剂化原则即极

性定向和氢键形成原则。聚合物和溶剂的酸碱性取决于分子中所含的基团，常见的亲电、亲核基团强弱顺序为

亲核基团：

$$—CH_2NH_2 > —C_6H_4NH_2 > —\underset{\underset{O}{\|}}{C}N(CH_3)_2 > —\underset{\underset{O}{\|}}{C}—NH— > —\underset{\underset{O}{\|}}{C}—CH_2— > —CH_2OCCH_2— > —CH_2OCH_2—$$

亲电基团：

$$—SO_2OH > —COOH > —C_6H_4OH > \rangle CHCN > \rangle CHNO_2 > —CHCl_2 > \rangle CHCl$$

聚氯乙烯（$\delta = 9.5 \sim 10cal^{1/2} \cdot cm^{-3/2}$），与氯仿（$\delta = 9.3cal^{1/2} \cdot cm^{-3/2}$）和环己酮（$\delta = 9.9cal^{1/2} \cdot cm^{-3/2}$）均相近。聚氯乙烯为亲电体，环己酮为亲核体，两者之间能够产生溶剂化作用，因而聚氯乙烯可溶于环己酮，但同为亲电体的氯仿则不能溶解聚氯乙烯。聚酰胺为结晶性极性聚合物，室温下能溶于甲酚、甲酸、浓硫酸、苯酚-冰醋酸混合液等，这是因为含有强亲电基团的极性溶剂，先与含有强亲核基团的聚酰胺中的非晶区分子链发生溶剂化作用，放出热量使晶区部分熔融后再完成溶解。

3.2 高分子稀溶液的热力学性质

高分子稀溶液是分子分散体系，溶液性质不随时间变化，是热力学稳定体系，其性质可由热力学函数来描述，但高分子链和溶剂分子的尺寸相差很大，此外分子链结构、分子量和黏度均会影响高分子稀溶液的性质，使得高分子稀溶液和小分子稀溶液存在较大差异。

从热力学角度出发，溶解过程能自发进行的必要条件是$\Delta G_M = \Delta H_M - T\Delta S_M < 0$，根据混合热$\Delta H_M$和混合熵$\Delta S_M$的不同，溶液可以分为以下四种类型。

（1）理想溶液

溶质分子间、溶剂分子间和溶质-溶剂分子间的相互作用能都相等，溶解过程没有体积的变化（$\Delta V_M^i = 0$），也没有焓的变化（$\Delta H_M^i = 0$），ΔS_M为理想值，蒸气压服从Raoult定律，即

$$p_1 = p_1^0 X_1 \tag{3-8}$$

式中，p_1和p_1^0分别为溶液中溶剂的蒸气压和纯溶剂在相同温度下的蒸气压；X_1为溶剂的摩尔分数。

理想溶液的混合熵为

$$\Delta S_M^i = -k(N_1 \ln X_1 + N_2 \ln X_2) = -R(n_1 \ln X_1 + n_2 \ln X_2) \tag{3-9}$$

理想溶液的混合自由能为

$$\Delta G_M^i = \Delta H_M^i - T\Delta S_M^i = kT(N_1 \ln X_1 + N_2 \ln X_2) = RT(n_1 \ln X_1 + n_2 \ln X_2) \tag{3-10}$$

理想溶液中溶剂的化学位变化为

$$\Delta \mu_1^i = \left(\frac{\partial \Delta G_M^i}{\partial n_1} \right)_{T,p,n_2} = RT \ln X_1 \tag{3-11}$$

式中，下标 1 是溶剂，2 是溶质；N 是分子数目；n 是摩尔数；X 是摩尔分数；k 是 Boltzmann 常数；R 是气体常数。

（2）正则溶液

$\Delta H_M \neq 0$，ΔS_M 为理想值。

（3）无热溶液

$\Delta H_M = 0$，ΔS_M 有非理想值。

（4）非正则溶液

ΔH_M 和 ΔS_M 均有非理想值。

小分子稀溶液在很多情况下可近似看作理想溶液，可用理想溶液公式描述其热力学性质。但高分子溶液即使在浓度很小时，其性质也不服从理想溶液的规律。高分子稀溶液热力学性质与理想溶液的偏差主要有两个方面：首先，溶剂分子之间、高分子链段之间以及溶剂与链段之间的相互作用能都不相等，所以混合热 $\Delta H_M \neq 0$。其次，高分子是由许多重复单元组成的长链分子，具有一定的柔顺性，每个分子本身可以采取许多构象，因此高分子溶液中分子的排列方式比同样分子数目的小分子溶液的排列方式多得多，这就意味着高分子稀溶液的混合熵 $\Delta S_M > \Delta S_M^i$。

3.2.1 Flory-Huggins 似晶格模型理论

在线课程 3-2

为描述高分子溶液的热力学性质，Flory 和 Huggins 借助金属的晶格模型，考虑了高分子的链接性，于 1942 年提出了似晶格模型，运用统计热力学方法，推导出高分子稀溶液的混合熵、混合热、混合自由能等热力学性质的数学表达式。似晶格模型的主要假定如下：

① 溶液中分子的排列也像晶体一样，是一种晶格排列，每个溶剂分子占一个格子，每个高分子占 x 个相连的格子，如图 3-3 所示。x 为高分子与溶剂分子的体积比，可把高分子看作由 x 个链段组成，每个链段的体积与溶剂分子的体积相等。

② 高分子链是柔性的，所有构象具有相同的能量。

③ 溶液中高分子链段均匀分布，即链段占有任一格子的概率相等。

④ 链段-溶剂分子、链段-链段、溶剂分子-溶剂分子之间的相互作用仅考虑最临近晶格间的相互作用。

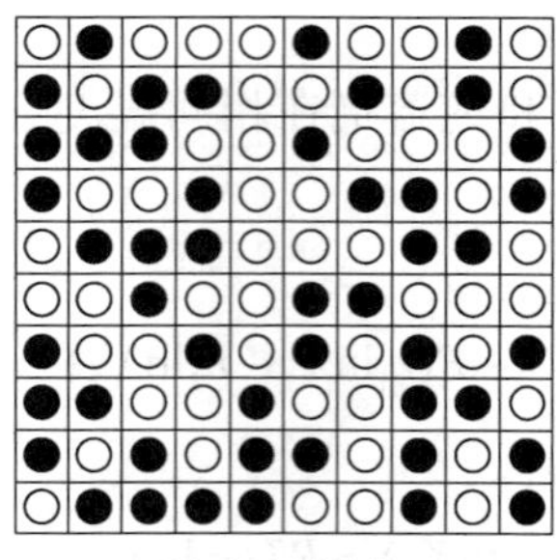

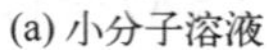

(a) 小分子溶液

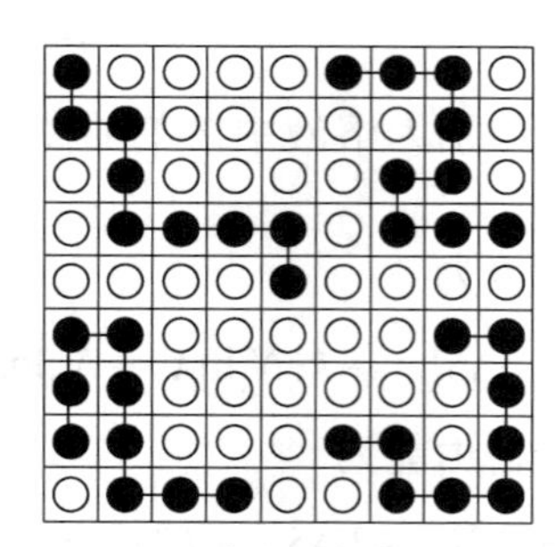

(b) 高分子溶液

图 3-3 似晶格模型中的截面

（1）混合熵

高分子溶液的混合熵 ΔS_M 为高分子溶解前后的熵变，即

$$\Delta S_{\mathrm{M}} = S_{溶液} - (S_{聚合物} + S_{溶剂}) \tag{3-12}$$

首先，计算溶液的熵$S_{溶液}$。根据统计热力学可知体系的熵S与体系的微观状态数Ω的关系为：$S = k\ln\Omega$，k为Boltzmann常数。于是，先求N_1个溶剂分子和N_2个高分子组成的溶液的微观状态数，其等于在$N = N_1 + xN_2$个格子内放置N_1个溶剂分子和N_2个高分子的排列方法总数。

假定已有j个高分子无规地放置在晶格内，即xj个格子被占据，还剩下$(N-xj)$个格子，现在计算第$(j+1)$个高分子放入$(N-xj)$个空格中的放置方法数W_{j+1}。

第一个链段：第$(j+1)$个高分子的第一个链段可以放在$(N-xj)$个空格中的任意一个格子内，放置方法数有$(N-xj)$种。

第二个链段：放置了第$(j+1)$个高分子的第一个链段后，还剩余空格子总数为$(N-xj-1)$。放置第二个链段时却不能在$(N-xj-1)$个空格中任选，由于链有连接性的限制，只能放在第一个链段相邻近的空格内。根据链段在溶液中均匀分布的假定，放入第一个链段后每个格子不被高分子链段占据的概率为$(N-xj-1)/N$，若晶格的配位数为Z，则第二个链段放在第一个链段相邻近的空格内的方法数有$Z(N-xj-1)/N$种。

第三个链段：放置了第$(j+1)$个高分子的第二个链段后，还剩余空格子总数为$(N-xj-2)$。放置第三个链段时，与第二个链段相邻近的Z个格子中已经有一个被第一个链段占据，相邻近的$(Z-1)$个格子中，每个格子不被高分子占据的概率为$(N-xj-2)/N$，所以第三个链段的放置方法数有$(Z-1)(N-xj-2)/N$种。

第四个链段：放置方法数有$(Z-1)(N-xj-3)/N$种。

以此类推，第$(j+1)$个高分子放入$(N-xj)$个空格中的放置方法数为

$$W_{j+1} = Z(Z-1)^{x-2}(N-xj)\left(\frac{N-xj-1}{N}\right)\left(\frac{N-xj-2}{N}\right)\left(\frac{N-xj-3}{N}\right)\cdots\left(\frac{N-xj-x+1}{N}\right)$$

把Z近似看成$(Z-1)$，则上式改写为

$$W_{j+1} = \left(\frac{Z-1}{N}\right)^{x-1}\frac{(N-xj)!}{(N-xj-x)!} \tag{3-13}$$

N_2个高分子放入N个格子中的放置方法总数为

$$\Omega = \frac{1}{N_2!}\prod_{j=0}^{N_2-1}W_{j+1} \tag{3-14}$$

式（3-14）中，除以$N_2!$是因为N_2个高分子是等同的，它们互换位置并不会产生新的放置方法，将式（3-13）代入式（3-14），并整理得

$$\Omega = \frac{1}{N_2!}\left(\frac{Z-1}{N}\right)^{N_2(x-1)}\frac{N!}{(N-xN_2)!} \tag{3-15}$$

在N个格子中已经放置了N_2个高分子，余下的N_1个空格再放入N_1个溶剂分子。因为溶剂分子也是等同的，彼此不可区分，故只有一种放置方法。所以式（3-15）中的Ω就是溶液总的微观状态数，因此溶液的熵值为

$$S_{溶液} = k\ln\Omega = k\left\{N_2(x-1)\ln\frac{Z-1}{N} + \ln N! - \ln N_2! - \ln\left[(N-xN_2)!\right]\right\} \tag{3-16}$$

利用 Stirling 公式（$\ln N!=N\ln N-N$）化简上式，则有

$$S_{溶液}=-k\left[N_1\ln\frac{N_1}{N_1+xN_2}+N_2\ln\frac{N_2}{N_1+xN_2}-N_2(x-1)\ln\frac{Z-1}{\mathrm{e}}\right] \tag{3-17}$$

然后，计算溶解前体系的熵，其由聚合物的熵 $S_{聚合物}$ 和纯溶剂的熵 $S_{溶剂}$ 两部分组成。纯溶剂只有一个微观状态，故 $S_{溶剂}=0$；聚合物的熵则与其凝聚态有关，晶态、取向态、解取向态等的熵值都不同。选择解取向态作为混合前聚合物本体的始态，聚合物的微观状态数等于把 N_2 个高分子放入 xN_2 个格子中的放置方法总数，相应的熵值可以由式（3-17）令 $N_1=0$ 求算，可得

$$S_{聚合物}=k\left[N_2\ln x+N_2(x-1)\ln\frac{Z-1}{\mathrm{e}}\right] \tag{3-18}$$

混合熵为

$$\Delta S_{\mathrm{M}}=S_{溶液}-(S_{聚合物}+S_{溶剂})=-k\left[N_1\ln\left(\frac{N_1}{N_1+xN_2}\right)+N_2\ln\left(\frac{xN_2}{N_1+xN_2}\right)\right] \tag{3-19}$$

用 ϕ_1 和 ϕ_2 分别表示溶剂分子和聚合物在溶液中的体积分数，即

$$\phi_1=\frac{N_1}{N_1+xN_2} \qquad \phi_2=\frac{xN_2}{N_1+xN_2}$$

则有

$$\Delta S_{\mathrm{M}}=-k\left[N_1\ln\phi_1+N_2\ln\phi_2\right]=-R\left[n_1\ln\phi_1+n_2\ln\phi_2\right] \tag{3-20}$$

式中，下标 1 是溶剂，2 是溶质；N 是分子数目；n 是摩尔数；ϕ 是体积分数；k 是 Boltzmann 常数；R 是气体常数。

值得注意的是，以上推导并没有考虑高分子和溶剂分子的相互作用，ΔS_{M} 仅表示由于高分子链段在溶液中排列的方式与在本体中排列的方式不同所引起的熵变，没有考虑在溶解过程中由于高分子与溶剂相互作用所引起的熵变，因此称它为混合构象熵。

式（3-20）与理想溶液的混合熵式（3-9）相比，只是摩尔分数 X 换成了体积分数 ϕ。如果溶质分子和溶剂分子的体积相等（$x=1$），则两式完全相同。实际上，由式（3-20）计算得到的 ΔS_{M} 远大于式（3-9）的计算结果，这是因为一个高分子在溶液中不止起到一个小分子的作用；但是高分子中的每个链段是相互连接的，一个高分子又起不到 x 个小分子的作用，所以由式（3-20）计算得到的 ΔS_{M}，比 xN_2 个小分子与 N_1 个溶剂分子混合时的熵变小得多。

对于多分散性的聚合物，其混合熵为

$$\Delta S_{\mathrm{M}}=-k\left[N_1\ln\phi_1+\sum_i N_i\ln\phi_i\right]=-R\left[n_1\ln\phi_1+\sum_i n_i\ln\phi_i\right] \tag{3-21}$$

式中，N_i、n_i 和 ϕ_i 分别为各种聚合度的溶质的分子数目、摩尔数和体积分数；$\sum$ 是对多分散试样的各种聚合度的组分进行加和，并不包括溶剂。

（2）混合热

根据似晶格模型，高分子溶液的混合热 ΔH_{M} 只考虑最临近一对分子之间的相互作用。用 1 表示溶剂分子，2 表示高分子的一个链段，[1-1]、[2-2]和[1-2]分别表示相邻的一对溶剂分子、相邻的一对链段和相邻的一个溶剂-链段对，用 ε_{11}、ε_{22} 和 ε_{12} 分别表示它们的结合能，则混

合过程和混合生成一个[1-2]时的能量变化为

$$\frac{1}{2}[1-1]+\frac{1}{2}[2-2]=[1-2] \qquad \Delta\varepsilon_{12}=\varepsilon_{12}-\frac{1}{2}(\varepsilon_{11}+\varepsilon_{22})$$

假定在溶液中形成 p_{12} 个[1-2]，且混合时没有体积变化，则

$$\Delta H_{\mathrm{M}}=p_{12}\Delta\varepsilon_{12} \tag{3-22}$$

仍应用似晶格模型计算 ΔH_{M}，晶格配位数为 Z，一个高分子链端链段相邻可占据的格子数为 $(Z-1)$，中间链段相邻可占据的格子数为 $(Z-2)$，因此一个含有 x 个链段的高分子周围相邻且可占据的格子数为 $(Z-2)x+2$，当 x 很大时近似等于 $(Z-2)x$。根据似晶格模型等概率假定，每个格子被溶剂分子占据的概率为 ϕ_1，也就是说一个高分子可以生成 $(Z-2)x\phi_1$ 个[1-2]。在溶液中共有 N_2 个高分子，则

$$p_{12}=(Z-2)x\phi_1 N_2=(Z-2)N_1\phi_2$$

代入式（3-22）可以得到高分子溶液的混合焓为

$$\Delta H_{\mathrm{M}}=(Z-2)N_1\phi_2\Delta\varepsilon_{12}$$

若令

$$\chi_1=\frac{(Z-2)\Delta\varepsilon_{12}}{kT} \tag{3-23}$$

则

$$\Delta H_{\mathrm{M}}=kT\chi_1 N_1\phi_2=RT\chi_1 n_1\phi_2 \tag{3-24}$$

式中，χ_1 为 Huggins 参数，也称高分子-溶剂相互作用参数，是高分子溶液理论中非常重要的物理量，反映了高分子与溶剂混合时相互作用能的变化。$\chi_1 kT$ 相当于把一个溶剂分子放到聚合物中时所引起的能量变化。表 3-4 列出了部分聚合物-溶剂体系的 χ_1 值。

表 3-4 部分聚合物-溶剂体系的 χ_1

聚合物	溶剂	温度/℃	χ_1	聚合物	溶剂	温度/℃	χ_1
聚异丁烯	环己烷	27	0.44	聚苯乙烯	甲苯	27	0.44
聚氯乙烯	磷酸三丁酯	53	−0.65		月桂酸乙酯	25	0.47
	四氢呋喃	27	0.14	天然橡胶	氯仿	15～20	0.37
	二氧六环	27	0.52		苯	25	0.44
	丁酮	53	1.74		二硫化碳	25	0.49

（3）混合自由能和化学位

高分子溶液的混合自由能为

$$\Delta G_{\mathrm{M}}=\Delta H_{\mathrm{M}}-T\Delta S_{\mathrm{M}}$$

将式（3-20）和式（3-24）代入可得

$$\Delta G_{\mathrm{M}}=kT(N_1\ln\phi_1+N_2\ln\phi_2+\chi_1 N_1\phi_2)=RT(n_1\ln\phi_1+n_2\ln\phi_2+\chi_1 n_1\phi_2) \tag{3-25}$$

高分子溶液中溶剂的化学位 $\Delta\mu_1$ 和溶质的化学位 $\Delta\mu_2$ 分别为

$$\Delta\mu_1=\left(\frac{\partial\Delta G_{\mathrm{M}}}{\partial n_1}\right)_{T,p,n_2}=RT\left[\ln\phi_1+\left(1-\frac{1}{x}\right)\phi_2+\chi_1\phi_2^2\right] \tag{3-26}$$

$$\Delta\mu_2=\left(\frac{\partial \Delta G_{\mathrm{M}}}{\partial n_2}\right)_{T,p,n_1}=RT\left[\ln\phi_2+(1-x)\phi_1+x\chi_1\phi_1^2\right] \tag{3-27}$$

溶剂的化学位变化与蒸气压的关系为

$$\Delta\mu_1=\mu_1-\mu_1^0=RT\ln\frac{p_1}{p_1^0} \tag{3-28}$$

代入式（3-26）可以得到

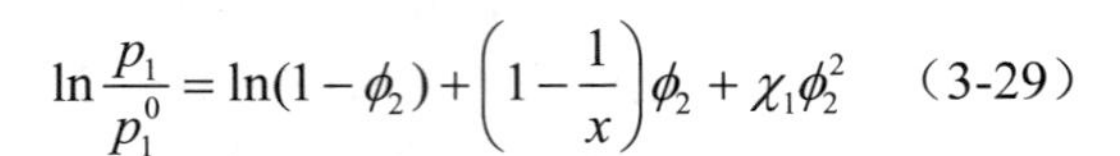

$$\ln\frac{p_1}{p_1^0}=\ln(1-\phi_2)+\left(1-\frac{1}{x}\right)\phi_2+\chi_1\phi_2^2 \tag{3-29}$$

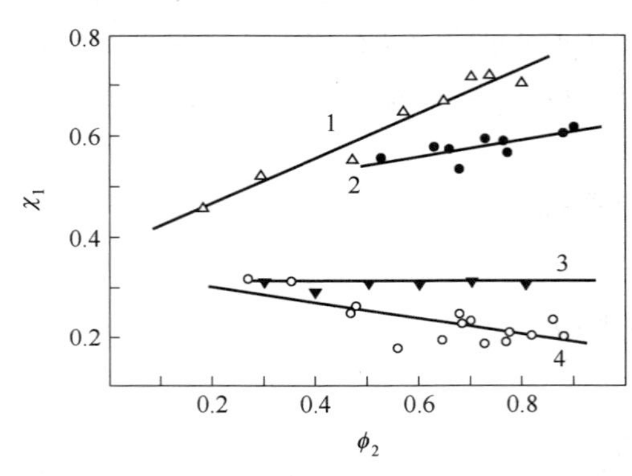

图 3-4　实验测定的χ_1与溶液浓度ϕ_2的关系

1—聚二甲基硅氧烷-苯体系；2—聚苯乙烯-丁酮体系；
3—天然橡胶-苯体系；4—聚苯乙烯-甲苯体系

因此，从高分子溶液的蒸气压 p_1 和纯溶剂的蒸气压 p_1^0 的测量可以计算出 Huggins 参数 χ_1，理论上 χ_1 应与高分子溶液浓度无关，但实验结果并非如此。如图 3-4 所示，除天然橡胶-苯溶液的 χ_1 与溶液浓度 ϕ_2 无关外，其他体系都与理论有很大偏离，这与模型的基本假定及推导过程中的简化处理有关。尽管如此，由于 Flory-Huggins 似晶格模型简单，所得热力学表达式简明，物理意义清晰，能基本定性地描述高分子溶液的热力学性质，因而仍被普遍接受并采用。

3.2.2　*θ*温度

在线课程
3-3

Flory 将似晶格模型的结果应用于稀溶液，若 $\phi_2 \ll 1$，则

$$\ln\phi_1=\ln(1-\phi_2)=-\phi_2-\frac{1}{2}\phi_2^2-\cdots$$

忽略高次项，代入式（3-26）可以得到

$$\Delta\mu_1=RT\left[-\frac{1}{x}\phi_2+\left(\chi_1-\frac{1}{2}\right)\phi_2^2\right] \tag{3-30}$$

对于很稀的理想溶液，$X_2 \ll 1$，$\ln X_1=\ln(1-X_2)\approx -X_2$，代入式（3-11）可以得到

$$\Delta\mu_1^{\mathrm{i}}=-RTX_2=-RT\frac{\phi_2}{x} \tag{3-31}$$

因此式（3-30）右边第一项相当于理想溶液中溶剂的化学位变化，第二项反映了高分子溶液的非理想部分，称为过量化学位或超额化学位，用符号 $\Delta\mu_1^{\mathrm{E}}$ 表示，即

$$\Delta\mu_1=\Delta\mu_1^{\mathrm{i}}+\Delta\mu_1^{\mathrm{E}}$$

$$\Delta\mu_1^{\mathrm{E}}=RT\left(\chi_1-\frac{1}{2}\right)\phi_2^2 \tag{3-32}$$

过量化学位 $\Delta\mu_1^{\mathrm{E}}$ 的存在，使得高分子溶液即使浓度很稀也不能看作理想溶液。只有当

$\chi_1 = 1/2$ 时，才能使溶液的 $\Delta\mu_1^E = 0$，此时高分子溶液符合理想溶液的条件。当 $\chi_1 < 1/2$ 时，$\Delta\mu_1^E < 0$，溶解过程的自发趋势更强，此时的溶剂称为该聚合物的良溶剂。当 $\chi_1 > 1/2$ 时，$\Delta\mu_1^E > 0$，溶解性能变差，此时的溶剂称为该聚合物的不良溶剂。

Flory 的研究结果表明，按照似晶格模型计算高分子溶液热力学参数，产生非理想部分偏差主要源于两个方面：首先，链段-溶剂分子、链段-链段、溶剂分子-溶剂分子之间的相互作用并不相等；其次，良溶剂中链段-溶剂分子的相互作用远远大于链段-链段之间的相互作用，溶剂化作用使高分子链在溶液中扩张，导致聚合物分子链构象数显著减少。这样，溶液的过量化学位 $\Delta\mu_1^E$ 应该由两部分组成，一部分是热引起的，另一部分是熵引起的。由此，引入两个参数 K_1 和 Ψ_1，分别称为热参数和熵参数。于是，由于相互作用能不等而引起的过量偏摩尔混合热、过量偏摩尔混合熵和过量化学位变化分别表示为

$$\Delta H_1^E = RTK_1\phi_2^2$$

$$\Delta S_1^E = R\Psi_1\phi_2^2$$

$$\Delta\mu_1^E = \Delta H_1^E - T\Delta S_1^E = RT(K_1 - \Psi_1)\phi_2^2 \tag{3-33}$$

式（3-33）和式（3-32）相比，可得

$$\chi_1 - \frac{1}{2} = K_1 - \Psi_1 \tag{3-34}$$

Flory 引入一个参数 θ，其定义是

$$\theta \equiv \frac{K_1 T}{\Psi_1} \tag{3-35}$$

θ 的量纲是温度，故称为 θ 温度，又称 Flory 温度。于是有

$$K_1 - \Psi_1 = \Psi_1\left(\frac{\theta}{T} - 1\right)$$

代入式（3-33）可得

$$\Delta\mu_1^E = RT\Psi_1\left(\frac{\theta}{T} - 1\right)\phi_2^2 \tag{3-36}$$

当 $T = \theta$ 时，式（3-34）的 $\chi_1 = 1/2$，式（3-36）的 $\Delta\mu_1^E = 0$，即高分子溶液的温度为 θ 温度时，其热力学性质与理想溶液没有偏差。

通常，可以通过选择溶剂和温度，使溶液的 $\Delta\mu_1^E = 0$，以使高分子溶液符合理想溶液的条件，把这种条件称为 θ 条件，或 θ 状态。θ 状态下所用的溶剂称为 θ 溶剂；θ 状态下所处的温度称为 θ 温度。两者是密切相关、相互依存的。对于某种聚合物，当溶剂选定以后，可以改变温度以满足 θ 条件；也可以选定某一温度，然后改变溶剂的种类，或使用混合溶剂以达到 θ 条件。θ 温度可用临界相分离法（参见 3.5.1）和光散射法（参见 4.2.2）测定，表 3-5 列出了部分聚合物的 θ 溶剂和 θ 温度。

表 3-5　部分聚合物的 θ 溶剂和 θ 温度

聚合物	θ 溶剂	θ 温度/℃
聚乙烯	联苯	125.0
	二苯醚	161.4

续表

聚合物	θ 溶剂	θ 温度/℃
聚丙烯（等规）	二苯醚	145～146.2
聚丙烯（无规）	氯仿/正丙醇（74/26）	25.0
聚丁烯-1（无规）	苯甲醚	86.2
聚异丁烯	苯	24.0
	甲苯	-13.0
	乙苯	-24.0
	氯仿/正丙醇（77.1/22.9）	25.0
聚苯乙烯（无规）	环己烷	35.0
	环己烷/甲苯（86.9/13.1）	15.0
	甲苯/甲醇（20/80）	25.0
	十氢萘	31.0
聚甲基丙烯酸甲酯（无规）	丙酮	-55.0
	丙酮/乙醇（47.7/52.3）	25.0
	苯/正己烷（70/30）	20.0
聚氯乙烯（无规）	苯甲醇	155.4
尼龙 66	2.3mol·L^{-1} KCl 的 90%甲酸溶液	28.0
丙烯腈-苯乙烯共聚物	苯/甲醇（66.7/33.3）	15.0
聚二甲基硅氧烷	乙酸乙酯	18.0
	氯苯	68.0
	甲苯/环己醇（66/34）	25.0
天然橡胶（96%顺式）	2-戊酮	14.5
丁苯橡胶（70/30）	正辛烷	21.0
聚丁二烯（90%顺式）	3-戊酮	10.6

3.2.3 Flory-Krigbaum 稀溶液理论

在似晶格模型理论的基础上，Flory 和 Krigbaum 提出了稀溶液理论，该理论考虑了稀溶液中链段分布的不均匀性以及链段与溶剂分子间相互作用产生的影响，提出了排斥体积的概念。Flory-Krigbaum 稀溶液理论的基本假定如下：

① 整个高分子稀溶液可看作被溶剂化了的“链段云”，彼此远离地分散于溶液中，使得高分子链段在整个溶液中呈非均匀分布，如图 3-5 所示。

② “链段云”内部的链段分布不均匀，以质心为中心，越向外密度越小，“链段云”内部的链段径向分布符合高斯分布。

③ 稀溶液中每个高分子都有一个排斥体积 u，即一个高分子很难进入另一个高分子所占的区域。u 的大小与高分子相互接近时的自由能变化有关。当链段-溶剂分子的相互作用能

大于链段-链段相互作用能时，则高分子被溶剂化而扩张，使得彼此不能接近，排斥体积 u 大；当链段-溶剂分子的相互作用能等于链段-链段相互作用能，高分子与高分子可以和高分子与溶剂分子一样，彼此接近、相互贯穿，排斥体积 u 为 0，相当于高分子处于无扰状态。

根据以上假定，Flory 和 Krigbaum 推导出排斥体积 u 和高分子的分子量及溶剂、温度之间的关系为

$$u = 2\Psi_1\left(1-\frac{\theta}{T}\right)\frac{\overline{\upsilon}^2}{V_1}m^2F(X)$$

$$X = C\frac{\overline{\upsilon}^2}{\widetilde{V}_1\tilde{N}}\left(\frac{M}{\overline{h^2}}\right)^{3/2}M^{1/2}\Psi_1\left(1-\frac{\theta}{T}\right) \tag{3-37}$$

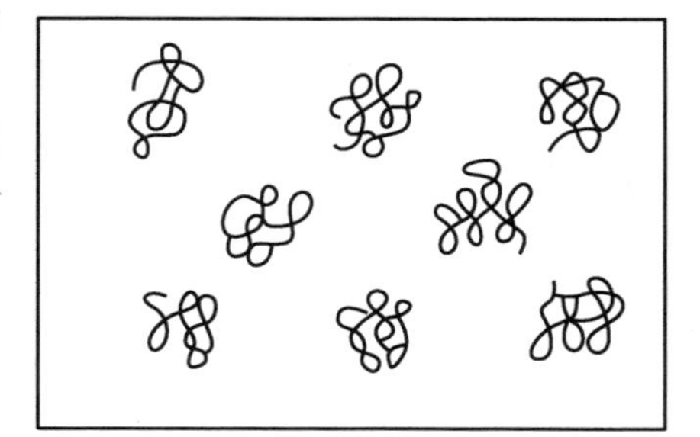

图 3-5　溶液中的高分子“链段云”

式中，Ψ_1 是熵参数；θ 是高分子-溶剂体系的 θ 温度；$\overline{\upsilon}$ 是高分子的偏微比容；V_1 是溶剂分子的体积；$\widetilde{V}_1$ 是溶剂的偏摩尔体积；$\tilde{N}$ 是 Avogadro 常数；m 是一个高分子的质量；M 是高分子的分子量；$\overline{h^2}$ 是高分子在溶液中的均方末端距；C 是常数；$F(X)$ 是一个复杂的函数，随 X 值增大而减小，当 $T=\theta$ 时，$X=0$，$F(X)=1$。

据此进一步推导与排斥体积 u 相关的高分子稀溶液的混合自由能表达式。假定非极性高分子稀溶液中每一个高分子都可看作体积为 u 的刚性球。首先，通过计算 N_2 个体积为 u 的刚性球分布在体积为 $V(N_2u \ll V)$ 的溶液中的排布方法数，得到溶液的混合熵 ΔS_{M}。对于第一个高分子，其排布方法数正比于 V；第二个高分子的排布方法数正比于 $V-u$；第三个高分子的排布方法数正比于 $V-2u$；以此类推，总的排布方法数为

$$Q = C' \times \prod_{i=0}^{N_2-1}(V-iu)$$

式中，C' 为常数。考虑到非极性高分子溶解时热效应较小，即溶液的混合热 $\Delta H_{\mathrm{M}} \approx 0$；于是得到该溶液的混合自由能为

$$\Delta G_{\mathrm{M}} = -T\Delta S_{\mathrm{M}} = -Tk\ln Q = -kT\left[N_2\ln V + \sum_{i=0}^{N_2-1}\ln\left(1-\frac{iu}{V}\right)\right] + C''$$

式中，C'' 为常数。稀溶液的 $\frac{iu}{V} \ll 1$，对上式 $\ln\left(1-\frac{iu}{V}\right)$ 用级数展开，并略去高次项，则

$$\Delta G_{\mathrm{M}} = -kT\left[N_2\ln V - \sum_{i=0}^{N_2-1}\frac{iu}{V}\right] + C'' = -kT\left(N_2\ln V - \frac{N_2^2}{2}\times\frac{u}{V}\right) + C'' \tag{3-38}$$

由热力学第二定律可以导出稀溶液的渗透压为（参见 4.2.1 小节）

$$\Pi = -\frac{\Delta\mu_1}{\widetilde{V}_1} = -\frac{1}{\widetilde{V}_1}\times\frac{\partial\Delta G_{\mathrm{M}}}{\partial n_1} = -\frac{1}{\widetilde{V}_1}\times\frac{\partial\Delta G_{\mathrm{M}}}{\partial V}\times\frac{\partial V}{\partial n_1} = -\frac{\partial\Delta G_{\mathrm{M}}}{\partial V} \tag{3-39}$$

式中，n_1 和 $\widetilde{V}_1$ 分别是溶剂的摩尔数和偏摩尔体积。将式（3-38）代入式（3-39），可得

$$\Pi = kT\left[\frac{N_2}{V} + \frac{u}{2}\left(\frac{N_2}{V}\right)^2\right] = RT\left(\frac{c}{M} + \frac{\tilde{N}u}{2M^2}c^2\right) \tag{3-40}$$

式中，R 和 $\tilde{N}$ 分别是气体常数和 Avogadro 常数；M 是高分子的分子量；c 是溶液浓

度，单位体积溶液中所含的溶质质量。

用 Flory-Huggins 似晶格模型理论中的溶剂化学位变化，即式（3-26）代入式（3-39），则

$$\Pi = -\frac{RT}{\widetilde{V}_1}\left[\ln\left(1-\phi_2\right)+\left(1-\frac{1}{x}\right)\phi_2+\chi_1\phi_2^2\right]$$

对上式 $\ln(1-\phi_2)$ 用级数展开，并略去高次项，则

$$\Pi = RT\left[\frac{c}{M}+\left(\frac{1}{2}-\chi_1\right)\frac{\phi_2^2}{\widetilde{V}_1}+\cdots\right]$$

利用 $\phi_2 = c/\rho_2$，ρ_2 为高分子密度，$\rho_2 = M/x\widetilde{V}_1$，可以将上式改写为

$$\Pi = RT\left[\frac{c}{M}+\left(\frac{1}{2}-\chi_1\right)\frac{c^2}{\widetilde{V}_1\rho_2^2}+\cdots\right] \tag{3-41}$$

通过实验可以测定高分子溶液的渗透压，其与溶液浓度的关系可用维里展开式表示

$$\frac{\Pi}{c} = RT(A_1 + A_2 c + \cdots) \tag{3-42}$$

式中，A_1 和 A_2 分别是第一和第二维里系数（Virial coefficient），比较式（3-40）、式（3-41）和式（3-42）可得

$$A_2 = \frac{\tilde{N}u}{2M^2} = \frac{\frac{1}{2}-\chi_1}{\widetilde{V}_1\rho_2^2} \tag{3-43}$$

可见，第二维里系数 A_2 和 Huggins 参数 χ_1 一样，是链段-溶剂分子之间和链段-链段之间相互作用的一种量度，与溶剂化作用和高分子在溶液中的形态密切相关，取决于不同的体系和温度。良溶剂中，高分子链由于溶剂化而扩张，$A_2>0$，$\chi_1<1/2$；θ 条件时，高分子链处于无扰状态［图 3-6（a）］，$A_2=0$，$\chi_1=1/2$；随着温度的改变和不良溶剂的加入，高分子链线团紧缩，$A_2<0$，$\chi_1>1/2$。

良溶剂中的溶剂化作用，相当于在高分子链外面套了一层由溶剂组成的套管，使蜷曲的高分子链伸展，如图 3-6（b）所示。高分子链的均方末端距和均方旋转半径由 θ 状态下的 $\overline{h_0^2}$ 和 $\overline{R_0^2}$ 扩张为良溶剂中的 $\overline{h^2}$ 和 $\overline{R^2}$。高分子链的扩张程度可用扩张因子 α，又称一维溶胀因子表示：

$$\alpha = \left(\frac{\overline{h^2}}{\overline{h_0^2}}\right)^{1/2} = \left(\frac{\overline{R^2}}{\overline{R_0^2}}\right)^{1/2} \tag{3-44}$$

α 与溶剂性质、温度、聚合物分子量、溶液浓度等有关。Flory-Krigbaum 从理论上导出

$$\alpha^5 - \alpha^3 = 2C_m\Psi_1\left(1-\frac{\theta}{T}\right)M^{1/2} \tag{3-45}$$

式中，Ψ_1 是熵参数；θ 是高分子-溶剂体系的 θ 温度；M 是聚合物分子量；C_m 是常数。

良溶剂的溶剂化作用很强时，$\alpha \gg 1$，即 $\alpha^5 \gg \alpha^3$，由式（3-45）可得

$$\alpha^5 \propto M^{1/2} \tag{3-46}$$

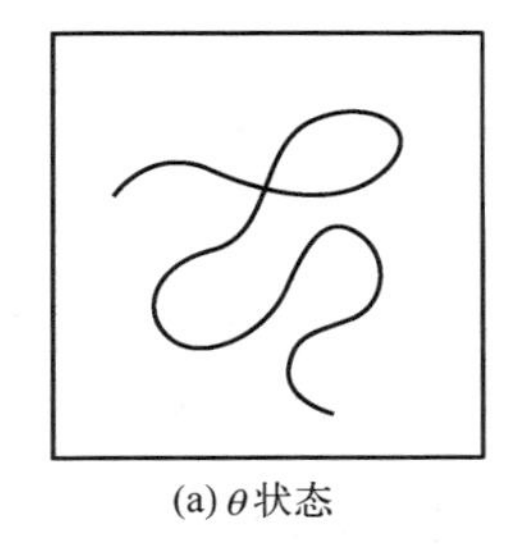

(a) θ状态

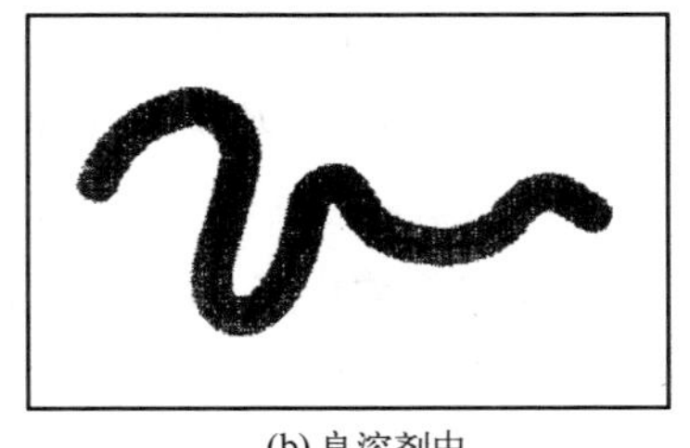

(b) 良溶剂中

图 3-6 不同条件下溶液中高分子链构象示意图

由高分子的构象统计理论可知，对于分子量足够大的柔性高分子链来说，$\overline{h_0^2} = Zb^2 \propto M$ 或 $\overline{R_0^2} \propto M$，由式（3-44）和式（3-46）可得

$$\overline{R^2} = \alpha^2 \overline{R_0^2} \propto M^{1.2} \text{ 或 } R \propto M^{0.6} \tag{3-47}$$

式中，R 为均方旋转半径的平方根值，简称旋转半径。对于视为刚性球的高分子线团，其排斥体积 $u \propto R^3$，则有 $u \propto M^{1.8}$，根据式（3-43）可以得到高分子在良溶剂稀溶液中 A_2 和 M 的关系为

$$A_2 \propto M^{-0.2} \tag{3-48}$$

实验测得许多高分子-良溶剂体系的 $A_2 \propto M^{-0.2\pm0.05}$。

Flory-Huggins 理论和 Flory-Krigbaum 理论都存在一定的局限性，两者都没有考虑到聚合物与溶剂混合时会有体积变化。1959 年，Maron 提出了对 Flory-Huggins 方程的修正意见，所得混合自由能公式应用于高分子溶液热力学性质时，理论结果与实验数据符合得更好。Prigogine 等提出高分子溶液的对应态理论，基于高分子溶液混合过程体积变化是负的，推导出混合体积的变化、混合热和新的相互作用参数与浓度的关系。20 世纪 70 年代，de Gennes 将统计物理中的标度概念引入高分子溶液中，用自洽场和重整群等近代物理方法和数学工具处理高分子溶液理论。总之，高分子溶液理论的发展极大地推动了高分子溶液的研究。

3.3 高分子亚浓溶液

3.3.1 临界交叠浓度

高分子稀溶液中，高分子链线团是互相分离的，高分子线团如同分散在溶剂中被溶剂化的“链段云”，分布并不均匀，如图 3-7（a）所示；当浓度增大到某种程度后，高分子线团互相穿插交叠，整个溶液中的链段分布趋于均一，如图 3-7（c）所示，这种溶液称为亚浓溶液，其概念最早由 de Gennes 提出。在稀溶液和亚浓溶液之间，若溶液浓度由稀向浓逐渐增大，孤立的高分子线团则逐渐靠近，靠近到开始成为线团密堆积，如图 3-7（b）所示，此时的浓度为稀溶液与亚浓溶液之间的分界浓度，称为临界交叠浓度，又称为接触浓度，用 c^* 表示。把 c^* 近似看成单独线团内部的局部浓度，则

$$c^* = M / \tilde{N}\upsilon_2$$

式中，M 是高分子的分子量；$\tilde{N}$ 是 Avogadro 常数；υ_2 是每个高分子在溶液中的体积，其与旋转半径 R 的关系为$\upsilon_2 \propto R^3$，于是$c^* \propto M / R^3$，利用式（3-47）可以得到

$$c^* \propto M^{-4/5} \tag{3-49}$$

这说明分子量越大，临界交叠浓度c^*越小，高分子溶液的c^*是很小的，如分子量为 3.8×10^6 的聚苯乙烯在苯中的 R 为 119nm，估计c^*只有 0.425%，超过这个浓度就是亚浓溶液。

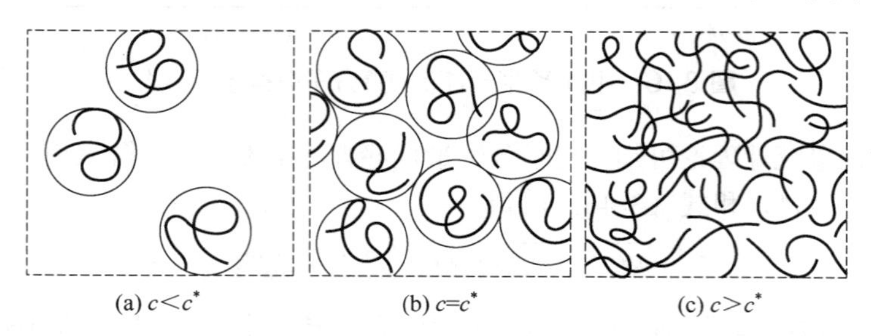

图 3-7　高分子稀溶液（a）、线团密堆积（b）和亚浓溶液（c）示意图

3.3.2　亚浓溶液中的分子尺寸

在亚浓溶液中，高分子链相互穿插交叠，可设想为亚浓溶液高分子在某一瞬间的构象拍一张照片，结果如图 3-8 所示。该图看上去如同具有网眼的交联网，网眼的平均尺寸用ξ表示，称为相关长度（correlation length）。

采用标度理论来确定ξ与溶液浓度 c 之间的关系。

首先，当$c = c^*$时，高分子链线团刚刚接触，还未相互贯穿，因此网眼的大小ξ与一个高分子链线团的旋转半径 R 差不多，于是亚浓溶液的高分子相关长度为

$$\xi = R\left(\frac{c}{c^*}\right)^m \tag{3-50}$$

然后，当$c>c^*$时，由于分子链相互贯穿，高分子链尺寸比网眼尺寸大得多，因此相关长度ξ只与浓度有关而与分子量 M 无关。这意味着上式中的幂指数m，需要能够将 R 中所含的 M 的幂次与c^*中所含的 M 的幂次相互抵消，从而满足ξ与 M 无关。将式（3-47）和式（3-49）代入式（3-50），得到$m = -3/4$，则

$$\xi \propto c^{-3/4} \tag{3-51}$$

可见，随着溶液浓度的增大，相关长度迅速下降，即网眼尺寸减小，反映出分子链之间关联程度增大。

串滴模型认为，在亚浓溶液中，若沿着一条高分子链看，可以将其看成由一连串连接的“链滴”（blob）组成，链滴的尺寸等于相关长度ξ，在链滴范围内，排斥体积效应起作用，即每个链滴内部的高分子链不与其他链相互作用，如图 3-9 所示。设尺寸为ξ的链滴内部含有 g 个重复单元，根据式（3-47）则有

$$\xi \propto g^{3/5}$$

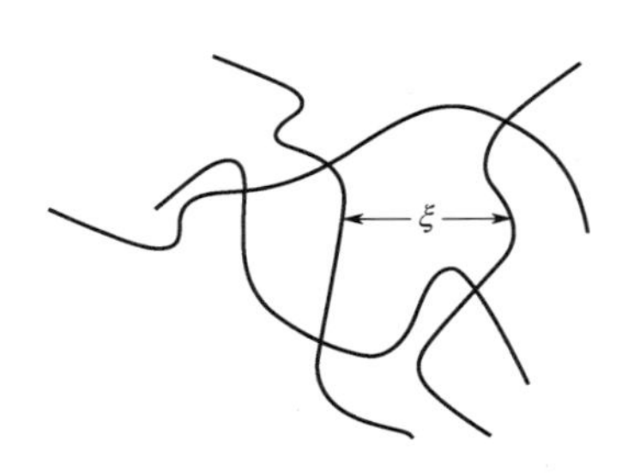

图 3-8　高分子亚浓溶液相关长度

图 3-9　高分子亚浓溶液串滴模型

第3章

将式（3-51）代入，可得

$$g \propto c^{-5/4} \text{ 或 } g \propto c\xi^3$$

上式说明，溶液基本上是一种链滴的密堆积体系，在这样的体系中，每个高分子链都是构象符合 Gauss 分布的等效自由连接链，链的统计单元为链滴。若整条高分子链含有 n 个重复单元，则统计单元数为 n/g，长度为 ξ，则整条高分子链的均方旋转半径为

$$\overline{R^2} \propto \frac{n}{g}\xi^2 \propto \frac{n}{c\xi}$$

将式（3-51）代入，则

$$\overline{R^2} \propto nc^{-1/4} \tag{3-52}$$

上式表明，亚浓溶液中的高分子链尺寸与浓度有关，这一结果由串滴模型导出，并且得到了聚苯乙烯溶液中子散射实验结果的验证。

3.3.3　亚浓溶液的渗透压

对于高分子稀溶液，Flory 把高分子看作体积为 u 的刚性球分散在溶液中，从而导出渗透压的表达式

$$\Pi = RT\left(\frac{c}{M} + \frac{\tilde{N}u}{2M^2}c^2 + \cdots\right)$$

因为排斥体积 u 和旋转半径 R^3 成正比，上式可改写为

$$\frac{\Pi}{RT} = \frac{c}{M} + AR^3\left(\frac{c}{M}\right)^2 + o\left(\frac{c}{M}\right)^3 \tag{3-53}$$

式中，A 为常数。

把上式写成$\left(R^3\dfrac{c}{M}\right)$的函数，则有

$$\frac{\Pi}{RT} = \frac{c}{M}f\left(R^3\frac{c}{M}\right)$$

考虑到 $c^* \propto M/R^3$，上式可写成

$$\frac{\Pi}{RT} = \frac{c}{M}f\left(\frac{c}{c^*}\right) \tag{3-54}$$

式中，$f\left(\frac{c}{c^*}\right)$是无量纲的量，且应满足下列关系：

① 当$c \ll c^*$时，对比式（3-53）和式（3-54），则有

$$f\left(\frac{c}{c^*}\right)=1+B\left(\frac{c}{c^*}\right)$$

式中，B为常数。

在$\lg\Pi$ - $\lg c$图上应为斜率为1的直线。

② 当$c \gg c^*$时，溶液中的高分子链段分布已经均一，由许多分子量为M的链组成的溶液和由一个分子量为无穷大的单链充满整个容器所组成的溶液相比，只要两者浓度相同，热力学性质应该没有差别，即渗透压只与浓度有关，而与分子量无关。于是，必须消除式（3-54）前置因子中的分子量M，也就是说$f\left(\frac{c}{c^*}\right)$不应该是$\frac{c}{c^*}$的级数展开，而应是$\frac{c}{c^*}$的简单幂次，将式（3-49）代入，则有

$$f\left(\frac{c}{c^*}\right)=C\left(\frac{c}{c^*}\right)^m=C'c^mM^{\frac{4m}{5}}$$

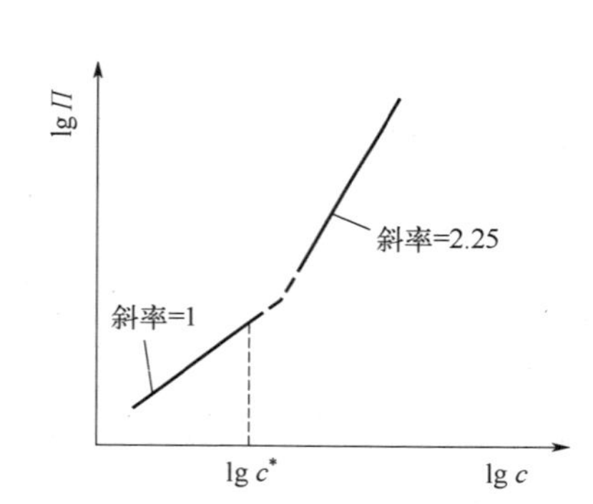

图 3-10 从稀溶液到亚浓溶液的渗透压-浓度关系示意图

式中，C 和C'为与c和M无关的前置因子；m为指数。将上式代入式（3-54），得到

$$\frac{\Pi}{RT}=\frac{c}{M}C'c^mM^{\frac{4m}{5}}=C'c^{m+1}M^{\frac{4m}{5}-1}$$

若要满足Π与M无关，则m=5/4，于是有

$$\frac{\Pi}{RT}=C'c^{9/4} \tag{3-55}$$

在$\lg\Pi$ - $\lg c$图上，应为斜率为9/4的直线。式（3-55）称为des Cloiseaux 定律，已为光散射和渗透压等实验所证实。图3-10即为从稀溶液到亚浓溶液的渗透压-浓度关系示意图。

3.4 高分子浓溶液

在线课程 3-4

通常将浓度大于 5%的高分子溶液称为浓溶液。纺丝液、涂料、黏合剂、增塑的聚合物、冻胶和凝胶等都属高分子浓溶液范畴，高分子浓溶液的特点是黏度不稳定，分子形态和溶液黏度与制备过程密切相关。

3.4.1 聚合物的增塑

为了改善某些聚合物的使用性能和加工性能，常在聚合物中加入一定量的高沸点、低挥发性的小分子物质。例如聚氯乙烯（PVC）热稳定性差，使得分解温度低于加工温度，因

此在成型过程中常加入 30%～50%的邻苯二甲酸二丁酯或邻苯二甲酸二辛酯，一方面可以降低材料的流动温度，以便在较低温度下加工，另一方面降低了材料的玻璃化转变温度，使弹性得以增加，从而改善了 PVC 制件的耐寒、抗冲击等性能，应用于薄膜、胶管、电线护套等。

添加到线型聚合物中使其塑性增大的物质称为增塑剂，包括邻苯二甲酸酯类、磷酸酯类、乙二醇和甘油类、己二酸和癸二酸酯类、脂肪酸酯类、环氧类、聚酯类等。有关增塑剂的作用机理，一般认为是由于增塑剂的加入导致高分子链间相互作用的减弱，但非极性增塑剂和极性增塑剂的增塑作用不同。

非极性增塑剂溶于非极性聚合物中，“隔离作用”使高分子链之间的距离增大，分子链之间的作用力减弱，相互运动的摩擦力也减弱。所以非极性增塑剂使非极性聚合物玻璃化转变温度 T_g 降低，熔融黏度降低。T_g 降低的数值与非极性增塑剂的体积分数成正比，其关系可表示为：$\Delta T_g = \alpha\phi$，ϕ 是非极性增塑剂的体积分数，α 是比例常数。

在极性聚合物中，由于极性基团或氢键等的强烈相互作用，在分子链间形成了许多物理交联点。极性增塑剂溶于极性聚合物中，其本身的极性基团与高分子的极性基团相互作用，破坏了高分子链间的物理交联点，使得链段运动得以实现，因此使 T_g 降低的数值与极性增塑剂的摩尔数成正比，其关系可表示为：$\Delta T_g = \beta n$，n 是极性增塑剂的摩尔数，β 是比例常数。

以上所述的增塑作用称为外增塑。如果使用化学方法，在高分子链上引入其他取代基或短的链段，从而降低分子链间相互作用，使得分子链变得柔顺、易于活动，这种增塑称为内增塑，例如纤维素的酯化，破坏了纤维素分子之间的氢键作用，属于内增塑。

理想的增塑剂，必须在一定范围内能与聚合物很好地相容，能充填到高分子链之间，与聚合物形成均相的浓溶液。关于增塑剂的选择与 3.1.3 小节溶剂的选择原则相同。此外，增塑剂还要具有良好的有效性、耐久性、耐热、耐光、不燃及无毒等性能。需要指出的是，并不是每种塑料都需要加入增塑剂，如聚酰胺、聚乙烯和聚丙烯等不需增塑；硝酸纤维素、醋酸纤维素和聚氯乙烯等则常需增塑。不同的聚合物适用的增塑剂不同，例如，硝酸纤维素常以樟脑增塑，醋酸纤维素常以邻苯二甲酸甲酯和邻苯二甲酸乙酯增塑。此外，在满足制品主要性能的前提下，为降低主增塑剂用量、节约成本和提升综合性能，还常采用辅助增塑剂，例如聚氯乙烯塑料中，常伴随着主增塑剂邻苯二甲酸酯类、磷酸酯类，采用二元酸辛酯类、氯化石蜡和石油磺酸苯酯等助增塑剂。

3.4.2 聚合物溶液纺丝

纤维是一种长径比不低于 100，具有一定柔顺性和强度的线形物，是用于制造纺织品的基础原料。在纤维工业中所采用的纺丝方法，或是将聚合物熔融，或是将聚合物溶解在适当的溶剂中配成浓溶液，然后用喷丝头喷成细流，经冷凝或凝固成为纤维。前者称为熔融纺丝，如锦纶、涤纶、丙纶等合成纤维都采用熔融纺丝生产。后者称为溶液纺丝，如聚丙烯腈、聚乙烯醇、聚氯乙烯以及醋酸纤维素、硝酸纤维素等都无法用升高温度的办法使之处于流动状态，因为它们的分解温度较低，在未达到流动温度时即已分解，因此只能将它们配成浓溶液进行纺丝。按照凝固方式不同，溶液纺丝又可分为湿法纺丝和干法纺丝。

湿法纺丝是纺丝溶液经过混合、过滤和脱泡等纺前准备后，送至纺丝机，经计量泵、过滤器和连接管进入喷丝头，从喷丝头毛细孔中挤出的溶液细流进入凝固浴，溶液细流中的溶剂向凝固浴扩散，凝固剂向细流渗透，从而使聚合物在凝固浴中析出，形成初生纤维，如图 3-11（a）所示。

干法纺丝与湿法纺丝不同，干法纺丝时从喷丝头毛细孔中挤出的溶液细流不是进入凝固浴而是进入纺丝甬道中，如图 3-11（b）所示。通过甬道中热空气流的作用，溶液细流中的溶剂快速挥发，并被热空气流带走，溶液细流在逐渐脱去溶剂的同时发生浓缩和固化。

纺丝成型后得到的初生纤维，其结构还不完善，物理力学性能较差，不能直接用于纺织加工，必须经过一系列的后加工，其中主要的工序是拉伸和热定型。拉伸的目的是提高纤维的断裂强度、降低断裂伸长率、提高耐磨性和对各种形变的疲劳强度。热定型的目的主要是消除纤维的内应力，提高尺寸稳定性，并进一步改善纤维物理力学性能。

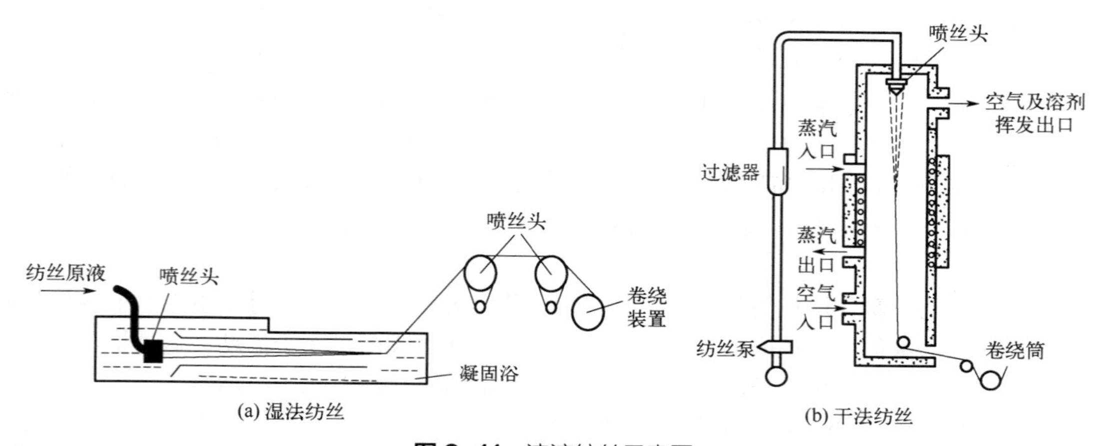

图 3-11　溶液纺丝示意图

3.4.3　冻胶和凝胶

冻胶是由范德华力交联形成的，加热可以拆散范德华力交联，使冻胶溶解。冻胶可分两种：一种是形成分子内的范德华力交联，称为分子内部交联的冻胶。高分子链为球状结构，不能伸展，黏度小。若将此溶液真空浓缩成为浓溶液，其中每一个高分子本身是一个冻胶。所以，可以得到黏度小而浓度高达 30%～40%的浓溶液。如果在溶液纺丝中遇到冻胶溶液，会由于分子链自身的蜷曲而不易取向，无法得到高强度的纤维。另一种是形成分子间的范德华力交联，则得到伸展链结构的分子间交联的冻胶，黏度较大。用加热的方法可以使分子内交联的冻胶变成分子间交联的冻胶，此时溶液的黏度增加。因此用同一种高分子配成相同浓度的溶液，其黏度可以相差很大，用不同的处理方法可以得到性质不同的两种冻胶或两种冻胶的混合物。

凝胶是高分子链之间以化学键形成的交联结构的溶胀体，加热不能溶解也不能熔融。它既是高分子的浓溶液，又是高弹性的固体，小分子物质能在其中渗透或扩散。自然界的生物体都是凝胶，一方面具有强度可以保持形状而又柔软；另一方面允许新陈代谢、排泄废物和汲取营养。

交联结构的高分子不能为溶剂所溶解，却能吸收一定量的溶剂而溶胀，形成凝胶。在溶胀过程中，一方面溶剂力图扩散渗透进入高分子内使其体积膨胀；另一方面，体积膨胀导致网状分子链向三维空间伸展，使网状高分子受到应力而产生弹性收缩能，力图使分子网收缩。当这两种相反的倾向作用相等时，达到了溶胀平衡。交联聚合物在溶胀平衡时的体积与溶胀前的体积之比称为平衡溶胀比Q，其与温度、压力、聚合物的交联度及聚合物-溶剂体系有关。

在溶胀过程中，自由能的变化包括两部分，一部分是聚合物与溶剂的混合自由能ΔG_{M}；另一部分是分子网的弹性自由能ΔG_{el}，即

$$\Delta G = \Delta G_{\mathrm{M}} + \Delta G_{\mathrm{el}} \tag{3-56}$$

根据 Flory-Huggins 理论

$$\Delta G_{\mathrm{M}} = RT(n_1 \ln\phi_1 + n_2 \ln\phi_2 + \chi_1 n_1 \phi_2)$$

根据高弹性理论（参见 6.2.3 小节）

$$\Delta G_{\mathrm{el}} = \frac{1}{2}NkT(\lambda_1^2 + \lambda_2^2 + \lambda_3^2 - 3)$$

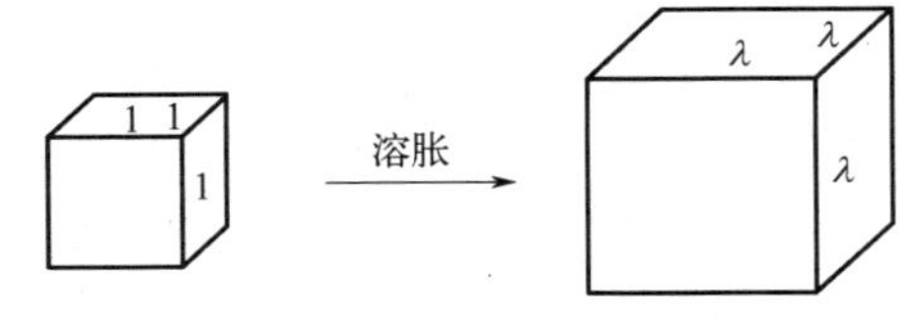

图 3-12 各向同性交联聚合物的溶胀示意图

式中，N 是单位体积内交联聚合物的有效网链数目；λ_1、λ_2 和 λ_3 分别是溶胀后与溶胀前交联聚合物各边长度之比。如图3-12所示，对于各向同性交联聚合物的溶胀

$$\lambda_1 = \lambda_2 = \lambda_3 = \lambda = \left(\frac{V}{V_0}\right)^{1/3} = \left(\frac{1}{\phi_2}\right)^{1/3}$$

$$\Delta G_{\mathrm{el}} = \frac{1}{2}NkT(3\lambda^2 - 3) = \frac{1}{2}NkT(3\phi_2^{-2/3} - 3) = \frac{3\rho_2 V_0 RT}{2\overline{M_{\mathrm{c}}}}(\phi_2^{-2/3} - 1) \tag{3-57}$$

式中，ϕ_2 是溶胀后聚合物的体积分数；ρ_2 是聚合物的密度；$\overline{M_{\mathrm{c}}}$ 是有效网链的平均分子量。

当交联聚合物达到溶胀平衡时，溶胀体内部溶剂的化学位与溶胀体外部纯溶剂的化学位相等，即 $\Delta\mu_1 = 0$

$$\Delta\mu_1 = \frac{\partial \Delta G}{\partial n_1} = \frac{\partial \Delta G_{\mathrm{M}}}{\partial n_1} + \frac{\partial \Delta G_{\mathrm{el}}}{\partial \phi_2} \times \frac{\partial \phi_2}{\partial n_1} = 0$$

对于交联聚合物，由于化学键的作用，整个网络可以看成是一个高分子，链段数 x 可看作无穷大，且 $\phi_2 = V_0 / (V_0 + n_1\overline{V_1})$，其中 $\overline{V_1}$ 是溶剂的摩尔体积，n_1 是溶剂的摩尔数，V_0 是溶胀前高分子所占的体积，代入上式则可以得到溶胀平衡方程

$$\ln(1-\phi_2) + \phi_2 + \chi_1\phi_2^2 + \frac{\rho_2 \overline{V_1}}{\overline{M_{\mathrm{c}}}}\phi_2^{1/3} = 0 \tag{3-58}$$

由平衡溶胀比的定义可知，$Q = 1/\phi_2$；对于交联度不大的聚合物，其在良溶剂中 $Q>10$，此时 ϕ_2 很小，将式（3-58）中的 $\ln(1-\phi_2)$ 级数展开，并略去高次项，则有

$$\frac{\overline{M_{\mathrm{c}}}}{\rho_2 \overline{V_1}}\left(\frac{1}{2} - \chi_1\right) = Q^{5/3} \tag{3-59}$$

Q 值可根据交联聚合物溶胀前后的体积或重量求算，根据式（3-59），如果 χ_1 值已知，则可获得表征交联聚合物交联程度的参数 $\overline{M_{\mathrm{c}}}$，溶胀法是被广泛采用的研究聚合物交联度的

方法之一。反之，如果 $\overline{M_c}$ 值已知，则可获得反映高分子链段-溶剂分子之间和链段-链段之间相互作用的参数 χ_1。此外，3.1.2 小节中提及的测定非极性聚合物溶度参数的溶胀法，也是基于以上原理，有效链在各种溶剂中的扩张程度不同，只有当溶剂的溶度参数与聚合物的溶度参数相近时，$|\Delta H_M|$ 小，自发溶胀趋势强，溶胀性能最好，Q 值最大，故把 Q 极大值所对应的溶剂的溶度参数作为待测交联聚合物的溶度参数。

3.5　高分子溶液的相平衡与相分离

在线课程 3-5

3.5.1　相分离热力学

高分子的溶解过程具有可逆性，受多种内部因素和外部条件的影响。高分子溶液在一定条件下可以分为两相：一相为含高分子较少的“稀相”；另一相为含高分子较多的“浓相”，这种现象称为相分离。改变高分子-溶剂体系的温度，就有可能发生相分离。图 3-13 为不同类型的高分子-溶剂体系的相图，低温互溶、高温分相的体系具有低临界共溶温度（LCST）；高温互溶、低温分相的体系具有高临界共溶温度（UCST）；有的高分子-溶剂体系同时具有 LCST 和 UCST。

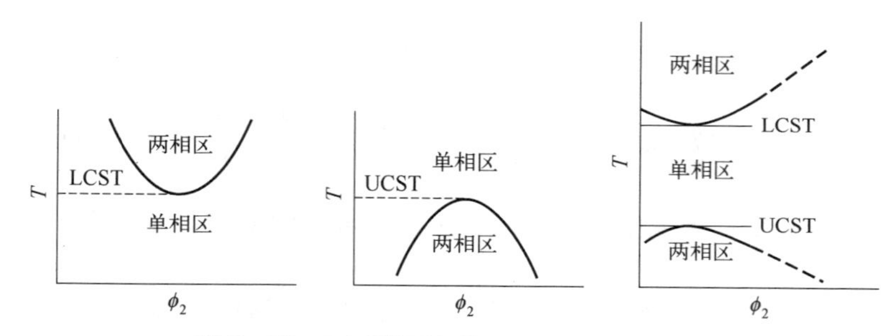

图 3-13　不同类型高分子-溶剂体系的相图

高分子-溶剂体系分成稀相和浓相两相最终达到相平衡时，高分子和溶剂在两相间的扩散达到动态平衡，此时每种组分在两相间的化学位相等，即

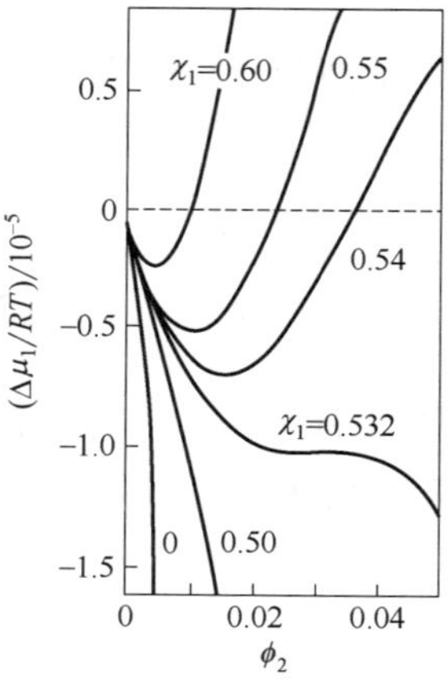

$$\mu_1' = \mu_1'' \quad \mu_2' = \mu_2''$$

式中，上标“′”和“″”分别指稀相和浓相；下标“1”和“2”分别指溶剂和溶质。由式（3-26）可知溶剂化学位变化 $\Delta\mu_1$ 和溶液浓度 ϕ_2 的关系为

$$\Delta\mu_1 = RT\left[\ln\phi_1 + \left(1-\frac{1}{x}\right)\phi_2 + \chi_1\phi_2^2\right]$$

设高分子链段数 $x=1000$，取高分子-溶剂相互作用参数 χ_1 为不同值时，根据上式以 $\Delta\mu_1$ 对 ϕ_2 作图，结果如图 3-14 所示。可以看到，当 χ_1 比较小时（图中 $\chi_1<0.532$），$\Delta\mu_1$ 随 ϕ_2 单调下降；当 χ_1 比较大时，$\Delta\mu_1$ 有极小和极大值，当两个

图 3-14　x=1000 时 $\Delta\mu_1$-ϕ_2 关系图

极值点重合成为拐点时称为临界点。临界点就是相分离的起始条件，临界点位置的数学表达为

$$\begin{cases}\left(\dfrac{\partial \Delta\mu_1}{\partial \phi_2}\right)_{T,p}=0\\[2ex]\left(\dfrac{\partial^2 \Delta\mu_1}{\partial \phi_2^2}\right)_{T,p}=0\end{cases}$$

将式（3-26）代入上两式，可得

$$\begin{cases}\dfrac{1}{1-\phi_2}-1+\dfrac{1}{x}-2\chi_1\phi_2=0\\[2ex]\dfrac{1}{(1-\phi_2^2)^2}-2\chi_1=0\end{cases} \tag{3-60}$$

解联立方程，可得

$$\phi_{2c}=\frac{1}{1+x^{1/2}}$$

当 $x \gg 1$ 时

$$\phi_{2c}=\frac{1}{x^{1/2}} \tag{3-61}$$

ϕ_{2c} 为出现相分离的起始浓度，称为临界浓度，对于高分子来说，ϕ_{2c} 很小，例如 $M=10^6$ 时，$x\approx 10^4$，$\phi_{2c}=0.01$。

将式（3-61）代入式（3-60），且考虑 $x \gg 1$，可得 χ_1 的临界值为

$$\chi_{1c}=\frac{1}{2}+\frac{1}{x^{1/2}}+\frac{1}{2x}\approx\frac{1}{2}+\frac{1}{x^{1/2}} \tag{3-62}$$

上式表明，临界点的 χ_{1c} 值与分子量有关。对于分子量较低的高分子，$\chi_{1c}>1/2$；当 $M\to\infty$ 时，$\chi_{1c}\to 1/2$，此时体系处于 θ 状态，所处的温度为 θ 温度。这就是临界相分离法测定 θ 温度的原理，$M\to\infty$ 时的临界共溶温度 T_c 就是体系的 θ 温度。此外，基于相分离原理，可以通过逐步降温/升温、添加沉淀剂或挥发溶剂等方法改变溶解度，实现对含有不同分子量高分子溶质的溶液的相分离分级。

3.5.2 高分子共混物

为达到提高应用性能、改善加工性能或降低成本的目的，高分子共混物，又称高分子合金，引起了广泛的关注。制备高分子共混物的方法主要分为两类：一类为物理共混，包括熔融状态下的机械共混、溶液共混、乳液共混等；另一类为化学共混，包括一种单体在另一种聚合物中进行聚合的溶胀聚合、核-壳型乳液聚合等。

（1）相容性

从广义上说，高分子共混物属于一种高分子浓溶液，但其又与高分子和溶剂混合时的情况不同。由于高分子链之间的相互牵连，混合熵很小，混合过程又常为吸热过程，根据热力学判据 $\Delta G_M=\Delta H_M-T\Delta S_M>0$，绝大多数高分子共混物不能达到分子水平或链段水平的互

容，只有一些高分子共混物能在某些温度、某些组成范围内部分互容。例如，聚 ε-己内酯/聚苯乙烯、聚二甲基硅氧烷/聚异丁烯、聚氧化丙烯/聚丁二烯等都是具有 UCST 的体系；聚 ε-己内酯/聚碳酸酯、聚偏氟乙烯/聚甲基丙烯酸甲酯、苯乙烯与丁二烯共聚物/聚甲基丙烯酸甲酯等是具有 LCST 的体系；聚苯乙烯/聚乙烯基甲醚（PS/PVME）和聚甲基丙烯酸甲酯/氯化聚氯乙烯等是同时具有 UCST 和 LCST 的体系。

设高分子 A 和高分子 B 混合，它们的链段数分别为 x_A 和 x_B，链段摩尔体积相等，均为 V_S，在共混物中所含的摩尔数分别为 n_A 和 n_B，对应的体积分数分别为 ϕ_A 和 ϕ_B，共混物的摩尔体积为 V，则有

$$\phi_A = \frac{x_A n_A V_S}{V} \qquad \phi_B = \frac{x_B n_B V_S}{V} \tag{3-63}$$

按照 Flory-Huggins 似晶格模型理论，可以得到非晶态聚合物共混物的混合熵和混合焓分别为

$$\Delta S_M = -R\left[n_A \ln\phi_A + n_B \ln\phi_B\right]$$

$$\Delta H_M = RT\chi_1 n_A x_A \phi_B$$

令 $\phi_A = \phi = 1-\phi_B$，混合自由能为

$$\Delta G_M = RT\left[n_A \ln\phi + n_B \ln(1-\phi) + \chi_1 n_A x_A (1-\phi)\right] \tag{3-64}$$

将式（3-63）代入式（3-64），并假定 $x_A = x_B$，可得

$$\Delta G_M = RT\frac{V}{V_S}\left[\frac{\phi}{x}\ln\phi + \frac{1-\phi}{x}\ln(1-\phi) + \chi_1\phi(1-\phi)\right] \tag{3-65}$$

采用与 3.5.1 小节类似的分析方法，根据式（3-65）分析高分子共混物的相分离条件。其中，V_S 和 V 的值与图形无关，对于给定的 x，取 χ_1 为不同值时，以 ΔG_M 对 ϕ 作图。需要说明的是，χ_1 与体系的浓度和温度的关系式为 $\chi_1 = A/T + B\phi + C$，A、B、C 都是与体系有关的常数，高分子共混体系具有 UCST 还是 LCST 取决于相互作用参数 χ_1 的温度依赖性，即 A 值的正负。

图 3-15 和图 3-16 为 UCST 型高分子共混物不同温度 T 下的 ΔG_M 对 ϕ_2 的理论曲线和相图。UCST 型高分子共混物在不同温度下 ΔG_M-ϕ_2 的理论曲线可能有全互容情形和部分互容情形。

① 全互容：当 $T > T_c$（分相温度）时，任何组成下 $\Delta G_M < 0$，且 $\Delta G_M - \phi_2$ 曲线满足极小值条件

$$\left(\frac{\partial \Delta G_M}{\partial \phi_2}\right)_{T,p} = 0 \qquad \left(\frac{\partial^2 \Delta G_M}{\partial \phi_2^2}\right)_{T,p} > 0 \tag{3-66}$$

因此，由任何原因引起的局部组分比变化，如图 3-15 中点 B 变为点 B' 和点 B''，都会使系统的自由能增加，这意味着两种高分子可以以任何比例互容。

② 部分互容：当 $T < T_c$ 时，体系只能在某些组分比范围内互容，在另一些组分比范围内易分离为两相。这种情况下的 $\Delta G_M - \phi_2$ 曲线上出现两个极小值点 N' 和 N''，称为双结点以及一个极大值点；同时还有两个拐点 S' 和 S''，称为旋节点，如图 3-16（a）所示。

双结点 N'、N'' 和旋节点 S'、S'' 将 ΔG_M - ϕ_2 曲线分为五个部分。在 $\phi_2 < \phi_2'$ 和在 $\phi_2 > \phi_2''$ 的两个区间（ϕ_2'、ϕ_2'' 分别为 N'、N'' 点对应的体积分数），曲线满足式（3-66）所示的极小值条件，高分子可以互容。在 $\phi_3' < \phi_2 < \phi_3''$ 的区间内（ϕ_3'、ϕ_3'' 分别为 S'、S'' 点对应的体积分数），体系的混合自由能 ΔG_M 具有极大值，这种混合在热力学上很不稳定，会自发地发生相分离。在 $\phi_2' < \phi_2 < \phi_3'$ 和 $\phi_3'' < \phi_2 < \phi_2''$ 时，即在 $N'S'$ 和 $N''S''$ 两个区间，由于曲线在拐点 S' 和 S'' 之下，所以此组分比范围内混合的两相能够互容，在不受干扰时具有一定的稳定性，但适当予以活化，则进入 $S'S''$ 的极大值区域，导致相分离，分相为 N' 和 N'' 两个平衡共存的相，即体积分数分别为 ϕ_2' 和 ϕ_2'' 的两相。

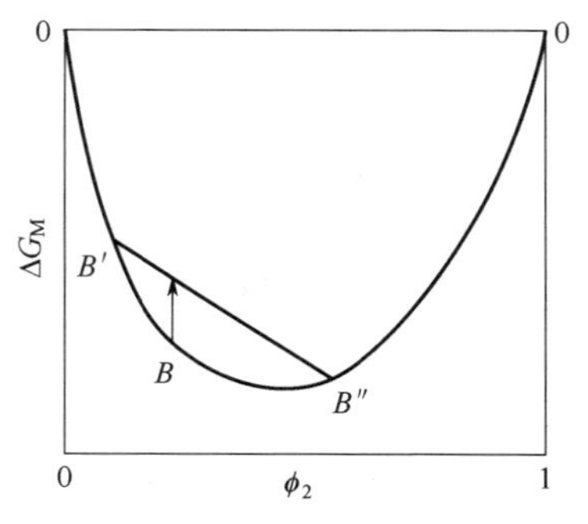

图 3-15　高分子共混物全互容的 ΔG_M-ϕ_2 关系图

（2）临界条件

改变混合温度 T，双结点和旋节点的位置将随之变化，将一系列不同温度下的 ΔG_M - ϕ_2 曲线的双结点连接起来，即可得到图 3-16（b）中的实线，称为双结线，也称两相共存线。类似地，将一系列旋节点连接起来，得到图 3-16（b）中的虚线，称为旋节线，也称亚稳极限线。双结线和旋节线两条曲线之间的区域，称为亚稳区；旋节线包围的区域，称为两相区或不稳区。从图 3-16（b）中还可以看到，对于 UCST 型高分子共混物，当混合温度升至 T_c 时，双结点和旋节点汇于一点，此点称为临界点。临界点对应的温度称为临界温度 T_c，对应的组分比 ϕ_{2c} 称为临界组分比。对于 UCST 体系，混合温度高于 T_c 时，高分子共混物完全互容；温度低于 T_c 时，某些组成比下高分子共混物发生相分离。

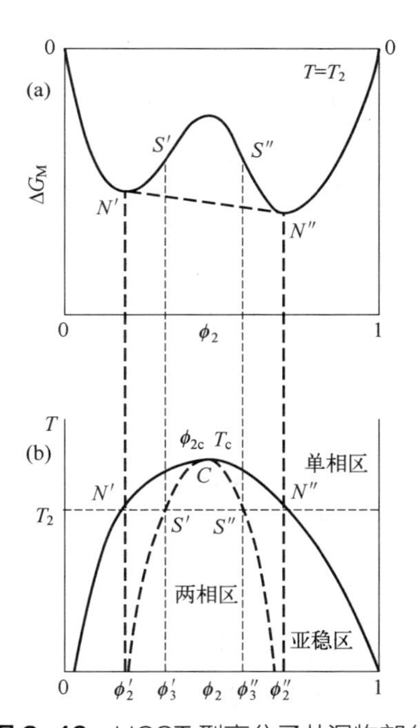

图 3-16　UCST 型高分子共混物部分互容的 ΔG_M-ϕ_2 关系图（a）和相应的相图（b）

临界点为双结点和旋节点的汇合点，所以临界点既满足极值条件（极大、极小值汇于一处），二阶导数等于零，又满足拐点条件（旋节点汇于一处），三阶导数等于零。即

$$\begin{cases} \left(\dfrac{\partial^2 \Delta G_M}{\partial \phi_2^2}\right)_{T,p} = 0 \\ \left(\dfrac{\partial^3 \Delta G_M}{\partial \phi_2^3}\right)_{T,p} = 0 \end{cases}$$

将式（3-64）代入，联立解方程可得

$$\phi_{2c} = \frac{x_B^{1/2}}{x_A^{1/2} + x_B^{1/2}} \tag{3-67}$$

$$\chi_{1c}=\frac{1}{2}\left(\frac{1}{x_A^{1/2}}+\frac{1}{x_B^{1/2}}\right)^2 \tag{3-68}$$

当 $x_A=x_B=x$ 时，$\chi_{1c}=2/x$，聚合物的链段数 x 很大，故 χ_{1c} 是一个很小的数字，所以两种聚合物之间，没有特殊相互作用而能完全互容的体系很少，分子量低的聚合物更容易互容。

（3）相分离机理

共混体系的相分离有非稳定态的相分离和亚稳定态的相分离两种。

非稳定态的相分离，又称旋节线内的相分离，遵循旋节线分离机理，发生在如图 3-16 所示的 S' 和 S'' 区域内。此区域内 ΔG_M - ϕ_2 曲线的曲率半径为负，说明该区域内的混合很不稳定，任何微小的组分涨落均可导致体系自由能下降，相分离是自发且连续进行的。在相分离初期，两相组成差别很小，相区之间没有清晰的界面。随着相分离过程的进行，在降低自由能的驱动力作用下，各相分子会自动逆着浓度梯度方向迁移扩散，产生越来越大的两相组成差，进而显示出明显的界面，直至分离为两个稳定、平衡共存的 N' 相和 N'' 相，浓度分别为 ϕ_2' 和 ϕ_2''，如图 3-17（a）所示。由于相分离自发产生，体系内处处都有分相现象，故分散相之间有一定程度的相互连接，形成一种“网络状”的相分布在另一种相中。

亚稳定态的相分离，遵循成核生长机理，发生在如图 3-16 所示的 $N'S'$ 和 $S''N''$ 区域内。此区域内 ΔG_M - ϕ_2 曲线的曲率半径为正，体系微小的浓度涨落可使自由能上升，相分离不会自动发生；只有体系在振动、杂质或冷却等作用下，克服热力学势垒形成零星分布的“核”时，相应分子才会迁移扩散，进入“核”区使其体积增大，即所谓“生长”，构成分散相，直至分离为两个稳定的、平衡共存的 N' 相和 N'' 相，浓度分别为 ϕ_2' 和 ϕ_2''，如图 3-17（b）所示。与非稳定态相分离的差别在于，在相分离初期，尽管分离相“核”的尺寸很小，但其中分离相的浓度已经达到饱和，随着相分离过程的进行，分离相尺寸不断增大，浓度保持不变，形成一种相分布在另一种相中的“海岛”结构。

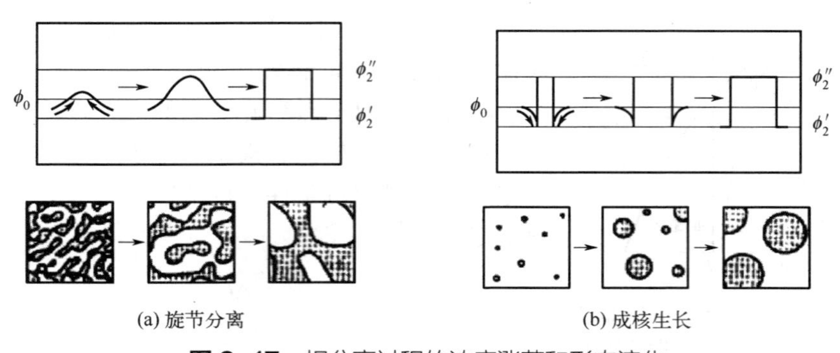

图 3-17 相分离过程的浓度涨落和形态演化

分相机理实际上由如上讨论的相分离初始温度以及共混物的初始浓度共同决定，如图 3-16（b）。随着初始浓度的变化，所在的相图区域发生改变，会造成不同的分相机理，形成不同的相态结构，一般含量少的组分形成分散相，含量多的组分形成连续相。随着分散相含量的逐渐增加，分散相从球状分散变成棒状分散，到两个组分含量相近时，则形成层状结构，这时两个组分在材料中都为连续相，如图 3-18 和图 3-19 所示。

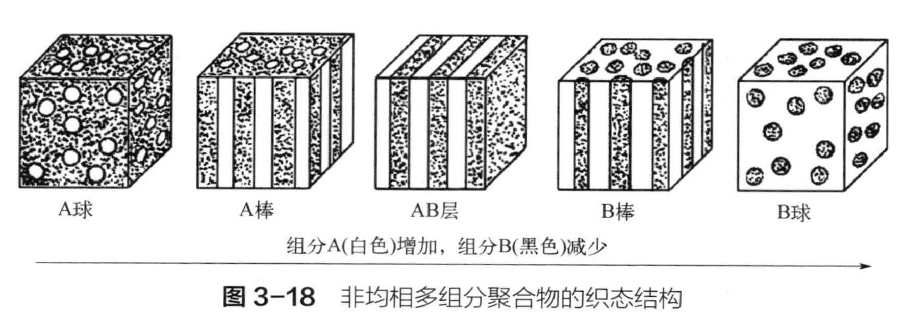

图 3-18 非均相多组分聚合物的织态结构

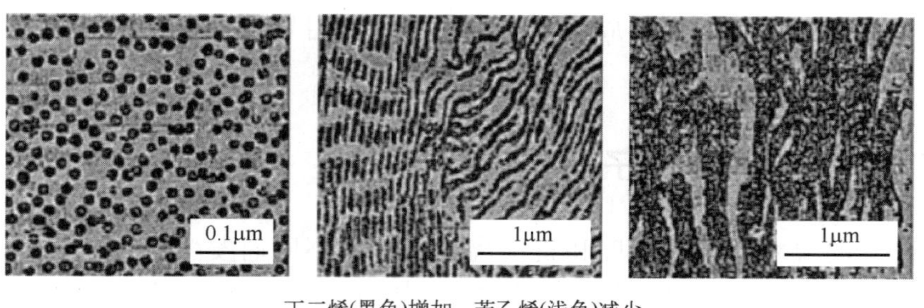

图 3-19 SB 和 SBS 嵌段共聚物薄膜纵剖面的电镜照片

研究高分子共混物相容性和分相过程的方法较多，最方便的方法是测定共混物雾点随温度的变化以及各种测定玻璃化转变温度 T_g 的方法（参见 5.2.1 小节）。共混体系的 T_g 是判断链段水平相容性的方法，完全互容的共混体系只有一个 T_g；不完全相容的共混高聚物，由于发生亚微观相分离而形成两相体系，两相分别具有相对的独立性，因而具有两个 T_g。用光学显微镜观察共混体系的透光率可以判断微米水平的相容性，相容的均相体系是透明的，非均相体系一般呈浑浊，但是如果两种高分子的折射率相同或者微区尺寸远小于可见光波长，即使是不相容的分相体系，表观上也是透明的。核磁共振（NMR）测定共混物的相容性是基于共混过程影响了基团的活动性，红外光谱（FTIR）法基于共混物分子间的相互作用推断体系的相容性，这两种方法的测定范围是分子水平的。小角 X 射线散射（SAXS）和小角中子散射（SANS）可以计算出共混物的相区尺寸和界面区尺寸，是鉴别室温下 5～50nm 水平相容性的有效方法。此外，还有电镜法、荧光光谱法、借助于溶剂的反相色谱法等。

在线课程 3-6

3.6 聚电解质溶液

在分子链上带有可离子化基团的聚合物称为聚电解质。当聚电解质溶于介电常数较大的溶剂中（如水）时，就会发生离解，生成高分子离子和许多低分子离子，低分子离子也称为抗衡离子。高分子带正电荷的称为阳离子型聚电解质或聚阳离子，如聚（乙烯亚胺盐酸盐）、聚（*N*-丁基-4-乙烯基吡啶溴化物）等。高分子带负电荷的称为阴离子型聚电解质或聚阴离子，如聚丙烯酸钠、聚苯乙烯磺酸等。高分子同时带有正负电荷的称为两性聚电解质，如丙烯酸-乙烯基吡啶共聚物、蛋白质等。

$\text{-}\!\!\left[CH_2\text{—}CH\right]\!\!\text{-}_n$（吡啶环，$\overset{+}{N}$—Bu，$Br^-$）　　$\text{-}\!\!\left[CH_2\text{—}CH\right]\!\!\text{-}_n$（苯环，$SO_3^-H^+$）　　$\text{-}\!\!\left[CH\text{—}CH_2\right]\!\!\text{-}_n\text{-}\!\!\left[CH\text{—}CH_2\right]\!\!\text{-}_m$（$COO^-$；吡啶环，$NH^+$）

聚(*N*-丁基-4-乙烯基吡啶溴化物)　　聚苯乙烯磺酸　　丙烯酸-乙烯基吡啶共聚物

聚电解质溶液的性质与所用溶剂密切相关。当聚电解质溶解在非离子化溶剂中时，其溶液性质与普通高分子溶液相似，但当聚电解质溶解在离子化溶剂中时，离解作用产生的抗衡离子分布在高分子离子周围，这种离子化作用导致聚电解质溶液具有许多特殊的性质。

3.6.1　聚电解质溶液中的分子尺寸

高分子离子的尺寸随溶液浓度和抗衡离子浓度的不同而发生变化，现以聚丙烯酸钠水溶液为例，分析高分子离子链在水溶液中的形态。水是聚丙烯酸钠的良溶剂（$\chi_1<1/2$），当浓度较稀时，由于许多钠离子远离高分子链，高分子链上的阴离子互相产生排斥作用，以致链的构象比中性高分子更为舒展，尺寸较大，如图 3-20（a）所示。当浓度增大时，高分子离子链相互靠近，构象变得不太舒展。同时，钠离子的浓度增加，在高分子离子链的外部和内部进行扩散，使得部分阴离子静电场得到平衡，以致其排斥作用减弱，高分子链发生蜷曲，尺寸缩小，如图 3-20（b）所示。如果在溶液中添加诸如食盐等强电解质，就增加了抗衡离子的浓度，其中一部分渗入高分子离子链中而遮蔽了有效电荷，致使由阴离子间的排斥引起的链的扩张作用减弱，强化了蜷曲作用，使尺寸更为缩小，如图 3-20（c）所示。当添加足够量的低分子电解质时，聚电解质的形态几乎与中性高分子相同。

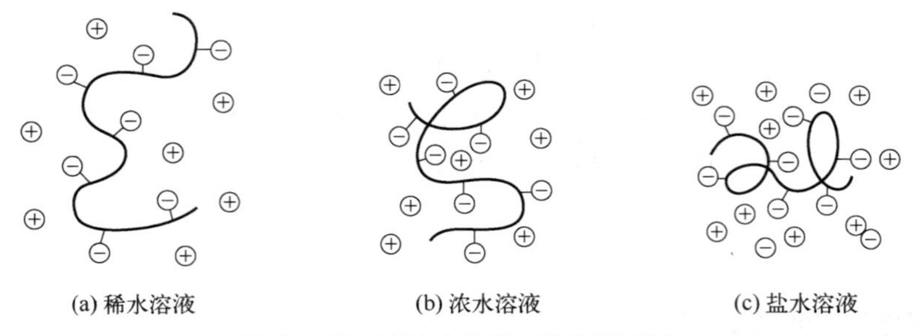

(a) 稀水溶液　　(b) 浓水溶液　　(c) 盐水溶液

图 3-20　溶液中高分子离子的形态

为了确定聚电解质溶液中高分子离子的伸展程度，可采用光散射法测定链的旋转半径（参见 4.2.2 小节）。图 3-21 是用光散射法测得的聚甲基丙烯酸的旋转半径与其离解度的关系。可以看到，离解度随聚甲基丙烯酸浓度的降低而增加，离解作用使高分子链上有效电荷增加，排斥作用增强，引起高分子线团扩张，因此高分子链的旋转半径也随聚甲基丙烯酸浓度的降低而增加。

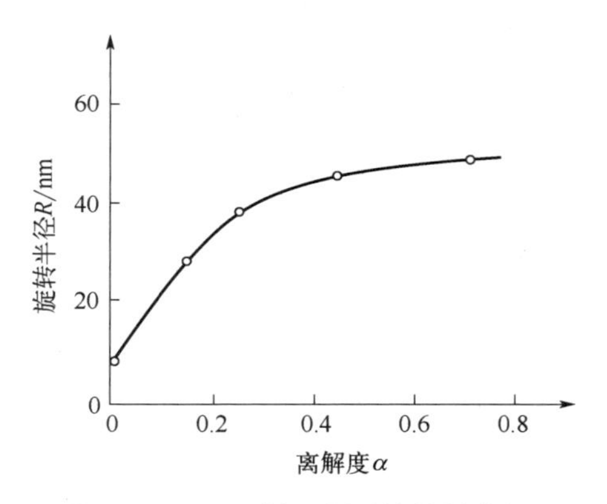

图 3-21　聚甲基丙烯酸的旋转半径-离解度关系图

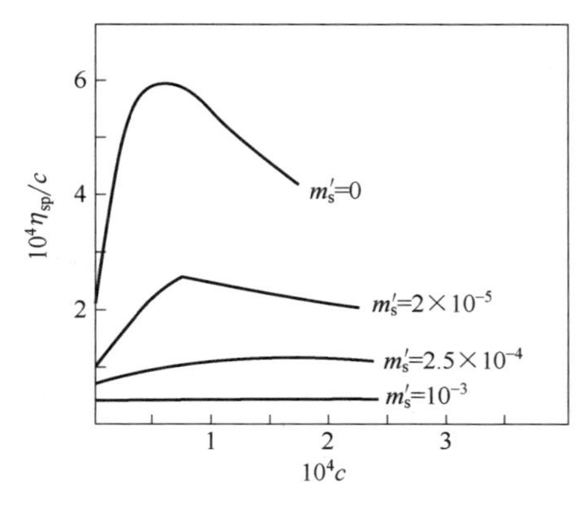

图 3-22　聚（*N*-丁基-4-乙烯基吡啶溴化物）不同 NaCl 浓度（m_s'）水溶液的 $\eta_{sp}/c-c$ 关系图

3.6.2　聚电解质溶液的黏度

一般的高分子溶液，浓度越高，黏度越大。聚电解质溶液的黏度和溶液中高分子链的构象有关。在较高的浓度（如＞1%）时，高分子链周围存在大量的抗衡离子，离子化作用并不会引起链构象的明显变化，溶液的比浓黏度η_{sp}/c（参见 4.2.3 小节）近乎正常情况。随着溶液浓度的降低，高分子链扩张，溶液的比浓黏度增大。但若高分子链已经充分扩张后再稀释溶液，将使比浓黏度降低。如果在溶液中添加诸如食盐等强电解质，高分子链蜷曲，可以抑制或消除聚电解质溶液在低浓度时的比浓黏度迅速增加。当添加足够量的低分子电解质时，聚电解质的黏度行为与中性高分子相似。图 3-22 为聚（*N*-丁基-4-乙烯基吡啶溴化物）水溶液的比浓黏度和浓度的关系图。可以看到，无外加电解质（$m_s'=0$）时，聚电解质极稀溶液的η_{sp}/c-c 关系图上存在一个极大值，随着 NaCl 的加入，浓度 m_s' 增加，η_{sp}/c 逐渐降低，极值逐渐消失。

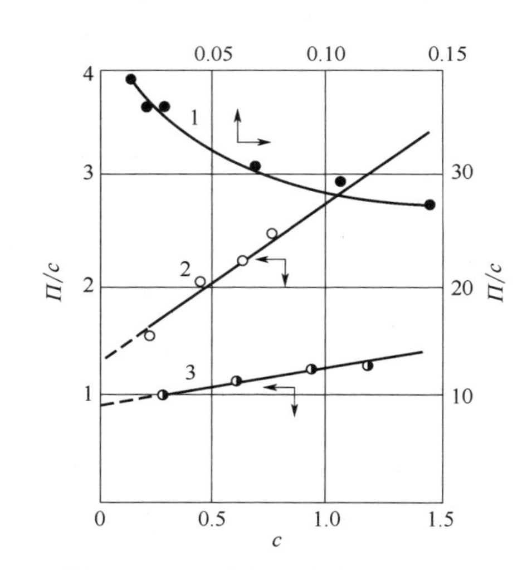

图 3-23　聚电解质溶液和非离子型高分子溶液的 $\Pi/c-c$ 关系图

1—聚（*N*-丁基-4-乙烯基吡啶溴化物）-乙醇溶液；2—聚 4-乙烯基吡啶-乙醇溶液；3—聚（*N*-丁基-4-乙烯基吡啶溴化物）-0.6mol・L^{-1}溴化锂乙醇溶液

3.6.3　聚电解质溶液的渗透压

与比浓黏度相似，聚电解质溶液的渗透压因离子化效应而大幅度增加。图 3-23 比较了聚电解质溶液和非离子型高分子溶液的比浓渗透压 Π/c 和浓度 c 的关系。可以看到，对于聚（*N*-丁基-4-乙烯基吡啶溴化物）-乙醇溶液，随着溶液浓度的降低，聚合物离解度增加，反离子束缚作用降低，使得 Π/c 升高，且高于聚 4-乙烯基吡啶-乙醇溶液的 Π/c，而聚 4-乙烯基吡啶-乙醇溶液的Π/c与c则呈线性关系，随浓度的增加Π/c增大。如果在聚（N-丁基-4-乙烯基吡啶溴化物）-乙醇溶液中加入溴化锂，渗透压明显下降，表现出通常高分子溶液的渗透压行为。

拓展阅读

当代牛顿——皮埃尔-吉勒·德热纳

习题与思考题

1. 高分子的溶解过程与小分子相比有何不同？简要说明下列聚合物溶解过程的特征：

（1）非晶态聚合物；

（2）结晶性非极性聚合物；

（3）结晶性极性聚合物；

（4）交联聚合物。

2. 什么是溶度参数？如何测定聚合物的溶度参数？“溶度参数相近”原则判定溶剂对聚合物溶解能力的依据是什么？

3. 查到下列物质的溶度参数（单位：$cal^{1/2}\cdot cm^{-3/2}$）分别为：二氯乙烷$\delta_1=9.8$，环己酮$\delta_1=9.9$，聚碳酸酯和聚氯乙烯的溶度参数均为 9.5。请为聚合物选择合适的溶剂并简要解释原因。

4. 何谓高分子理想溶液，与小分子理想溶液有何本质区别？

5. θ条件的物理意义是什么？如何测量θ温度？

6. 何谓排斥体积？同种高分子在良溶剂、θ溶剂和不良溶剂中的排斥体积、形态有何不同？

7. 试画出 LCST 型高分子共混物的相图，并说明相分离特征及机理。

8. 简述离子化作用对聚电解质溶液中的分子尺寸、黏度和渗透压的影响。

9. 计算下列三种溶液的混合熵，比较计算结果，可以得出什么结论？

（1）99×10^4个小分子 A 和一个小分子 B 混合（假定为理想溶液）；

（2）99×10^4个小分子 A 和一个大分子 C 混合（每个大分子的链段数$x=10^4$）；

（3）99×10^4个小分子 A 和10^4个小分子 B 混合。

10. 在 20℃将1.2×10^{-5} mol 的聚甲基丙烯酸甲酯（$\overline{M}_n=10^5$，$\rho=1.20g\cdot cm^{-3}$）溶于 149g 氯仿（$\rho=1.49g\cdot cm^{-3}$）中，已知$\chi_1=0.377$，试计算混合熵、混合热和混合自由能。

11. 利用平衡溶胀法可测定丁苯橡胶的交联度。已知：所用溶剂为苯，温度为 25℃，干胶重 0.1273g，溶胀体重 2.116g，干胶密度为$0.941g\cdot mL^{-1}$，苯的密度为$0.8685g\cdot mL^{-1}$，χ_1=0.398。试计算该试样中有效链的平均分子量。

第 4 章　聚合物的分子量及其分布

思维导图

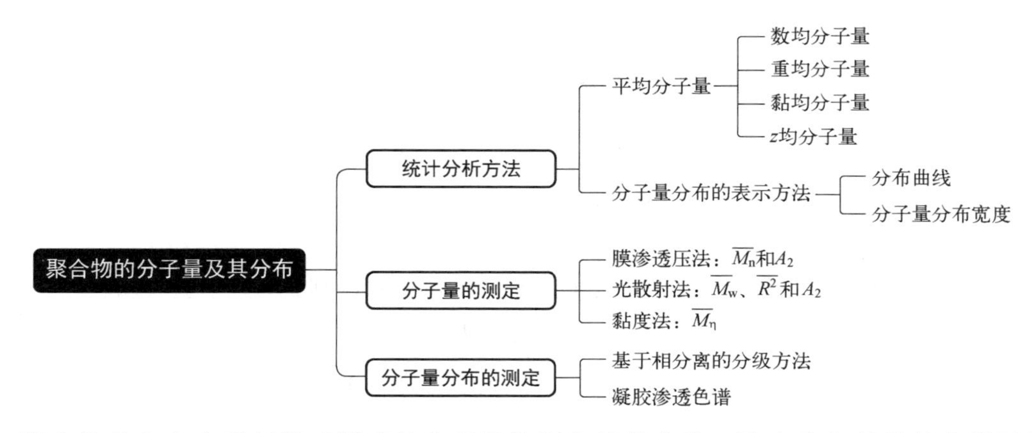

聚合物是由众多重复单元组成的分子量特别大的化合物。聚合物与其单体化学结构相似，但两者的物理性能却有很大差异。聚合物单体的聚集态形式一般是气体、液体，即便是固体，其力学强度和韧性也很低，难以作为材料直接使用。然而，当单体聚合成高分子材料之后便具有了许多优良性能。分子量就是表征聚合物分子大小的一个重要指标，是高分子链结构的研究内容之一。

聚合物的分子量具有两大显著特点：一是聚合物的分子量（10^4～10^7）比低分子化合物大几个数量级；二是分子量具有多分散性，聚合物的分子量只有统计意义，用实验方法测定的分子量均为统计平均值。为了确切地描述聚合物的分子量，除了应给出分子量的统计平均值外，还应给出分子量分布。

4.1　聚合物分子量的统计意义

在线课程 4-1

4.1.1　平均分子量

假定在某一高分子试样中含有若干种分子量不等的分子，该试样的总质量为 w，总物质的量为 n，种类数用 i 表示，第 i 种分子（级分）的分子量为 M_i，物质的量为 n_i，质量为 w_i，在整个试样中的质量分数为 W_i，摩尔分数为 N_i，则

$$\sum_i n_i = n\;; \qquad \sum_i w_i = w$$

$$\frac{n_i}{n} = N_i\;; \qquad \frac{w_i}{w} = W_i$$

$$\sum_i N_i = 1\,; \qquad \sum_i W_i = 1$$

$$w_i = n_i M_i$$

常用的统计平均分子量有下列四种。

（1）数均分子量

按物质的量的统计平均分子量称为数均分子量，则数均分子量可以表达为：

$$\overline{M}_{\mathrm{n}} = \frac{w}{n} = \frac{\sum_i n_i M_i}{\sum_i n_i} = \sum_i N_i M_i \tag{4-1}$$

（2）重均分子量

按质量的统计平均分子量称为重均分子量，则重均分子量可以表达为：

$$\overline{M}_{\mathrm{w}} = \frac{\sum_i n_i M_i^2}{\sum_i n_i M_i} = \frac{\sum_i w_i M_i}{\sum_i w_i} = \sum_i W_i M_i \tag{4-2}$$

（3）z 均分子量

按 z 的统计平均分子量称为 z 均分子量，z_i 定义为 $w_i M_i$，则 z 均分子量可以表达为：

$$\overline{M}_{\mathrm{z}} = \frac{\sum_i z_i M_i}{\sum_i z_i} = \frac{\sum_i w_i M_i^2}{\sum_i w_i M_i} = \frac{\sum_i n_i M_i^3}{\sum_i n_i M_i^2} \tag{4-3}$$

（4）黏均分子量

用稀溶液黏度法测得的平均分子量称为黏均分子量，其定义为：

$$\overline{M}_{\eta} = \left(\sum_i W_i M_i^a\right)^{1/a} \tag{4-4}$$

式中，a 是 Mark-Houwink 方程 $[\eta] = KM^a$ 中的指数。

因为 $$\overline{M}_{\mathrm{n}} = \frac{\sum_i n_i M_i}{\sum_i n_i} = \frac{\sum_i w_i}{\sum_i \frac{w_i}{M_i}} = \frac{1}{\sum_i \frac{W_i}{M_i}}$$

所以当 $a=-1$ 时，$\overline{M}_{\eta} = \dfrac{1}{\sum_i \frac{W_i}{M_i}} = \overline{M}_{\mathrm{n}}$

当 $a=1$ 时，$\overline{M}_{\eta} = \sum_i W_i M_i = \overline{M}_{\mathrm{w}}$

通常 $[\eta] = KM^a$ 中的 a 值在 0.5～1 之间，因此 $\overline{M}_{\mathrm{n}} < \overline{M}_{\eta} < \overline{M}_{\mathrm{w}}$，即 $\overline{M}_{\eta}$ 介于 $\overline{M}_{\mathrm{w}}$ 和 $\overline{M}_{\mathrm{n}}$ 之间，更接近于 $\overline{M}_{\mathrm{w}}$。

4.1.2 分子量分布的表示方法

（1）分布曲线

聚合物一般可以看作众多同系物的混合物，各同系物分子量差值远远小于聚合物的分子量。因此，聚合物的分子量可看作是连续分布的，可用连续型的曲线表示分子量分布，如图 4-1 所示。各组分的质量分数 W_i 与各组分的分子量 M_i 有关，用 $W(M)$ 表示，称为分子量质量分布密度函数。分子量数量分布密度函数则用 $N(M)$ 表示。

由此，可以得出各平均分子量的积分形式：

$$\overline{M}_n = \int_0^{\infty} N(M)M\mathrm{d}M = \frac{1}{\int_0^{\infty}\frac{W(M)}{M}\mathrm{d}M}$$

$$\overline{M}_w = \int_0^{\infty} W(M)M\mathrm{d}M$$

$$\overline{M}_z = \frac{\int_0^{\infty} W(M)M^2\mathrm{d}M}{\int_0^{\infty} W(M)M\mathrm{d}M}$$

$$\overline{M}_\eta = \left(\int_0^{\infty} W(M)M^a\mathrm{d}M\right)^{1/a}$$

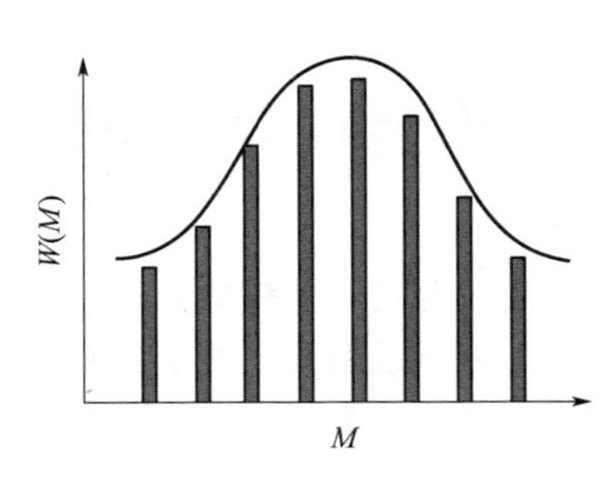

图 4-1 聚合物分子量的质量微分分布曲线

（2）分子量分布宽度

分子量不均一的高分子试样称为多分散试样，而分子量均一的则称为单分散试样。除了试样的分子量分布曲线之外，分布宽度指数也可以简明地描述聚合物试样分子量的多分散性。分布宽度指数的定义是试样中各个分子量与平均分子量之间差值平方的平均值，常用 σ^2 表示。试样分子量分布宽度越大，则 σ^2 越大。分布宽度指数又有数均与重均之分，分别用 σ_n^2 和 σ_w^2 表示。各分子量分布宽度指数与各种平均分子量之间的关系可表示为：

$$\sigma_n^2 \equiv \overline{\left[(M-\overline{M}_n)^2\right]}_n = \int_0^{\infty}(M-\overline{M}_n)^2 N(M)\mathrm{d}M = \overline{(M^2)}_n - \overline{M}_n^2$$

因为

$$\overline{M}_w = \frac{\sum_i w_i M_i}{\sum_i w_i} = \frac{\sum_i w_i M_i / \sum_i n_i}{\sum_i w_i / \sum_i n_i} = \frac{\sum_i n_i M_i^2 / \sum_i n_i}{\sum_i n_i M_i / \sum_i n_i} = \frac{\overline{(M^2)}_n}{\overline{M}_n}$$

即
$$\overline{(M^2)}_n = \overline{M}_n \overline{M}_w$$

代入前式得
$$\sigma_n^2 = \overline{M}_n\overline{M}_w - \overline{M}_n^2 = \overline{M}_n^2(\overline{M}_w/\overline{M}_n - 1) \tag{4-5}$$

由于聚合物分子量的多分散性，$\sigma_n^2 \geqslant 0$，所以 $\overline{M}_w/\overline{M}_n \geqslant 1$，即 $\overline{M}_w \geqslant \overline{M}_n$。若试样分子量是均一的，则有 $\sigma_n^2=0$，$\overline{M}_w = \overline{M}_n$。

同样有
$$\sigma_w^2 = \overline{\left[(M-\overline{M}_w)^2\right]}_w = \overline{(M^2)}_w - \overline{M}_w^2 = \overline{M}_w^2(\overline{M}_z/\overline{M}_w - 1) \tag{4-6}$$

由于聚合物分子量的多分散性，$\sigma_w^2 \geqslant 0$，所以 $\overline{M}_z \geqslant \overline{M}_w$。若试样分子量是均一的，则有 $\sigma_w^2=0$，$\overline{M}_z = \overline{M}_w$。

综上，各种统计平均分子量之间：$\overline{M}_z \geqslant \overline{M}_w \geqslant \overline{M}_\eta \geqslant \overline{M}_n$，当且仅当单分散试样时，等号成立。

从 σ_n^2 和 σ_w^2 的表达式可以看出，σ_n^2 和 σ_w^2 与两种平均分子量的比值有关，该比值称为多分散系数，常用 d 表示：

$$d=\frac{\overline{M}_{\mathrm{w}}}{\overline{M}_{\mathrm{n}}}\quad\left(或d=\frac{\overline{M}_{\mathrm{z}}}{\overline{M}_{\mathrm{w}}}\right) \tag{4-7}$$

与分布宽度指数相同，多分散系数 d 也是常用的表征分子量分散程度的参数，$d \geqslant 1$。分布越宽 d 值越大，单分散试样 $d=1$。

4.2 聚合物分子量的测定

测定聚合物分子量的方法很多。除化学法（如端基分析法）外，大多是利用高分子稀溶液性质与分子量的关系测定。有些方法是绝对法，可以独立地测定分子量；有些方法是相对法，需要其他参数或方法的配合才能得到分子量。不同的方法适合测定的分子量范围也不尽相同。表 4-1 汇总了常用的分子量测定方法。

表 4-1 常用的分子量测定方法及适用范围

方法	绝对法	相对法	$\overline{M}_{\mathrm{n}}$	$\overline{M}_{\mathrm{w}}$	分子量范围
端基分析	*		*		$M<10000$
蒸气压渗透（VPO）	*		*		$M<30000$
冰点降低	*		*		$M<30000$
沸点升高	*		*		$M<30000$
渗透压	*		*		$2\times10^4<M<10^6$
光散射（LS）	*			*	$10^4<M<10^7$
特性黏数（IV）		*			$M<10^8$
体积排除色谱（SEC）		*	*	*	$10^3<M<10^7$
SEC-LS 联用	*			*	$10^4<M<10^7$
飞行时间质谱（TOF-MS）	*		*	*	$M<10^4$

4.2.1 数均分子量的测定

在线课程

4-2

测定数均分子量的方法包括端基分析法、沸点升高法、冰点降低法、蒸气压渗透法和膜渗透压法等。除膜渗透压法外，上述其他几种方法无法准确测定分子量较高的聚合物，一般只能用于缩聚反应低聚物或预聚物的分子量的测定。

膜渗透压法的实现基于半透膜，膜的孔可让溶剂通过，而溶质分子不能通过。用这种膜把一个容器分隔成两个池，如图 4-2 所示。左边放纯溶剂，右边放溶液。若开始时两边液体的液面同样高，则溶剂会通过半透膜渗透到溶液池中去，使溶液池的液面上升而溶剂池液面下降。当两边液面高差达到某一定值时，溶剂不再进入溶液池。最后达到渗透平衡状态，渗透平衡时两边液体的压力差称为溶液的渗透压，用 Π 表示。

渗透压产生的原因是溶液的蒸气压降低。因为纯溶剂的化学位为

$$\mu_1^0(T,p)=\mu_1^0(T)+RT\ln p_1^0$$

式中，$\mu_1^0(T)$ 是纯溶剂在标准状态下的化学位，它是温度 T 的函数；R 为气体常数；p_1^0 为纯溶剂的蒸气压。同理，溶液中溶剂的化学位为

$$\mu_1(T,p)=\mu_1^0(T)+RT\ln p_1$$

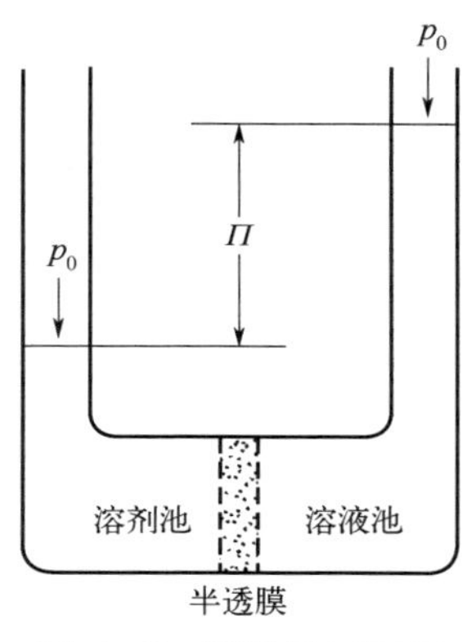

图 4−2　膜渗透压原理

式中，p_1 为溶液中溶剂的蒸气压。因为 $p_1 < p_1^0$，所以 $\mu_1 < \mu_1^0$，即溶剂池中溶剂的化学位高于溶液池中溶剂的化学位，两者的差值为

$$\Delta\mu_1=\mu_1(T,p)-\mu_1^0(T,p)=RT\ln(p_1/p_1^0) \tag{4-8}$$

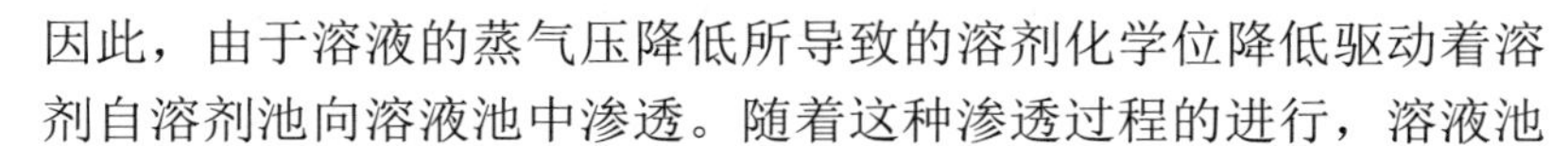

因此，由于溶液的蒸气压降低所导致的溶剂化学位降低驱动着溶剂自溶剂池向溶液池中渗透。随着这种渗透过程的进行，溶液池一侧的液面将会升高，从而使半透膜两侧所受到的流体静压力产生差别，其差值服从热力学关系。对于恒温过程，有

$$\mathrm{d}\mu_1=\widetilde{V}_1\mathrm{d}p \tag{4-9}$$

式中，μ_1 为溶剂的化学位；$\widetilde{V}_1$ 为溶剂的偏摩尔体积；p 为液体所受的总压力。当溶液池和溶剂池压力差为 Π 时，对上式求积分，得溶剂的化学位变化为

$$\Delta\mu_1'=\mu_1(T,p+\Pi)-\mu_1(T,p)=\widetilde{V}_1\Pi \tag{4-10}$$

式中，$\Delta\mu_1'$ 是由于液体总压力增加而导致的溶剂化学位增加值；而式（4-8）中 $\Delta\mu_1$ 是由于溶液的浓度（蒸气压）降低所导致的溶剂化学位降低值。当溶剂在半透膜两侧的化学位相等，即 $\mu_1(T,p+\Pi)=\mu_1^0(T,p)$ 时，渗透过程达到平衡。此时

$$\Delta\mu_1=RT\ln(p_1/p_1^0)=-\widetilde{V}_1\Pi \tag{4-11}$$

对于小分子稀溶液，可以用 Raoult 定律作近似处理。若用 x_1 和 x_2 分别表示溶液中溶剂与溶质的摩尔分数，则 $p_1=p_1^0x_1$，上式可写成

$$\widetilde{V}_1\Pi=-RT\ln x_1=-RT\ln(1-x_2)\approx RTx_2=RTn_2/(n_1+n_2)$$

式中，n_1 是溶液中溶剂的物质的量；n_2 是溶质的物质的量。对于稀溶液，n_2 很小，上式可近似写成

$$\Pi=RT\frac{n_2}{\widetilde{V}_1n_1}=RT\frac{c}{M} \tag{4-12}$$

上式称为 van't Hoff 方程。式中，c 是溶液的浓度（$\mathrm{g\cdot cm^{-3}}$），M 是溶质的分子量。

从式（4-12）可知，小分子溶液的 Π/c 与 c 无关，可是高分子溶液不服从 Raoult 定律，Π/c 与 c 有关，可用下式表示

$$\frac{\Pi}{c}=RT\left(\frac{1}{M}+A_2c+A_3c^2+\cdots\right) \tag{4-13}$$

式中，A_2、A_3 分别称为第二、第三维里系数，它们表示与理想溶液的偏差。

即使分过级的试样，它的分子量还是多分散性的，测得的溶液的渗透压应该是各种不

同分子量的高分子对溶液渗透压贡献的总和。

$$(\Pi)_{c\to 0}=\sum_i(\Pi_i)_{c\to 0}=RT\sum_i\frac{c_i}{M_i}=RTc\frac{\sum_i\frac{c_i}{M_i}}{\sum_i c_i}=RTc\frac{\sum_i n_i}{\sum_i n_iM_i}=RTc\frac{1}{\overline{M}_{\rm n}}$$

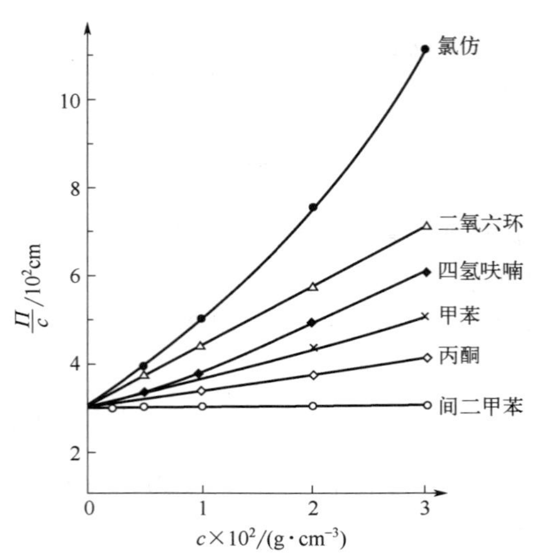

图 4-3　聚甲基丙烯酸甲酯（M=1.28×10^5）在不同溶剂中 $\Pi/c-c$ 关系图

此外，根据第 3 章式（3-43），可知第二维里系数和 Huggins 参数、θ 温度的关系，即

$$A_2=\frac{\frac{1}{2}-\chi_1}{\widetilde{V}_1\rho_2^2}\qquad T=\theta\text{时}A_2=0$$

因此，膜渗透压法不但可以测定聚合物的数均分子量，还可以测定第二维里系数 A_2，进而获得 θ 温度和 Huggins 参数 χ_1。具体做法为：以 Π/c 对 c 作图，A_3 很小时为直线，从直线的截距可求得分子量 M，从直线的斜率可求得 A_2，如图 4-3 所示。然后，在一系列不同温度下测定某聚合物-溶剂体系的 A_2，以 A_2 对温度作图，A_2=0 时所对应的温度即是 θ 温度。另外，根据 A_2 值，可由上式计算出 χ_1 值。计算时，因为溶液很稀，可把溶剂的摩尔体积当作偏摩尔体积。表 4-2 是聚氯乙烯在部分溶剂中的 χ_1 值。

表 4-2　聚氯乙烯在部分溶剂中的 χ_1 值

溶剂	χ_1	溶剂	χ_1
磷酸三丁酯	-0.65	邻苯二甲酸二乙酯	0.42
邻苯二甲酸二丁酯	-0.04	偏二氯乙烯	0.46
四氢呋喃	0.14	二氧六环	0.52
癸二酸二苯酯	0.17	邻苯二甲酸二甲酯	0.56
硝基苯	0.29	丙酮	0.60
磷酸三甲苯酯	0.38	丁醇	1.74
乙酸乙酯	0.40		

从表 4-2 中可看出，聚氯乙烯的良溶剂也就是它优良的增塑剂，表中前列几个增塑剂的 χ_1 都很小，甚至为负值，使二者的互溶性很好，这与第三章的溶剂化原则一致。

膜渗透压法可测定的分子量范围也有一定的限度，当分子量太大时，由于 Π 值减小而使实验的精确度降低；当分子量太小时，由于溶质分子能够穿过半透膜而使测定不可靠。一般分子量的测定范围为 2×10^4～10^6。

到目前为止，渗透计有几十种，而最广泛采用的是改良式 Zimm-Meyerson 型渗透计，如图 4-4 所示。这类渗透计测定时往往需要溶剂和溶液在半透膜两边自然平衡，平衡时间一般约需半天至两三天。近年来设计了一种快速自动平衡渗透计，如图 4-5 所示。它能自动调节溶剂贮槽的升降位置，使溶剂不再向溶液方向渗透而达到平衡。溶液的流动方向可用一毛细管内的小气泡来指示。只要有 10^{-6}mL 的流动，就可马上指示出来。因此平衡较快，一般 5～10min 就可确定溶剂贮槽的位置。

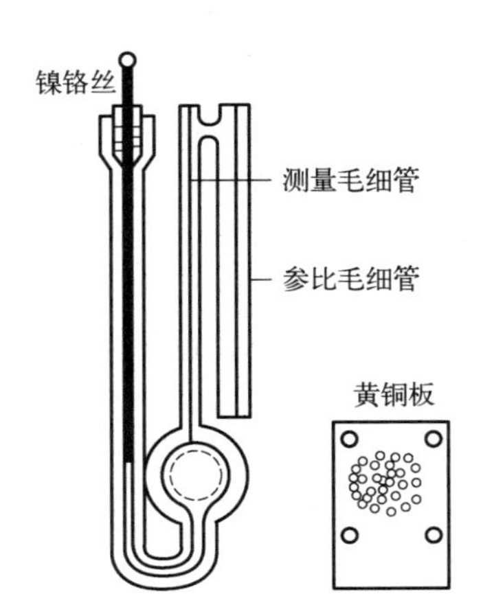

图 4-4　改良式 Zimm-Meyerson 型渗透计

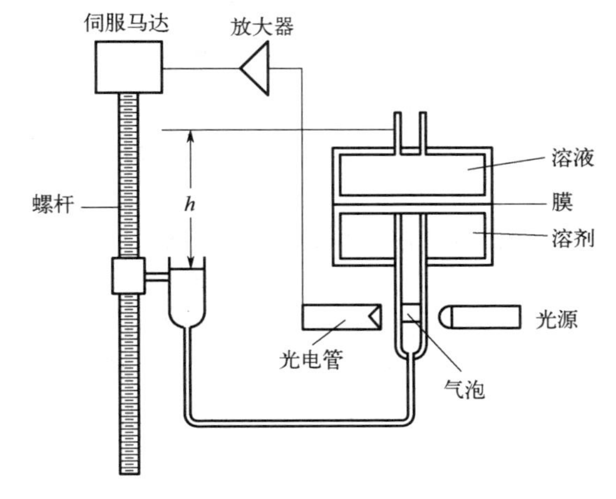

图 4-5　快速自动平衡渗透计

渗透压法测定分子量为绝对方法，且理论基础很清楚，没有任何特殊的假定，可在一般实验室内用简单的仪器进行。此法测定高聚物分子量的一个关键问题是选择适用的半透膜，使高分子不透过，与高分子及溶剂不发生化学作用，且膜对溶剂分子的透过速率应足够大，能在较短时间内达到渗透平衡。常用的半透膜有火棉胶（即硝化纤维素）膜、玻璃纸（再生纤维素）膜、聚乙烯醇膜、聚亚胺酯膜和聚三氟氯乙烯膜等。

在线课程
4-3

4.2.2　重均分子量的测定

测定重均分子量的方法包括光散射法、超速离心沉降法和飞行时间质谱法等。超速离心沉降法可以利用低离心力下的沉降平衡和高离心力下的沉降速度，测定聚合物的重均分子量，但方法较为复杂，多用于研究生物大分子；飞行时间质谱法适用于测定分子量较小且能够在离子源中被气化的化合物；光散射法是测定聚合物重均分子量广泛采用的一种绝对方法，还可用于研究高分子稀溶液性质以及高分子在溶液中的尺寸等。

当一束光（入射光）通过介质（气体、液体或溶液）时，一部分光沿着原来方向继续传播，称为透射光，同时在入射方向以外的其他方向发出一种很弱的光，这种光称为散射光，见图 4-6。散射光方向与入射光方向间的夹角称为散射角，用 θ 表示。发出散射光的质点称为散射中心（O 点）。散射中心与观察点 p 之间的距离称为观测距离，用 r 表示。

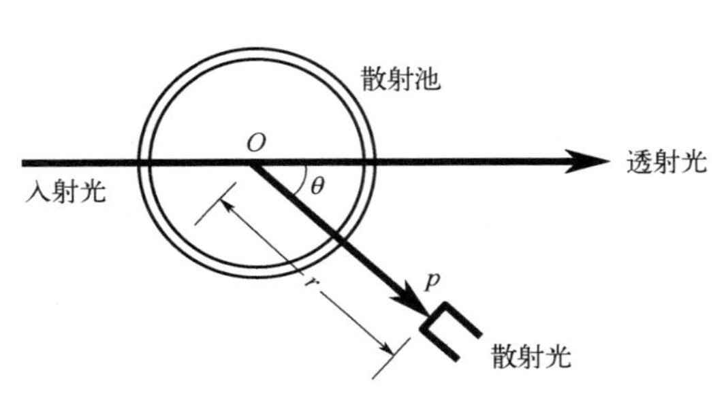

图 4-6　散射光示意图

对于溶液来说，散射光的强度及其对散射角和溶液浓度的依赖性与溶质的分子量、分子尺寸以及分子形态有关。因此，可以利用溶液的光散射性质测定溶质的上述各种参数。

光散射理论非常复杂，这里只能作简单的介绍。光是一种电磁波，其电场和磁场的振动方向互相垂直且垂直于光的传播方向。介质的分子是由原子组成的，而原子具有原子核和外围电子，在光波的电场作用下，分子中的电子产生强迫振动，成为二次波源，向各个方向发射电磁波，这种波称为散射光。

通常，高分子溶液的散射光强远远大于纯溶剂的散射光强。散射光强还随溶质分子量和溶液浓度的增大而增大。根据光学原理，光的强度 I 与光的波幅 A 的平方成正比，即 $I \propto A^2$，而波幅是可以叠加的。因此，研究散射光的强度，必须考虑散射光是否干涉。若从溶液中某一分子所发出的散射光与从另一分子所发出的散射光相互干涉，称为外干涉。若从分子中的某一部分发出的散射光与从同一分子的另一部分发出的散射光相互干涉，称为内干涉。当溶液比较浓时，会产生外干涉。外干涉的研究比较困难，因此实验中应避免使用浓溶液。对于稀溶液，又分为两种情况，假若溶质的分子尺寸比光在介质中的波长小得多，不产生内干涉，由分子各部分所发出的散射光波称为不相干波。溶质的散射光强是各个质点散射光强的加和，$I=\sum_i I_i \propto \sum_i A_i^2$；假若分子尺寸与入射光在介质里的波长同数量级，散射光即产生内干涉。溶质的散射光强正比于叠加波幅的平方，即 $I \propto (\sum_i A_i)^2$。结果使总的散射光强减弱，而且减弱的程度与散射角有关。下面就以上两种情况分别进行讨论。

（1）小粒子稀溶液

“小粒子”是指尺寸小于光波长的二十分之一的分子，一般指蛋白质、糖以及分子量小于 10^5 的聚合物分子。为了与通常所说的低分子相区别，称它为小粒子。理论要求分子是各向同性的，并且在溶液中无规分布。

在纯液体中，分子的热运动导致液体的密度随着时间和空间而涨落。在溶液中，溶质分子的热运动导致溶液浓度的涨落。可以认为，溶剂的密度涨落和溶质的浓度涨落是彼此无关的，因此，溶液的散射光强 I'' 减去溶剂的散射光强 I' 即是溶质的散射光强 I，即 $I=I''-I'$。

显然，溶质的散射光强应与入射光的强度 I_0 成正比，而且热运动的动能随着温度的升高而增加，因而散射光强与 kT 成正比，T 为温度，k 为 Boltzmann 常数。另外，溶液中溶剂的化学位降低对浓度涨落有抑制作用，因而散射光强与 $\partial \Pi / \partial c$ 值成反比，Π 为溶液的渗透压，c 为溶液浓度。假定入射光是垂直偏振光，由光的电磁波理论和涨落理论可导出单位体积溶液中溶质的散射光强

$$I=\frac{4\pi^2}{\lambda^4 r^2}n^2\left(\frac{\partial n}{\partial c}\right)^2 \times \frac{kTcI_0}{\partial \Pi / \partial c} \tag{4-14}$$

式中，λ 为入射光在真空中的波长；n 为溶剂的折射率，$\frac{\partial n}{\partial c}$ 为溶液的折射率增量。由式（4-13），以 $\widetilde{N}k$ 代替 R，$\widetilde{N}$ 为 Avogadro 常数，并且 Π 对 c 求偏导数得

$$\frac{\partial \Pi}{\partial c}=\widetilde{N}kT\left(\frac{1}{M}+2A_2c+\cdots\right)$$

只取前两项，代入式（4-14），得

$$I=\frac{4\pi^2}{\widetilde{N}\lambda^4 r^2}n^2\left(\frac{\partial n}{\partial c}\right)^2 \frac{cI_0}{\dfrac{1}{M}+2A_2c}$$

定义单位散射体积所产生的散射光强 I 与入射光强 I_0 之比乘以观测距离的平方为瑞利（Rayleigh）因子，用 R_θ 表示，即

$$R_\theta = \frac{r^2 I}{I_0} \tag{4-15}$$

散射体积是指能被入射光照射到同时又能被检测器观察到的体积。在用瑞利因子已知的物质作标准采用相对法计算体系的 R_θ 时不需散射体积的绝对值，只需进行散射体积修正。故上式中没有出现散射体积，但其含义存在，因此 R_θ 的量纲为长度的倒数 cm^{-1}。当 r 和 I_0 与散射体积确定后，瑞利因子即是散射光强的量度。上两式联立，得

$$R_\theta = \frac{4\pi^2}{\widetilde{N}\lambda^4} n^2 \left(\frac{\partial n}{\partial c}\right)^2 \frac{c}{\dfrac{1}{M} + 2A_2 c} \tag{4-16}$$

令
$$K = \frac{4\pi^2}{\widetilde{N}\lambda^4} n^2 \left(\frac{\partial n}{\partial c}\right)^2$$

当溶质、溶剂、光源的波长以及温度选定后，K 是一个与溶液浓度、散射角度以及溶质分子量无关的常数，称为光学常数，可以预先测定。这样，式（4-16）可写成

$$R_\theta = \frac{Kc}{\dfrac{1}{M} + 2A_2 c}$$

上式表明，若入射光的偏振方向垂直于测量平面，小粒子所产生的散射光强度与散射角无关，如图 4-7 中的线 I 所示。

假若入射光是非偏振光（自然光），则可以证明，散射光强将随着散射角的变化而变化，由下式表示：

$$R_\theta = Kc \frac{\dfrac{1+\cos^2\theta}{2}}{\dfrac{1}{M} + 2A_2 c} \tag{4-17}$$

可见，散射光强对散射角的依赖性关于入射方向轴对称，且关于90°散射角对称。散射光强的角分布如图 4-7 中的线Ⅱ所示。

当 θ =90°时，受杂散光的干扰最小，因此，常常测定 90°的瑞利因子 R_{90} 以计算小粒子的分子量。这时，式（4-17）变成

$$\frac{Kc}{2R_{90}} = \frac{1}{M} + 2A_2 c \tag{4-18}$$

实验方法是，测定一系列不同浓度溶液的 R_{90}，以 $Kc/2R_{90}$ 对 c 作图，得直线，直线的截距是 $1/M$，直线的斜率即是 $2A_2$，从而得到溶质的分子量和第二维里系数两个参数，见图 4-8。

从上式可看出，当 $c \to 0$ 时

$$(R_{90})_{c\to 0} = \frac{K}{2} cM$$

而散射光的强度是由各种大小不同的分子所贡献的，所以

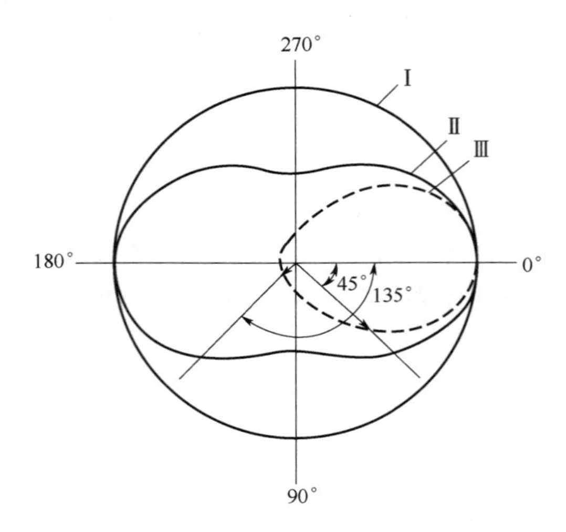

图 4-7 稀溶液散射光强与散射角的关系示意图

Ⅰ—垂直偏振入射光，小粒子；Ⅱ—非偏振入射光，小粒子；

Ⅲ—非偏振入射光，大粒子

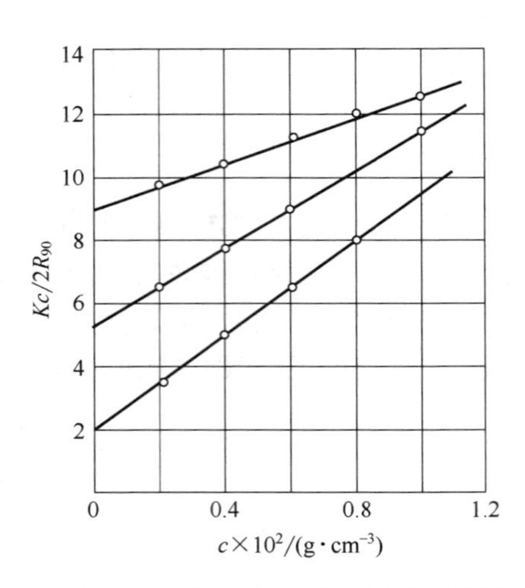

图 4-8 聚苯乙烯-丁酮溶液的光散射

（粒径小于 λ/20）

$$(R_{90})_{c\to0}=\frac{K}{2}\sum_i c_iM_i=\frac{Kc}{2}\times\frac{\sum_i c_iM_i}{\sum_i c_i}=\frac{Kc}{2}\times\frac{\sum_i w_iM_i}{\sum_i w_i}$$

由此可见，光散射法所测得的是溶质的重均分子量。

（2）大粒子稀溶液

一般，分子量为 10^5～10^7 的高分子在良溶剂中的尺寸 $(\overline{h^2})^{1/2}$ 约为 200～3000Å（1Å=0.1nm），而光散射仪的光源通常用高压汞灯，λ=4358Å 或 5461Å，分子尺寸大于 λ/20，我们称这种分子为“大粒子”，此时必须考虑散射光的内干涉效应。由同一高分子的两个散射中心所发出的散射光之间有光程差，从而使两个波之间产生不可忽略的相位差。这样的波的叠加波幅比没有相位差时的叠加波幅要小，因而使总的散射光强减弱，其减弱程度随着光程差的增加而增加。光程差又与散射角 θ 有关，图 4-9 是表示这种关系的示意图。

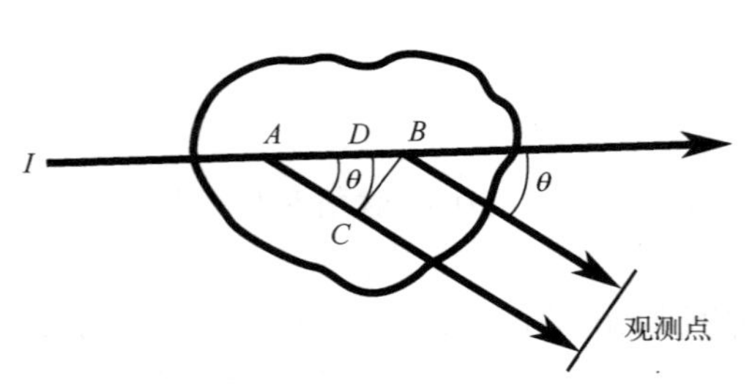

图 4-9 大粒子的散射光的相位差示意图

由散射中心 A 和 B 所发射的光波沿着同一个角度 θ 到达某一观测点时有一个光程差 Δ。显然，Δ 的值与散射角 θ 的余弦有关：

$$\Delta=DB=AB-AD=AB(1-\cos\theta)$$

由上式可见，若 θ=0，则光程差 Δ=0，Δ 值随着 θ 的增大而增大，因而散射光强随着 θ 的增大而减弱。当 θ=180°时，Δ 出现极大值，散射光强出现极小值，见图 4-7 中虚线（Ⅲ）。当 90°＞θ＞0°时，称为前向，当 180°＞θ＞90°时，称为后向，由于大粒子的散射光产生内干涉，前向和后向的散射光强不对称，前向总是大于后向的散射光强。

定义一个表征散射光不对称性的参数，称为散射因子 $P(\theta)$，它是粒子尺寸和散射角的函数，由下式表示

$$P(\theta)=1-\frac{16\pi^2}{3(\lambda')^2}\overline{R^2}\sin^2\frac{\theta}{2}+\cdots \tag{4-19}$$

式中，$\overline{R^2}$ 为均方旋转半径；$\lambda'=\lambda/n$，是入射光在溶液中的波长。显然，$P(\theta)\leqslant 1$。$P(\theta)$对式（4-17）的修正如下：

$$\frac{1+\cos^2\theta}{2}\times\frac{Kc}{R_\theta}=\frac{1}{M}\times\frac{1}{P(\theta)}+2A_2c \tag{4-20}$$

以式（4-19）代入式（4-20），并利用 $1/(1-x)=1+x+x^2+x^3+\cdots$关系，略去高次项，可得无规线团的光散射公式

$$\frac{1+\cos^2\theta}{2}\times\frac{Kc}{R_\theta}=\frac{1}{M}\left(1+\frac{16\pi^2\overline{R^2}}{3(\lambda')^2}\sin^2\frac{\theta}{2}+\cdots\right)+2A_2c$$

在散射光的测定中，由于散射角的改变而引起散射体积的改变。对于用直线形狭缝收集散射光的仪器，散射体积与 $\sin\theta$ 成反比，因而瑞利因子需乘以 $\sin\theta$ 进行修正，上式应修正为

$$\frac{1+\cos^2\theta}{2\sin\theta}\times\frac{Kc}{R_\theta}=\frac{1}{M}\left(1+\frac{16\pi^2\overline{R^2}}{3(\lambda')^2}\sin^2\frac{\theta}{2}+\cdots\right)+2A_2c \tag{4-21}$$

此式即是光散射计算的基本公式。

实验方法：配制一系列不同浓度的溶液，测定各个溶液在不同散射角时的瑞利因子 R_θ，根据上式进行数据处理。为简化上式，令

$$Y=\frac{1+\cos^2\theta}{2\sin\theta}\times\frac{Kc}{R_\theta}$$

则

$$Y=\frac{1}{M}+\frac{16\pi^2\overline{R^2}}{3M(\lambda')^2}\sin^2\frac{\theta}{2}+\cdots+2A_2c \tag{4-22}$$

$$Y_{\theta\to 0}=\frac{1}{M}+2A_2c \tag{4-23}$$

$$Y_{c\to 0}=\frac{1}{M}+\frac{16\pi^2\overline{R^2}}{3M(\lambda')^2}\sin^2\frac{\theta}{2}+\cdots \tag{4-24}$$

由式（4-22）可见，Y 包含 c 和 θ 两个变量，若 c 和 θ 都等于零，则 $Y=1/M$。因此可由实验测定的 Y 值对 $c\to 0$ 和 $\theta\to 0$ 外推，以求 M 值。比较容易理解的方法是经过如下四个步骤处理数据：

① 作 Y-c 图，每一个 θ 值，可得一根直线，将每根直线外推至 $c=0$ 处，得一系列 $Y_{c\to 0}$ 的值，如图 4-10（a）。

② 将 $Y_{c\to 0}$ 值对 $\sin^2(\theta/2)$ 作图，得一根直线，如图 4-10（c），此直线方程即式（4-24）。显然，直线的截距为 $1/M$，直线的斜率为$16\pi^2\overline{R^2}/[3M(\lambda')^2]$。

③ 作 Y 对 $\sin^2(\theta/2)$ 的图，每一个 c 值，可得一根直线，将每根直线外推至 $\theta=0$ 处，可得一系列 $Y_{\theta\to 0}$ 的值，如图 4-10（b）。

④ 将 $Y_{\theta\to 0}$ 值对 c 作图，得一根直线，如图 4-10（d），此直线方程即式（4-23）。显然，直线的截距为 $1/M$，直线的斜率为 $2A_2$。这样，可得到三个参数：$\overline{M}_w$、$\overline{R^2}$ 和 A_2。

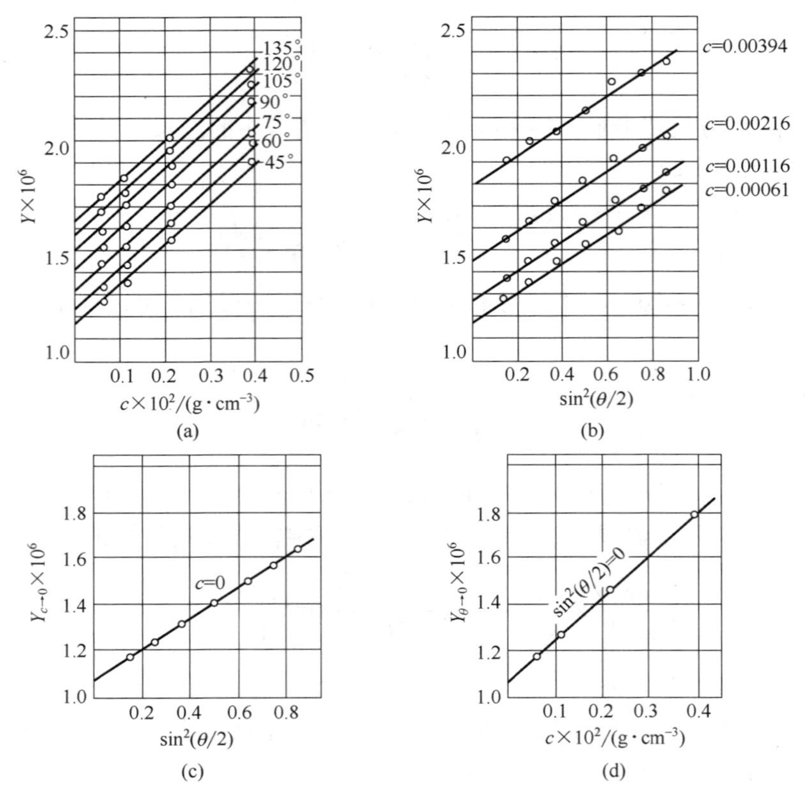

图 4-10 聚苯乙烯（M=9.4×10^5）-丁酮溶液的光散射图

采用 Zimm 作图法可将图 4-10 中的四张图合成一张。图的纵坐标仍是 Y，横坐标是 $\sin^2(\theta/2)+qc$，q 是任意取的常数，目的是使图形张开成为清晰的格子，q 值对计算结果没有影响，见图 4-11。

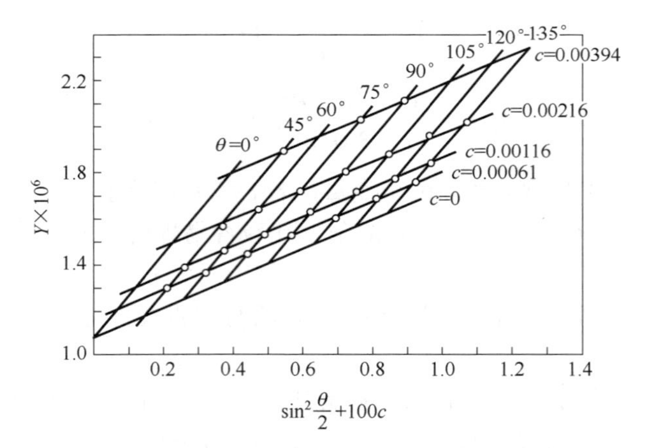

图 4-11 聚苯乙烯（M=9.4×10^5）-丁酮溶液的光散射 Zimm 图

与上述方法类似，把 θ 相同的点连成线，向 c=0 处外推，以求 $Y_{c\to0}$，此步与图 4-10（a）相同。此处，虽然 c=0，但横坐标并不为零，而是 $\sin^2(\theta/2)$。第二步，把 $Y_{c\to0}$ 的点连成线，对 $\sin^2(\theta/2)\to0$ 外推，即相当于图 4-10（c）。另外，把 c 相同的点连成线，对 $\sin^2(\theta/2)\to0$ 外推，求 $Y_{\theta\to0}$，此步与图 4-10（b）相同。然而，当 θ=0 时，横坐标并不为零，而是 qc。第

四步，以 $Y_{\theta\to 0}$ 对 c 作图，外推到 $c\to 0$ 处，此步相当于图4-10（d）。两种作图法的原理和计算结果完全相同，因为Zimm作图法可将测量结果表示在一张图上，故为人们所采用。

光散射仪的构造主要包括四个部分：

① 光源，要求灯泡的体积小，功率高，所发出的光波长范围窄，光强稳定性好，可用毛细管高压汞灯，波长取4358Å 或5461Å。也可用氦氖激光器（λ=6328Å）或氩离子激光器（λ=4880Å）。

② 光路系统，把汞灯所发出的光经会聚、切割、滤色等步骤，使之成为一束细而强的单色平行光。

③ 散射池，用光学玻璃制成，盛放待测溶液用。

④ 散射光测量系统，用一只可沿着散射池中心转动的光电倍增管接收散射光，并将光强变成电信号，经直流放大器放大后读数或记录。

在光散射实验中，主要需测定 $\partial n/\partial c$ 和 R_θ。因为 K 值与 $\partial n/\partial c$ 的平方成正比，所以此值的准确测定十分重要，一般用示差折光仪测定。至于 R_θ 的测定，需要测定单位体积介质的散射光强 I 与入射光强 I_0 之比，而散射光很弱，一般比入射光要弱五个数量级，若准确测定两者的比值需要特殊的仪器，而且准确测定观测距离 r 也不是一件容易的事，因此，一般都采用相对方法，利用一种瑞利因子已被精确测定过的纯液体作为参比标准，例如苯。对于波长为4358Å 的非偏振光，R_{90}（苯）$=4.84\times10^{-5}\text{cm}^{-1}$，对于波长为5461Å 的非偏振光，$R_{90}$（苯）$=1.63\times10^{-5}\text{cm}^{-1}$。由式（4-15）知，当 r 和 I_0 确定后，R_θ 与 I_θ 成正比，即

$$\frac{r^2}{I_0}=\frac{R_\theta}{I_\theta}=\frac{R_{90}\,(苯)}{I_{90}\,(苯)}$$

所以

$$R_\theta=R_{90}\,(苯)\,I_\theta\,/\,I_{90}(苯) \tag{4-25}$$

这样，只要在相同的条件下测得溶液的散射光强 I_θ 和90°时苯的散射光强 I_{90}（苯），即可根据上式计算出溶液的 R_θ 值，并不需要直接测定 r 和 I_0。

在测定过程中散射光束经过散射池与空气的界面时有折射现象，因此还要进行折射率修正，即

$$R_\theta=\frac{I_\theta}{I_{90}(苯)}R_{90}(苯)\left[\frac{n}{n\,(苯)}\right]^2 \tag{4-26}$$

式中，I_θ 是实际测得的高分子溶液在散射角为 θ 时的散射光强读数；I_{90}（苯）是实际测得的苯在90°的散射光强读数；n 和 n（苯）分别为待测溶液和苯的折射率。

光散射法可测定的分子量范围为 10^4～10^7。当分子量比较低时，由于灰尘和杂质的干扰，测量的可靠程度较差；当分子量比较高时，作图的误差增大，测定的精确度也会降低。一次测定可以同时得到重均分子量 $\overline{M}_\text{w}$、均方旋转半径 $\overline{R^2}$ 和第二维里系数 A_2。因此，这一方法在高分子溶液性质及有关高分子结构与形态研究中占有重要地位。

虽然光散射法与其他方法相比具有很多优越性，但是，用汞灯作光源的经典散射光度计，由于入射光的会聚性比较差，光强较弱，散射体积与散射池的体积都比较大，因而溶液的用量较多，对溶液的除尘要求很高，且在测定中无法检验溶液除尘的效果。又由于普通光的单色性和准直性比较差，不能在较小的角度下测定。通常商品仪器可测定的散射角最低只能到20°～30°，使Zimm图中的散射角外推值有一定的任意性，测定精度不够理想。同时，测定工作比较麻烦费时，因此这一方法的广泛应用受到了限制。自20世纪70年代初期Kaye

等报道了用氦氖激光作为入射光源，在很小的散射角测定散射光的工作后，经典的散射光度计的几项缺点都得到了改进，使光散射法成为高聚物分子量测定的快速方法，得到了新的发展。此法称为小角激光光散射（low angle laser light scattering）。

小角激光光散射法测定高聚物分子量的基本原理与经典光散射法相同，只是在光源、仪器设计及数据处理方面有几项重要改进。仪器的光路简图如图 4-12 所示。

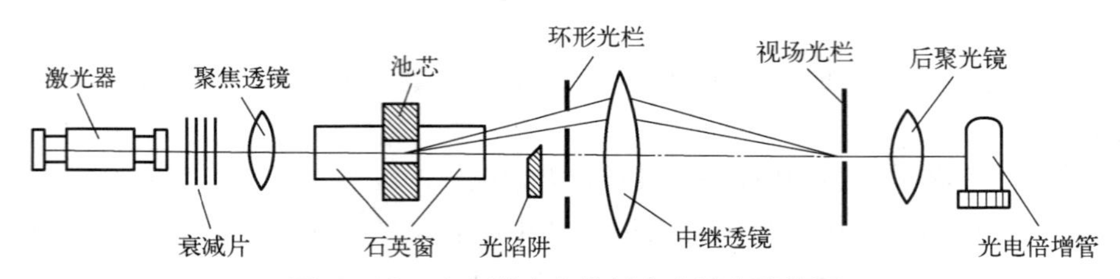

图 4-12 小角激光光散射光度计光路简图

与经典光散射法相比，小角激光光散射法有如下几个显著的优点：

① 由于激光光源的能量集中，光束细，强度高，散射体积和散射池体积都大大缩小。这不仅可节省样品，而且灰尘对信号的干扰程度也明显减小，测定精度提高。

② 由于光束的高度单色性与准直性，测定可以在很小的角度（2°～7°）下进行，避免了对角度外推时所引入的误差。

③ 由于在小角度下散射光的角度依赖性很小，因此数据处理时无需对角度外推。只需在固定角度下测定不同浓度溶液的瑞利因子，即可求得试样的重均分子量与第二维里系数。实验与数据处理都简便，省力省时。

4.2.3 黏均分子量的测定

在线课程 4-4

在聚合物的分子量测定方法中，黏度法是目前最为简便和常用的方法。溶液的黏度与聚合物的分子量有关，却也同时取决于聚合物分子的结构、形态和在溶剂中的扩张程度。因此，黏度法用于测定分子量只是一种相对方法。必须在确定的条件下，事先确定黏度与分子量的关系，才能根据这种关系由溶液的黏度计算聚合物的分子量。

（1）黏度的定义

① 绝对黏度　黏性流体层流时，各层流动的速度不同。相邻两层之间存在内摩擦力（σ），其大小与该处的速度梯度（又称剪切速率，$\dot{\gamma}$）有关，符合牛顿黏性定律，即

$$\sigma=\eta\dot{\gamma} \tag{4-27}$$

式中，η 数值相当于流速梯度为 $1s^{-1}$ 时，两层液体间单位面积上的内摩擦力，称为液体的黏度，单位用帕斯卡·秒（Pa·s）或泊（P）表示。

黏度不随剪切力和剪切速率而改变的液体称为牛顿流体。低分子液体或高分子稀溶液都属于牛顿流体。牛顿流体的黏度只取决于其本身的性质和温度，而与时间和剪切速率无关，这样的黏度称为绝对黏度或牛顿黏度。

在高分子溶液中，感兴趣的不是液体的绝对黏度，而是当高分子进入溶液后所引起的液体黏度的变化。

② 黏度比（相对黏度）　黏度比用 η_r 表示。若纯溶剂的黏度为 η_0，同温度下溶液的黏度为 η，则

$$\eta_r=\eta/\eta_0$$

黏度比是一个无量纲的量。对于低剪切速率下的高分子溶液，其值一般大于 1。显然 η_r 将随着溶液浓度的增加而增加。

③ 黏度相对增量（增比黏度）　黏度相对增量用 η_{sp} 表示，是相对于溶剂来说的，为溶液黏度增加的分数，即

$$\eta_{sp}=\frac{\eta-\eta_0}{\eta_0}=\eta_r-1$$

黏度相对增量也是无量纲的量。

④ 黏数（比浓黏度）　对于高分子溶液，黏度相对增量往往随溶液浓度的增加而增大，因此常用其与浓度之比来表征溶液的黏度，称为黏数，即

$$\frac{\eta_{sp}}{c}=\frac{\eta_r-1}{c}$$

它表示当溶液浓度为 c 时，单位浓度对黏度相对增量的贡献。实验证明，其数值亦随浓度的变化而变化。黏数的量纲是浓度的倒数，一般用厘米^3/克表示。

⑤ 对数黏数（比浓对数黏度）　对数黏数的定义是黏度比的自然对数与浓度之比，即

$$\frac{\ln\eta_r}{c}=\frac{\ln(1+\eta_{sp})}{c}$$

其值也是浓度的函数，量纲与黏数相同。

⑥ 极限黏数（特性黏数）　因为黏数 η_{sp}/c 和对数黏数 $\ln\eta_r/c$ 均随溶液浓度而改变，故以其在无限稀释时的外推值作为溶液黏度的量度，用$[\eta]$表示这种外推值，即

$$[\eta]=\lim_{c\to 0}\frac{\eta_{sp}}{c}=\lim_{c\to 0}\frac{\ln\eta_r}{c}$$

$[\eta]$称为极限黏数，又称特性黏数，其值与浓度无关，其量纲亦是浓度的倒数。

实验证明，当聚合物、溶剂和温度确定以后，$[\eta]$的数值仅由试样的分子量 M 决定，经验关系式为

$$[\eta]=KM^a \tag{4-28}$$

上式称为 Mark-Houwink 方程式。在一定的分子量范围内，K 和 a 是与分子量无关的常数。这样，只要知道 K 和 a 值，即可根据所测得的$[\eta]$值计算试样的分子量。

对于多分散的试样，黏度法所测得的分子量也是一种统计平均值，称为黏均分子量，用 $\overline{M}_\eta$ 表示，根据式（4-28），可得

$$(\eta_{sp})_{c\to 0}=K\sum_i c_iM_i^a=Kc\sum_i\frac{c_i}{\Sigma_i c}M_i^a=Kc\sum_i W_iM_i^a$$

比较以上两式可知 $\overline{M}_\eta^a=\sum_i W_iM_i^a$，即

$$\overline{M}_\eta=\left[\sum_i W_iM_i^a\right]^{1/a}=\left[\frac{\sum_i n_iM_i^{1+a}}{\sum_i n_iM_i}\right]^{1/a}$$

由此可见，$\overline{M}_\eta$ 之值不仅与试样的分子量分布有关，而且还与 a 值有关。前面的 4.1.2 小节已

经证明过 $\overline{M}_w \geqslant \overline{M}_\eta \geqslant \overline{M}_n$。

（2）极限黏数的测定

根据测黏流动的不同，黏度计可分为毛细管黏度计、旋转式黏度计和落球式黏度计。在测定高分子的极限黏数时，以重力型毛细管黏度计最为方便。

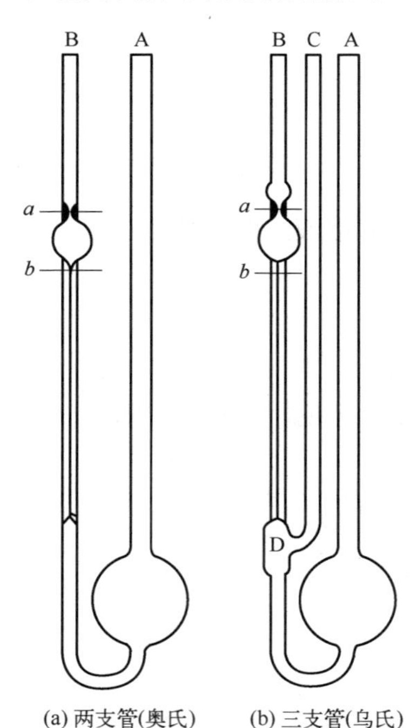

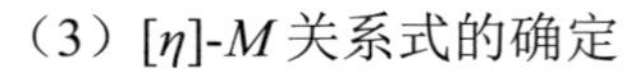
(a) 两支管(奥氏)　(b) 三支管(乌氏)

图 4-13　重力型毛细管黏度计

常用的重力型毛细管黏度计有两种，如图 4-13 所示。

图 4-13（a）由两个支管组成，称为 Ostwald 型，简称奥氏黏度计；图 4-13（b）由三个支管组成，称为 Ubbelohde 型，简称乌氏黏度计。黏度计具有一根内径为 R、长度为 l 的毛细管，毛细管上端有一个体积为 V 的小球，小球上下有刻线 a 和 b。待测液体自 A 管加入，经 B 管将液体吸至 a 线以上，使 B 管通大气，任其自然流下，记录液面流经 a 及 b 线的时间 t。这样外加的力就是高度为 h 的液体自身重力，用 P 表示。假定液体流动时没有湍流发生，即外加力 P 全部用于克服液体对流动的黏滞阻力，则根据牛顿黏度定律可导出如下关系

$$\eta = \frac{\pi P R^4 t}{8lV} \tag{4-29}$$

上式称为泊肃叶（Poiseuille）定律，可写成

$$\frac{\eta}{\rho} = At \quad A = \frac{\pi g h R^4}{8lV}$$

式中，ρ 是液体的密度；g 是重力加速度；A 是仪器常数，其值与液体的浓度和黏度无关。η/ρ 叫作运动黏度（或比密黏度），其单位是斯（stokes）。

实验方法：在恒温条件下，用同一只黏度计测定几种不同浓度的溶液和纯溶剂的流出时间。假定 t 和 t_0 分别为溶液和溶剂的流出时间，ρ 和 ρ_0 分别为二者的密度，因溶液浓度很稀，则溶液与溶剂的密度差很小，即 $\rho \approx \rho_0$。由上式可以得到

$$\eta_r = \frac{t}{t_0}$$

那么

$$\eta_{sp} = \eta_r - 1 = \frac{t - t_0}{t_0}$$

这样，由纯溶剂的流出时间 t_0 和各种浓度的溶液的流出时间 t，求出各种浓度溶液的 η_r、η_{sp}、η_{sp}/c 和 $\ln\eta_r/c$ 之值，以 η_{sp}/c 和 $\ln\eta_r/c$ 分别为纵坐标，c 为横坐标作图，得两条直线。分别外推至 c=0 处，其截距就是极限黏数[η]，如图 4-14 所示。

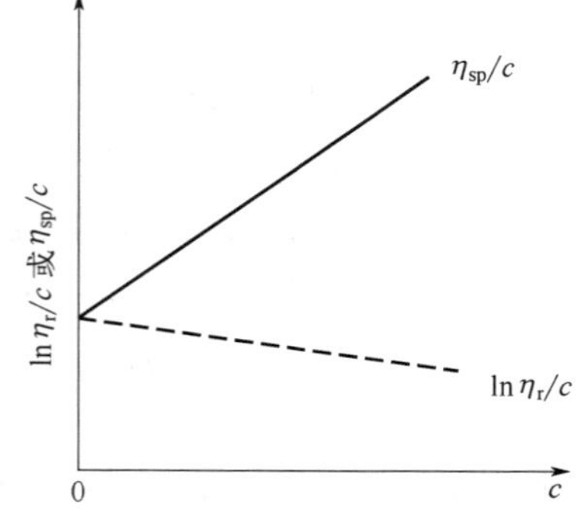

图 4-14　η_{sp}/c 和 $\ln\eta_r/c$ 对 c 作图

（3）[η]-M 关系式的确定

用黏度法测定聚合物的分子量时用到的 Mark-Houwink 方程式中的常数 K 和 a 必须通过实验直接进行确定。前已述及，这些常数与高分子的结构、形态以及高分子与溶剂的相互作用、温度等有关，因此，要确定 K、a 值，必须首先确定聚合物、溶剂和温度这三个因素，其中任何一个因素改变都会引起 K、a 值的改变。

确定的方法是制备若干个分子量较均一的聚合物样品，然后分别测定每个样品的分子量和极限黏数。分子量可以用任何一种绝对方法进行测定。由式（4-28），两边取对数，得

$$\lg[\eta]=\lg K+a\lg M$$

以各个标样的 $\lg[\eta]$对 $\lg M$ 作图（称为双对数图），应得一直线，直线的斜率是 a，而截距是 $\lg K$。θ 状态时，直线的斜率为 0.5，对于多数柔性高分子，a 值在 0.5～0.8 之间。

除了上述聚合物、溶剂、温度三个主要方面以外，还有几个因素对 K、a 值也会产生影响。一个是分子量范围，当分子量太低时，如 $M<3\times10^4$，由于分子链偏离无规线团构象而使 $[\eta]$-M 间的关系改变。当分子量太高时，如 $M>10^6$，由于黏度和分子量测定中的精确度降低，K、a 值也可能发生变化。此外，分子量不同的统计平均值、试样是否分级和试样的分子量分布等对结果也会有影响。表 4-3 列出了部分聚合物-溶剂体系的 K 和 a 值。

第
4
章

表 4-3　部分聚合物-溶剂体系的 K和 a值

聚合物	溶剂	T/℃	$K\times10^3$	a
顺聚丁二烯	苯	30	33.7	0.715
等规聚丙烯	1-氯代萘	139	21.5	0.67
聚丙烯酸乙酯	丙酮	25	51	0.59
聚甲基丙烯酸乙酯	丙酮	20	5.5	0.73
聚醋酸乙烯酯	苯	30	22	0.63
聚苯乙烯	丁酮	25	39	0.58
聚苯乙烯	环己烷（θ溶剂）	34.5	84.6	0.50
聚四氢呋喃	甲苯	28	25.1	0.78
聚四氢呋喃	乙酸乙酯-己烷（θ溶剂）	31.8	206	0.49
三硝基纤维素	丙酮	25	6.93	0.91

黏度法仪器设备简单，操作便利，测定和数据处理周期短，又有相当好的实验精确度。若与其他方法相配合，还可以研究高分子在溶液中的尺寸和形态、高分子与溶剂分子之间的相互作用能以及支化高分子的支化程度等，是聚合物结构鉴定非常有价值的方法。

4.3　聚合物分子量分布的测定

在线课程
4-1

聚合物分子量分布的测定方法主要有两种。一种是根据相分离原理，将聚合物按分子量进行分级，测出各级分分子量及所占比例，画出分子量分布曲线。另一种是采用现代化仪器，如凝胶渗透色谱仪直接测定分子量分布曲线。

4.3.1　基于相分离的分级方法

根据 3.5.1 节关于相分离原理的讨论可以知道，聚合物溶质的分子量不同，溶解度不同。据此可通过逐步降温/升温、添加沉淀剂或改变混合溶剂比例等方法改变溶解度，达到

各级分逐级分离的目的。聚合物分级后得到一系列不同分子量的级分，分别测定各个级分的分子量和质量，通过计算和作图得到分子量分布信息。

（1）沉淀分级法

沉淀分级的实施方法有：逐步加沉淀剂沉淀分级和逐步降温沉淀分级。

在一定温度下，将沉淀剂滴加到高分子稀溶液中，使高分子溶液分相，恒温下达到相平衡后，移出浓相，聚合物中分子量较高的级分优先进入浓相，再向稀相中逐次滴加沉淀剂，使其分相，恒温平衡，依次得到分子量由大到小的不同级分，这个过程称为逐步加沉淀剂沉淀分级。

将聚合物溶解在合适的溶剂中配成高分子溶液，当高分子溶液温度降到临界共溶温度以下时，溶液分成两相，达到相平衡后，移出浓相可以得到较高分子量的级分。将留下的稀相继续冷却，又会分离出新的浓相和稀相，如此逐步降温，即可以依次得到分子量由大到小的各个级分，这个过程称为逐步降温沉淀分级。

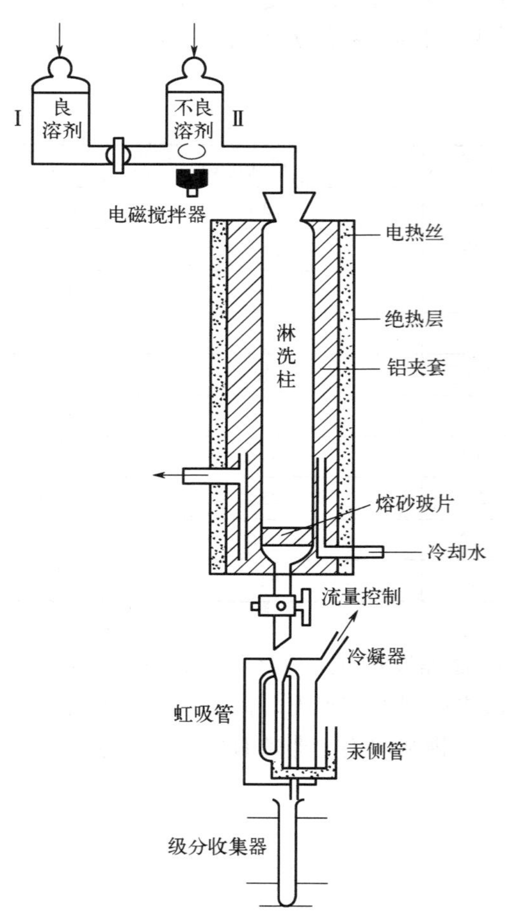

图 4-15　梯度淋洗分级装置

（2）溶解分级法

溶解分级与沉淀分级的过程相反，是采用逐步加入高分子的良溶剂或逐步提高温度的方法，这样聚合物试样中分子量较低的级分先溶解，分子量较高的级分后溶解，从而得到分子量由小到大的各个级分。

（3）梯度淋洗分级法

在沉淀分级或溶解分级过程中，达到相平衡耗时很长。为提高聚合物的分级效率，可采用沉淀分级和溶解分级相结合的梯度淋洗法，见图 4-15。将聚合物试样均匀涂布在玻璃砂上，置于填充有空白玻璃砂的淋洗柱顶部，淋洗柱的温度从上到下逐渐降低，有一定的温度梯度。首先，从淋洗柱顶端淋洗不良溶剂。随后，不断增加淋洗剂中良溶剂的比例，使分子量较低的级分先溶解，分子量高的级分后溶解。随着溶液向下流动，由于柱内温度降低，其中分子量比较高的级分又沉淀在玻璃砂上，待后面的良溶剂比例较高的混合溶剂流下时，沉淀又溶解，如此一系列溶解和沉淀过程反复进行，便可以得到分子量由小到大的各个级分，从而缩短了分级时间，提高了分级效率。

4.3.2　凝胶渗透色谱

凝胶渗透色谱（gel permeation chromatography，简称 GPC），也称为体积排除色谱（size exclusion chromatography，简称 SEC），从 20 世纪 60 年代诞生并发展至今，已成为非常有效的聚合物分子量及分子量分布的测定方法，具有试样用量少、快速可靠、可连续操作和易实现自动化等特点。

凝胶色谱的分离机理众说不一，有体积排除、限制扩散、流动分离等。实验证明，体积排除的分离机理起主要作用。分离的核心部件是一根装有多孔性载体的色谱柱，最先被采用的载体是苯乙烯和二乙烯基苯共聚的交联聚苯乙烯凝胶，凝胶的外观为球形，球的表面和内部含有大量彼此贯穿的孔，孔的内径大小不等，孔径与孔径分布取决于聚合反应的配方和条件。随后又发展了许多其他类型的凝胶以及各种无机多孔材料，如多孔硅球和多孔玻璃等。柱子的材料可以采用玻璃或不锈钢。实验时，以待测试样的某种溶剂充满色谱柱，使之占据载体颗粒之间的全部空隙和颗粒内部的孔洞，然后把以同样溶剂配成的试样溶液自柱头加入，再用同样溶剂自头至尾淋洗，同时从色谱柱尾端接收淋出液，计算淋出液的体积，并测定淋出液中溶质的浓度。自试样进柱到被淋洗出来，所接收到的淋出液总体积称为该试样的淋出体积。实验证明，当仪器和实验条件确定后，溶质的淋出体积与其分子量有关，分子量越大，其淋出体积越小。若试样是多分散的，则可按照淋出的先后次序收集到一系列分子量从大到小的级分。

假定色谱柱的总体积为 V_t，它包括载体的骨架体积 V_g、载体内部的孔洞体积 V_i（所有孔的体积之和）和载体的粒间体积 V_0，即

$$V_t=V_0+V_i+V_g$$

V_0 和 V_i 之和构成柱内空间。对于溶剂分子来说，因它的体积很小，可以充满柱内的全部空间。V_0 中的溶剂称为流动相，V_i 中的溶剂称为固定相。

对于高分子来说，情况有所不同：

① 假若高分子的体积比孔洞的尺寸大，任何孔洞它都不能进入，那么它只能从载体的粒间流过，其淋出体积即是 V_0；

② 假若高分子的体积很小，远远小于所有的孔洞尺寸，它在柱中活动的空间与溶剂分子相同，淋出体积应当是 V_0+V_i；

③ 假若高分子的体积是中等大小，而孔的形状是尺寸不等的锥体，则高分子可进入较大的孔，而不能进入较小的孔，或者说可进入锥体的底部而不能进入顶部。这样，它除了可以扩散至所有的粒间体积外，还可以进入载体的部分孔洞体积中，它在柱中活动的空间增大了，因此其淋出体积必然大于 V_0 而小于 V_0+V_i。

若用 V_e 表示溶质的淋出体积，用 K 表示孔体积 V_i 中可以被溶质分子进入的部分与 V_i 之比，称为分配系数，则

$$V_e = V_0 + KV_i$$

$$K = \frac{V_e - V_0}{V_i}$$

从上述分析可知，对于特别大的溶质分子，$V_e=V_0$，$K=0$；对于特别小的溶质分子，$V_e=V_0+V_i$，$K=1$；对于中等的溶质分子，V_e 在 V_0 和 V_0+V_i 之间，$1>K>0$。溶质分子的体积愈小，其淋出体积愈大。这种解释不考虑溶质和载体之间的吸附效应以及溶质在流动相和固定相之间的分配效应，其淋出体积仅仅由溶质分子尺寸和载体的孔尺寸决定，分离完全是体积排除效应所致，故称为体积排除机理。也就是说，如果溶质的分子量(即分子体积)不均一，当它们被溶剂携带着流经色谱柱时，会逐渐地按其体积的大小进行分离，如图4-16所示。

为了测定聚合物的分子量分布，不仅需要把它按照分子量的大小分离开来，还需测定各级分的含量和各级分的分子量。对于凝胶色谱来说，级分的含量即淋出液的浓度，只要选

择与溶液浓度有线性关系的某种物理性质，即可通过这种物理性质的测量来测定溶液的浓度。常用的方法是用示差折光仪测定淋出液的折射率与纯溶剂的折射率之差 Δn，以表征溶液的浓度。因为在稀溶液范围，Δn 与溶液浓度 c 成正比。此外，还有紫外吸收、红外吸收等各种类型的浓度检测器。图 4-17 是凝胶渗透色谱仪记录的 GPC 谱图，纵坐标是淋出液与纯溶剂折射率之差，正比于淋出液的浓度。横坐标是淋出体积，它表征分子尺寸的大小，所以 GPC 谱图反映试样的分子量分布。如果把谱图中的横坐标淋出体积 V_e 换算成分子量 M，就成为分子量分布曲线。

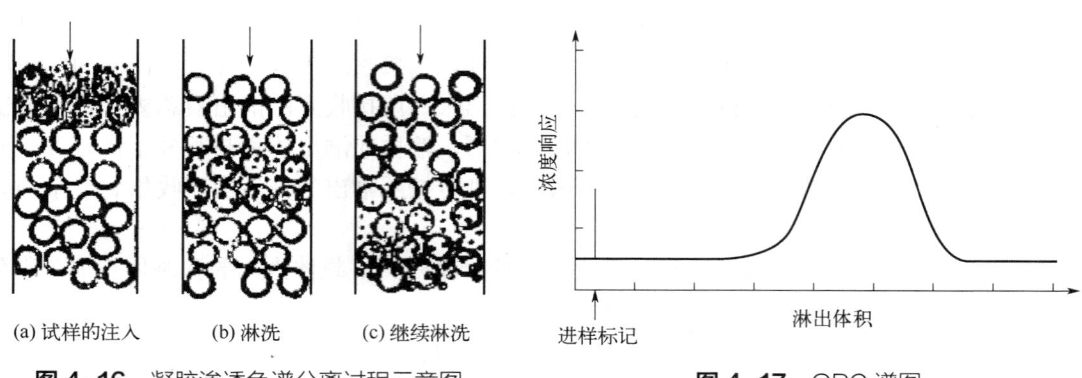

图 4-16　凝胶渗透色谱分离过程示意图

圆球表示载体颗粒；黑点表示溶质分子

图 4-17　GPC 谱图

关于级分的分子量测定，有直接法和间接法。直接法是在测定淋出液浓度的同时测定其黏度或光散射，从而求出其分子量。间接法是用一组分子量不等、单分散的试样作为标准样品（简称标样），分别测定它们的淋出体积和分子量，利用 $\lg M$ 对 V_e 作图，得到如图 4-18 所示的斜率为负值的一段直线，称为分子量-淋出体积标定曲线，曲线方程为

$$\lg M = A - BV_e \tag{4-30}$$

式中，A、B 为常数，其值与溶质、溶剂、温度、载体及仪器结构有关，可由图 4-18 中直线的截距和斜率求得。有了分子量-淋出体积标定曲线，即可根据待测试样的 V_e 值求出其分子量 M。

从图 4-18 可见，$\lg M$-V_e 的关系只在一定范围内呈直线，当 $M > M_a$ 时，直线向上翘，变得与纵轴相平行。这就是说，此时淋出体积与溶质的分子量无关。实际上，这时的淋出体积就是载体的粒间体积 V_0。因为分子量比 M_a 大的溶质全都不能进入孔中，而只能从粒间流过，故它们具有相同的淋出体积。这意味着此种载体对于分子量比 M_a 大的溶质没有分离作用，M_a 称为该载体的渗透极限。V_0 值即是根据这一原理测定的。另外，当 $M < M_b$ 时，直线向下弯曲，也就是说，当溶质的分子量小于 M_b 时，其淋出体积与分子量的关系变得很不敏感。说明这种溶质分子的体积已经相当小，其淋出体积已经接近 V_0+V_i 值。显然，标定曲线只对分子量在 M_a 和 M_b 之间的溶质适用，这种载体不能测定分子量大于 M_a 和小于 M_b 的试样的分子量。故 M_a～M_b 称为载体的分离范围，其值取决于载体的孔径及其分布。

由于试样在柱中流动时会受各种因素的影响，以致沿着流动方向发生扩散，即使是分子量完全均一的试样，淋出液的浓度对淋出体积的 GPC 谱图中也会有一个分布，如图 4-19 所示。这一现象称为色谱柱的扩展效应，效应的大小与载体及仪器结构有关。近年来，随着对 GPC 仪器的改进，扩展效应减少，在测定分子量分布时可不予考虑。

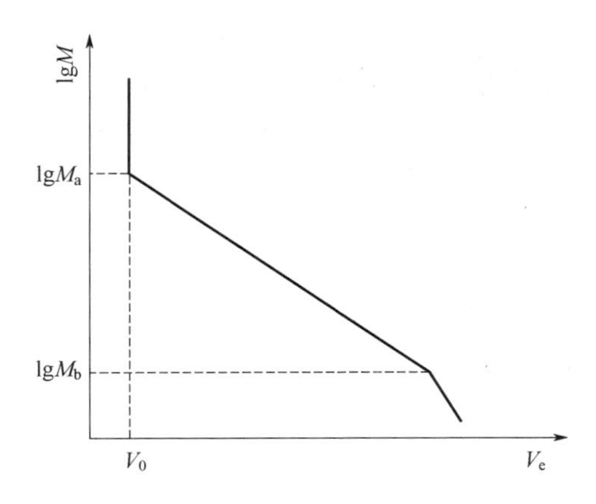

图 4-18　分子量-淋出体积标定曲线

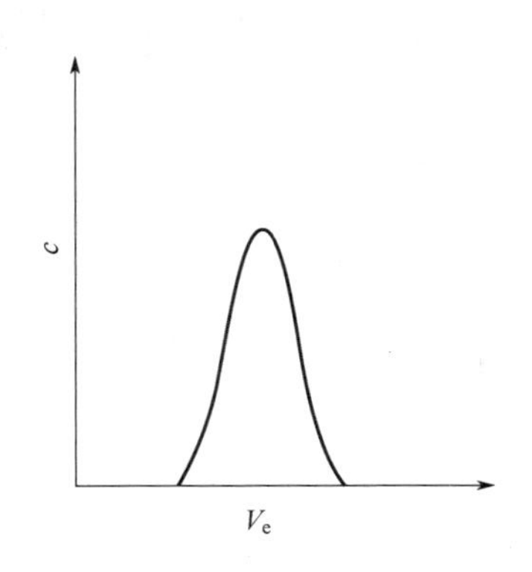

图 4-19　单分散试样经色谱柱的扩展效应

习题与思考题

1. 试举例说明聚合物分子量和分子量分布对其物理力学性能和加工成型的影响。

拓展阅读

高分子物理化学的奠基者——弗洛里

2. 假定聚合物试样中含有三个组分，其分子量分别为 10000、100000 和 200000，质量分数分别为 0.3、0.4 和 0.3，计算此式样的 $\overline{M}_n$、$\overline{M}_w$ 和 $\overline{M}_z$，分布宽度指数及多分散系数。

3. 聚苯乙烯-甲苯溶液在 25℃时的渗透压测定结果如下表。已知甲苯密度为 $0.872\text{g}\cdot\text{cm}^{-3}$，聚苯乙烯密度为 $1.08\text{g}\cdot\text{cm}^{-3}$，试求聚苯乙烯的数均分子量和该溶液体系的第二维里系数及 Huggins 参数。

$c\times10^3/(\text{g}\cdot\text{cm}^{-3})$	1.55	2.56	3.80	5.38	7.80	8.68
$\Pi/(\text{g}\cdot\text{cm}^{-2})$	0.16	0.28	0.47	0.77	1.36	1.60

4. 已知 25℃时某聚苯乙烯试样在丁酮溶液中的分子尺寸小于入射光波长的 1/20，无内干涉效应。用光散射仪测得如下数据：

$c\times10^3/(\text{g}\cdot\text{cm}^{-3})$	0.7	1.4	2.2	2.9
I_{90}	24	37	46	52

用苯作标准，I_{90}（苯）=15，R_{90}（苯）$=4.85\times10^{-5}\text{cm}^{-1}$，$n$（苯）=1.4979，$n$（丁酮）=1.3761，$\partial n/\partial c=0.230\text{mL}\cdot\text{g}^{-1}$，入射光波长 $\lambda=436\text{nm}$。试计算此聚苯乙烯的重均分子量和该体系的第二维里系数。

5. 在 25℃时取 0.1375 g 聚苯乙烯配制成 25mL 的聚苯乙烯-丁酮溶液，其在黏度计中的流出时间 $t_1=241.6\text{s}$。然后依次加入丁酮 5mL、5mL、10mL、10mL 稀释，分别测得流出时间 $t_2=189.7\text{s}$，$t_3=166.0\text{s}$，$t_4=144.4\text{s}$，$t_5=134.2\text{s}$，最后测得纯丁酮的流出时间为106.8s。试计算该聚苯乙烯的黏均分子量。

6. 何谓聚合物溶液的相分离？如何实现多分散聚合物体系的相分离分级？

7. 简述 GPC 对聚合物进行分级的原理、步骤和结果处理。

第 5 章　聚合物的分子运动和转变

思维导图

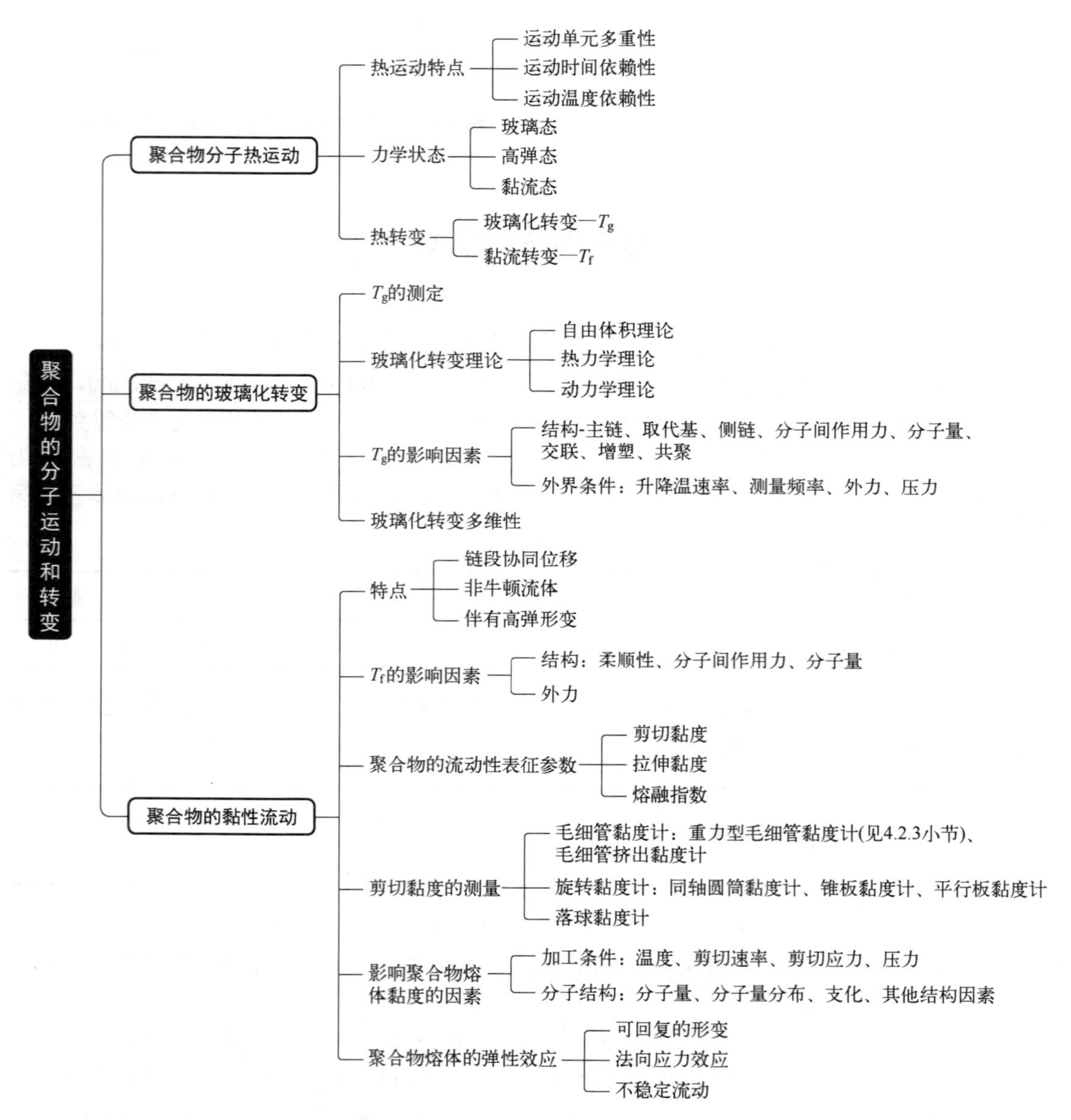

通过前面的学习可知，高分子材料具有复杂的、区别于低分子物质的结构特征，因而表现出不同的性能。例如室温下，一般的橡胶为柔软的弹性体，而塑料则是具有一定硬度、较为刚性的材料。对同一结构的聚合物，其性能也随外界条件如温度、外力作用频率等的变

化而变化。在室温下为弹性体的橡胶，冷却至低温（玻璃化转变温度以下）可变为硬而脆的固体。聚合物之所以有这种性能上的差异和变化，是由聚合物分子运动的不同和变化所决定的。分子运动可以将材料的微观结构与宏观性能联系起来，并给予科学的解释。

5.1　聚合物的分子热运动

在线课程
5-1

5.1.1　聚合物分子热运动的特点

相比于低分子化合物，聚合物的结构要复杂很多，其分子运动比小分子运动也复杂很多，有以下明显的特点。

（1）高分子运动单元的多重性

高分子是长链状分子，既有整个高分子链的运动，即整个分子链质心的相对移动；也存在链段的运动，链段与链段之间自由连接，可以发生相对旋转、扭折运动；还可以有更小的运动单元的运动，如链节的运动，侧基、支链相对于主链的摆动、转动等。此外，对于结晶高分子，晶区内也存在不同形式的分子运动。各种运动单元运动所需的能量是不同的，运动状态与外界条件密切相关。高分子各种单元是否发生运动，可以直接反映聚合物的宏观力学状态。

（2）高分子运动的时间依赖性

在外界条件作用下，物质从一个平衡状态通过分子的热运动转变到另一个平衡状态，这种转变不是瞬间完成的，而是需要时间的，是一个速度过程。高分子运动时，运动单元所受到的摩擦力一般是很大的，这个过程通常是缓慢完成的，因此这个过程也称为松弛过程。松弛过程可用下式表示：

$$X(t)=X_0\exp(-t/\tau) \tag{5-1}$$

式中，X_0为初始平衡态某物理量的值，如：应变、应力等；$X(t)$为 t 时该物理量的值；τ 为松弛时间。当 $t=\tau$ 时，$X(t)=X_0/\mathrm{e}$，松弛时间 τ 即为某物理量变化到初始值的 $1/e$ 时所需要的时间。

松弛时间 τ 是用来表征松弛过程快慢的。当 $\tau\to0$ 时，在很短的时间里 $X(t)$即可达到 X_0/e，这意味着松弛过程进行得很快。例如，低分子液体的松弛时间就很短，一般只有 $10^{-10}\sim10^{-9}$s，这几乎是在瞬时内完成的。在日常的时间标尺上，察觉不出低分子的松弛过程，总把它看作是瞬变过程。如果松弛时间长，即 $X(t)$要经过很长的时间才能达到 X_0/e，也就是说过程进行得很慢。因此，对指定的体系（运动单元），在给定的外力、温度和观察时间标尺下，从一个平衡态过渡到另一个平衡态的快慢，取决于它的松弛时间 τ 的大小。

实际上每种聚合物的松弛时间并不是一个单一的数值，由于运动单元的大小不同，松弛时间的长短也不一致，短的可以是几秒钟，长的可达几天甚至几年或者更长。松弛时间的分布也是很宽的，在一定范围内可以认为是一个连续的分布，可用“松弛时间谱”来表示。

松弛过程除了本章所涉及的形变松弛过程外，还可以有应力松弛（第六章）、体积松弛和介电松弛（第七章）等。

（3）高分子运动的温度依赖性

高分子的运动是一个松弛过程，而表示松弛过程快慢的松弛时间 τ 与温度有关。温度越高，分子运动能量越高，分子运动越快，分子运动的松弛时间就越小，松弛时间 τ 与温度的关系符合 Eyring 关于速度过程的一般理论，即

$$\tau=\tau_0\exp(\Delta E/RT) \tag{5-2}$$

式中，τ_0 为常数，取决于高分子运动单元的结构及聚集态结构；R 为气体常数；T 为热力学温度；ΔE 为松弛过程活化能，即相应运动单元活化所需要的能量。

ΔE 的数值可以通过实验方法测得，即在各种温度下测定松弛时间 τ，作 $\ln\tau$ 对 $1/T$ 的图，由所得直线的斜率便可得到

$$\Delta E=R\frac{\mathrm{d}\ln\tau}{\mathrm{d}(1/T)} \tag{5-3}$$

由式（5-2）可以看出，若聚合物体系的温度较低，则运动单元的松弛时间就较长，在较短的时间内将观察不到松弛现象，只有在较长的时间内才能察觉出松弛过程。但如果升高温度，缩短运动单元的松弛时间，就能够在较短的时间内观察到松弛现象。

对于聚合物还有一类松弛过程，即由链段运动引起的玻璃化转变过程，式（5-2）是不适用的，这是因为 $\ln\tau$ 对 $1/T$ 作图得不到直线，这种情况下，松弛时间与温度的关系可用 WLF 半经验方程描述

$$\lg\left(\frac{\tau}{\tau_s}\right)=-\frac{C_1(T-T_s)}{C_2+(T-T_s)} \tag{5-4}$$

式中，τ_s 是某一参考温度 T_s 下的松弛时间；C_1 和 C_2 是经验常数。按照这一方程，温度升高，松弛时间也将减小。

5.1.2 聚合物的力学状态和热转变

在线课程 5-2

（1）非晶态聚合物

若对非晶态聚合物试样施加恒定的力，观察其形变与温度之间的关系，可得到如图 5-1 所示的曲线，通常称为温度-形变曲线或热机械曲线。根据力学性质随温度变化的特征，可以把非晶态聚合物按温度区域划分为三种力学状态：玻璃态、高弹态和黏流态。聚合物玻璃态与高弹态之间的转变称为玻璃化转变，相应的转变温度称为玻璃化转变温度，简称玻璃化温度，用 T_g 表示；而高弹态与黏流态之间的转变称为黏流转变，相对应的转变温度称为黏流温度，用 T_f 表示。

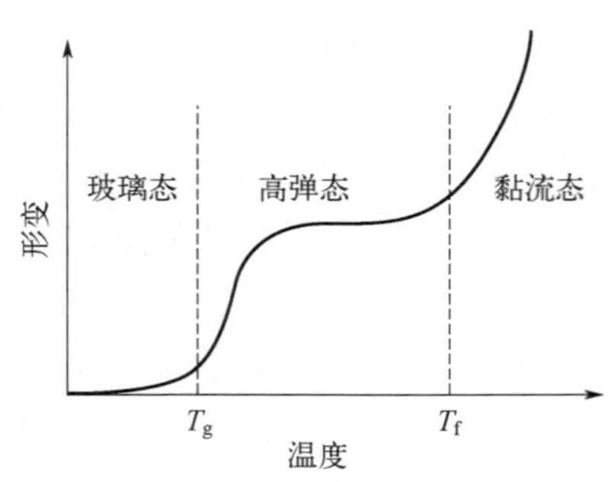

图 5-1 非晶态聚合物的温度-形变曲线

当温度较低时（$T<T_g$），聚合物分子运动能量较低，不足以克服主链内旋转的位垒。整个分子链和链段运动的松弛时间很大，难以在短时间内察觉，只有较小的运动单元，如侧基、支链和小链

节才能运动。高分子链不能实现从一种构象到另一种构象的转变，因此在外力作用下，聚合物形变很小，形变与外力大小成正比，外力除去，形变立即回复，符合胡克定律。这种力学性质称为胡克弹性，又称普弹性，此时聚合物的力学性能表现得与玻璃相似，因此称这种力学状态为玻璃态。

随着温度升高，分子热运动的能量增加，当达到玻璃化转变温度后（$T>T_g$），虽然整个分子链的运动还不能实现，但分子热运动的能量足以克服内旋转的位垒，链段运动被激发，链段的运动可以通过单键内旋转得以实现。这个过程也可以理解为此时链段运动的松弛时间已经缩短到在有限的时间内能够观察到。在外力作用下，分子链可以通过链段运动改变构象以适应外力的作用。在受拉力作用时，分子链可从蜷曲状态变到伸展状态，宏观性能上表现为可以发生大的形变，除去外力，分子链通过链段运动自发地从伸展状态逐渐回复到蜷曲状态（从伸展状态到蜷曲状态是一个熵增过程），宏观性能上表现为大形变的回复。这种力学性质称为高弹性，这也是聚合物在力学性能上区别于低分子材料的重要标志之一。

当温度继续升高到黏流温度后（$T>T_f$），不仅链段运动的松弛时间缩短，整个分子链移动的松弛时间也缩短到与实验观察的时间同数量级，聚合物在外力作用下便可发生黏性流动，它是整个分子链相互滑移的宏观表现。这种流动同低分子液体流动相类似，是不可逆的形变，即外力除去后，形变不能再自发回复。

（2）晶态聚合物

对于晶态聚合物，由于其中通常都存在非晶区，非晶部分在不同的温度条件下，也一样会发生上述两种转变。然而，随着结晶度的不同，结晶聚合物的宏观表现不同。

轻度结晶聚合物中，微晶体起着类似交联点的作用，这种试样存在明显的玻璃化转变；当温度升高时，非晶部分从玻璃态变为高弹态，试样也会变成柔软的皮革状。例如增塑的聚氯乙烯在室温时，就是处于这种力学状态，由于其轻度的结晶，柔软的聚氯乙烯薄膜不会发生大的形变和蠕变。

随着结晶度的增加，非晶部分处在高弹态的结晶聚合物的硬度将逐渐增加，到结晶度大于40%后，微晶体彼此衔接，形成贯穿整个材料的连续结晶相，此时结晶相承受的应力要比非结晶相大得多，使材料变得坚硬，宏观上将察觉不到它有明显的玻璃化转变，其温度形变曲线在熔点以前不出现明显的转折。结晶聚合物的晶区熔融后是否进入黏流态，要视试样的分子量而定。如果分子量不太大，非晶区的黏流温度 T_f 低于晶区的熔点 T_m，则晶区熔融后整个试样便成为黏性的流体；如果分子量足够大，以至 $T_f'>T_m$，则晶区熔融后，将出现高弹态，直到温度进一步升高到 T_f' 以上才进入黏流态，如图 5-2 所示。从加工成型的角度来看，后一种情况通常是不希望的，因为这样的聚合物需要提高加工温度，而且在高温下出现高弹态，将给加工成型带来麻烦，正是这个原因，结晶聚合物的分子量通常应控制得低一些，下限一般以满足力学强度的要求为度。

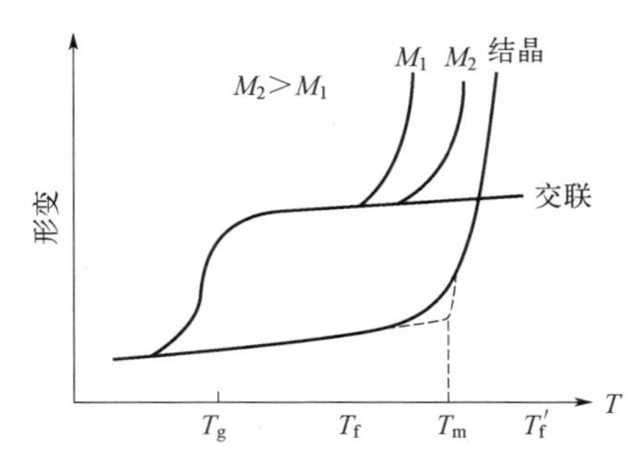

图 5-2　各类聚合物的温度-形变曲线

（3）交联聚合物

由于交联键的作用限制了聚合物的分子链运动，因此交联聚合物不会出现黏流态。若交联度较低，交联键间分子链的长度大于链段长度，则温度升高时仍能发生链段的运动，此时交联聚合物可发生明显的玻璃化转变，呈现出玻璃态和高弹态两种力学状态。随着交联度的增加，链段运动被抑制，交联聚合物只表现出玻璃态的力学特征。热固性塑料就是形成足够高的交联度以保持硬而强的力学性能，如酚醛树脂固化之后，就不会出现橡胶态和黏流态，即使在高温下仍保持玻璃态。对于橡胶制品，则需控制适当的交联度，使之既具有一定的高弹性，又不出现不可逆形变。

5.2 聚合物的玻璃化转变

在线课程 5-3

5.2.1 玻璃化转变温度的测定

非晶态聚合物（包括结晶聚合物中的非晶部分）在 T_g 以下呈玻璃态。此时聚合物为坚硬的塑料。若温度升至 T_g 以上，塑料（对非晶态聚合物而言）就失去刚性，失去了塑料的使用性能，所以 T_g 是塑料（对非晶态聚合物而言）的上限使用温度。在 T_g 以上，聚合物呈高弹态，是柔软的弹性体，橡胶就处在聚合物的高弹态。若温度在 T_g 以下，橡胶将失去高弹性，所以 T_g 是橡胶的下限使用温度。因此玻璃化转变对聚合物非常重要。在聚合物发生玻璃化转变时，许多物理性能都发生了急剧的变化，特别是力学性能，在只有几摄氏度范围的转变温度区间前后，模量将改变 3～4 个数量级（图 5-3）。

原则上，玻璃化转变过程中发生突变的物理性质都可以用来测量 T_g。例如，热机械分析法测定形变随温度的变化（图 5-1），膨胀计法测定比体积随温度的变化（图 5-4），动态热机械分析法测定力学损耗随温度的变化（图 5-5，详见 6.3.1 节），还有折射率、溶剂在聚合物中的扩散系数、比热容、介电损耗等随温度的变化都可以用来测量 T_g。其中，示差扫描量热法（DSC）是最便捷的方法。聚对苯二甲酸乙二醇酯（PET）的 DSC 曲线如图 5-6 所示。在程序升温过程中，约在 T=75℃处 DSC 曲线的基线发生明显转折，这正是该温度时试样玻璃化转变使比热容发生突变所造成的，故测定的 T_g 为 75℃。继续升温还相继出现一个明显的放热峰和吸热峰，分别对应 PET 的结晶峰和熔融峰，可以得到结晶温度和熔点的信息。表 5-1 列出了常见聚合物的玻璃化转变温度 T_g。

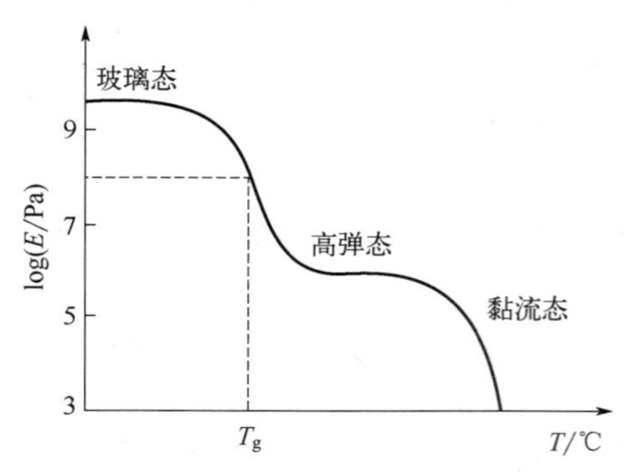

图 5-3 非晶态聚合物的模量-温度曲线

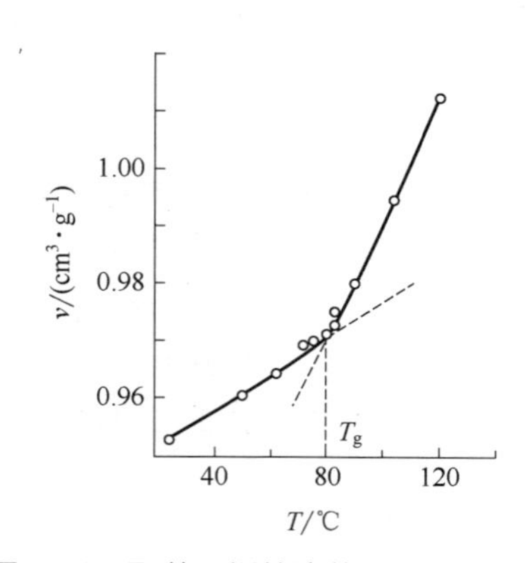

图 5-4 聚苯乙烯的比体积-温度曲线

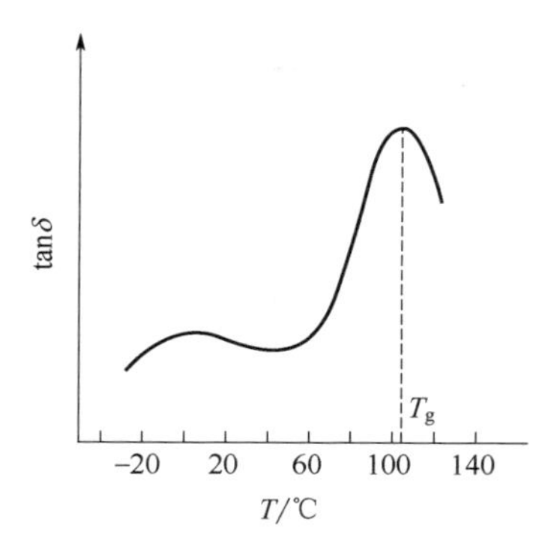

图 5-5　聚甲基丙烯酸甲酯的动态力学损耗-温度曲线

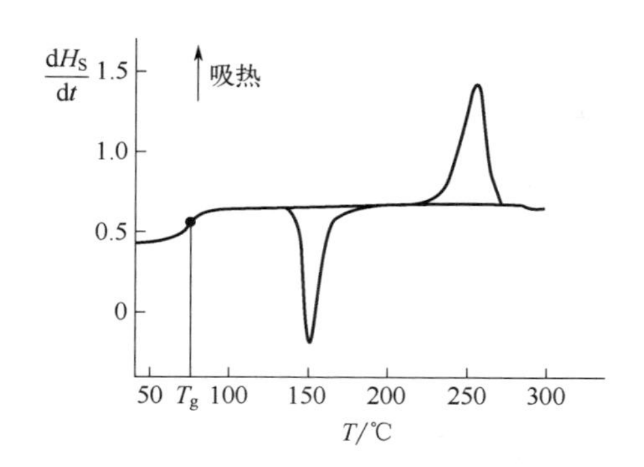

图 5-6　聚对苯二甲酸乙二醇酯的 DSC 曲线

表 5-1　常见聚合物的玻璃化转变温度 T_g

聚合物	T_g /℃	聚合物	T_g /℃
聚乙烯	−68（−120）	聚对苯基苯乙烯	138（145）
聚丙烯（全同）	−10	聚对氯苯乙烯	128
聚丙烯（无规）	−20	聚 α -乙烯基萘	162
聚异丁烯	−70（−73）	聚丙烯酸	106（97）
顺-1,4-聚异戊二烯	−73	聚丙烯酸锌	>300
反-1,4-聚异戊二烯	−60（−58）	聚丙烯酸甲酯	3（6）
顺-1,4-聚丁二烯	−108（−95）	聚丙烯酸乙酯	−24
反-1,4-聚丁二烯	−83（−18）	聚丙烯酸丁酯	−56
1,4-聚丁二烯（全同）	−4	聚甲基丙烯酸甲酯（无规）	105
聚甲醛	−83（−50）	聚甲基丙烯酸甲酯（全同）	45（55）
聚氧化乙烯	−66（−53）	聚甲基丙烯酸甲酯（间同）	115（105）
聚甲基乙烯基醚	−13（−20）	聚甲基丙烯酸乙酯	65
聚正丁基乙烯基醚	−52（−55）	聚甲基丙烯酸正丙酯	35
聚叔丁基乙烯基醚	88	聚甲基丙烯酸正丁酯	21
聚二甲基硅氧烷	−123	聚甲基丙烯酸正己酯	−5
聚苯乙烯（全同）	100	聚甲基丙烯酸正辛酯	−20
聚苯乙烯（无规）	100（105）	聚氟乙烯	40（−20）
聚 α -甲基苯乙烯	192（180）	聚氯乙烯	87（81）
聚邻甲基苯乙烯	119（125）	聚偏二氟乙烯	−40（−46）
聚间甲基苯乙烯	72（82）	聚偏二氯乙烯	−19（−17）
聚对甲基苯乙烯	110（126）	1,2-聚二氯乙烯	145

续表

聚合物	T_g /℃	聚合物	T_g /℃
聚氯丁二烯	45	聚苯醚	220（210）
聚丙烯腈（间同）	104（130）	聚己二酸乙二酯	−70
聚醋酸乙烯酯	28	聚对苯二甲酸乙二醇酯	69
聚乙烯醇	85	尼龙 6	50（40）
聚乙烯基甲醛	105	尼龙 66	50（57）
聚乙烯基丁醛	49（59）	尼龙 610	40（44）
三硝酸纤维素	53	聚乙烯咔唑	208（150）
聚碳酸酯	150	聚苊烯	264（321）

注：括号中数据也有文献报道。

5.2.2 玻璃化转变理论

对于玻璃化转变现象，至今尚无完善的理论可以做出完全符合实验事实的解释。已经提出的理论主要有三种：自由体积理论、热力学理论和动力学理论。其中应用最广的是自由体积理论。

（1）自由体积理论

自由体积理论最初由 Fox 和 Flory 提出。自由体积理论认为，液体或者固体的体积包括两个部分：一部分是分子本身占据的，称为占有体积或已占体积；另一部分是分子间的空隙，称为自由体积。后者以大小不等的"空穴"形式无规分布在聚合物中，提供了分子的活动空间，使分子链可能通过转动和位移调整构象。

在 T_g 以下，链段运动被冻结，自由体积也处于冻结状态，其"空穴"尺寸和分布基本上保持固定。聚合物的 T_g 为自由体积降至最低值的临界温度，在 T_g 以下，自由体积提供的空间不足以使聚合物分子链发生构象调整。在玻璃态，随着温度升高，聚合物的体积膨胀只是由于分子振幅、键长等的变化，即单纯的分子占有体积的膨胀。在 T_g 以上，自由体积开始膨胀，为链段运动提供了空间，链段由冻结状态进入运动状态，随着温度升高，聚合物的体积膨胀，除了分子占有体积的膨胀外，还有自由体积的膨胀，体积随温度的变化率比 T_g 以下要大。因此，聚合物的比体积-温度曲线在 T_g 时发生转折，膨胀系数也在 T_g 时发生突变。根据自由体积理论，聚合物的体积随温度的变化可以用图 5-7 来描述。

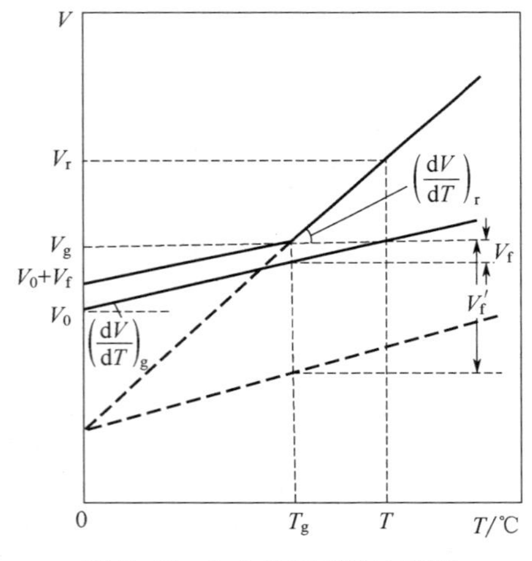

图 5-7 自由体积理论示意图

如果 V_0 表示聚合物绝对零度时的占有体积，V_g 表示在 T_g 时聚合物的总体积，则有

$$V_{\mathrm{g}} = V_{\mathrm{f}} + V_0 + \left(\frac{\mathrm{d}V}{\mathrm{d}T}\right)_{\mathrm{g}} T_{\mathrm{g}} \tag{5-5}$$

式中，V_{f}是玻璃态下的自由体积；$\left(\frac{\mathrm{d}V}{\mathrm{d}T}\right)_{\mathrm{g}}$为玻璃态的膨胀率。类似地，$\left(\frac{\mathrm{d}V}{\mathrm{d}T}\right)_{\mathrm{r}}$为高弹态的膨胀率，则当 $T > T_{\mathrm{g}}$ 时，聚合物的体积 V_{r} 为

$$V_{\mathrm{r}} = V_{\mathrm{g}} + \left(\frac{\mathrm{d}V}{\mathrm{d}T}\right)_{\mathrm{r}} (T - T_{\mathrm{g}}) \tag{5-6}$$

而高弹态某温度 T 时的自由体积则为

$$(V_{\mathrm{f}})_T = V_{\mathrm{f}} + (T - T_{\mathrm{g}})\left[\left(\frac{\mathrm{d}V}{\mathrm{d}T}\right)_{\mathrm{r}} - \left(\frac{\mathrm{d}V}{\mathrm{d}T}\right)_{\mathrm{g}}\right] \tag{5-7}$$

其中，高弹态与玻璃态的膨胀率差值$\left(\frac{\mathrm{d}V}{\mathrm{d}T}\right)_{\mathrm{r}} - \left(\frac{\mathrm{d}V}{\mathrm{d}T}\right)_{\mathrm{g}}$就是 T_{g} 以上自由体积的膨胀率。定义单位体积的膨胀率为膨胀系数 α，则 T_{g} 上、下聚合物的膨胀系数为

$$\alpha_{\mathrm{r}} = \frac{1}{V_{\mathrm{g}}}\left(\frac{\mathrm{d}V}{\mathrm{d}T}\right)_{\mathrm{r}} \tag{5-8}$$

$$\alpha_{\mathrm{g}} = \frac{1}{V_{\mathrm{g}}}\left(\frac{\mathrm{d}V}{\mathrm{d}T}\right)_{\mathrm{g}} \tag{5-9}$$

T_{g} 附近自由体积的膨胀系数为

$$\alpha_{\mathrm{f}} = \Delta\alpha = \alpha_{\mathrm{r}} - \alpha_{\mathrm{g}} \tag{5-10}$$

则，玻璃化温度以上某温度 T 时的自由体积分数可表示为

$$f_T = f_{\mathrm{g}} + \alpha_{\mathrm{f}}(T - T_{\mathrm{g}})(T \geqslant T_{\mathrm{g}}) \tag{5-11}$$

式中，f_{g} 是玻璃化转变时聚合物的自由体积分数。

关于自由体积的概念存在着若干不同的定义，容易引起混乱，使用时必须注意。其中常见的是 Williams、Landel、Ferry 提出的 WLF 方程定义的自由体积，WLF 方程是在 Doolittle 方程基础上提出的一个半经验关系式，Doolittle 方程把液体的黏度与自由体积联系起来

$$\eta = A\exp(BV_0 / V_{\mathrm{f}})$$

式中，A 和 B 是常数，分别在 $T > T_{\mathrm{g}}$ 和 $T = T_{\mathrm{g}}$ 处对上式取对数，则

$$\ln\eta(T) = \ln A + BV_0(T) / V_{\mathrm{f}}(T)$$

$$\ln\eta(T_{\mathrm{g}}) = \ln A + BV_0(T_{\mathrm{g}}) / V_f(T_{\mathrm{g}})$$

两式相减，并根据自由体积理论可得

$$\ln\frac{\eta(T)}{\eta(T_{\mathrm{g}})} = B\left[\frac{V_0(T)}{V_{\mathrm{f}}(T)} - \frac{V_0(T_{\mathrm{g}})}{V_{\mathrm{f}}(T_{\mathrm{g}})}\right] = B\left[\frac{1}{f_T} - \frac{1}{f_{\mathrm{g}}}\right]$$

将式（5-11）代入上式，并将自然对数化成常用对数，则得

$$\lg\frac{\eta(T)}{\eta(T_{\mathrm{g}})} = -\frac{B}{2.303 f_{\mathrm{g}}} \times \frac{T - T_{\mathrm{g}}}{(f_{\mathrm{g}} / \alpha_{\mathrm{f}}) + (T - T_{\mathrm{g}})}$$

整理得

$$\lg \frac{\eta(T)}{\eta(T_g)} = -\frac{C_1(T-T_g)}{C_2+(T-T_g)} \tag{5-12}$$

此式即著名的 WLF 方程，聚合物黏弹性研究中一个非常重要的方程。式中 $C_1=17.44$，$C_2=51.6$，且二者与自由体积分数和自由体积膨胀系数有关，对比上两式可得

$$C_1=\frac{B}{2.303 f_g}=17.44 \quad C_2=\frac{f_g}{\alpha_f}=51.6$$

通常 $B\approx 1$，代入上式可得

$$f_g=2.5\% \quad \alpha_f=4.8\times 10^{-4}(℃^{-1})$$

该结果表明，根据 WLF 自由体积定义，发生玻璃化转变时，聚合物的自由体积分数都等于 2.5%，自由体积膨胀系数都为$4.8\times 10^{-4}℃^{-1}$。WLF 方程得到了实验的支持，实验发现 WLF 自由体积分数值与聚合物类型无关，一些高分子在 T_g 附近的自由体积分数均在 2.5%左右。

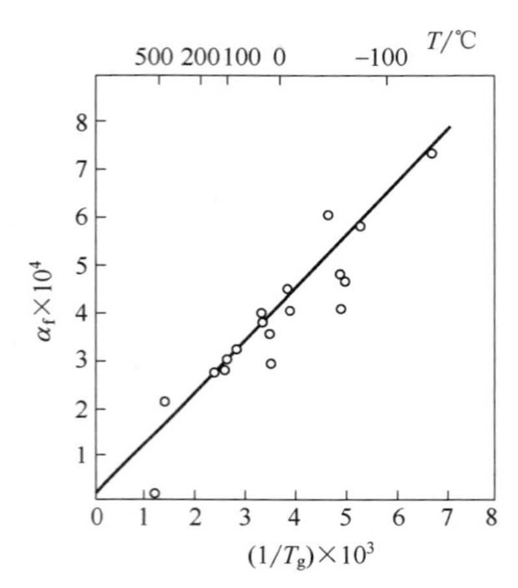

图 5-8　一些聚合物 T_g 附近自由体积的膨胀系数与玻璃化温度倒数的关系

此外，Simha 和 Boyer（SB）提出另一种自由体积定义，他们总结了数十种聚合物的膨胀系数实验数据，用 $\alpha_f=\alpha_r-\alpha_g$ 对 $1/T_g$ 作图，得到一条直线，直线斜率为0.113，见图5-8。因此，他们建议玻璃态聚合物在绝对零度时的自由体积应该是该温度下聚合物的实际体积和由液体体积外推到绝对零度时的数值之差。

按照 Simha 和 Boyer 对自由体积的定义，由图 5-7 可以得到

$$V_f'=T_g\left[\left(\frac{dV}{dT}\right)_r-\left(\frac{dV}{dT}\right)_g\right]$$

将式（5-8）和式（5-9）代入上式，则得

$$V_f'=T_gV_g(\alpha_r-\alpha_g)=T_gV_g\alpha_f$$

由上式可以看出，根据图 5-8 的直线斜率可以得到玻璃化转变时的自由体积分数为

$$f_{SB}=V_f'/V_g=11.3\%$$

WLF 和 SB 两种自由体积数值的差异是它们关于自由体积定义不同所引起的，但都认为玻璃态下，自由体积不随温度变化，玻璃化转变时为等自由体积分数状态。自由体积理论的不足之处在于没有考虑与分子运动有关的自由体积膨胀或收缩的时间依赖性，也没有考虑温度变化、分子运动、体积胀缩之间的非同步性。但自由体积理论比较容易理解，并且能够说明一些实验现象或预测相关效应，所以至今仍被普遍接受和应用。

（2）热力学理论

热力学研究表明，相转变过程中自由能是连续的，而与自由能的导数有关的性质发生不

连续的变化。以温度和压力作为变量，与自由能的一阶导数有关的性质，如体积、熵、焓在晶体熔融和液体蒸发过程中发生突变，这类相转变称为一级相转变；而与自由能的二阶导数有关的性质如压缩系数 K、膨胀系数 α 及比热容 c_p 出现不连续变化的热力学转变称为二级相转变。非晶态聚合物发生玻璃化转变时，其体积、熵、焓是连续变化的，但 K、α 和 c_p 出现不连续变化。因此，在早期文献中，常将玻璃化转变称为二级相转变，把 T_g 称为二级转变点。实际上，玻璃化温度的测定过程体系不能满足热力学的平衡条件，转变过程是一个松弛过程，所得 T_g 值依赖于变温速率及测试方法（外力作用速率）。欲使体系达到热力学平衡，需要无限缓慢的变温速率和无限长的测试时间，这在实验上是做不到的。

W. Kauzmann 发现，将简单的玻璃态物质的熵外推到低温，当温度达到绝对零度之前熵已经变为零；外推到绝对零度时，熵为负值。J. H. Gibbs 和 E. A. Dimarzio 对上述现象进行了解释。他们认为，温度为绝对零度以上某一温度时，聚合物体系的平衡构象熵变为零，这个温度就是真正的二级转变温度，称为 T_2。在 T_2～0K 之间，构象熵不再改变。具体地说，在高温时，高分子链可以实现的构象数目是很大的，每种构象具有一定的能量。随着温度的降低，高分子链发生构象重排，高能量的构象数越来越少，构象熵越来越低。温度降至 T_2 时，所有分子链都调整到最低能量状态的构象。但是，高分子链的构象重排需要一定的时间，随着温度降低，分子运动速度越来越慢，构象转变所需的时间越来越长。为了保证所有的链都转变成最低能态的构象，实验必须进行得无限缓慢，这实际上是不可能实现的。因此，在正常动力学条件下，观察到的只是具有松弛特征的玻璃化温度 T_g 。

热力学理论的核心问题是关于构象熵的计算。Gibbs 和 Dimarzio 引入了两个参数 u_0 和 ε_0，其中 u_0 称为空穴能，指的是体系中因为引入空穴而破坏相邻链段的范德华作用所引起的能量变化，反映了分子间的相互作用；ε_0 称为挠曲能，定义为分子内旋转异构状态的能量之差，反映了分子内的近程作用。由此，可计算出体系处于各种构象状态时的能量。再由 Flory-Huggins 似晶格模型理论推导出含有 u_0 和 ε_0 两个变量的构象熵及其他热力学函数，进而得到熵降至零时转变温度 T_2 的表达式。

尽管人们无法用实验证明 T_2 的存在，但是 T_2 和 T_g 是彼此相关的，影响 T_2 和 T_g 的因素应该是平行的，理论上得到的 T_2 与分子量、共聚、交联密度、增塑之间的关系，对 T_g 也是适用的。

（3）动力学理论

玻璃化转变现象具有明显的动力学性质，T_g 与实验的时间尺度（如升降温速度，动态力学测试方法所选用的频率等）有关。因此有人指出，玻璃化转变是由动力学方面的原因引起的，且已经提出了多种描述玻璃化转变过程的动力学理论，例如，A. J. Kovacs 采用单有序参数模型定量地处理玻璃化转变的体积收缩过程，Aklonis 和 Kovacs 对上述理论进行了修正，提出了多有序参数模型。所谓有序参数，是由实际体积与平衡体积的偏离量决定的。有了这一参数，就可以建立体积与松弛时间的联系。

5.2.3 影响玻璃化转变温度的因素

在线课程 5-4 5-5

玻璃化转变温度是高分子链段从冻结到运动（或反之）的转变温度，而链段运动是通过主链的单键内旋转来实现的，因此，凡是能影响高分子链柔性的因素，都对 T_g 有影响。减弱高分子链柔性或增加分子间作用力的因素，如引入刚性基团或极性基团、交联和结晶都使

T_g升高；而增加高分子链柔性的因素，如加入增塑剂或溶剂、引进柔性基团等，都使T_g降低。

（1）主链结构

主链由饱和单键构成的聚合物，例如—C—C—、—C—N—、—C—O—和—Si—O—等，因为分子链可以围绕单键进行内旋转，所以一般T_g都不太高。特别是没有极性侧基取代时，其T_g就更低。例如，聚乙烯的T_g为−68℃；聚甲醛为−83℃；聚二甲基硅氧烷的T_g为−123℃，是目前耐寒性较好的一种橡胶。它们的T_g高低与分子链柔顺性顺序（参见1.3.2节）相一致。

当主链中引入苯基、联苯基、萘基和均苯四甲酸二酰亚氨基等芳杂环以后，链上可以内旋转的单键比例相对减少，分子链的刚性增大，因此有利于T_g的提高。例如，芳香族聚酯、聚碳酸酯、聚酰胺、聚砜和聚苯醚等都具有比相应脂肪族聚合物高得多的T_g，它们是一类耐热性较好的工程塑料。

与此相反，主链中含有孤立双键的高分子链都比较柔顺，所以T_g都比较低，天然橡胶和许多合成橡胶的分子都属于这种结构。天然橡胶的T_g为−73℃，因此，在零下几十度寒冷的冬季仍能保持高弹性。

在共轭二烯烃聚合物中存在几何异构体。通常，分子链较为刚性的反式异构体具有较高的玻璃化温度。例如顺-1,4-聚丁二烯的T_g是−108℃，反-1,4-聚丁二烯是−83℃；顺-1,4-聚异戊二烯的T_g是−73℃，反-1,4-聚异戊二烯是−60℃。

（2）取代基团的空间位阻和侧链的柔性

在一取代乙烯聚合物$\text{-(}CH_2\text{—}CHX\text{)}_n\text{-}$中，随着取代基—X的体积增大，分子链内旋转位阻增加，T_g将升高。例如

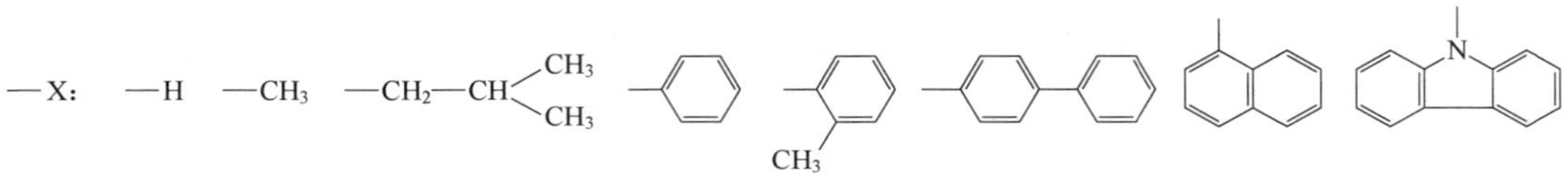

—X：	—H	—CH_3	—CH_2—$CH(CH_3)_2$	苯基	邻甲基苯基（CH_3）	联苯基	萘基	咔唑基（N）
T_g/℃：	−68	−20	29	100	119	138	162	208

在1,1-二取代的烯类聚合物$\text{-(}CH_2\text{—}CXY\text{)}_n\text{-}$中，有两种情况：如果在主链的季碳原子上作不对称取代时，其空间位阻增加，T_g将提高。例如，聚甲基丙烯酸甲酯的T_g比聚丙烯酸甲酯高，聚α-甲基苯乙烯的T_g比聚苯乙烯高。

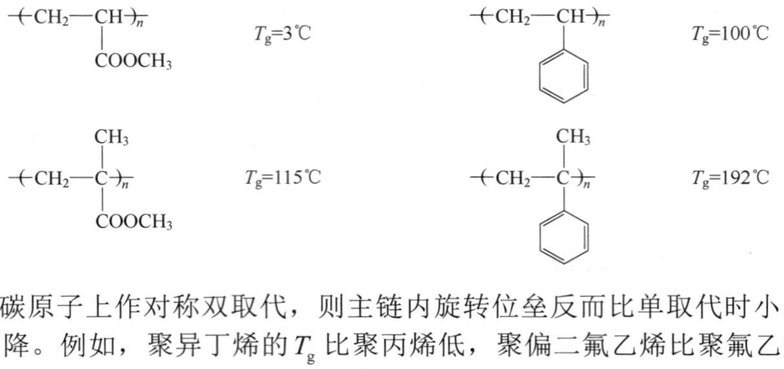

$\text{-(}CH_2\text{—}CH\text{)}_n\text{-}$（侧基 $COOCH_3$）　T_g=3℃

$\text{-(}CH_2\text{—}CH\text{)}_n\text{-}$（侧基苯基）　T_g=100℃

$\text{-(}CH_2\text{—}C\text{)}_n\text{-}$（侧基 CH_3、$COOCH_3$）　T_g=115℃

$\text{-(}CH_2\text{—}C\text{)}_n\text{-}$（侧基 CH_3、苯基）　T_g=192℃

如果在季碳原子上作对称双取代，则主链内旋转位垒反而比单取代时小，链柔顺性增加，因而T_g下降。例如，聚异丁烯的T_g比聚丙烯低，聚偏二氟乙烯比聚氟乙烯低，聚偏二氯乙烯比聚氯乙烯低。

$\mathrm{\leftarrow CH_2—CH(CH_3) \rightarrow_n}$ $T_g=-10℃$ $\mathrm{\leftarrow CH_2—CH(F) \rightarrow_n}$ $T_g=40℃$ $\mathrm{\leftarrow CH_2—CH(Cl) \rightarrow_n}$ $T_g=87℃$

$\mathrm{\leftarrow CH_2—C(CH_3)_2 \rightarrow_n}$ $T_g=-70℃$ $\mathrm{\leftarrow CH_2—CF_2 \rightarrow_n}$ $T_g=-40℃$ $\mathrm{\leftarrow CH_2—CCl_2 \rightarrow_n}$ $T_g=-17℃$

必须注意，并不是侧基的体积增大，T_g 就一定提高。对于柔性链侧基，例如脂肪链侧基，其构象力图推斥邻近主链，增加分子链间的距离，因而增加了链段的运动能力，相当于起到增塑剂的作用，亦称之为“内增塑”。柔性侧基的内增塑作用大于因侧基增大而阻碍链段运动的作用，故使分子链柔性提高，T_g 降低。这可由一系列的聚甲基丙烯酸烷基酯的 T_g 随酯烷侧基链长增加而降低得到说明，见表 5-2。

表 5-2 聚甲基丙烯酸烷基酯中酯烷基链长对 T_g 的影响

R	$—CH_3$	$—C_2H_5$	$—C_3H_7$	$—C_4H_9$	$—C_5H_{11}$	$—C_6H_{13}$	$—C_8H_{17}$	$—C_{12}H_{25}$	$—C_{18}H_{37}$
T_g/℃	105	65	35	20	-5	-5	-20	-65	-100

在单取代和 1,1-不对称取代的烯类聚合物中，存在旋光异构体，通常单取代聚烯烃的不同旋光异构体对聚合物的 T_g 没影响；而 1,1-不对称双取代的聚烯烃中，全同和间同异构体的 T_g 有明显差别。例如：全同立构的聚甲基丙烯酸甲酯的 T_g 为 43℃，而间同立构的聚甲基丙烯酸甲酯的 T_g 为 115℃。

（3）分子链间的相互作用

高分子链间若存在极性基团、氢键的相互作用，会使链段运动困难，因此聚合物的 T_g 提高。极性越强，氢键密度越高，聚合物的 T_g 就越高。例如—CN、—Cl、$—CH_3$ 的空间位阻相似，但是由于—CN 极性最大，—Cl 的极性次之，聚丙烯、聚氯乙烯、聚丙烯腈的 T_g 依次升高，分别为-20℃、87℃和 104℃。又如尼龙 66 分子链间存在氢键相互作用，它的 T_g 为 50℃。聚辛二酸丁二酯分子链间不存在氢键，T_g 为-57℃。聚丙烯酸由于存在强氢键作用，其 T_g 为 106℃，而聚丙烯酸甲酯的 T_g 只有 3℃。

（4）分子量

聚合物的 T_g 随分子量的增大而提高。当分子量大于一定值后，聚合物的 T_g 不再随分子量的增大而变化，而是趋于恒定，如图 5-9 所示。

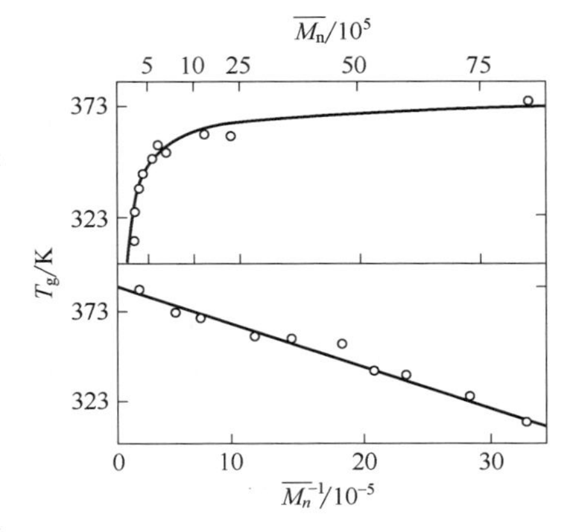

图 5-9 聚合物分子量与 T_g 的关系

这是由于分子链端的链段活动能力较其余链段大，相当于为聚合物提供了一个超额自由体积。因此，当聚合物分子量增大，链端链段数目在总链段中所占比例减小，T_g 增高。当聚合物分子量大到一定程度后，链端链段所占比例很小，这时聚合物的 T_g 将不受分子量的影响，而趋于一恒定值。聚合物 T_g 与分子量的关系为：

$$T_g = T_g(\infty) - \frac{K}{\overline{M}_n} \tag{5-13}$$

式中，$T_g(\infty)$ 为聚合物分子量无限大时的玻璃化转变温度；K 为与聚合物有关的常数。以 T_g 对 $\overline{M}_n$ 的倒数作图可得一直线，由直线斜率可求得常数 K，由截距可得 $T_g(\infty)$。

（5）交联

交联会降低高分子链段的活动能力，缩小链段活动的空间，即减小自由体积，从而使聚合物的 T_g 升高。交联程度越高，聚合物的 T_g 越高，两者关系可由下式表示：

$$T_{gx} = T_g + K\rho_x \tag{5-14}$$

式中，T_{gx} 为交联聚合物的玻璃化转变温度；T_g 为未交联聚合物的玻璃化转变温度；ρ_x 为交联密度；K 为常数。

Nielsen 认为，在使用交联剂进行交联时，必须同时考虑交联和共聚两种效应，提出了如下经验关系式

$$T_{gx} - T_g \approx 3.9 \times 10^4 / \overline{M}_c \tag{5-15}$$

式中，$\overline{M}_c$ 为交联点之间有效链的数均分子量。

（6）增塑

增塑剂加入聚合物中，可以有效降低分子链间的相互作用力，提高链段的活动能力，从而显著降低聚合物的 T_g。在软聚氯乙烯塑料制品中大量使用增塑剂，一方面是为了便于聚氯乙烯加工；另一方面是为了降低聚氯乙烯的 T_g，提高其低温性能。增塑剂含量越高，聚合物的 T_g 降得越低，两者关系可由下式估算

$$T_g = \phi_p T_{g,p} + \phi_d T_{g,d} \tag{5-16}$$

式中，下标p表示聚合物；下标d表示增塑剂；ϕ 为体积分数；$T_{g,p}$ 和 $T_{g,d}$ 分别为聚合物和增塑剂的玻璃化转变温度。

（7）共聚

无规共聚物只有一个 T_g，介于共聚物两组分均聚物的 T_g 之间，曾提出多种经验或半经验公式用于描述无规共聚物 T_g 与两组分均聚物 T_g 之间的关系，其中倒数加和公式为

$$T_g = \frac{W_A}{T_{gA}} + \frac{W_B}{T_{gB}} \tag{5-17}$$

式中，W_A、W_B 分别为组分 A 和组分 B 的质量分数；T_{gA}、T_{gB} 分别为两组分均聚物的玻璃化转变温度。此式通常称为 Fox 方程，因形式简单而广泛应用。

交替共聚物可以看作是由两种单体组成一个重复单元的均聚物，因此只有一个 T_g。嵌段和接枝共聚物，若两组分的均聚物不相容，则会发生微观分相，出现两个 T_g，分别接近两组分均聚物的 T_g；若两组分的均聚物相容，形成均相体系，则共聚物只有一个 T_g。因此由 T_g 的不同情况可作为判断共聚物相容性的一种依据。

（8）外界条件

① 升降温速率和测量频率　聚合物的玻璃化转变不是热力学的平衡过程，实验观察到的玻璃态是非平衡态，所以升温、降温速率对所测得的聚合物 T_g 有很大的影响。升温或降

温速率加快，测得的聚合物 T_g 向高温方向移动；反之，升温或降温速率减慢，测得的聚合物 T_g 向低温方向移动，如图 5-10 所示。按照自由体积理论，在 T_g 以上，随着温度的降低，分子通过链段运动进行位置调整，腾出多余自由体积，并使它们逐渐扩散，因此聚合物在冷却的体积收缩过程中，自由体积也在逐渐减少。但是由于温度降低，黏度增大，这种位置调整不能及时进行，导致聚合物的体积总比该温度下最后应具有的平衡体积大，在比体积-温度曲线上则偏离平衡线，发生拐折。降温速度越快，拐折越早，所得 T_g 越高。通常采用的升降温速度为 1℃ • min^{-1}。

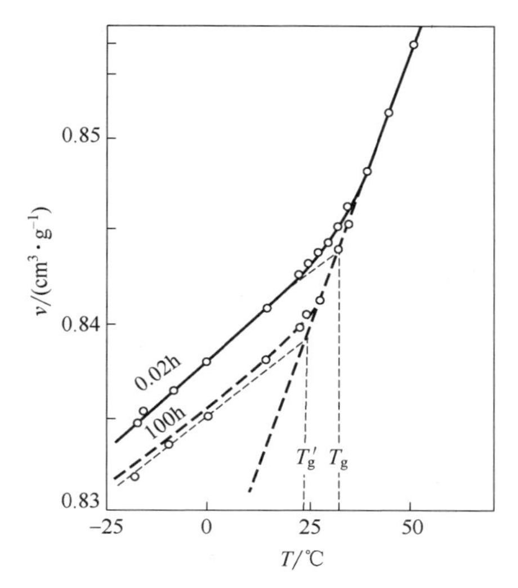

图 5-10 聚醋酸乙烯酯的比体积-温度图

从 $T > T_g$ 急冷至图上温度恒温测量，圆圈为平衡值；上曲线为 0.02h 后测，下曲线为 100h 后测

由于玻璃化转变时链段运动的松弛过程，若外场作用快速变化，将引起 T_g 向高温移动，而且 T_g 随测量频率的增加而升高。表 5-3 列出了不同方法测量聚氯醚 T_g 的结果。

表 5-3 不同方法测量聚氯醚的玻璃化转变温度

测量方法	介电	动态力学	慢拉伸	膨胀计法
测量频率/Hz	1000	89	3	10^{-2}
T_g/℃	32	25	15	7

② 外力和压力 单向外力促使链段运动，因而会使 T_g 降低，外力越大，T_g 降低越多。非晶或低晶塑料工程制件经常在受力情况下使用，必须考虑外力对 T_g 的影响。

各向同性压力作用时，由于自由体积减小，T_g 升高。通常在常压下，静压力对 T_g 的影响可以忽略，但在海底或高压环境下，材料要承受 10～100MPa 的压力，需要考虑对 T_g 的影响。

5.2.4 玻璃化转变的多维性

在线课程 5-4 5-5

上面讨论的玻璃化转变是在固定压力、频率等条件下，改变温度来观察玻璃化转变现象，因此得到的是玻璃化转变温度。其实，玻璃化转变温度只不过是测定玻璃化转变的一个指标，如果保持温度不变，而改变其他因素，也能观察到玻璃化转变现象，这就是玻璃化转变的多维性。

在等温条件下观察高聚物的比体积随压力的变化，得到 v 对 p 的关系图（图 5-11）。可以看到，在聚合物发生玻璃化转变处，曲线发生转折，对应的压力称为玻璃化转变压力，用 p_g 表示。

在介电测量中，保持温度不变而改变电场频率，也能观察到聚合物的玻璃化转变现象，介电损耗在某一频率下出现极大值（图 5-12），介电损耗峰对应的电场频率为聚合物的玻璃化转变频率。

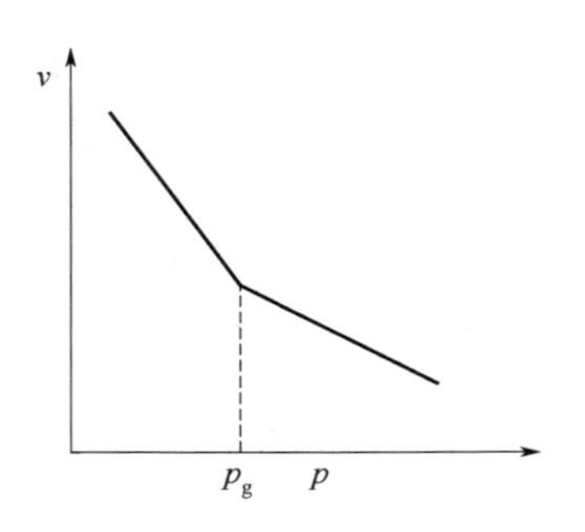

图 5-11 聚合物的比体积-压力关系图

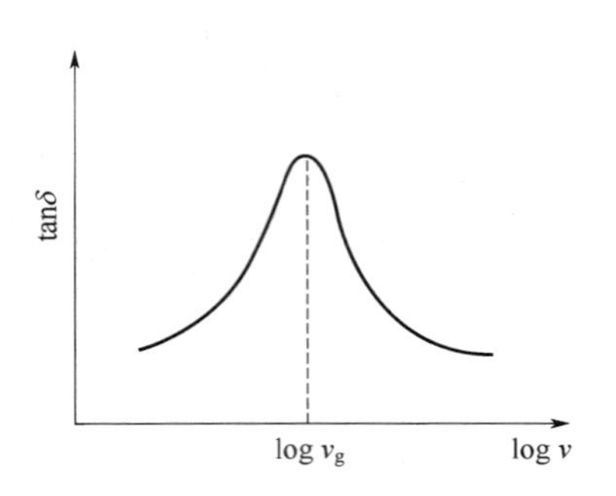

图 5-12 聚合物的介电损耗-频率关系图

此外，还可以有玻璃化转变分子量、玻璃化转变增塑剂浓度、玻璃化转变共聚物组成等。由于通过改变温度来观察玻璃化转变现象最为方便，又具有实际意义，所以，通常玻璃化转变温度仍然是指示玻璃化转变的最重要指标。

5.3 聚合物的黏性流动

高分子链结构是决定聚合物基本性质的主要因素，而高分子的聚集态结构是决定高分子本体性质的主要因素。对于实际应用中的高分子材料或制品，其使用性能依赖于在加工成型过程中形成的聚集态结构。几乎所有聚合物都是利用其黏流态下的流动行为进行加工成型的，而且聚合物的流动性表现出非理想的行为，增加了制品质量控制的复杂性。对聚合物流动变形行为的研究，逐渐形成了现代流变学的一个重要分支——聚合物流变学。研究流变规律，对于聚合工程和聚合物加工成型过程中的设计、优化和操作，实现优质高产、低耗环保具有重要的指导意义。

5.3.1 聚合物黏性流动的特点

在线课程 5-6

（1）高分子流动是通过链段的协同位移运动来完成的

一般液体的流动，可以用简单的模型来说明。低分子液体中存在着许多与分子尺寸相当的空穴。当没有外力存在时，靠分子的热运动，空穴周围的分子向空穴跃迁的概率是相等的，这时空穴与分子不断交换位置的结果只是分子扩散运动。当外力存在时，分子沿作用力方向跃迁的概率比其他方向大。分子向前跃迁后，分子原来占有的位置成了新的空穴，又使后面的分子向前跃迁。分子在外力方向上的从优跃迁，使分子通过分子间的空穴相继向某一方向移动，形成液体的宏观流动现象。当温度升高，分子热运动能量增加，液体中的空穴也随着增加和膨胀，使流动的阻力减小。

对于高分子，不能原封不动地照搬低分子流动的空穴理论，在高分子中要形成许多能容纳整个大分子的空穴是极其困难的，因而高分子的流动不是简单的整个分子的迁移，而是通过链段的相继跃迁、协同位移来实现的。形象地说，这种流动类似于蚯蚓的蠕动。这种流动模型并不需在聚合物熔体中产生整个分子链大小的空穴，而只要如链段大小的空穴就可以了。这里的链段也称流动单元，尺寸大小约含几十个主链原子。

（2）高分子流动不符合牛顿流体的流动规律

剪切速率 $\dot{\gamma}$ 和剪切应力 σ_s 的关系曲线称为流动曲线，可以用来描述流体的流动行为，如图 5-13 所示。牛顿流体的流动符合牛顿黏度定律［式（4-27）］，且 η 不随剪切应力和剪切速率变化，如图 5-13（a）所示，低分子液体和高分子稀溶液都属于牛顿流体。

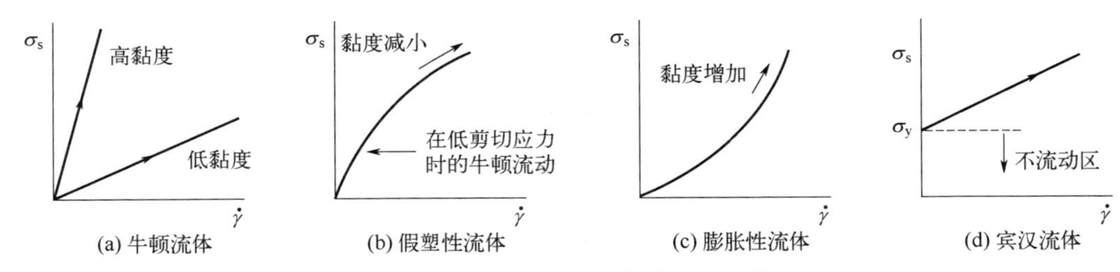

图 5-13 不同类型流体的流动曲线

图 5-13（b）中曲线表示流体黏度随剪切速率的增加而减小，称为剪切变稀，具有这种流动特征的流体称为假塑性流体，几乎绝大多数聚合物熔体和浓溶液都属于假塑性流体。高分子流体的这种假塑性流动性质，对加工行为有着重要的影响。根据剪切变稀，可以在一定范围内适当提高剪切速率，如提高机器转速、提高推进速度等，以降低材料黏度，降低能耗，提高生产效率，但剪切黏度的易变性又对加工稳定性提出挑战，需综合考量。

当在较宽的剪切应力和剪切速率变化范围研究假塑性高分子流体的流变行为时，得到的流动曲线如图 5-14 所示。可以看到曲线包含三个区域：低剪切速率区，$\dot{\gamma} < \dot{\gamma}_{c1}$ 时，剪切应力 σ_s 和剪切速率 $\dot{\gamma}$ 呈线性关系，流动性质与牛顿流体相仿，黏度趋于常数，这一区域称为第一牛顿区；当剪切速率超过某一临界值 $\dot{\gamma}_{c1}$ 时，流动性质出现剪切变稀，该区域称为假塑性区或剪切变稀区，高分子材料的实际加工速率多在该区域内。剪切速率非常高，$\dot{\gamma} > \dot{\gamma}_{c2}$ 时，σ_s 和 $\dot{\gamma}$ 再次呈线性关系，该区域称为第二牛顿区，通常很难达到。

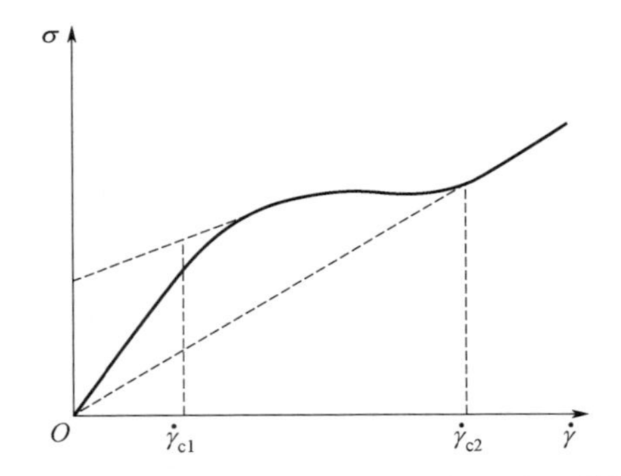

图 5-14 假塑性聚合物流体的普适流动曲线

假塑性聚合物流体黏度随剪切速率变化的规律可以用链缠结观点来解释。一般认为，当分子量超过某一临界值后，分子链间可能因相互缠结或范德华力相互作用而形成链间瞬态物理交联，这些物理交联点在分子热运动作用下，处于不断解体和重建的动态平衡中，结果使整个熔体或浓溶液具有瞬变的交联空间网状结构，或称为拟网状结构。在低剪切应力或剪切速率下，被剪切破坏的缠结来得及重建，拟网状结构破坏得很少，因此黏度不随剪切速率变化，熔体或浓溶液处于第一牛顿区。随着剪切速率的增加，分子链段沿流场方向取向，缠结点被破坏的速度大于重建的速度，黏度开始下降，出现剪切变稀现象。当剪切速率继续增加到缠结破坏完全来不及重建，黏度降低至最小值，并不再随此区域内的剪切速率变化，这就是第二牛顿区。

图 5-13（c）中曲线表示流体的黏度随着剪切速率的增加而增加，称为剪切变稠，具有这种流动特征的流体称为膨胀性流体。剪切变稠现象在高分子熔体和浓溶液中较为少见，一般认为，在剪切力下可能形成某种新的结构，使黏度升高。聚合物分散体系如乳胶、悬浮液等属膨胀性流体。

假塑性和膨胀性流体的流动曲线都是非线性的，一般用幂律方程描述其剪切应力和剪切速率的关系

$$\sigma_{\mathrm{s}} = K\dot{\gamma}^{n} \qquad \text{或} \quad \eta = K\dot{\gamma}^{n-1} \tag{5-18}$$

式中，K 是常数；n 表征偏离牛顿流动程度的指数，称为非牛顿性指数或幂律指数。假塑性流体，$n<1$；膨胀性流体，$n>1$；牛顿流体，$n=1$。

图 5-13（d）中曲线表示流体在流动前存在一个屈服应力 σ_{y}，只有当剪切应力大于屈服应力时才可像牛顿流体一样流动，这样的流体称为宾汉流体。其剪切应力和剪切速率的关系为

$$\sigma_{\mathrm{s}} = G\dot{\gamma} \quad (\sigma_{\mathrm{s}} < \sigma_{\mathrm{y}})$$

$$(\sigma_{\mathrm{s}} - \sigma_{\mathrm{y}}) = \eta\dot{\gamma} \quad (\sigma_{\mathrm{s}} \geqslant \sigma_{\mathrm{y}}) \tag{5-19}$$

宾汉流体的塑性行为或流动临界应力的存在，一般解释为与分子缔合或某种有序结构的破坏有关，呈现这种流变行为的物质有泥浆、牙膏、涂料等。

上述各种非牛顿流体，它们的黏度与剪切作用有关，但与时间无关，即只要维持恒定的剪切应力或剪切速率，其黏度不随时间而变化。然而，一些流体的黏度呈现时间依赖性。在恒定的剪切速率或剪切应力的作用下，一些流体的黏度随时间的增加而降低，这种流体称为触变性流体。这种流变行为对涂料、化妆品和药物等的生产和应用十分重要。与触变流体相反的，黏度随时间增加而增加的流体称为反触变流体或震凝性流体，像石膏糊等会呈现出这种越搅越黏的现象。

（3）高分子流动时伴有高弹形变

低分子液体流动所产生的形变是完全不可逆的，而聚合物在流动过程中所发生的形变一部分是可逆的。因为聚合物的流动并不是高分子链之间简单的相对滑移的结果，而是各个链段分段运动的总结果，在外力作用下，高分子链不可避免地要顺着外力的方向有所伸展。这就是说，在聚合物进行黏性流动的同时，必然会伴随一定量的高弹形变。这部分高弹形变显然是可逆的，外力消失以后，高分子链又蜷曲起来，因而整个形变回复一部分，流动形变过程见图 5-15。

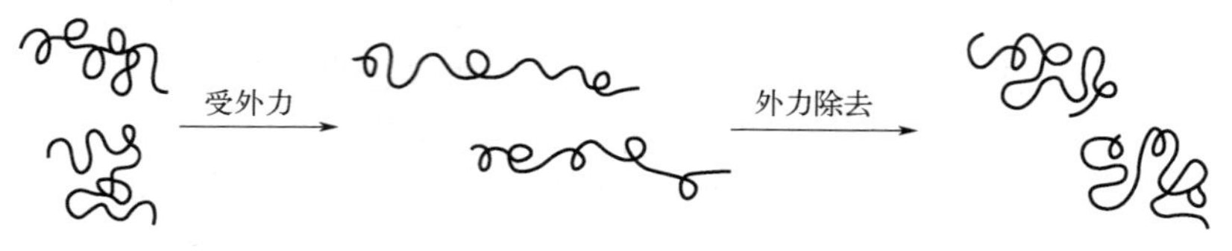

图 5-15 高分子流动形变过程

高弹形变的回复过程也是一个松弛过程，回复得快慢一方面与高分子链本身的柔顺性有关，柔顺性好，回复得快，柔顺性差，回复得慢；另一方面与聚合物所处的温度有关，温度高，回复得快，温度低回复得慢。聚合物流动的这个特点，在成型加工过程中必须予以充分重视，否则不可能得到合格的产品，例如要设计一个制品，应尽量使各部分的厚薄相差不要过分悬殊，因为薄的部分冷却得快，其中链段运动很快就被冻结了，高弹形变回复得较少，各个高分子链之间的相对位置来不及作充分的调整，而制品中厚的部分冷却得较慢，其中链段运动冻结得较慢，高弹形变回复得多，高分子链之间的相对位置也调整得比较充分。所以制件厚薄两部分的内在结构很不一致，在它们的交界处存在着很大的内应力，其结果会导致制件变形或开裂。

虽然制件各部分厚薄过于悬殊的现象在产品设计时可以避免，但是制件各部分厚薄有所不同是正常现象，而且加工工艺条件的波动、制件各部分受热不均等现象也实属难免，所以制品内部总会存在或多或少的内应力。为了消除这些内应力，可以对制件进行热处理。

5.3.2　影响黏流温度的因素

在线课程 5-7

（1）分子链柔顺性的影响

如前所示，聚合物的黏性流动并非简单的整个分子链的整体迁移，而是通过链段的相继跃迁而实现的。因此，有利于聚合物链段运动的因素，也有利于整个高分子链的运动。高分子链柔性好，链的单键内旋转容易进行，链段越短，流动活化能越低，聚合物在较低的温度就能实现黏性流动。反之，若高分子链是刚性的，分子链的单键内旋转位垒大，内旋转较柔性链困难，链段长，流动的活化能高，只有在高温下才能实现黏性流动。例如，聚碳酸酯、聚芳酯、聚醚醚酮等分子的刚性较大，黏流温度 T_f 比聚乙烯、聚丙烯和聚苯乙烯等要高得多。

（2）分子间作用力的影响

高分子的极性越大，分子间的相互作用力也越大，则聚合物需要在较高的温度下提高分子运动的热能，才能克服分子间的相互作用而产生黏性流动。所以极性聚合物的黏流温度较非极性聚合物高。例如，聚氯乙烯的极性较强，黏流温度为 165～190℃，甚至已经超过它的分解温度，因此在加工时常需加入增塑剂降低黏流温度或加入稳定剂提高分解温度才能进行成型加工。

（3）分子量的影响

黏流温度是整个分子链开始滑移的温度，聚合物进入黏流态后，运动单元的运动不仅与高分子的分子结构有关，还与分子量有关。分子量越大，高分子链越长，整个分子链相对滑移时的内摩擦阻力越大，并且整个分子链本身的热运动阻碍着整个分子链在外力作用下的定向运动。所以，分子量越大，整个分子链的相互移动越困难，聚合物需在更高的温度下才能发生黏性流动，即黏流温度越高。

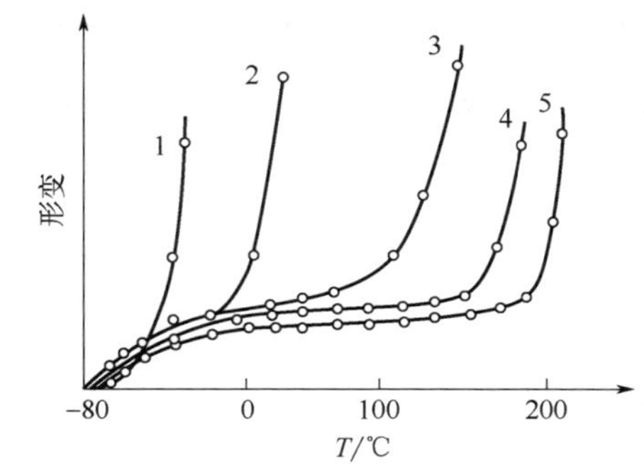

图 5-16　不同聚合度聚异丁烯的温度-形变曲线

聚合度：1—102；2—200；3—10400；4—28600；5—62500

图 5-16 为不同聚合度聚异丁烯的温度-形变曲线。可以看到，随着分子量的增加，聚合物的黏流温度不断提高。从成型加工角度来看，提高黏流温度就是提高成型加工温度，这对聚合物加工是不利的。因此，在不影响制品质量的前提下，适当降低分子量是必要的。

（4）外力的影响

外力越大，越能更多地抵消高分子链的热运动，提高聚合物分子链沿外力方向的移动能力，使分子链之间的重心有效地发生相对移动，因此使聚合物在较低的温度下即能发生黏性流动。了解外力大小对黏流温度的影响，对于选择成型压力是很有意义的。例如聚砜、聚碳酸酯等比较刚性的分子，它们的黏流温度较高，通常采用较大的注射压力来降低黏流温度，以便于成型。但是外力也不能过分增大，否则会影响制品的质量。此外，延长外力作用时间，有助于高分子链沿外力方向的移动，降低聚合物的黏流温度。

黏流温度 T_f 是聚合物成型加工的下限温度，聚合物的分解温度（T_d）则是聚合物加工的上限温度，适宜的成型温度要根据经验反复实践确定，黏流温度与分解温度相差越大，越有利于成型加工。表 5-4 列出了部分聚合物的黏流温度、分解温度和成型温度。

表 5-4　部分聚合物的黏流温度、分解温度和成型温度

聚合物	黏流温度或熔点/℃	分解温度/℃	成型温度/℃
聚乙烯	110～130	＞300	150～260
聚丙烯	170～175		205～290
聚苯乙烯	114～146		205～245
聚氯乙烯	165～190	140	140～215
聚碳酸酯	220～230	310	295
聚三氟氯乙烯	208～210	300	275～280
聚甲醛	165	200～240	194～243
聚苯醚	300	350	260～300
尼龙 66	264	270	250～270
氯化聚醚	180	270	185～200
聚醚醚酮		535	371～399

5.3.3　聚合物的流动性表征参数

（1）剪切黏度

如前所述，聚合物熔体和浓溶液都属非牛顿流体，其剪切应力对剪切速率作图得不到直线，即其黏度有剪切速率依赖性。因此在实际工作中，除了牛顿黏度之外，还定义了几种黏度的概念。

① 零切黏度

在低剪切速率时，非牛顿流体可以表现出牛顿性，因此由 σ_s-$\dot{\gamma}$ 曲线的初始斜率可得到牛顿黏度，即剪切速率趋于零的黏度，称为零切速率黏度（简称零切黏度）η_0，可表示为

$$\eta_0=\lim_{\dot{\gamma}\to 0}\eta \tag{5-20}$$

② 表观黏度

对 σ_s 与 $\dot{\gamma}$ 之比不再是常数的非牛顿流体，取二者比值定义为表观黏度，即：

$$\eta_a = \eta(\dot{\gamma}) = \sigma_s(\dot{\gamma}) / \dot{\gamma} \tag{5-21}$$

由于聚合物的流动过程中同时含有不可逆的黏性流动和可逆的高弹形变两部分，使总形变增大，而牛顿黏度应该是对不可逆部分而言的，所以聚合物的表观黏度值比牛顿黏度小。也就是说，表观黏度并不完全反映高分子材料不可逆形变的难易程度，但是作为对流动性好坏的一个相对指标还是很实用的。表观黏度大则流动性小，而表观黏度小则流动性大。

③ 微分黏度

微分黏度也称为稠度，用 η_c 表示，其定义为

$$\eta_c = d\sigma_s / d\dot{\gamma} \tag{5-22}$$

上述三种黏度均可以从剪切应力-剪切速率关系图上求出（图 5-17）。显然，给定剪切速率下的表观黏度就是曲线上该剪切速率对应点与坐标原点连线的斜率，而稠度则是曲线上该点的切线斜率。对于通常表现为假塑性流体的聚合物熔体和浓溶液来说，$\eta_0 > \eta_a > \eta_c$。

如果剪切速率不是常数，而以正弦函数的方式变化，则得到的是复数黏度 η^*

$$\eta^* = \eta' - i\eta''$$

式中，实数部分 η' 是动态黏度，和稳态黏度有关，代表能量耗散速率部分；而虚数黏度 η'' 是弹性或储能的量度。它们与剪切模量 G' 和 G'' 之间有如下关系

$$\eta' = G'' / \omega$$

$$\eta'' = G' / \omega$$

式中，ω 是振动角频率。绝对复数黏度为

$$|\eta^*| = (\eta'^2 + \eta''^2)^{1/2} = (G'^2 + G''^2)^{1/2} / \omega$$

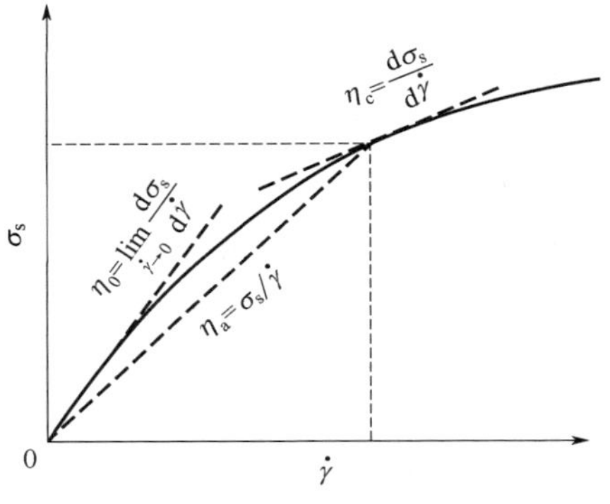

图 5-17　流动曲线上的 η_0、η_a 和 η_c

（2）拉伸黏度

上述的剪切黏度是对应于剪切流动的，这种流动产生的速度梯度场是横向速度梯度场，即速度梯度的方向与流动方向相垂直。聚合物熔体或浓溶液在挤出机、注射机的管道中或喷丝板的孔道中的流动场均属此类。在另一些情况下，液体流动可产生纵向的速度梯度场，其速度梯度的方向与流动方向一致，这种流动称为拉伸流动。吹塑成型中离开模口后的流动，纺丝时离开喷丝孔后的牵伸，是拉伸流动的典型例子。在注射、挤出等加工中熔体在口模入口处的流动，在喷丝板的入口处和在混炼或压延时滚筒间隙的入口区的流动，以及一切截面积逐渐缩小的管道或孔道中的收敛流动，都含有拉伸流动的成分。相应地定义拉伸黏度 η_t 为

$$\eta_t = \sigma / \dot{\varepsilon} \tag{5-23}$$

式中，σ 为拉伸应力；$\dot{\varepsilon} = d\varepsilon / dt$ 为拉伸应变速率，其中 ε 为拉伸应变，对于 Cauchy 应变，$\varepsilon = (l - l_0) / l_0 \times 100\%$；对于 Hencky 应变，$\varepsilon = \ln(l / l_0)$。$l_0$ 和 l 分别为拉伸试样的起始和 t 时间的长度。对于牛顿流体：

$$\eta_t = 3\eta_0 \quad （单轴拉伸）$$
$$\eta_t = 6\eta_0 \quad （双轴拉伸） \tag{5-24}$$

对于非牛顿流体，只有在拉伸应变速率 $\dot{\varepsilon}$ 很小时，η_t 才是常数，式（5-24）成立。此外，一般拉伸黏度均有应变速率依赖性，这与剪切黏度相似，但它们的依赖关系不同。

（3）熔融指数

熔融指数定义为：在一定温度下，熔融状态的聚合物在一定负荷下，10min 内从规定直径和长度的标准毛细管中流出的质量（克数）。熔融指数越大，则流动性越好。熔融指数的测定用标准的熔融指数仪进行。同一聚合物在不同条件下测得的熔融指数，可以通过经验公式进行换算。但是不同聚合物，由于测试时控制的条件不同，笼统地比较其流动性好坏是没有意义的。由于概念和测量方法很简单，熔融指数在工业上已被普遍采用，作为聚合物树脂产品的一种质量指标。应用时可根据所用加工方法和制件的要求，选择熔融指数值适用的牌号，或者根据原料的熔融指数，选定加工条件。不同的加工方法要求不同的流动性。一般来说，注射成型要求流动性大些，挤出成型要求流动性小些，吹塑成型介于这两者之间。

在线课程 5-8

5.3.4 剪切黏度的测量

随着高分子流变学的蓬勃发展，目前关于剪切黏度测量的仪器已经基本定型，但关于拉伸黏度的测量仍有许多困难有待解决，例如很难建立一个纯粹的拉伸流场，拉伸流动和剪切流动往往并存、难以区分；由于高分子熔体的非牛顿性，拉伸黏度随拉伸速率发生变化；拉伸过程中样品的恒温控制不易实现等。测定聚合物流体剪切黏度的仪器很多，包括毛细管黏度计、旋转黏度计和落球黏度计等。毛细管黏度计根据测量原理不同，又可分为恒速型（测压力）和恒压型（测流速）两种。重力型毛细管黏度计（见4.2.3小节）属于恒压型毛细管黏度计，毛细管挤出黏度计为恒速型。旋转黏度计根据转子几何构造的不同又可分为同轴圆筒型、锥板型和平行板型等。各种黏度计都有各自的优缺点和适用范围。

（1）毛细管挤出黏度计

毛细管挤出黏度计是研究聚合物熔体流变行为非常通用的仪器。图 5-18 是其原理示意图。仪器由一活塞加压，造成毛细管两端的压力差 $\Delta p=p-p_0$。将筒内的流体通过半径为 R、长为 L 的毛细管挤出。

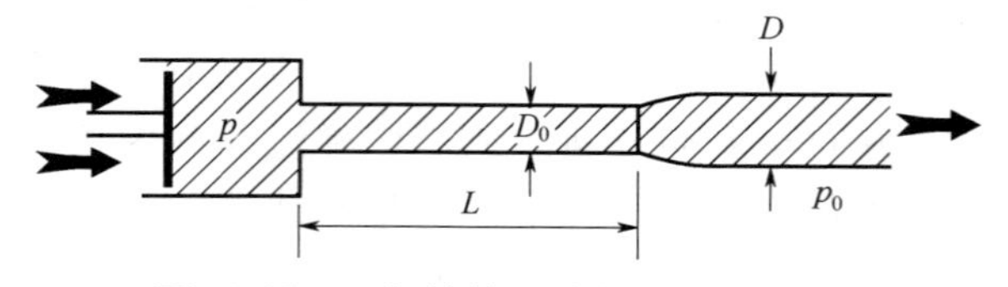

图 5-18　毛细管挤出黏度计原理示意图

如果假定流体是不可压缩体，管长无限长，则在达到稳态流动时，毛细管内半径为 r 处的圆柱面上的黏滞阻力和流动推动力相抵消

$$2\sigma_s \pi r L = \Delta p \pi r^2 \tag{5-25}$$

此处的剪切应力为：

$$\sigma_s = \Delta p r / 2L \tag{5-26}$$

在毛细管壁处，$r=R$，剪切应力为：

$$\sigma_{\text{sw}} = \Delta pR / 2L \tag{5-27}$$

对于牛顿液体 $\sigma = \eta\dot{\gamma}$，代入上式则

$$\dot{\gamma} = -\frac{\mathrm{d}v}{\mathrm{d}r} = \Delta pr / 2\eta L \tag{5-28}$$

式中，v 为毛细管内半径为 r 处的线流速。取边界条件 $r=R$ 时 $v=0$，若式（5-28）对 r 积分，则得

$$v(r) = (\Delta pR^2 / 4\eta L)\left[1-(r/R)^2\right] \tag{5-29}$$

此结果表明，牛顿液体在毛细管内流动时，线流速沿径向是一个抛物线形分布，如图 5-19（a）所示。上式对毛细管截面积分，求出体积流速

$$Q = \int_0^R v(r)2\pi r\mathrm{d}r = \pi R^4 \Delta p / 8\eta L \quad \text{或} \quad \eta = \pi\Delta pR^4 / 8QL \tag{5-30}$$

这就是哈根-泊肃叶（Hagen-Poiseuille）方程。在毛细管壁处有 $r=R$，将上式代入牛顿液体剪切速率表达式中，可得管壁处的剪切速率

$$\dot{\gamma}_{\text{w}} = -\left(\frac{\mathrm{d}v}{\mathrm{d}r}\right)_{\text{w}} = \Delta pR / 2\eta L = 4Q / \pi R^3 \tag{5-31}$$

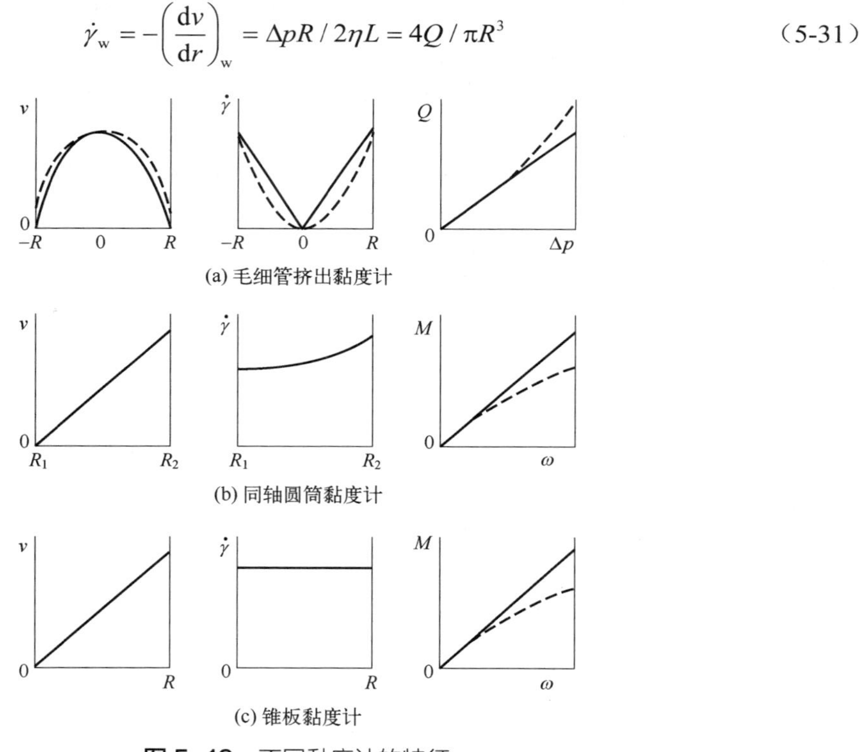

图 5-19　不同黏度计的特征

实线为牛顿流体；虚线为聚合物熔体

对于非牛顿流体，以上得到的只是表观黏度，正确的黏度计算需要进行非牛顿性校正和入口效应校正。

① 非牛顿性校正　$\sigma = \eta\dot{\gamma}$ 对非牛顿流体不适用，因而必须对式（5-31）得到的毛细管壁处的剪切速率进行校正。校正后变成

$$\dot{\gamma}'_{\mathrm{w}}=\frac{4Q}{\pi R^3}\times\frac{3n+1}{4n}=\frac{3n+1}{4n}\dot{\gamma}_{\mathrm{w}}$$

式中，n即幂律方程中非牛顿性指数，可由剪切应力对剪切速率的双对数曲线的斜率获得。

② 入口效应校正 在实验测量中毛细管都不是无限长的，剪切应力表达式$\sigma_{\mathrm{s}}=\Delta pr/2L$必须进行修正。考虑活塞筒和毛细管连接处，流体的流速和流线发生变化，引起黏性摩擦损耗和弹性变形，这两项能量损失使作用在毛细管壁的实际剪切应力减小，它等价于毛细管的长度变长。校正后的毛细管壁处的剪切应力为：

$$\sigma'_{\mathrm{sw}}=\frac{1}{1+B'R/L}\sigma_{\mathrm{sw}}=\Delta p/2\left[(L/R)+B'\right]$$

式中，B'为Bagley改正因子，可以这样求得：在给定剪切速率下测定不同长径比毛细管的压力降Δp，作Δp-L/R图（图5-20），按上式关系应得一直线，其在L/R轴上的截距即为B'。

毛细管挤出黏度计有很多优点，特别是其测量条件与挤出、注射等加工条件（$\dot{\gamma}$为$10\sim10^6\mathrm{s}^{-1}$，$\sigma_{\mathrm{s}}$为$10^4\sim10^6\mathrm{Pa}$）很接近，除了可以测定黏度和流动特性（即$\sigma_{\mathrm{s}}$和$\dot{\gamma}$的关系）外，还可以从挤出物胀大的数据中粗略估计聚合物熔体的弹性，研究不稳定流动现象（参见5.3.5节）等。主要缺点是剪切速率沿毛细管径向发生变化，且不均一，为得到正确的黏度值必须进行一些校正，低剪切速率下测定低黏度试样时，由于自重流出，剪切应力测定偏低。

（2）同轴圆筒黏度计

同轴圆筒黏度计，是测量低黏度流体黏度的一种基本仪器，其原理示意图见图5-21，仪器由一对同轴圆筒组成，待测液体装入两圆筒间的环形空间内，半径为R_2的外筒以角速度ω匀速旋转，半径为R_1的可转动内筒由弹簧钢丝悬挂（或装有测定转矩的传感器），浸入液体部分深度为L。

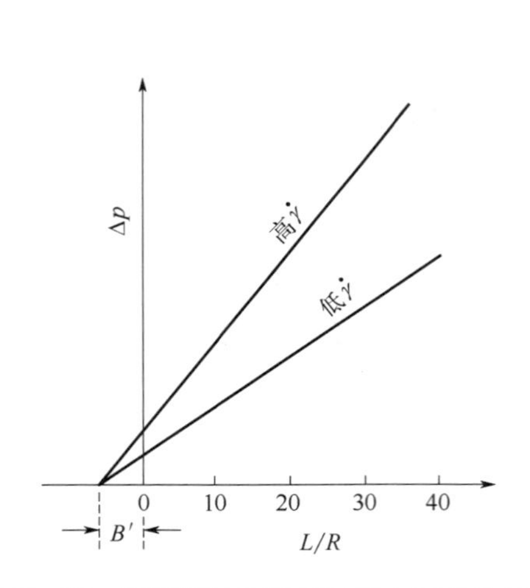

图5-20 毛细管挤出黏度计的入口效应校正

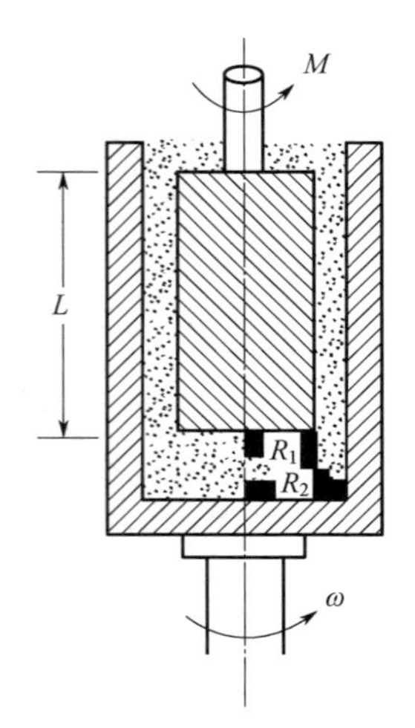

图5-21 同轴圆筒黏度计原理示意图

这时离轴心r处的圆柱面上的牛顿液体所受到的剪切应力为

$$\sigma_{\mathrm{s}}=\eta\frac{\mathrm{d}v}{\mathrm{d}r}=\eta r\frac{\mathrm{d}\omega}{\mathrm{d}r} \tag{5-32}$$

转矩为

$$M = 2\pi rL\sigma_{s}r = 2\pi r^{3}L\eta\frac{d\omega}{dr} \tag{5-33}$$

即

$$d\omega = \frac{M}{2\pi L\eta}\times\frac{dr}{r^{3}}$$

在无管壁滑移情况下，外筒的内壁处 $r=R_2$，角速度为 ω；内筒的外壁处 $r=R_1$，角速度为 0，利用这一边界条件对上式求积分

$$\int_{0}^{\infty} d\omega = \frac{M}{2\pi L\eta}\int_{R_1}^{R_2}\frac{dr}{r^{3}} \tag{5-34}$$

积分并整理得

$$\eta = \frac{M}{4\pi L\omega}\left(\frac{1}{R_1^{2}} - \frac{1}{R_2^{2}}\right) \tag{5-35}$$

由式（5-33）可得

$$\sigma_{s} = \frac{M}{2\pi r^{2}L} \tag{5-36}$$

由式（5-35）和式（5-36）可得

$$\dot{\gamma} = \frac{dv}{dr} = \frac{2\omega}{r^{2}}\times\frac{R_1^{2}R_2^{2}}{R_2^{2}-R_1^{2}} = A\omega / r^{2} \tag{5-37}$$

式中，$A = 2R_1^{2}R_2^{2}/(R_2^{2}-R_1^{2})$，是仪器常数。

对于非牛顿流体，同轴圆筒黏度计需要进行非牛顿性校正和边缘效应校正。

① 非牛顿性校正　对服从幂律公式的流体，从 $\sigma_{s} = K(-dv/dr)^{n}$ 出发，可以得到

$$\omega = \frac{n}{2}\sqrt[n]{\frac{M}{2\pi KL}}\left(\frac{1}{R_1^{\frac{2}{n}}} - \frac{1}{R_2^{\frac{2}{n}}}\right)$$

当 $n=1$ 时，$K=\eta$，上式还原为式（5-35）。将内筒外壁上的剪切应力 $\sigma_{s_1} = M/2\pi R_1^{2}L$ 代入上式，并整理可得

$$\ln\omega = \frac{1}{n}\ln\sigma_{s_1} + \ln\frac{n}{2}\sqrt[n]{\frac{1}{K}}\left[1-\left(\frac{R_1}{R_2}\right)^{2/n}\right]$$

由实验数据 M 和 ω 可算出 σ_{s_1}，作 $\ln\omega$-$\ln\sigma_{s_1}$ 图，可得一直线，从斜率可以求出非牛顿性指数 n，然后计算 K 值。

② 边缘效应校正　不难看出，上述推导没有考虑内筒末端的流体对圆筒旋转的附加阻力。为了得到正确的黏度，必须进行边缘效应较正。因此，除了环形间隙内流体产生的转矩外，内筒末端的流体还产生一个附加转矩，它等价于内筒长度变长，因此式（5-35）应改写为

$$\eta = \frac{M}{4\pi\omega(L+L_0)}\left(\frac{1}{R_1^{2}} - \frac{1}{R_2^{2}}\right)$$

式中，L_0即为改正长度，可由改变内筒浸没长度的测量结果外推至浸没长度为零的方法估算。更为简便的方法是用一个已知黏度的液体来标定黏度计的仪器常数 B，然后由下式计算黏度

$$\eta = BM / \omega$$

只要测量的液体体积不变，B 中就已包括边缘效应校正了。

同轴圆筒黏度计的主要优点是当内外筒间隙很小时，被测流体的剪切速率接近均一［图 5-19（b）］，仪器校准容易，改正量也较小。缺点是高黏度试样装填困难，较高转速时试样会沿内筒往上爬，因而仅限于低黏度流体在较低剪切速率下使用，主要适用于聚合物浓溶液、溶胶或胶乳的黏度测定。

（3）锥板黏度计和平行板黏度计

锥板黏度计是用来测量黏性聚合物熔体黏度的常用仪器，由一块半径为R的圆形平板和一个同心锥体组成［图 5-22（a）］。测量的液体置于锥板的间隙中，仪器的上端是固定的，下端以恒定的速度 ω 旋转，可以测出稳态时的扭矩 M。

当间隙的角度 α 比较小时（通常 α <4°），则剪切速率为

$$\dot{\gamma} = \frac{\mathrm{d}v}{\mathrm{d}h} \approx \frac{r\omega}{r\alpha} = \omega / \alpha \tag{5-38}$$

可见，$\dot{\gamma}$ 近似与 r 无关。从扭矩 M 和半径 R 可以得到剪切应力为

$$\sigma_{\mathrm{s}} = \frac{3M}{2\pi R^3} \tag{5-39}$$

因而被测流体的黏度为

$$\eta = \frac{\sigma_{\mathrm{s}}}{\dot{\gamma}} = \frac{3\alpha M}{2\pi\omega R^3} = \frac{M}{b\omega} \tag{5-40}$$

式中，$b = 2\pi R^3 / 3\alpha$ 是仪器常数。上式对牛顿和非牛顿流体都适用。

锥板黏度计的主要优点是剪切速率均一［图 5-19（c）］，可用来研究非牛顿流体黏度对剪切速率的依赖性。试样用量少，装填和清理容易，可用于较黏试样的测量，数据处理简单。缺点是转速较高时，试样有溢出和破坏倾向。

平行板黏度计由两个平行的圆板组成［图 5-22（b）］，距旋转中心r处的剪切速率为

$$\dot{\gamma} = \frac{\mathrm{d}v}{\mathrm{d}h} = r\frac{\omega}{h} \tag{5-41}$$

式中，ω为下板旋转角速度，h为上下板间距离。与锥板黏度计类似分析，可以得到被测流体为牛顿流体时，

$$\eta = \frac{2Mh}{\pi\omega R^4} \tag{5-42}$$

被测流体为非牛顿流体时，

$$\eta = \frac{M}{2\pi R^3 \dot{\gamma} R}\left(3 + \frac{\mathrm{d}\ln M}{\mathrm{d}\ln \dot{\gamma} R}\right) \tag{5-43}$$

平行板黏度计不如锥板黏度计用途广泛，但在测定填充体系黏度时，锥板黏度计要求填充体系中的粒子尺寸不能大于10μm，而平行板黏度计则没有限制。此外，平行板黏度计除可

用于溶液的流变行为研究外，还可以应用于各种软固体，如固化体系、弹性体、凝胶等。

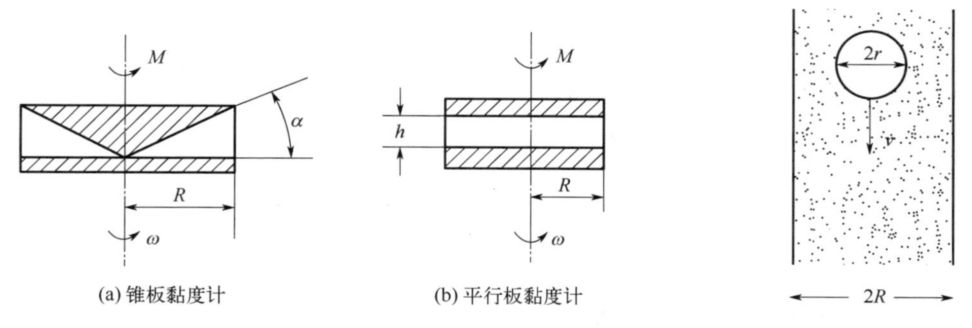

(a) 锥板黏度计　(b) 平行板黏度计

图 5-22　锥板型和平行板型旋转黏度计

图 5-23　落球黏度计原理

（4）落球黏度计

落球黏度计是最简便的黏度计。只需要测量已知尺寸和质量的圆球在被测液体中自由下落的速度（图 5-23），便可计算黏度。

假定液体无限延伸，半径为 r、密度为 ρ_s 的圆球在黏度为 η、密度为 ρ 的被测液体中下落时，所受到的阻力可按 Stokes 定律计算

$$f_1 = 6\pi\eta r v$$

式中，v 是圆球下落的速度。圆球下落的推动力是重力与浮力之差

$$f_2 = \frac{4}{3}\pi r^3(\rho_s - \rho)g$$

式中，g 是重力加速度。根据牛顿第二运动定律，落球的运动方程为

$$\frac{4}{3}\pi r^3(\rho_s - \rho)g - 6\pi\eta r v = \frac{4}{3}\pi r^3 \rho_s \frac{dv}{dt} \tag{5-44}$$

当达到稳态时，圆球下落速度不变，$dv/dt=0$，则被测液体的黏度可按下式计算

$$\eta = 2(\rho_s - \rho)gr^2 / 9v \tag{5-45}$$

实际落球黏度计的尺寸是有限的，不符合“无限延伸”的假定，为获得正确的测量结果，必须对上式进行管壁校正和端面校正。由于严格校正困难，有时可改写成经验方程

$$\eta = K(\rho_s - \rho)t$$

式中，t 是落球通过上下固定刻度所需的时间；K 是仪器常数。由已知黏度试样标定 K 值后，即可用来测量未知试样的黏度。

对于非牛顿流体，落球周围的最大剪切速率可由下式估计

$$\dot{\gamma}_{max} = 3v / 4r$$

可见，实验中不难满足 $\dot{\gamma}_{max} < 10^{-2}s^{-1}$，此时聚合物熔体一般都可视作牛顿流体，因而所得 η 即零切黏度。

落球黏度计的优点是仪器简单，操作方便，不需要特殊的设备和技术。缺点是不能得到剪切应力和剪切速率等基本流变参数，而且剪切速率不均一，不能用来研究流体黏度的剪切速率依赖性。此外，对试样的黏度、透明性也有一定要求。

以上介绍的各种黏度计都有各自的特点和不足，因而适用于不同的对象和目的，作为

相互补充的方法而存在。表 5-5 列出了几种主要方法适用的黏度和剪切速率范围。

表 5-5 几种剪切黏度测定仪的适用范围

仪器	毛细管挤出黏度计	同轴圆筒黏度计	锥板黏度计	平行板黏度计	落球黏度计
测量黏度范围/（Pa · s）	$10^{-1} \sim 10^{7}$	$10^{-3} \sim 10^{11}$	$10^{2} \sim 10^{11}$	$10^{3} \sim 10^{8}$	$10^{-5} \sim 10^{4}$
适用剪切速率范围/s^{-1}	$10^{-1} \sim 10^{6}$	$10^{-3} \sim 10$	$10^{-3} \sim 10$	$10^{-3} \sim 10$	$<10^{-2}$

5.3.5 影响聚合物熔体黏度的因素

在线课程

5-8

（1）加工条件对聚合物熔体黏度的影响

① 温度

在黏流温以上，聚合物的黏度与温度的关系与低分子液体一样，即随着温度的升高，熔体的自由体积增加，链段的活动能力增加，分子间的相互作用力减弱，使聚合物的流动性增大，熔体黏度随温度升高以指数级降低，因而在聚合物加工中，温度是进行黏度调节的首要手段。

以黏度 η 表示流动阻力的大小，液体黏度与温度之间的关系可用 Arrhenius 方程描述：

$$\eta = A\mathrm{e}^{\Delta E_\eta / RT} \tag{5-46}$$

式中，A 是一个常数；ΔE_η 称流动活化能，是分子向空穴跃迁时克服周围分子的作用所需要的能量。如果把上式的指数形式改写为对数形式，则

$$\ln\eta = \ln A + \frac{\Delta E_\eta}{RT}$$

即黏度的对数与温度的倒数之间存在线性关系。

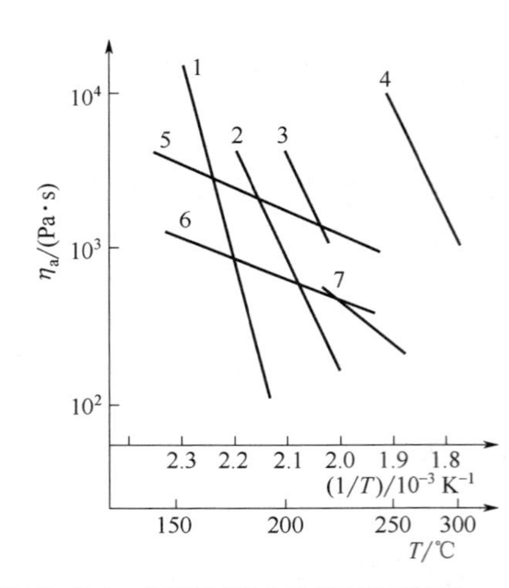

图 5-24 温度对聚合物黏度的影响

1—醋酸纤维（40kg · cm^{-2}）；2—聚苯乙烯；3—有机玻璃；4—聚碳酸酯（40kg · cm^{-2}）；5—聚乙烯（40kg · cm^{-2}）；6—聚甲醛；7—尼龙（10kg · cm^{-2}）

图 5-24 是一些聚合物的表观黏度-温度关系曲线。可以看到，各种聚合物都得到直线。然而，各直线的斜率不相同，这意味着各种聚合物的黏度表现出不同的温度敏感性。直线斜率较大，则流动活化能 ΔE_η 较高，即黏度对温度变化较敏感。一般分子链越刚性，或分子间作用力越大，则流动活化能越高，这类聚合物的黏度对温度有较大的敏感性。例如聚碳酸酯和聚甲基丙烯酸甲酯，温度升高 50℃左右，表观黏度可以下降一个数量级，可见在加工中，为了调节这类聚合物的流动性，改变温度将是非常有效的。柔性高分子，如聚乙烯、聚丙烯和聚甲醛等，它们的流动活化能较小，表观黏度随温度的变化不大，在加工中调节流动性时，如果仅仅改变温度则不行，因为温度升高很多时，它的表观黏度降低有限，例如温度升高 100℃，表观黏度下降不到一个数量级，但这样大幅度地提高温度却可能

使聚合物发生降解，降低制品的质量，而且对成型设备等的损耗也较大。

当温度降低到黏流温度以下时，聚合物表观黏度的对数与温度倒数之间的线性关系不再成立，式（5-46）的 Arrhenius 方程不再适用，或者说，表观流动活化能不再是一常数，而随温度的降低而急剧增大。这是由于实现分子位移的链段协同跃迁取决于链段跃迁的能力和在跃迁链段周围是否有可以接纳其跃入的空位两个因素。在较高的温度下，聚合物内部的自由体积较大，后一条件是充分的，因此链段跃迁的速率仅取决于前一条件。这类似于一般的活化过程，因而符合描述一般速率过程的 Arrhenius 方程，ΔE_η为恒值；而当温度较低时，自由体积随温度降低而减小，第二个条件变得不充分，这时链段的跃迁过程不再是一般的活化过程，而出现了自由体积依赖性。

WLF 方程［式（5-12）］很好地描述了聚合物在T_g到T_g+100℃范围内黏度与温度的关系

$$\lg\frac{\eta(T)}{\eta(T_g)}=-\frac{17.44(T-T_g)}{51.6+(T-T_g)}$$

对于大多数非晶聚合物，T_g时的黏度$\eta(T_g)=10^{12}$Pa•s，由 WLF 方程可以估算聚合物在$T_g<T<T_g+100$℃范围内的黏度。

② 剪切速率

为了讨论方便，把幂律方程［式（5-18）］改写成对数形式

$$\lg\eta=\lg K+(n-1)\lg\dot{\gamma}$$

在指定的剪切速率范围内，各种聚合物熔体的剪切黏度随剪切速率的变化情况并不相同，图5-25是几种聚合物的η-$\dot{\gamma}$的双对数坐标图。可以看到，剪切速率增加，各种聚合物的剪切黏度降低程度不同。柔性链的氯化聚醚和聚乙烯的表观黏度随剪切速率的增加明显地下降，而刚性链的聚碳酸酯和醋酸纤维则下降不多。这是因为柔性链分子容易通过链段运动而取向，而刚性高分子链段较长，极限情况下只能有整个分子链的取向，而在黏度很大的熔体中要使整个分子取向，内摩擦阻力是很大的，因而在流动过程中取向作用很小，随着剪切速率的增加，黏度变化很小。

③ 剪切应力

剪切应力对聚合物黏度的影响也是由于聚合物熔体表现为非牛顿流动行为。与剪切速率对黏度的影响相类似，这种影响也因聚合物链的柔顺性不同而异（图 5-26），柔性链高分子（如聚甲醛和聚乙烯等）比刚性高分子（如聚碳酸酯和有机玻璃等）表现出更大的敏感性。聚甲醛加工时，当柱塞上载荷增加 60kg•cm^{-2}时，表观黏度可下降一个数量级。

④ 压力

聚合物在挤出和注射成型加工过程中，或在毛细管流变仪中进行测定时，常需要承受相当高的流体静压力，这促使人们关注研究压力对聚合物熔体剪切黏度的影响。

图 5-27 是在 210℃时，四种压力条件下测定低密度聚乙烯熔体表观黏度随剪切应力的变化，可以看到，所得四条曲线形状相似，但随压力增加，曲线沿对数黏度坐标向上平移，压力从 0.1MPa 增加到 300MPa，剪切黏度约上升近两个数量级。按照自由体积的概念，液体的黏度是自由体积决定的，压力增加，自由体积减小，分子间的相互作用增大，导致流体黏度升高。

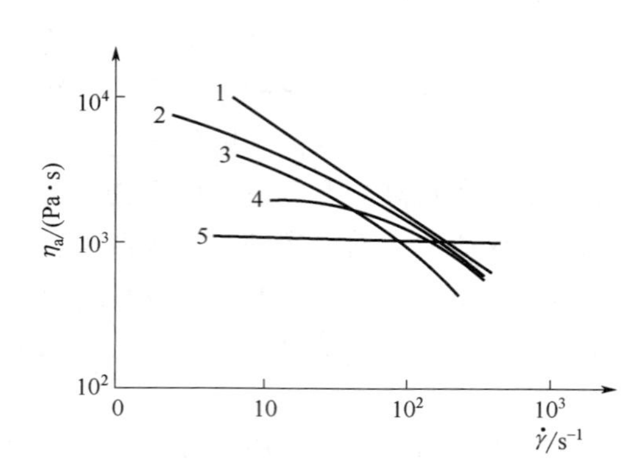

图 5-25　剪切速率对聚合物熔体黏度的影响

1—氯化聚醚（200℃）；2—聚乙烯（180℃）；3—聚苯乙烯（210℃）；4—醋酸纤维（210℃）；5—聚碳酸酯（302℃）

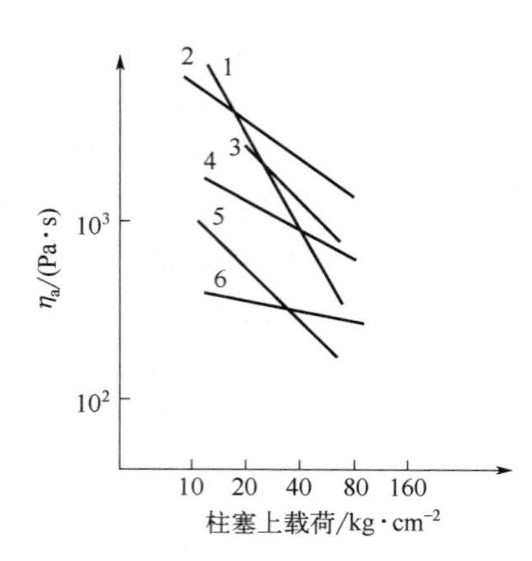

图 5-26　剪切应力对聚合物熔体黏度的影响

1—聚甲醛（200℃）；2—聚碳酸酯（280℃）；3—聚乙烯（200℃）；4—有机玻璃（200℃）；5—醋酸纤维素（180℃）；6—尼龙（280℃）

在聚合物的加工中，不同的加工方法和制件的形状，要求不同的熔体黏度与之适应，除了选择适当牌号的原料之外，还要控制适当的加工工艺条件，以获得适当的流动性。然而不同的物料有其本身的特性，其黏度随加工条件的变化规律不同，盲目地改变某一加工条件决难奏效。例如对刚性链聚合物盲目地通过增加螺杆的转速提高剪切速率，或者加大柱塞的载荷提高剪切应力，以达到提高物料流动性的目的是行不通的；同样，对柔性链聚合物，盲目地提高料筒温度，不仅不能有效地提高物料的流动性，反而可能引起物料的分解而使制件质量降低。

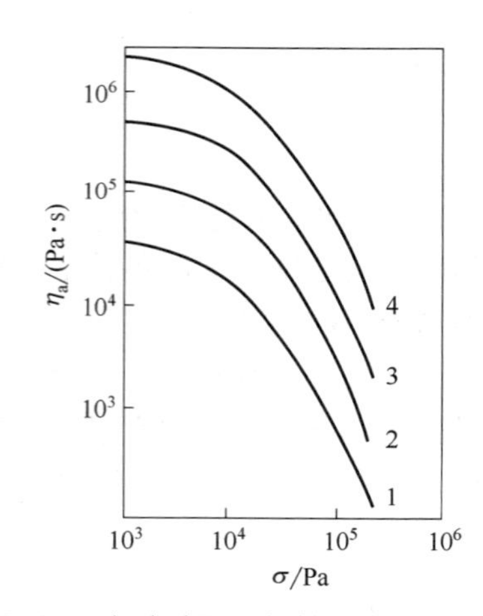

图 5-27　低密度聚乙烯熔体表观黏度的压力依赖性（210℃）

1—0.1MPa；2—100MPa；3—200MPa；4—300MPa

（2）聚合物分子结构对熔体黏度的影响

① 分子量

聚合物的黏性流动是分子链重心沿流动方向发生位移和链间相互滑移的结果。虽然是通过链段运动来实现的，但是分子量越大，一个分子链包含的链段数目越多，为实现重心的位移，需要完成的链段协同位移的次数就越多，因此聚合物熔体的剪切黏度随分子量的升高而增加。分子量大的流动性差，表观黏度高，熔融指数小。

研究发现，许多聚合物熔体的剪切黏度具有相同的分子量依赖性：各种聚合物有其特征的某一临界分子量 M_c，分子量小于 M_c 时，聚合物熔体的零切黏度一般与重均分子量的 1 次方成正比；而当分子量大于 M_c 时，零切黏度随分子量的增加急剧地增大，一般与重均分子量的 3.4 次方成正比，即

$$\eta_0 = K_1 \overline{M}_w \qquad (\overline{M}_w < M_c) \tag{5-47}$$

$$\eta_0 = K_2 \overline{M}_w^{3.4} \qquad (\overline{M}_w > M_c) \tag{5-48}$$

式中，K_1、K_2 和幂指数是经验常数。对于不同聚合物，式（5-47）和式（5-48）的幂指数值不同，变化范围分别在 1～1.6 和 2.5～5.0 之间。

分子量大于 M_c 后，聚合物熔体的零切黏度随分子量急剧增加的事实一般解释为链缠结作用引起流动单元变大的结果。链的长度增加，则缠结变严重，使流动阻力增大，因而零切黏度急剧增加。分子量小于 M_c 时，分子链之间虽然也可能有缠结，但是解缠结进行得极快，从而未能形成有效的拟网状结构，此时聚合物熔体黏度只是高分子链相互间摩擦作用的贡献，熔体零切黏度正比于分子运动单元数和每个主链原子的平均摩擦系数，因而与分子量的一次方成正比。链缠结网络形成之后，则还需考虑缠结分子链之间的相互牵制以及整个网络的限制，根据长链分子的链缠结模型，Bueche 推导出聚合物熔体零切黏度与分子量的理论关系

$$\eta_0 = KM^{3.5} \tag{5-49}$$

与上述经验关系式［式（5-48）］一致。

各种聚合物的临界分子量值各不相同，与分子结构有关。通常随着链的刚性增加缠结的倾向减少。如果用 θ 条件下的均方旋转半径与分子量的比值 $\overline{R_\theta^2}/\overline{M}_w$ 作为链刚性指标，同时，为了比较聚合物熔体和浓溶液的黏度，必须考虑聚合物的体积分数 ϕ_2 和比体积 v_2，则可以定义一个新的参量 Z_w

$$Z_w \equiv \frac{\overline{R_\theta^2}}{\overline{M}_w} \times \frac{N_c \phi_2}{v_2} \tag{5-50}$$

式中，N_c 是聚合物临界链节数。从图 5-28 可以看出，所有聚合物的曲线转折点大致都落在相同的 Z_w 值处。

上述讨论均限于剪切应力和剪切速率很小的情况。如果剪切应力和剪切速率增大，到达假塑性区，聚合物熔体的剪切黏度和分子量的关系便变得更为复杂。图 5-29 是一组不同

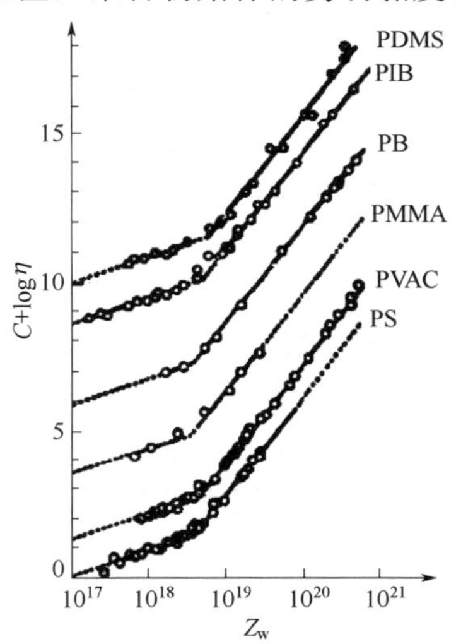

图 5-28　几种聚合物的熔融零切黏度与参量 Z_w 的关系

PDMS—聚二甲基硅氧烷；PIB—聚异丁烯；PB—聚丁二烯；PMMA—聚甲基丙烯酸甲酯；PVAC—聚醋酸乙烯酯；PS—聚苯乙烯

C 是常数

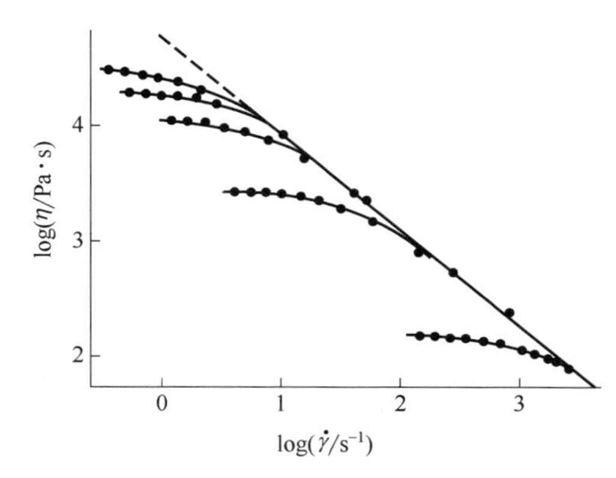

图 5-29　183℃不同分子量聚苯乙烯的黏度对剪切速率的依赖关系

自上而下各曲线的对应分子量分别为 242000、217000、179000、117000、48500

分子量的单分散聚苯乙烯试样的黏度与剪切速率的依赖关系图。由于分子量越低链缠结越少，因而其黏度要在较高的剪切速率下才开始下降，即偏离牛顿性，而且因剪切引起的黏度下降程度，低分子量试样比高分子量试样要小些。

从聚合物成型加工角度考虑，希望聚合物的流动性能要好一些，这样可以使聚合物与配合剂混合均匀，制品表面光洁。降低分子量可以增加流动性，改善其加工性能，但是过多地降低分子量又会影响制品的力学强度，所以在三大合成材料的生产中要适当地调节分子量的大小，在满足加工要求的前提下尽可能提高分子量。合成橡胶一般控制在20万左右；合成纤维一般分子量控制得比较低，约 10^4～10^5，否则在通过喷丝小孔时会发生困难；塑料的分子量一般控制在纤维和橡胶之间。不同加工方法对于分子量的大小也有不同的要求，一般来说，注射成型用的分子量比较低，挤出成型用的分子量比较高，而吹塑成型用的分子量介于两者之间。

② 分子量分布

在聚合物的加工中，常常发现平均分子量相同的聚合物原料流动性不同，这是分子量分布影响聚合物的流动行为所致。大量研究证明，分子量分布较窄或单分散的聚合物，熔体的剪切黏度主要由重均分子量决定；而分子量分布较宽的聚合物，其熔体黏度却可能与重均分子量没有严格的关系。高分子中大分子量尾端对熔体的零切黏度及其流变行为有特别重要的影响。

从分子量对剪切黏度影响的讨论中可以看到，在临界分子量以上，零切黏度与重均分子量的3.4次方成比例，因此对于分子量分布较宽的聚合物，其高分子量部分对零切黏度的贡献比低分子量部分肯定要大得多。这样，两个重均分子量相同的同种聚合物试样，分子量分布较宽的有可能比单分散试样具有较高的零切黏度。

同时，分子量分布不同，对剪切速率的依赖性也不同。图5-30是两个聚苯乙烯试样在190℃时熔体黏度-剪切速率关系图。在剪切速率很低时，宽分布试样的 η_0 比单分散试样高，但是当剪切速率增加时，宽分布试样曲线很快就发生偏离，进入假塑性区，而窄分布试样却在较宽的剪切速率范围内保持在第一牛顿区，因而其黏度值在高剪切速率区比宽分布试样的黏度还高。

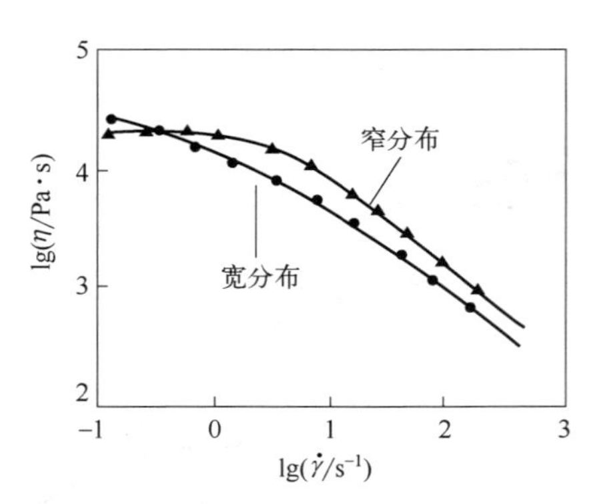

图5-30　分子量分布对黏度与剪切速率关系的影响（190℃，聚苯乙烯）

分子量分布对聚合物熔体黏度和流动行为的影响，对于高分子加工有重要的意义。一般纺丝和塑料的注射及挤出加工中剪切速率都比较高，在这样的情况下，分子量分布的宽窄对熔体黏度的剪切速率依赖性影响很大。从以上分析不难看出，通常的熔融指数值是在低剪切速率下测量的，其有时并不能反映高剪切速率下加工时的流动行为。低剪切速率下黏度相近的试样，在高剪切速率下加工时，单分散或分子量分布很窄的聚合物的黏度，比宽分布的同种聚合物要高些，因此，在同样的注射或挤出加工条件下，一般宽分布比窄分布物料（同分子量）流动性更好。

橡胶加工中分子量分布宽些更为有利，其中低分子量部分是相当优良的增塑剂，对高分子量部分起增塑作用，与其他配合剂混炼捏合时比较容易吃料，由于流动性较好，可减少动力消耗，提高产品的外观光洁度，而高分子量部分则可以保证产品物理力学性能的要求。当然也不是分子量分布越宽越好，塑料和纤维的分子量分布不宜过宽，因为塑料和纤维的平均分子量一般都较低，分子量分布过宽势必含有相当数量的小分子量部分，它们对产品的物理力学性能将带来不良影响。

③ 支化

一般地说，当支链不太长时，链的支化对熔体黏度的影响不大，因为支化分子比同分子量的线型分子在结构上更为紧凑，使短支链聚合物的零切黏度比同分子量的线型聚合物略低一些。如果均方旋转半径相同时，则两者的零切黏度近似相等。然而，如果支链长到足以相互缠结，则其影响是显著的。一般聚合物的非线型结构是在聚合反应期间由某种无规支化化学反应造成的，这种无规支化常常造成很宽的结构分布，而要把结构分布和非线型的链结构两种影响清楚地分开来是极其困难的，正是由于这个原因，无规支化影响的研究更难得到一致的结果。深入的研究一般从规则支化结构入手。

图 5-31 是两个星形支化（三臂和四臂）的聚丁二烯熔体零切黏度的分子量依赖性与线型聚合物的对照，可以看到支化和线型聚合物服从相同的规律，包括链缠结区的前半部，即不管是线型还是支化聚合物，其黏度均随链缠结的发生而急剧增大。但是当支链长到臂分子量大于 M_c 的 2～4 倍以后，支化聚合物的黏度开始极快地上升，黏度很快增加到线型聚合物的 100 倍以上。这时黏度对分子量不再是简单的指数规律的依赖关系。实际上，这段黏度的升高表现为臂长的指数函数。当聚合物被稀释时，黏度的升高很快减小，最后又回复到只与分子大小有关。

星形支化对聚合物黏度的剪切速率依赖性的影响如图 5-32 所示。长臂星形聚合物的黏度对剪切速率更加敏感，与相同黏度的线型聚合物相比，星形聚合物的黏度偏离牛顿性发生在更低的剪切速率区，这意味着在高剪切速率时星形聚合物的黏度较分子量相等的同种线型聚合物要低。

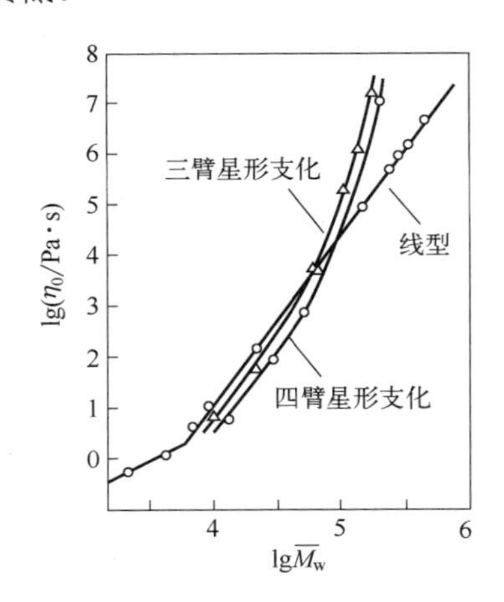

图 5-31　星形支化聚合物零切黏度对分子量的依赖关系与线型聚合物的对比（379K，聚丁二烯）

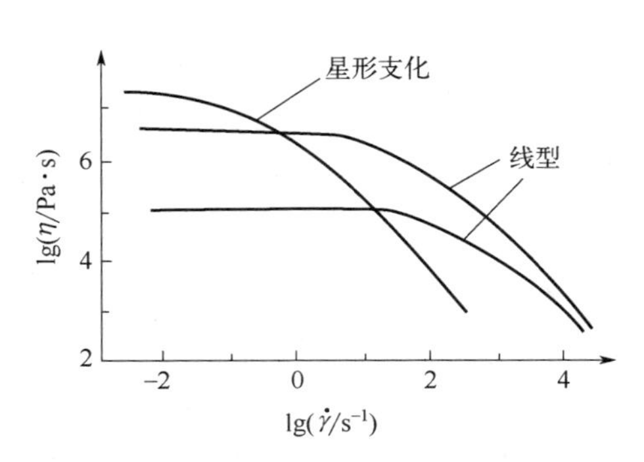

图 5-32　星形支化聚合物的黏度对剪切速率的依赖关系与线型聚合物的对比

④ 其他结构因素

凡是能使玻璃化转变温度升高的因素，往往也使黏度升高。对分子量相近的不同聚合物来说，柔性链的黏度比刚性链低，如聚有机硅氧烷和含有醚键的聚合物的黏度特别低，而刚性很强的聚合物如聚酰亚胺和其他主链含有芳环的聚合物的黏度都很高，加工也较困难。

除了上述影响分子链刚性的因素外，分子的极性、氢键和离子键等对聚合物的熔体黏度也有很大的影响。如聚氯乙烯和聚丙烯腈等极性聚合物，分子间作用力很强，因而熔融黏度较大。氢键能使尼龙、聚乙烯醇、聚丙烯酸等聚合物的黏度增加。离子键能把分子链互相连接在一起，犹如发生交联，因而离聚物的离子键能使黏度大幅度升高。

乳液法的聚氯乙烯在 160～200℃加工时，分子量相同的悬浮法聚氯乙烯是其黏度的数倍。研究发现，在 200℃以下的熔体中，乳液法聚氯乙烯的乳胶颗粒尚未完全消失，它作为刚性的流动单元，相互间作用较小，能相互滑移，因而黏度很小，温度升到 200℃以上后，乳胶颗粒被破坏，乳液法聚氯乙烯与悬浮法的差别随即消失。这种现象在乳液法聚苯乙烯中也存在。另外，等规聚丙烯在 208℃下仍具有螺旋分子构象，当剪切速率增加到一定值时，分子链伸展，黏度可突然升高一个数量级，甚至可导致流动突然停止。研究发现在这种情况下固化结晶中，聚丙烯的分子链是高度单轴取向的，说明黏度的突然升高与结晶的形成有关。因此降低剪切速率并不能使聚丙烯的黏度重新下降，而只有加热升高到一定温度，黏度方可恢复。

5.3.6 聚合物熔体的弹性效应

小分子流体在流动中只发生永久形变，流动停止后形变不再回复。高分子流体在流动过程中除了永久形变外，还产生可回复的弹性形变。因为高分子链质心移动的同时各部分链段也可偏离其平衡位置，在剪切作用和沿流动方向的拉伸作用下，发生分子链取向。偏离平衡位置的链段又有回复到平衡位置的趋向。就是说，分子链取向引起的形变在适当条件下可以自发回复。弹性形变的发展和回复过程都是松弛过程，松弛的快慢同聚合物链柔性、分子间力、外力作用时间与速率及温度等诸多因素有关。在聚合物成型加工过程中熔体的弹性形变及其回复对制品的外观、尺寸稳定性、内应力等都有重要影响。

（1）可回复的形变

以同轴圆筒黏度计为例，聚合物熔体的形变可分为可回复形变和黏性流动产生的形变，见图 5-33。温度高、起始的外加形变大、维持恒定形变的时间长，均可使弹性形变部分相对减少。从可回复的弹性形变$\gamma_{弹}$、剪切应力σ，可以定义熔体的弹性剪切模量 G，即

$$\gamma_{弹}=\sigma/G \tag{5-51}$$

聚合物熔体的剪切模量在低剪切应力（$\sigma<10^4$Pa）时是一常数，约为 10^3～10^5Pa。高剪切应力时，随σ增加而增加。

弹性形变在外力除去后的松弛快慢由松弛时间 $\tau=\eta/G$ 所决定。如果形变的时间尺度 t 比聚合物熔体的松弛时间 τ 大很多，则形变主要反映黏性流动，因为弹性形变在此时间内几乎都已松弛了。反之，如果形变的时间尺度 t 比聚合物熔体的 τ 值小很多，则形变主要反映弹性，因为此时黏性流动产生的形变还很小。与剪切黏度相比，聚合物熔体的剪切模量对温度和压力并不敏感，但都显著地依赖于聚合物的分子量及其分布。分子量大，分布宽时，熔体的弹性表现得十分显著。因为分子量大，熔体黏度大，松弛时间长，弹性形变松弛得慢；分子量分布宽，剪切模量低，松弛时间分布也宽，熔体的弹性表现特别显著。

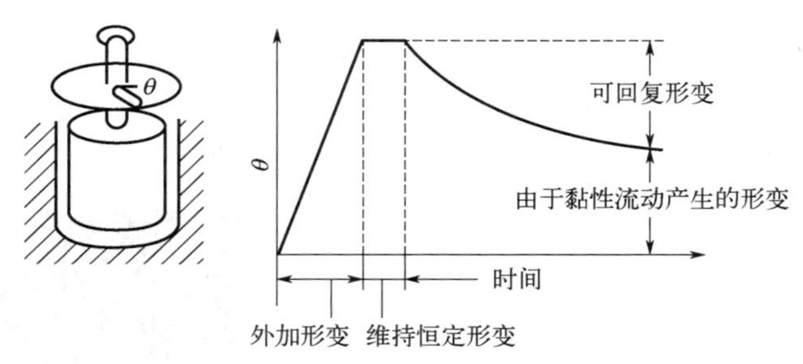

图 5-33　同轴圆筒黏度计中，聚合物熔体可回复形变与黏性流动形变示意图

（2）法向应力效应

稳定流动的液体中一个小体积元在外力 σ_s 作用下内部应力分量如图 5-34 所示。这种应力分布可用张量表示如下

$$\boldsymbol{T}=\begin{bmatrix}\sigma_{11} & \tau_{12} & \tau_{13}\\ \tau_{21} & \sigma_{22} & \tau_{23}\\ \tau_{31} & \tau_{32} & \sigma_{33}\end{bmatrix}$$

$$\tau_{ij}=\tau_{ji}$$

$$\sigma_{11}-\sigma_{22}=N_1$$

$$\sigma_{22}-\sigma_{33}=N_2$$

式中，σ_{11}、σ_{22}、σ_{33} 为法向应力；τ_{ij}、τ_{ji} 为切向应力；N_1 为第一法向应力差；N_2 为第二法向应力差。

对于牛顿流体，是各向同性的，在受剪切应力作用 $\sigma_s=\tau_{21}$ 而流动时，各个法向应力分量大小相等，即法向应力差 N_1、N_2 均为零。作为非牛顿流体的聚合物熔体具有弹性，在受剪切应力作用而流动时会产生法向应力差。一般，$N_1=\sigma_{11}-\sigma_{22}>0$，且 N_1 随 $\dot{\gamma}$ 的增大而增加。在低 $\dot{\gamma}$ 区，其值正比于 $\dot{\gamma}^2$；在高 $\dot{\gamma}$ 时，其值可以比作用在流动方向上的剪切应力 σ_s 还要大。$N_2=\sigma_{22}-\sigma_{33}<0$，在低 $\dot{\gamma}$ 区接近于零；$\dot{\gamma}$ 增大时，$|N_2|$有所增加（图 5-35）。法向应力差的存在会引起聚合物熔体流动的特殊现象。

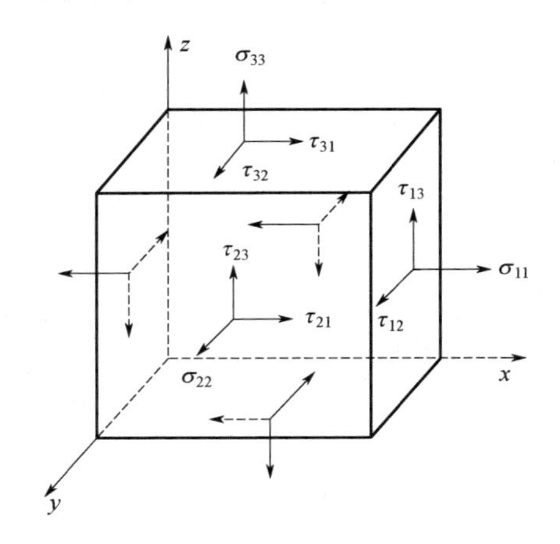

图 5-34　立方体积元及应力分布

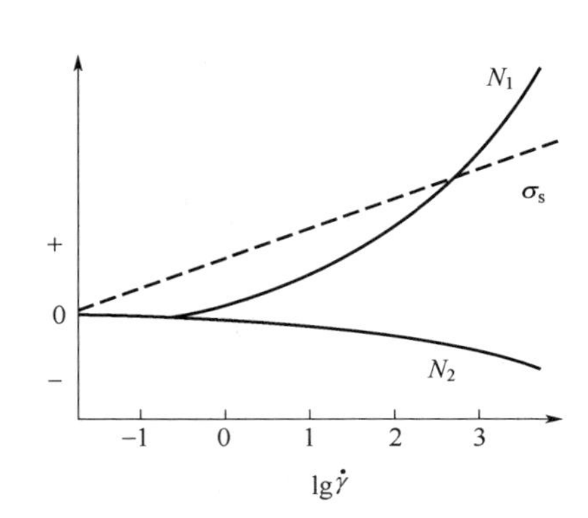

图 5-35　非牛顿流体法向应力差与剪切速率关系

① 爬杆现象　爬杆现象（包轴效应）是 Weissenberg 首先观察到的，故又称为

Weissenberg（韦森堡）效应。如果用一转轴在液体中快速旋转，聚合物熔体或浓溶液与低分子液体的液面变化明显不同(图 5-36)。低分子液体受到离心力的作用，中间部位液面下降，器壁处液面上升；而高分子熔体或浓溶液的液面在转轴处是上升的。

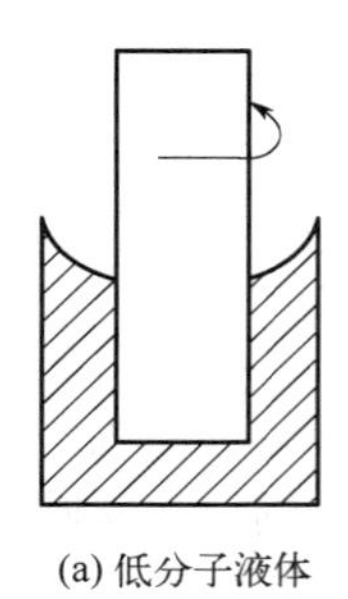

(a) 低分子液体

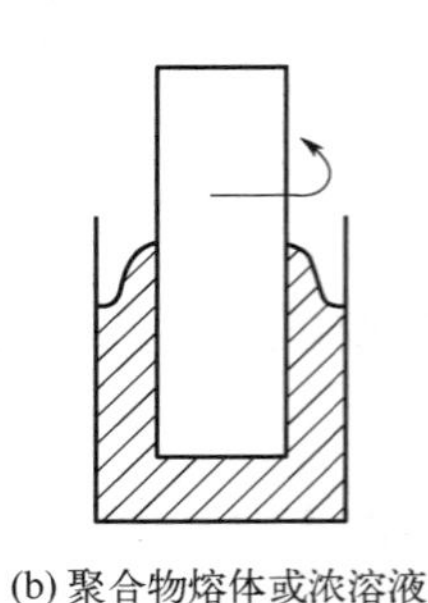

(b) 聚合物熔体或浓溶液

图 5-36 转轴转动时的液面变化

图 5-37 聚异丁烯-聚丁烯溶液中用旋转棒示意的韦森堡效应

包轴现象是由高分子熔体的弹性所引起的，是法向应力效应的反映。在这类现象中，流体流动的流线是轴向对称的封闭圆环。弹性液体沿圆环流动时，沿流动方向的法向应力 σ_{11} 在封闭圆环上产生拉力，而聚合物的弹性赋予其自发回复到蜷曲构象的热力学作用力，从而使聚合物分子链向低线速度方向移动。这个热力学作用力就是第一法向应力差 $\sigma_{11}-\sigma_{22}$，分子链从圆周边缘运动到转轴中心，被后续到来的其他高分子链挤压，便会爬杆，形成包轴层（图 5-37）。

② 挤出物胀大　挤出物胀大现象又称 Barus 效应，是指熔体挤出模孔后，挤出物的截面积比模孔截面积大的现象，如图 5-38 所示。当模孔为圆形时，挤出物胀大现象可用胀大比 B 来表征。B 定义为挤出物直径的最大值 D_{max} 与模孔直径 D_0 之比。

$$B=\frac{D_{max}}{D_0}$$

挤出物胀大现象也是聚合物熔体弹性的表现。目前公认，至少由两方面因素引起。其一是聚合物熔体在外力作用下进入模孔，入口处流线收敛，在流动方向上产生速度梯度，因而分子受到拉伸力产生拉伸弹性形变，这部分形变一般在经过模孔的时间内还来不及完全松弛，出模孔之后，外力对分子链的作用解除，高分子链就会由伸展状态重新回缩为蜷曲状态，形变回复，发生出口膨胀。其二是聚合物在模孔内流动时由于剪切应力的作用，表现出法向应力效应，法向应力差所产生的弹性形变在出模孔后回复，因而挤出物直径胀大。当模孔长径比 L/R 较小时，前一因素是主要的；当模孔长径比 L/D 较大时，后一因素是主要的。

通常，B 值随剪切速率 $\dot{\gamma}$ 增大而显著增大。在同一剪切速率下，B 值随 L/D 的增大而减小，并逐渐趋于稳定值。温度升高，聚合物熔体的弹性回复速度加快，B 值降低。聚合物分子量增大，分布变宽，B 值增大。这是因为分子量大，松弛时间长。此外，支化可严重影响挤出物胀大，长支链支化，B 值将显著增大。

研究表明，加入填料能减小聚合物的挤出物胀大。刚性填料的效果最为显著。挤出物胀大比对纺丝、控制管材直径和板材厚度、吹塑制瓶等均具有重要的实际意义。为了确保制品尺寸的精确性和稳定性，在模具设计时，必须考虑模孔尺寸与胀大比之间的关系，通常模孔尺寸应比制品尺寸小一些，才能得到预期尺寸的产品。

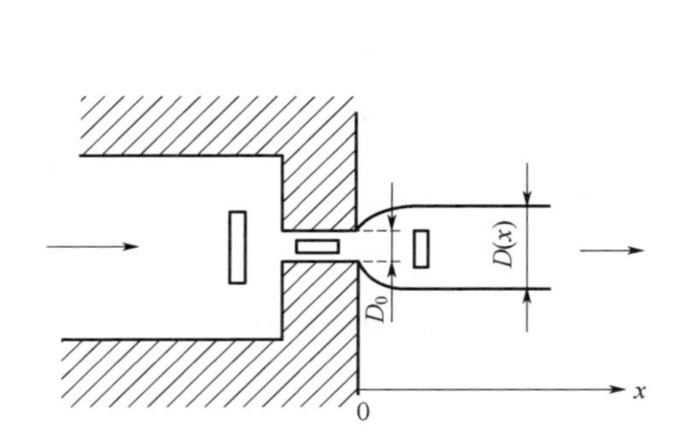

图 5-38　挤出物胀大效应中的弹性回复过程

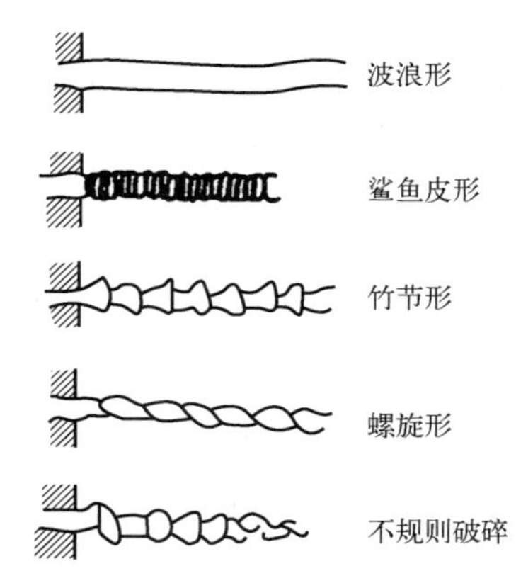

图 5-39　不稳定流动的挤出物外观示意图

（3）不稳定流动

聚合物熔体在挤出时，如果剪切应力超过一极限值时，熔体往往会出现不稳定流动，挤出物外表不再是光滑的，而呈波浪形、鲨鱼皮形、竹节形、螺旋形等，最后导致不规则的挤出物断裂，如图 5-39 所示。

熔体的不稳定流动由多种原因造成，其中熔体弹性是一个重要原因。对于小分子，在较高的雷诺数下，液体运动的动能达到或超过克服黏滞阻力的流动能量时，则发生湍流；对于高分子熔体，黏度高，黏滞阻力大，在较高的剪切速率下，弹性形变增大，当弹性形变的储能达到或超过克服黏滞阻力的流动能量时，不稳定流动发生。因此，把聚合物这种弹性形变储能引起的湍流称为高弹湍流。

引起聚合物弹性形变储能剧烈变化的主要流动区域通常是模孔入口处、毛细管管壁处以及模孔出口处。

不同聚合物熔体呈现出不同类型的不稳定流动。研究表明，可找到某些类似于雷诺数的准数来确定出现高弹湍流的临界条件。

① 临界剪切应力 τ_{mf}　τ_{mf}定义为发生熔体破裂时的剪切应力。以不同聚合物熔体出现不稳定流动时的切应力取其平均值可得到临界切应力 $\tau_{mf}=1.25\times10^5N\cdot m^{-2}$。

② 弹性雷诺数 N_w　弹性雷诺数 N_w，又称 Weissenberg 值，该准数将熔体破裂的条件与分子本身的松弛时间 τ 和外界剪切速率 $\dot{\gamma}$ 关联起来，即

$$N_w=\tau\dot{\gamma}$$

$$\tau=\eta/G$$

式中，η 为聚合物熔体黏度；G 为聚合物熔体的弹性剪切模量。当 $N_w<1$ 时，熔体为黏性流动，弹性形变很小；当 $N_w=1\sim7$ 时，熔体为稳态黏弹性流动；当 $N_w>7$ 时，熔体为不稳定流动或高弹湍流。

③ 临界黏度降　另一个衡量聚合物不稳定流动的临界条件是临界黏度降 η_{mf} 。即随剪切速率增大熔体黏度降低，当熔体黏度降至零切黏度的 0.025 倍时，则发生熔体破坏。

$$\frac{\eta_{mf}}{\eta_0}=0.025$$

式中，η_{mf} 为熔体破裂时的黏度，即临界黏度降。

在聚合物的加工过程中，应该尽可能避免熔体的不稳定流动，以确保成型制品的外观和质量。例如，为了避免熔体在模孔入口处的死角，可将模孔入口设计成流线型。此外，提高加工温度，可以使熔体破裂在更高的剪切速率下发生。

拓展阅读

高分子学说开创者——施陶丁格

习题与思考题

1. 试分别讨论分子量、结晶度、交联度和增塑剂含量不同的各种情况，非晶、结晶、交联和增塑聚合物的温度-形变曲线。

2. 从表 5-1 中任举一组例子，说明分子结构因素对聚合物T_g的影响。

3. 试讨论改变升降温速率和外力作用对T_g测试结果的影响，并简要说明原因。

4. 何谓假塑性流体？试画出假塑性流体的剪切应力-剪切速率双对数关系图和黏度-剪切速率关系图，并解释曲线的基本特征。

5. 试阐述分子量及其分布对聚合物熔体剪切黏度的影响规律，在橡胶制品加工时，希望分子量分布较宽还是较窄？为什么？

6. 若 LDPE 和 HDPE 的分子量及其分布大致相同，试比较二者流动活化能ΔE_η和零切黏度η_0的大小，并说明原因。

7. 在聚碳酸酯和聚甲醛的加工中，宜分别采取何种措施降低熔体黏度，改善流动性？说明原因。

8. 已知 PE 和 PMMA 的流动活化能ΔE_η分别为 $41.8\text{kJ}\cdot\text{mol}^{-1}$ 和 $192.3\text{kJ}\cdot\text{mol}^{-1}$，PE 在 473K 时的黏度$\eta_{473}=91\text{Pa}\cdot\text{s}$，PMMA 在 513K 时的黏度$\eta_{513}=200\text{Pa}\cdot\text{s}$。(1) 试求 PE 在 483K 和 463K 时的黏度，PMMA 在 523K 和 503K 时的黏度；(2)讨论链结构对聚合物黏度的影响；(3) 讨论温度对不同结构聚合物黏度的影响。

9. 某聚苯乙烯试样的T_g为 100℃，黏度在 155℃时为$10^3\text{Pa}\cdot\text{s}$，试计算试样在 100℃和 130℃时的黏度。

10. 要设计一台同轴圆筒黏度计，使外圆筒处液体流动时的剪切速率不小于内圆筒处液体流动剪切速率的 0.9 倍，外圆筒直径 10cm，高 10cm。试求：(1)内圆筒最小直径为多少？(2) 如果黏度计内的$\dot{\gamma}<100\text{s}^{-1}$，外圆筒的最大转速为多少？(3) 黏度计内充满 20℃的甘油($\eta=1496\text{mPa}\cdot\text{s}$)使外圆筒在最大转速旋转，所需转矩为多少？

第 6 章 聚合物的力学性能

思维导图

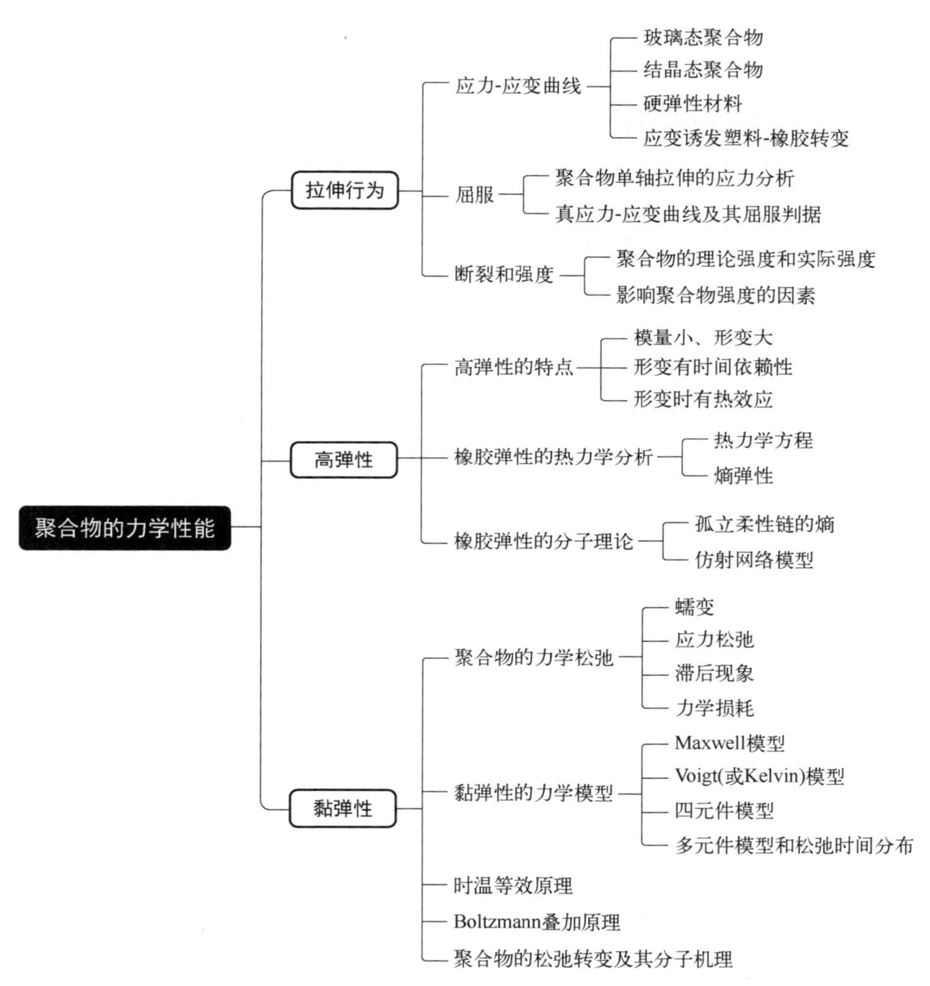

作为材料使用时，高分子的力学性能比其他物理性能更为重要。高分子材料的力学性质可变范围很宽，包括从液体、软橡皮到很硬的刚性固体。各种聚合物对于机械应力的反应相差很大，为不同的应用提供了广阔的选择空间。例如，聚苯乙烯制品很脆，一敲就碎；而尼龙制品却很坚韧，不易变形也不易破碎；轻度交联的橡胶拉伸时，可伸长好几倍，外力解除后还能基本上回复原状。与金属材料相比，聚合物的力学性质对温度和时间的依赖性要强烈得多，表现为黏弹性行为，即同时具有黏性液体和纯粹弹性固体的行为，这种双重性的力学行为使聚合物的力学性质变得复杂而有趣。

聚合物由长链分子组成，分子运动具有明显的松弛特性，是聚合物的力学性质表现出上述特点的根本原因。各种聚合物力学性质的差异，则直接与各种结构因素有关，除了化学组成之外，这些结构因素还包括分子量及其分布、支化和交联、结晶度和结晶的形态、共聚的方式、分子取向、增塑以及填料等。了解和掌握聚合物力学性质的一般规律和特点及其与聚合物结构的相互关系，才能恰当地选择所需要的聚合物材料，正确地控制加工条件以获得需要的力学性质，并合理地使用。

本章针对固体聚合物，包括玻璃态、结晶态和高弹态，着重讨论玻璃态和结晶态聚合物的极限力学行为屈服和断裂，高分子材料所特有的高弹性，以及聚合物的力学松弛——黏弹性。

6.1 聚合物的拉伸行为

6.1.1 聚合物的应力-应变曲线

在线课程
6-1
6-2

（1）玻璃态聚合物的拉伸

典型的玻璃态聚合物单轴拉伸时的应力-应变曲线如图 6-1 所示。

① 当温度很低时（$T \ll T_g$），应力随应变成正比增加，最后应变不到 10%就发生断裂，如曲线 1 所示。

② 当温度稍升高些，但仍在 T_g 以下，应力-应变曲线上出现了一个转折点 B，称为屈服点，应力在 B 点达到极大值，称为屈服应力，用 σ_y 表示。过了 B 点应力反而降低，试样应变增大。但由于温度仍然较低，继续拉伸，试样发生断裂，总应变不超过 20%，如曲线 2 所示。

③ 如果温度再升高到 T_g 以下几十度的范围内时，拉伸的应力-应变曲线如曲线 3 所示，屈服点之后，试样在不增加外力或者外力增加不大的情况下能发生很大的应变（甚至可能有百分之几百）。在后一阶段，曲线又较明显地上升，直到最后断裂。断裂点 C 的应力称为断裂应力，用 σ_b 表示，对应的应变称为断裂伸长率，用 ε_b 表示。

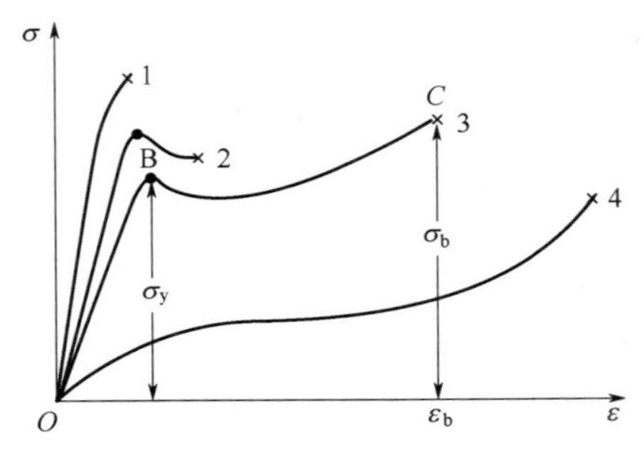

图 6-1 玻璃态聚合物在不同温度下的应力-应变曲线

④ 温度升至 T_g 以上，试样进入高弹态，在不大的应力下，便可以发展高弹形变，曲线不再出现屈服点，而呈现一段较长的平台，即在不明显增加应力时，应变有很大的发展，直到试样断裂前，曲线才又出现急剧上升，如曲线 4 所示。

由图 6-1 可以看到，玻璃态聚合物拉伸时，曲线的起始阶段是一段直线，试样表现出胡克弹性体的行为，应力与应变成正比，在此阶段停止拉伸，移去外力，试样将立刻完全回复原状。从这段直线的斜率可以得到试样的弹性模量，这段线性区对应的应变一般只有百分之几。从微观的角度看，这种高模量、小变形的弹性行为是由高分子的键长、键角变化引起的。在材料出现屈服之前发生的断裂称为脆性断裂（如曲线1），材料断裂前只发生很小的变形；而在材料屈服之后的断裂，则称为韧性断裂（如曲线2、3）。材料在屈服后出现了较大的应变，如果在断裂前停止拉伸，除去外力，试样的大形变已无法完全回复，但是如果升温到 T_g 附近，则形变又回复了。显然，这在本质上是一种高弹形变，而不是黏流形变。因此，屈服点以后材料大形变的分子机理主要是高分子链段运动，即在大外力作用下，玻璃态聚合物本来被冻结的链段开始运动，材料的大形变源于高分子链的伸展。这时，由于聚合物处在玻璃态，即使外力除去形变也不能自发回复，而当温度升高到 T_g 以上时，链段运动解冻，分子链蜷曲使得形变回复。如果在分子链伸展后继续拉伸，则由于分子链取向，材料强度进一步提高，因而需要更大的力，所以应力又逐渐上升，直到发生断裂。

玻璃态聚合物的强迫高弹形变是玻璃态聚合物在大外力的作用下发生的大形变，其本质与橡胶的高弹形变一样，但表现的形式却有差别，为了与普通的高弹形变区别开来，通常称为强迫高弹形变，能发生强迫高弹形变的性质称为强迫高弹性。实验证明，松弛时间 τ 与应力 σ 之间有如下关系：

$$\tau = \tau_0 \exp\left(\frac{\Delta E - a\sigma}{RT}\right) \tag{6-1}$$

式中，ΔE 是活化能；a 是与材料有关的常数。

由式（6-1）可见，随着应力的增加，链段运动的松弛时间将缩短。当应力增大到屈服应力 σ_y 时，链段运动的松弛时间减小至与拉伸速度相适应，聚合物就可产生大形变。所以加大外力对松弛过程的影响与升高温度相似。

从式（6-1）还可以看出，温度对强迫高弹性也有很大的影响。如果温度降低，为了使链段松弛时间缩短到与拉伸速度相适应，就需要有更大的应力，才能使聚合物发生强迫高弹形变。但是要使强迫高弹形变能够发生，还必须满足 $\sigma_b > \sigma_y$ 的条件。若温度太低，则有可能 $\sigma_b < \sigma_y$，即在发生强迫高弹形变之前试样已经被拉断了。因此并不是任何温度下都能发生强迫高弹形变，存在一个特征温度 T_b，只要温度低于 T_b，玻璃态聚合物就不能发展强迫高弹形变，而必定发生脆性断裂，因而这个温度称为脆化温度。玻璃态聚合物只有处在 T_b ～ T_g 的温度范围内，才能在外力作用下实现强迫高弹形变，而强迫高弹形变又是塑料具有韧性的原因，因此 T_b 是塑料使用的最低温度。在 T_b 以下，塑料将变得很脆，失去实际应用价值。

既然强迫高弹形变过程和断裂过程都是松弛过程，时间因素的影响自然是很大的，因而作用力的速度也直接影响着强迫高弹形变的发生和发展。对于相同的外力来说，拉伸速度过快，强迫高弹形变来不及发生，或者强迫高弹形变得不到充分的发展，试样会发生脆性断裂；而拉伸速度过慢，则线型玻璃态聚合物会发生一部分黏性流动；只有在适当的拉伸速度下，玻璃态聚合物的强迫高弹性才能充分地表现出来。

以上讨论了温度、外力的大小和作用速度等外部因素对强迫高弹性的影响，然而强迫高弹性主要是由聚合物的结构决定的。强迫高弹性的必要条件是聚合物要具有可运动的链段，通过链段运动使链的构象改变才能表现出高弹形变，但强迫高弹性又不同于普通的高弹性，高弹性要求分子具有柔性链结构，而强迫高弹性则要求分子链不能太柔软，因为柔性很大的链在冷却成玻璃态时，分子之间堆砌得很紧密，在玻璃态时链段运动很困难，要使链段运动需要很大的外力，甚至超过材料的强度，所以链柔性很好的聚合物在玻璃态是脆性的，

T_b 与 T_g 很接近。如果高分子链刚性较大，则冷却时堆砌松散，分子间的相互作用力较小，链段活动的余地较大，这种聚合物在玻璃态时具有强迫高弹性而不脆，T_b 与 T_g 的间隔较大。但是如果高分子链的刚性太大，虽然链堆砌也较松散，但链段不能运动，不表现出强迫高弹性，材料仍是脆性的。此外，聚合物的分子量也有影响，分子量较小的聚合物在玻璃态时堆砌也较紧密，使聚合物呈现脆性，T_b 与 T_g 很接近，只有分子量增大到一定程度后，T_b 与 T_g 才能拉开。

（2）结晶聚合物的拉伸

典型的结晶聚合物在单向拉伸时，应力-应变曲线如图 6-2 所示。它与玻璃态聚合物的拉伸曲线相比具有更明显的转折，整个曲线可分为三段。第一段应力随应变线性地增加，试样被均匀地拉长，伸长率可达百分之几到十几。到 Y 点后，试样的截面突然变得不均匀，出现一个或几个“细颈”，由此开始进入第二阶段。此阶段，细颈与非细颈部分的截面积分别维持不变，而细颈部分不断扩展，非细颈部分逐渐缩短，直至整个试样完全变细为止。第二阶段的应力-应变曲线表现为应力几乎不变，而应变不断增加。第二阶段总的应变随聚合物而不同，支化的聚乙烯、聚酯、聚酰胺之类的物质可达 500%，线型聚乙烯甚至可达 1000%。第三阶段是成颈后的试样重新被均匀拉伸，应力又随应变的增加而增大直到断裂点。结晶聚合物拉伸曲线上的转折点与细颈的突然出现以及最后发展到整个试样突然终止相关。

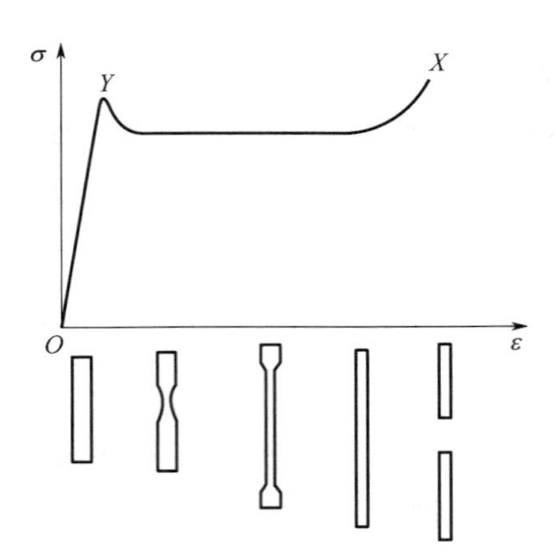

图 6-2 结晶聚合物拉伸过程中的应力-应变曲线及试样外形变化

在单向拉伸过程中分子排列产生很大的变化，尤其是接近屈服点或超过屈服点时，分子都在与拉伸方向相平行的方向上开始取向。在结晶聚合物中微晶也进行重排，甚至某些晶体可能破裂成较小的单元，然后在取向的情况下再结晶。拉伸后的材料在熔点以下不易回复到原先未取向的状态，然而只要加热到熔点附近，还是能回缩到未拉伸状态的，因而这种结晶聚合物的大形变本质上也是高弹性的，只是形变被新产生的结晶冻结而已。

从以上讨论可以看出，结晶聚合物与玻璃态聚合物的拉伸情况有许多相似之处。现象上，两种拉伸过程都经历弹性变形、屈服（“成颈”）、发展大形变、“应变硬化”等阶段，拉伸的后阶段材料都呈现强烈的各向异性，断裂前的大形变在室温时都不能自发回复，而加热后却都能回复原状，因而本质上两种拉伸过程造成的大形变都是高弹形变。通常把它们统称为“冷拉”。同时，两种拉伸过程又是有差别的。它们可被冷拉的温度范围不同，玻璃态聚合物的冷拉温度区间是 T_b 至 T_g，而结晶聚合物却在 T_g 至 T_m 间。更主要的和本质的差别在于结晶聚合物的拉伸过程伴随着比玻璃态聚合物拉伸过程复杂得多的分子聚集态结构的变化，后者只发生分子链的取向，不发生相变，而前者还包含有结晶的破坏、取向和再结晶等过程。

（3）硬弹性材料的拉伸

20 世纪 60 年代中期发现聚丙烯和聚甲醛等易结晶的聚合物熔体，在较高的拉伸应力场中结晶时，可以得到具有很高弹性的纤维或薄膜材料，其弹性模量比一般橡胶高得多，因而称为硬弹性材料（hard elastic materials）。这类材料在拉伸时表现出特有的应力应变行为，图6-3是由聚丙烯熔纺时快速牵伸得到的纤维的应力-应变曲线。拉伸初始，应力随应变的增加急剧上升，使这类材料具有接近于一般结晶聚合物的高起始模量。到形变百分之几时，发生了不太典型的屈服，应力-应变曲线发生明显转折。然而，与上面讨论过的一般结晶聚合物的拉伸行为不同，这类材料拉伸时不出现成颈现象，而是继续拉伸时，应力会继续以较缓慢的速度上升，而且移去载荷时形变可以自发回复，虽然在拉伸曲线与回复曲线之间形成较大的滞后圈，但弹性回复率有时可高达98%。

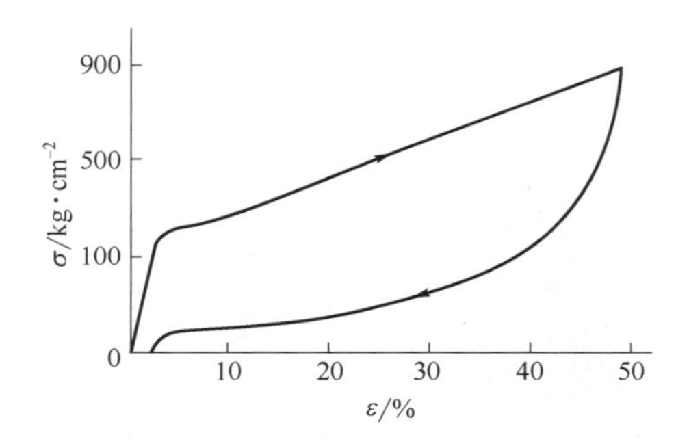

图6-3　硬弹聚丙烯的典型应力-应变曲线

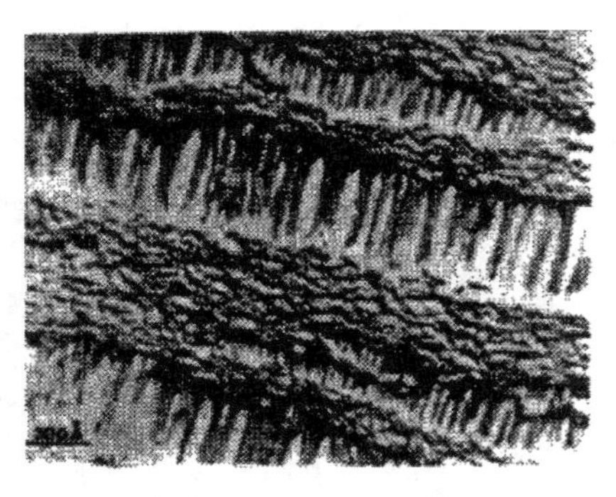

图6-4　硬弹聚丙烯的电镜照片

随着研究的进一步深入，除了继续在聚乙烯、尼龙等许多结晶聚合物中发现硬弹性之外，还发现了某些非晶聚合物，如高抗冲聚苯乙烯（HIPS），当发生大量裂纹时也表现出硬弹性行为。比较这些硬弹性材料的微观结构形态发现，它们都具有类似的板块-微纤复合结构（bulk-microfibril composite structure）。图6-4是硬弹聚丙烯的电镜照片，可以看到，晶片之间存在大量以空洞相间的微纤，形成高的孔隙率。非晶材料的裂纹也是由高度取向的分子链束构成的微纤和空洞组成的。因此认为，硬弹性主要是由于形成微纤的表面能改变所贡献。当将拉伸状态下的硬弹性材料浸入各种非溶胀性的液体时，微纤的环境发生了变化，表面能改变，硬弹性材料的应力会降低，降低的程度与所用液体的表面张力和黏度有关。这一过程是可逆的，当液体挥发后，硬弹性材料的应力又回复到原来的水平。这些实验事实有力地支持了硬弹性的表面能机理。

（4）应变诱发塑料-橡胶转变

某些嵌段共聚物及其与相应均聚物组成的共混物会表现出一种特有的应变软化现象。以苯乙烯-丁二烯-苯乙烯三嵌段共聚物（SBS）为例，当其中的塑料相和橡胶相的组成接近等比时，两次拉伸的应力-应变曲线如图6-5所示。室温下第一次拉伸时为十分典型的塑料冷拉，可是如果移去外力，这种大形变能迅速基本回复，而不像一般塑料强迫高弹性需要加热到 T_g 或 T_m 附近才回复。接着进行第二次拉伸，则开始发生大形变所需要的外力比第一次拉伸要小得多，试样也不再发生屈服和成颈过程，而是与一般交联橡胶的拉伸过程相似，材料呈现高弹性。

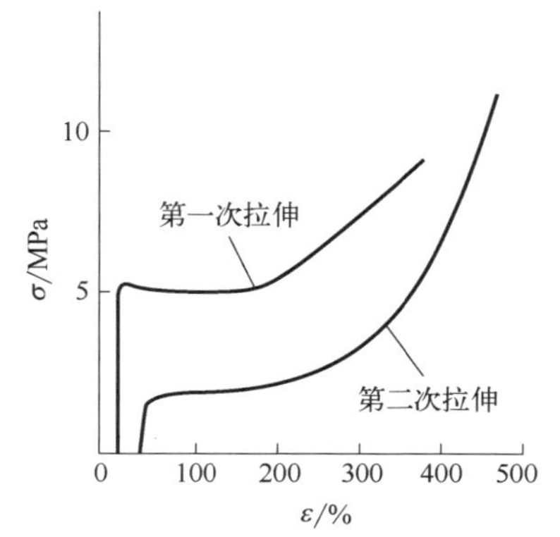

图6-5　嵌段共聚物SBS（S：B≈1：1）的应力-应变曲线

从以上现象可以判断，在第一次拉伸超过屈服点后，试样从塑料逐渐转变成橡胶，因而这种现象称为应变诱发塑料-橡胶转变（strain-induced plastics-to-rubber transition）。经拉伸变为橡胶的试样，如果在室温下放置较长的时间，又能恢复拉伸前的塑料性质。电镜研究揭示了上述拉伸和复原过程的本质，图 6-6 是 SBS 在拉伸前、拉伸至不同阶段以及复原后的电镜照片。拉伸前的照片表明，试样在亚微观上具有无规取向的交替层状结构，其中塑料相和橡胶相都呈连续相。连续塑料相的存在，使材料在室温下呈现塑料性质。第一次拉伸至 ε=80%的试样的电镜照片显示，塑料相发生歪斜、曲折，并有部分已被撕碎；拉伸至ε=500%时，塑料相已完全被撕碎成分散在橡胶连续相中的微区。橡胶相成为唯一的连续相而使材料呈现高弹性，因而拉伸试样在外力撤去后变形能迅速回复。塑料分散相微区则起物理交联作用，阻止永久变形的发生。最后一张照片是拉伸至ε≈600%，释荷并在 100℃下加热 2h 后的形态，塑料连续相的重建已基本完成，交替层状结构又清晰可见，使材料重新表现出塑料性质。

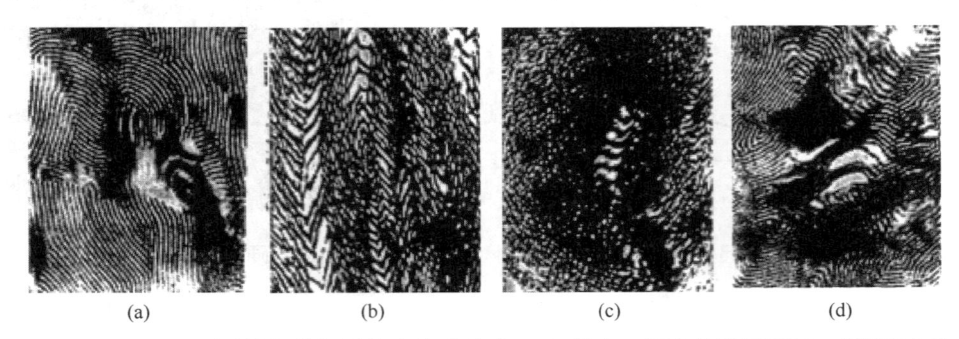

图 6-6 SBS 薄膜试样超薄切片的电镜照片（OsO_4染色，黑色部分是聚丁二烯橡胶相）

（a）拉伸前；（b）ε =80%；（c）ε =500%；（d）拉伸至 ε =600%回复后 100℃加热 2h

6.1.2 聚合物的屈服

在线课程 6-3

仔细观察拉伸过程中聚合物试样的变化不难发现，脆性聚合物在断裂前，试样并没有明显的变化。断裂面一般与拉伸方向相垂直［图 6-7（a）］，断裂面也很光洁；而韧性聚合物拉伸至屈服点时，常可看到试样上出现与拉伸方向成大约 45°角倾斜的剪切滑移变形带［图 6-7（b）］，或者在材料内部形成与拉伸方向倾斜一定角度的“剪切带”（用双折射或二色性实验可以看到，如图 6-8）。下面我们从应力分析入手来说明这种现象。

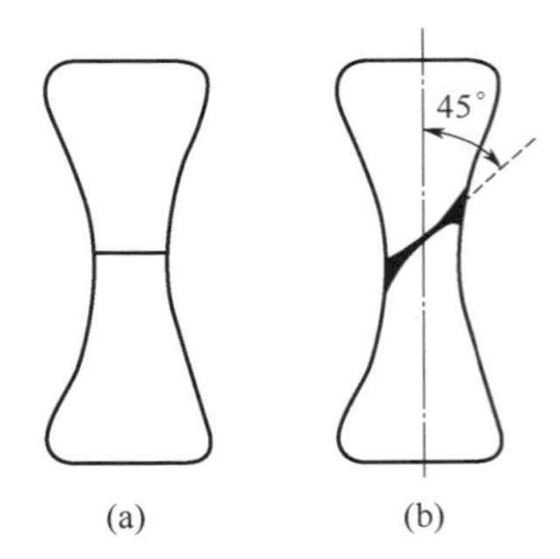

图 6-7 脆性材料断裂（a）和韧性材料屈服（b）

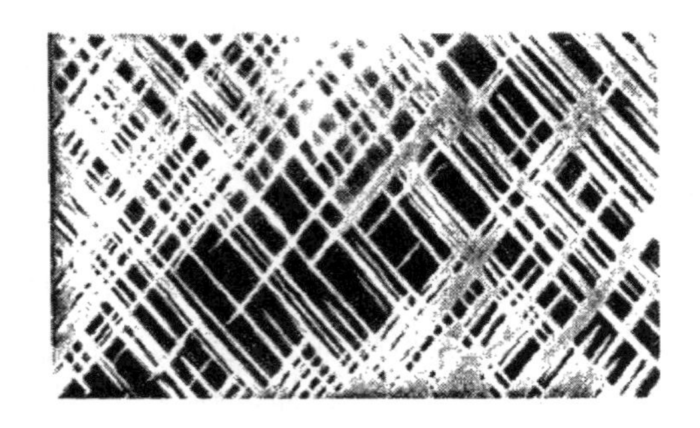

图 6-8 聚对苯二甲酸乙二醇酯的剪切带

（1）聚合物单轴拉伸的应力分析

考虑一横截面积为 A_0 的试样，受到轴向拉力 F 的作用（图 6-9），横截面上的应力

$\sigma_0=F/A_0$。如果在试样上任意取一倾斜的截面，设其与横截面的夹角为α，则其面积$A_\alpha=A_0/\cos\alpha$，作用在A_α上的拉力F可以分解为沿平面法线方向和沿平面切线方向的两个分力，分别记为F_n和F_s，则有$F_n=F\cos\alpha$，$F_s=F\sin\alpha$。因此，这个斜截面上的法应力$\sigma_{\alpha n}$和切应力$\sigma_{\alpha s}$分别为

$$\sigma_{\alpha n}=\frac{F_n}{A_\alpha}=\sigma_0\cos^2\alpha \tag{6-2}$$

$$\sigma_{\alpha s}=\frac{F_s}{A_\alpha}=\frac{\sigma_0\sin 2\alpha}{2} \tag{6-3}$$

即试样受到拉力时，试样内部任意截面上的法应力和切应力只与试样的正应力σ_0和截面的倾角α有关，拉力一旦选定，$\sigma_{\alpha n}$和$\sigma_{\alpha s}$只随截面的倾角而变化。以$\sigma_{\alpha n}$和$\sigma_{\alpha s}$对α作图，可以得到如图6-10所示的曲线。可以看到，切应力在截面倾角等于45°时达到最大值；法向应力则以横截面上为最大。

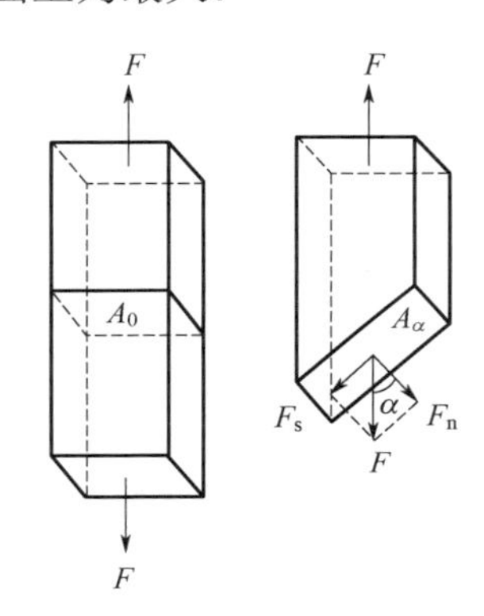

图6-9 单轴拉伸应力分析示意图

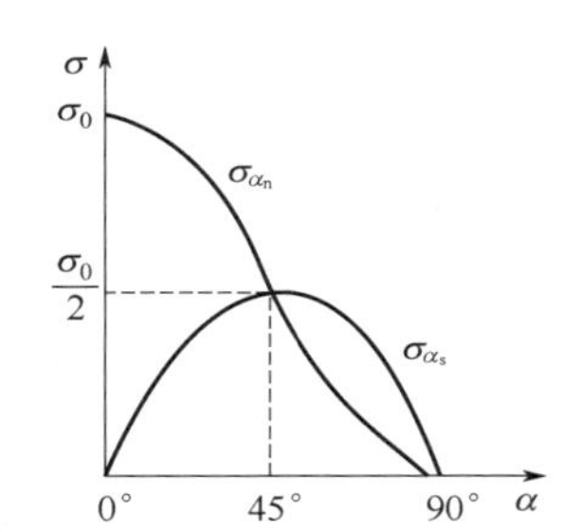

图6-10 正应力和法应力与截面倾角的关系图

对于倾角为$\beta=\alpha+\pi/2$的另一截面，运用式（6-2）和式（6-3）同样可以有

$$\sigma_{\beta n}=\sigma_0\cos^2\beta=\sigma_0\sin^2\alpha \tag{6-4}$$

$$\sigma_{\beta s}=\frac{\sigma_0\sin 2\beta}{2}=-\frac{\sigma_0\sin 2\alpha}{2} \tag{6-5}$$

由式（6-2）和式（6-4）可得

$$\sigma_{\alpha n}+\sigma_{\beta n}=\sigma_0 \tag{6-6}$$

即两个互相垂直的斜截面上的法向应力之和等于正应力。而由式（6-3）和式（6-5）可得

$$\sigma_{\alpha s}=-\sigma_{\beta s} \tag{6-7}$$

即两个互相垂直的斜截面上的切应力的数值相等，方向相反，它们是不能单独存在的，总是同时出现，这种性质称为切应力双生互等定律。

不同聚合物抵抗拉伸应力和剪切应力破坏的能力不同。一般来说，韧性材料拉伸时，斜截面上的最大切应力首先达到材料的剪切强度，因此试样上首先出现与拉伸方向成45°角的剪切滑移变形带（或互相交叉的剪切带），相当于材料屈服。进一步拉伸时，变形带中由于分子链高度取向强度提高，暂时不再发生进一步变形，而变形带的边缘则进一步发生剪切变形。同时倾角为135°的斜截面上也会发生剪切滑移变形，因而试样逐渐生成对称的细颈

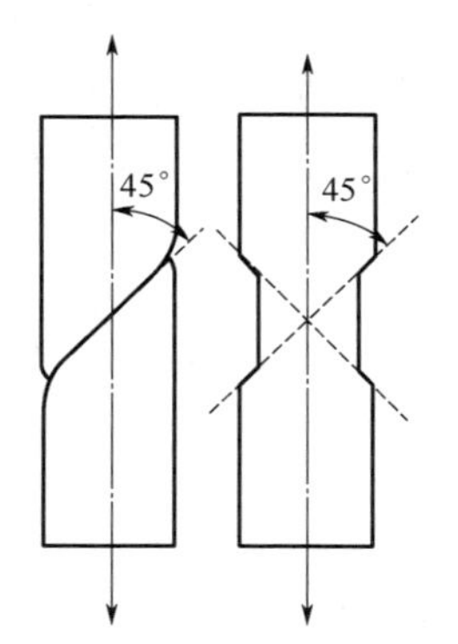

图 6-11 屈服试样的剪切变形带和细颈

（图 6-11），直至细颈扩展到整个试样为止。对于脆性材料，则是在最大切应力达到剪切强度之前，正应力已超过材料的拉伸强度，因此试样来不及发生屈服就断裂了。最大法向应力发生在横截面上，所以脆性断裂时，试样的断面与拉伸方向相垂直。实际上，由于拉伸时体积的变化和外力撤去后试样的回缩，倾斜角（90°−α）一般都大于 45°，有时甚至接近 60°角。

（2）真应力-应变曲线及其屈服判据

前面关于聚合物拉伸过程的讨论中，应力均指习用应力（或工程应力）。然而，随着变形的加大，试样截面积有了较大的变化，试样的真应力 σ' 与习用应力 σ 便出现较大的差别。假定试样变形时体积不变，即 $A_0l_0=Al$，定义伸长比 $\lambda=l/l_0=1+\varepsilon$，则实际受力的截面积为

$$A=\frac{A_0l_0}{l}=\frac{A_0}{1+\varepsilon}=\frac{A_0}{\lambda}$$

真应力 σ'为

$$\sigma'=\frac{F}{A}=(1+\varepsilon)\sigma=\lambda\sigma \tag{6-8}$$

根据上式，可以从习用应力-应变曲线获得真应力-应变曲线。

图 6-12 是一种韧性材料的习用应力-应变曲线和相应的真应力-应变曲线。可以看到，由于拉伸时，试样的起始面积总是最大的，$A_0>A$，因而 $\sigma'>\sigma$。在 σ-ε 曲线上，当 σ 达到极大值时，试样的均匀伸长终止，开始成颈，并使习用应力下降，最后试样在细颈的最狭窄部位断裂；而在 σ'-ε 曲线上，σ' 却可能随 ε 增加单调地升高，试样成颈时，σ' 并不一定出现极大值。

习用应力-应变曲线中屈服点满足 $\mathrm{d}\sigma/\mathrm{d}\varepsilon=0$，将式（6-8）代入，则有

$$\frac{\mathrm{d}\sigma}{\mathrm{d}\varepsilon}=\frac{1}{(1+\varepsilon)^2}\left[(1+\varepsilon)\frac{\mathrm{d}\sigma'}{\mathrm{d}\varepsilon}-\sigma'\right]=0$$

计算可得

$$\frac{\mathrm{d}\sigma'}{\mathrm{d}\varepsilon}=\frac{\mathrm{d}\sigma'}{\mathrm{d}\lambda}=\frac{\sigma'}{1+\varepsilon}=\frac{\sigma'}{\lambda} \tag{6-9}$$

根据式（6-9），在真应力-应变曲线图上从横坐标上 $\varepsilon=-1$ 或 $\lambda=0$ 点向 σ'-ε 曲线作切线（图 6-13），切点便是屈服点，对应的真应力就是屈服应力 σ_y'，这种作图法称为 Considère 作图法。

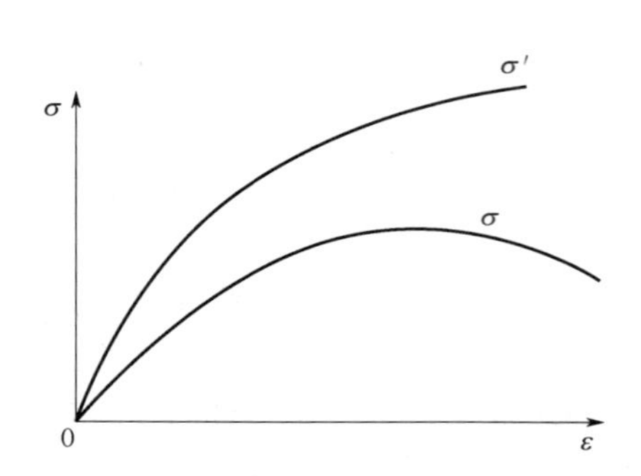

图 6-12 习用应力-应变曲线与真应力-应变曲线

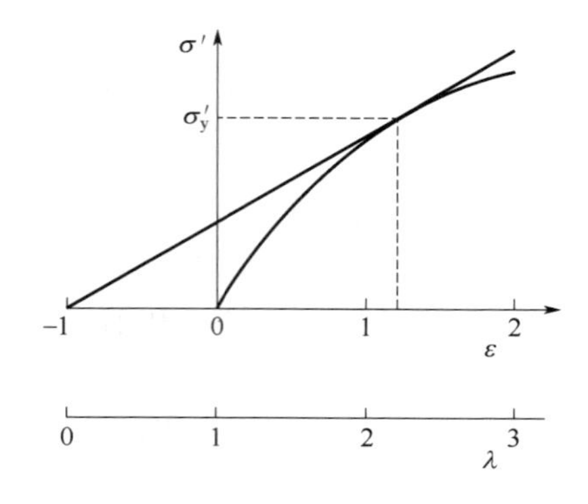

图 6-13 Considère 作图法

聚合物的真应力-应变曲线可归纳为三种类型，第一种类型如图 6-14 所示，可以看出，由 λ=0 点不可能向 σ'-λ 曲线作切线，这种聚合物拉伸时，随负荷增大而均匀伸长，但不能成颈。第二种类型如图 6-13 所示，由 λ=0 点可以向 σ'-λ 曲线引一条切线，即曲线上有一个点满足 $d\sigma'/d\lambda=\sigma'/\lambda$，此即屈服点，聚合物均匀伸长到该点成颈，随后细颈逐渐变细负荷下降，直至断裂。第三种类型由 λ=0 点可向曲线引两条切线，即曲线上有两个点满足 $d\sigma'/d\lambda=\sigma'/\lambda$。如图 6-15 所示，$D$ 点即屈服点，$\sigma=\sigma'/\lambda$ 在此处达到极值。进一步拉伸时，σ'/λ 沿曲线下降，直至 E 点，之后习用应力稳定在 OE 切线的斜率代表的数值上，试样被冷拉。再进一步拉伸则沿曲线的陡峭部分发展，直到断裂，此即又成颈又冷拉的聚合物的 σ'-λ 曲线。

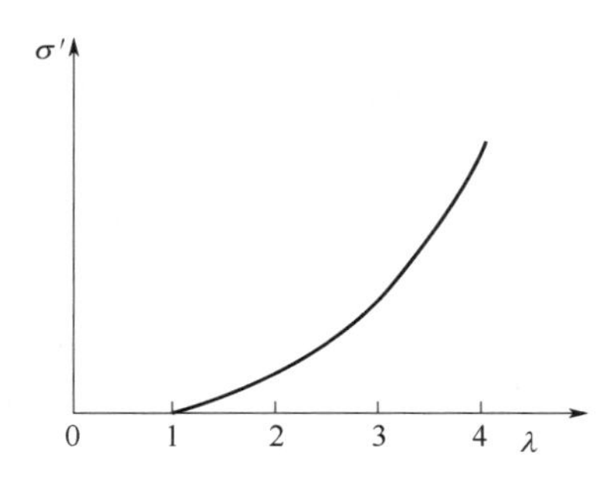

图 6-14　不成颈聚合物的 σ'-λ 曲线

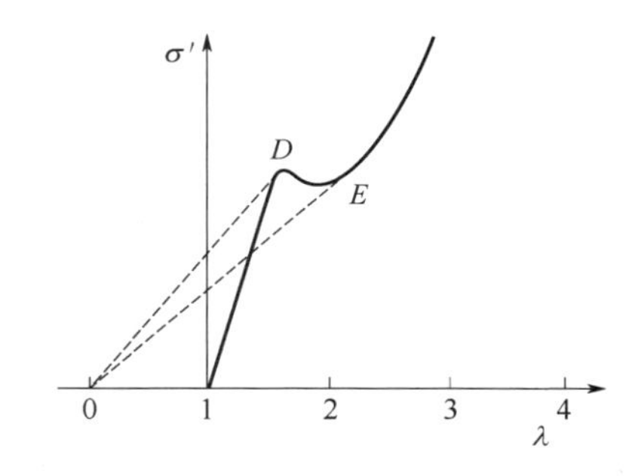

图 6-15　冷拉聚合物的 σ'-λ 曲线

第6章
在线课程
6-4
6-5

6.1.3 聚合物的断裂和强度

（1）聚合物的理论强度和实际强度

从分子结构的角度来看，聚合物之所以具有抵抗外力破坏的能力，主要靠分子内的化学键合力及分子间的范德华力和氢键。忽略其他各种复杂的影响因素，可以由微观角度计算出聚合物的理论强度，进而了解理论强度与实际聚合物强度的差距，指引和推动提高聚合物实际强度的研究和探索。

为了简化问题，可以把聚合物断裂的微观过程归结为如下三种（图 6-16）。如果高分子链的排列方向是平行于受力方向的，则断裂时可能是化学键的断裂或分子间的滑脱；如果高分子链的排列方向是垂直于受力方向的，则断裂时可能是范德华力或氢键的破坏。

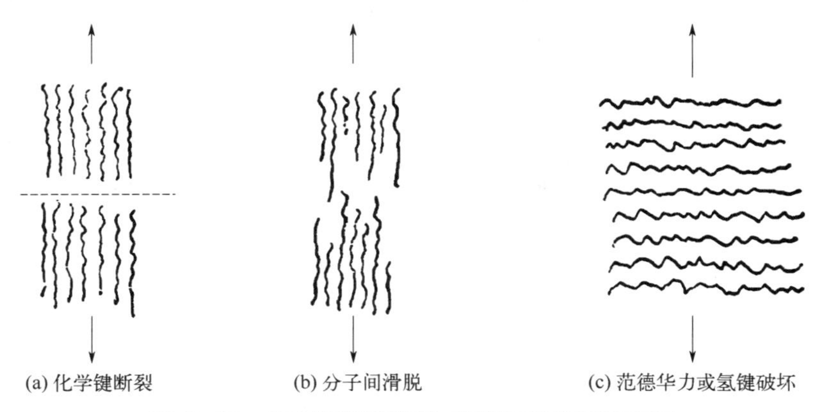

图 6-16　聚合物断裂微观过程的三种模型示意图

如果是第一种情况，聚合物的断裂必须破坏所有的链。先计算破坏一根化学键所需要的力。较严格地计算化学键的强度应从共价键的位能曲线出发进行，下面只从键能数据出发进行粗略估算。大多数聚合物主链共价键的键能一般约为 350kJ • mol^{-1}，或 5.8×10^{-12}erg • 键$^{-1}$（1erg=10^{-7}J）。在这里，键能 E 可看作是将成键的原子从平衡位置移开一段距离 d，克服其相互吸引力 f 所需要做的功。对共价键来说，d 不超过 0.15nm，否则共价键就要遭到破坏。因此

$$f=\frac{E}{d}=\frac{5.8\times10^{-19}}{1.5\times10^{-10}}=3.9\times10^{-9}(\mathrm{N}\cdot\text{键}^{-1})$$

根据聚乙烯晶胞数据推算，每根高分子链的截面积约为 0.2nm^2，每平方米的截面上将有 5×10^{18} 根高分子链。因此理想的拉伸强度为

$$\sigma=3.9\times10^{-9}\times5\times10^{18}=2\times10^{10}(\mathrm{N}\cdot\mathrm{m}^{-2})\approx2\times10^{5}(\mathrm{kg}\cdot\mathrm{cm}^{-2})$$

实际上，即使高度取向的结晶聚合物，它的拉伸强度也要比这个理想值小几十倍。这是因为没有一个试样的结构能使它在受力时，所有链在同一截面上同时被拉断。

如果是第二种情况分子间滑脱的断裂，必须使分子间的氢键或范德华力全部破坏。分子间有氢键的聚合物，像聚乙烯醇、纤维素和聚酰胺等，它们每 0.5nm 链段的摩尔内聚能如果以 20kJ • mol^{-1} 计算，并假定高分子链总长为 100nm，则总的摩尔内聚能约为 4000kJ • mol^{-1}，比共价键的键能大 10 倍以上。即使分子间没有氢键，只有范德华力，每 0.5nm 链段的摩尔内聚能以 5kJ • mol^{-1} 计算，假定高分子链总长为 100nm，则总的摩尔内聚能为 1000kJ • mol^{-1}，也比共价键的键能大好几倍，所以断裂完全是由分子间滑脱引起的是不可能的。

如果是第三种情况，分子是垂直于受力方向排列的，断裂时是部分氢键或范德华力的破坏。氢键的解离能以 20kJ • mol^{-1} 计算，作用范围约为 0.3nm，范德华键的解离能以 8kJ • mol^{-1} 计算，作用范围为 0.4nm，则拉断一个氢键和范德华键所需要的力分别约为 1×10^{-10}N 和 3×10^{-11}N。如果假定每 0.25nm^2 上有一个氢键或范德华键，便可以估算出拉伸强度分别为 400MPa（约 4000kg • cm^{-2}）和 120MPa（约 1200kg • cm^{-2}）。这个数值与实际测得的高度取向纤维的强度同数量级。

根据以上估算结果和表 6-1 所示的聚合物实际强度可以得出结论：聚合物的实际强度远远小于理论计算强度，这是因为聚合物的分子链并不像上述理想结构那样整齐排列。实际上材料的破坏往往是从由缺陷、杂质、填料等引起的薄弱处开始的，即发生应力集中，随后破坏进一步发展，最终材料在远未达到其理论值时就断裂了。如果材料的强度提高 10 倍，就可以把机械零件的重量降低到 1/20 至 1/30 或者更多，这对工程技术特别是尖端技术是有巨大意义的。为此，首先要弄清楚造成实际强度与理论强度之间巨大差距的原因。

表 6-1 几种常见聚合物的拉伸强度

聚合物	拉伸强度/MPa	聚合物	拉伸强度/MPa
低密度聚乙烯	8.3 ~ 31.4	聚四氟乙烯	20.7 ~ 34.5
高密度聚乙烯	22.1 ~ 31.0	尼龙 66	75.9 ~ 94.5
聚丙烯	31.0 ~ 41.4	聚对苯二甲酸乙二醇酯	48.3 ~ 72.4
聚苯乙烯	35.9 ~ 51.7	聚氯乙烯	40.7 ~ 51.7
聚甲基丙烯酸甲酯	48.3 ~ 72.4	酚醛树脂	34.5 ~ 62.1
聚碳酸酯	62.8 ~ 72.4	尼龙纤维（取向）	约 500

（2）影响聚合物强度的因素

影响聚合物强度的因素很多，主要分为两类：一类与材料本身有关，包括高分子的化学结构、分子量及其分布、支化和交联、结晶与取向、增塑剂、共混、填料、应力集中物等；另一类与外界条件有关，包括温度、湿度、光照、氧化老化、外力作用速度等。

① 高分子本身结构的影响　增加高分子的极性或产生氢键可使强度提高，而且极性基团或氢键的密度愈大，则强度愈高。例如低压聚乙烯、聚氯乙烯、尼龙610、尼龙66的拉伸强度依次增大，分别为15～16MPa、50MPa、60MPa和80MPa。

主链含有芳杂环的聚合物，其强度和模量都比脂肪族主链的聚合物高，因此新型的工程塑料大都是主链含芳杂环的。例如聚苯醚的强度和模量比脂肪族聚醚高。引入芳杂环侧基时强度和模量也会提高，例如聚苯乙烯的强度和模量比聚乙烯高。

分子链支化程度增加，使分子之间的距离增加，分子间作用力减小，聚合物的拉伸强度会降低，但冲击强度会提高，例如高压聚乙烯的拉伸强度比低压聚乙烯低，但冲击强度高。

适度交联可以有效地增加分子链间的联系，使分子链不易发生相对滑移。随着交联度的增加，往往强度增高。例如聚乙烯交联后，拉伸强度可以提高 1 倍，冲击强度可提高 3～4 倍。但是交联过程中往往会使聚合物结晶度下降，取向困难，因而过分交联并不总是有利的。

分子量对拉伸强度和冲击强度的影响有一些差别。分子量低时，拉伸强度和冲击强度都低；随着分子量的增大，二者均会提高。但是当分子量超过一定数值以后，拉伸强度的变化就不大了，而冲击强度则继续增大。例如超高分子量聚乙烯（分子量 5×10^5～4×10^6）的冲击强度比普通低压聚乙烯提高3倍多，在-40℃时甚至可提高18倍之多。

② 结晶和取向的影响　结晶度增加，通常有利于提高拉伸强度、弯曲强度和弹性模量。例如在聚丙烯中无规结构的含量从 2.0%增加至 6.4%，使聚丙烯的结晶度降低，相应的拉伸强度从 $345kg \cdot cm^{-2}$ 降至 $290kg \cdot cm^{-2}$，弯曲强度从 $565kg \cdot cm^{-2}$ 降至 $410kg \cdot cm^{-2}$，然而，如果结晶度太高，则将导致冲击强度和断裂伸长率的降低，聚合物材料变脆，反而没有好处。

对结晶聚合物的冲击强度影响更大的是聚合物的球晶结构。如果在缓慢冷却和退火过程中生成了大球晶，那么聚合物的冲击强度会显著下降，因此有些结晶性聚合物在成型过程中需加入成核剂，使它生成微晶而不生成球晶，以提高聚合物的冲击强度。

取向可以使材料的强度提高几倍甚至几十倍。这在合成纤维工业中是提高纤维强度的一个必不可少的措施。对于薄膜和板材也可以利用取向来提高其强度。因为取向后高分子链顺着外力方向平行排列，使断裂时破坏主价键的比例大大增加，而主价键的强度比范德华力的强度高20倍左右。另外，取向还可以阻碍裂缝向纵深发展。

③ 应力集中的影响　如果材料存在缺陷，受力时材料内部的应力平均分布状态将发生变化，缺陷附近局部范围内的应力会急剧增加，远超应力平均值，这种现象称为应力集中。缺陷就是应力集中物，包括裂缝、空隙、缺口、银纹和杂质等，它们会成为材料破坏的薄弱环节，严重地降低材料的强度，是造成聚合物实际强度与理论强度之间巨大差别的主要原因之一。缺陷的形状不同，应力集中系数（最大局部应力与平均应力之比）也不同，锐口缺陷的应力集中系数比钝口要大得多。

各种缺陷在聚合物的加工成型过程中是相当普遍存在的，例如在加工时由于混炼不匀、塑化不足造成的微小气泡和接痕；生产过程中混进的一些杂质；更难以避免的是在成型过程中由于制件表里冷却速度不同，表面物料接触温度较低的模壁，迅速冷却固化成一层硬壳，而制件内部的物料却还处在熔融状态，随着它的冷却收缩，制件内部产生内应力，进而形成细小的银纹，甚至是裂缝，在制件的表皮上将出现龟裂。

很多热塑性塑料，在储存以及使用过程中，由于应力以及环境的影响，往往会在表面出现微裂纹，由于光线在微裂纹的表面发生全反射，它在如有机玻璃、聚苯乙烯、聚碳酸酯之类的透明塑料中呈现为肉眼可见的明亮条纹，所以称为银纹，如图 6-17 所示。微裂纹的出现会影响塑料的使用性能，在较大的外力作用下会进一步发展成裂缝，最后使材料发生断裂而破坏，这些现象是相互联系的，但又是有区别的。

力学因素引起的微裂纹一般出现在试样的表面或接近表面处，产生微裂纹的部位叫作微裂纹体，它与真正的空隙构成的裂缝不同（图 6-17）。首先，裂纹体的质量不为零，其中包含了取向的聚合物。其次，微裂纹的产生有一个最低的临界应力和一个最低临界伸长率，应力愈大，微裂纹的产生和发展愈快。微裂纹的出现并不一定引起断裂和破坏，它还具有原始试样一半以上的拉伸强度。再次，微裂纹与裂缝不同，它有可逆性，在压力下或在 T_g 以上退火时能够回缩和消失。

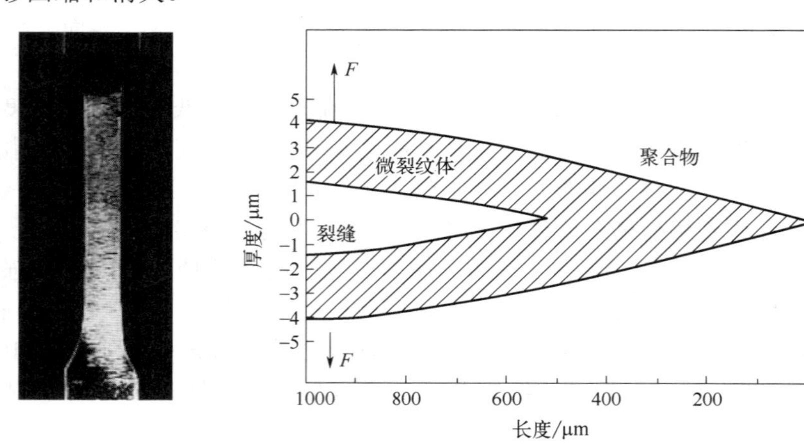

图 6-17 聚苯乙烯拉伸试样上的微裂纹及其尖端部分剖面示意图

④ 增塑剂的影响　增塑剂的加入对聚合物起了稀释作用，减小了高分子链之间的作用力，因而强度降低，强度的降低值与增塑剂的加入量基本成正比。水对许多极性聚合物来说是一种广义的增塑剂，例如酚醛塑料在水中浸泡后强度明显降低；当相对湿度从 0 增至 100%时，醋酸纤维的拉伸强度降低至原来的 25%左右，所以合成纤维的吸湿能力越大，它们的湿态强度和干态强度之差就越大。另外，由于增塑剂使链段运动能力增强，故随着增塑剂含量的增加，材料的冲击强度提高。

⑤ 填料的影响　填料的影响比较复杂。有些填料只起稀释作用，称为惰性填料。添加这种填料虽然降低了制品的成本，但强度也随之降低。有些填料适当使用可以显著提高强度，这样的填料称为活性填料。但是各种填料增强的程度很不一样，与填料本身的强度有关，也与填料和聚合物之间的亲和力大小有关。

粉状填料的补强（增强）机理以橡胶补强机理研究得最多，一般认为填料粒子的活性表面能与若干高分子链相结合形成一种交联结构，如以炭黑增强橡胶时，橡胶分子链可能接枝在炭黑粒子的表面（图 6-18）。当其中一根分子链受到应力时，可以通过交联点将应力分散传递到其他分子链上，如果其中某一根链发生断裂，其他链可以照样起作用，而不致危及整体。

纤维状填料的增强原理与混凝土中的钢筋对水泥的增强作用相似。图 6-19 为玻璃纤维增强尼龙 66 的电镜照片。以玻璃纤维为增强填料一般可使聚合物复合材料的拉伸、压缩、弯曲强度和硬度提高 100%～300%，冲击强度可能降低，但缺口敏感性则有明显改善，热变形温度也有较大提高。增强效果与玻璃纤维填料的强度有关，也与聚合物和玻璃纤维之间的黏着力有关。

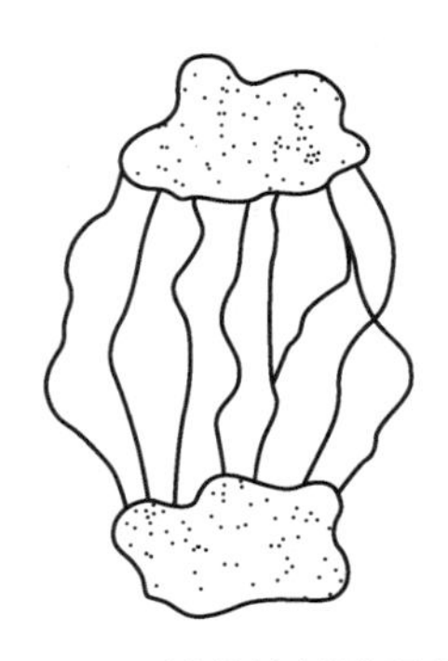

图 6-18 粉状填料补强机理

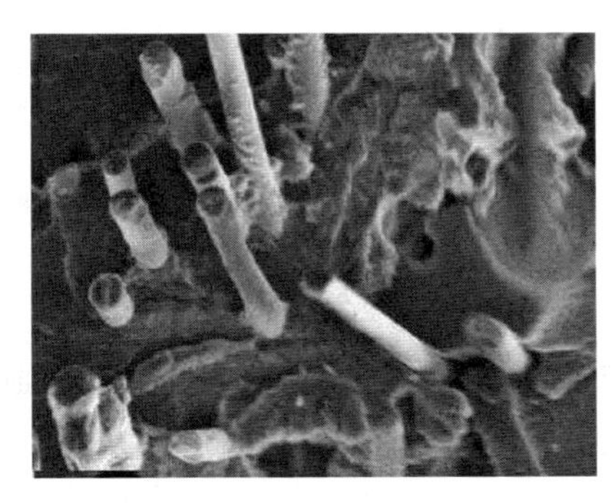

图 6-19 玻璃纤维增强尼龙 66 的电镜照片

⑥ 共聚和共混的影响 共聚可以综合两种以上均聚物的性能。例如聚苯乙烯原是脆性的，如果在苯乙烯中引入丙烯腈单体进行共聚，所得共聚物的拉伸和冲击强度都会提高。还可以进一步引入丁二烯单体进行接枝共聚，所得高抗冲聚苯乙烯和 ABS 树脂都具有较高的冲击强度。

共混是一种很好的改性手段，共混物常具有比原来组分更为优越的使用性能。最早的改性聚苯乙烯就是用天然橡胶和聚苯乙烯机械共混得到的，后来还用丁腈橡胶与苯乙烯-丙烯腈共聚物机械或乳液共混制备 ABS 树脂，它们的共同点是通过橡胶达到使塑料增韧的效果。这类材料具有两相结构，橡胶以微粒状分散于连续的塑料相之中。由于塑料连续相的存在，材料的弹性模量和硬度不会过分下降，而分散的橡胶微粒则作为大量的应力集中物，当材料受到冲击力时，它们可以引发大量的微裂纹，从而吸收大量的冲击能量。同时，由于大量微裂纹之间应力场的互相干扰，可阻止微裂纹的进一步发展，大大提高材料的韧性。

⑦ 外力作用速度和温度的影响 由于聚合物是黏弹性材料，它的破坏过程也是一种松弛过程，因此外力作用速度与温度对聚合物的强度有显著的影响。如果一种聚合物材料在拉伸试验中链段运动的松弛时间与拉伸速度相适应，则材料在断裂前可以发生屈服，表现出强迫高弹性。当拉伸速度提高时，链段运动跟不上外力的作用，根据式（6-1）可知，为使材料屈服，需要更大的外力，即材料的屈服强度提高了；进一步提高拉伸速度，材料终将在更高的应力下发生脆性断裂。反之当拉伸速度减慢时，屈服强度和断裂强度都将降低。图 6-20 是一组典型的应力-应变曲线，与图 6-1 对照可以看出，在拉伸试验中，提高拉伸速度与降低温度的效果是相似的。根据这一原理，可以把不同温度和拉伸速度下得到的应力-应变曲线画成一簇曲线，如果把各曲线的断裂点连接起来，便得到材料的破坏轨迹，如图 6-21 所示。假定在某一温度和拉伸速度条件下，材料的应力-应变关系沿曲线 OB 发展到达 D 点时，如果维持应力不再改变，则材料的伸长将随时间而增加，直到 E 点断裂。如果维持应变不

变，则材料的应力将随时间而逐渐衰减，直到 F 点断裂。

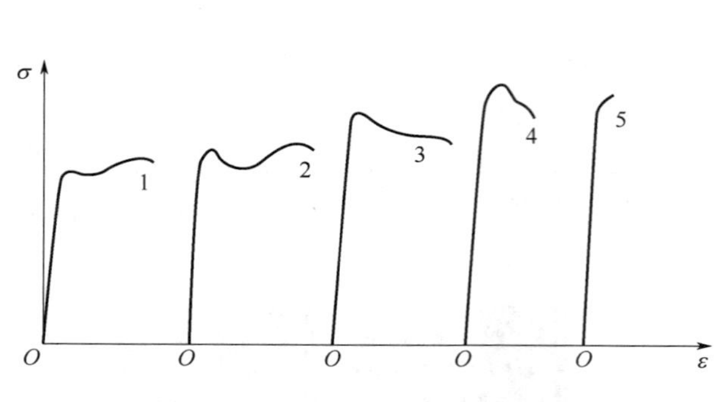

图 6-20 韧性聚苯乙烯不同速度拉伸时的应力-应变曲线

注：从曲线 1 到曲线 5 拉伸速度递增

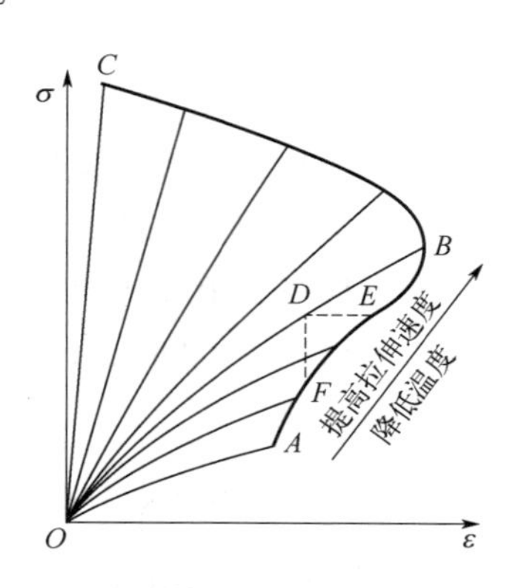

图 6-21 拉伸速度和温度对应力-应变曲线的影响示意图

在冲击试验中，温度对材料冲击强度的影响也是很大的。随温度的升高，聚合物的冲击强度逐渐增加，到接近 T_g 时，冲击强度将迅速增加，并且不同品种之间的差别缩小。例如在室温时很脆的聚苯乙烯，到 T_g 附近也会变成一种韧性的材料。低于 T_g 越远时，不同品种之间的差别越大，这主要取决于它们的脆点高低。对于结晶聚合物，如果其 T_g 在室温以下，则必然有较高的冲击强度，因为非晶部分在室温下处在高弹态，起了增韧作用，典型的例子如聚乙烯、聚丙烯等。热固性聚合物的冲击强度受温度的影响很小。

6.2 聚合物的高弹性

非晶态聚合物在 T_g 以上时处于高弹态，也称橡胶态，高弹态的高分子链段有足够的自由体积可以活动，当它们受到外力后，柔性的高分子链可以伸展或蜷曲，能产生很大的变形，甚至超过百分之几百。这样的高分子链与交联剂（硫化剂）反应，将在分子链间建立连接，形成交联网络，如图 6-22 所示，它的特点是受外力后能产生很大的变形，但不导致高分子链之间产生滑移，因此外力除去后形变会完全回复，这种大形变的可逆性称为高弹性。这是该类聚合物材料所特有的性质。

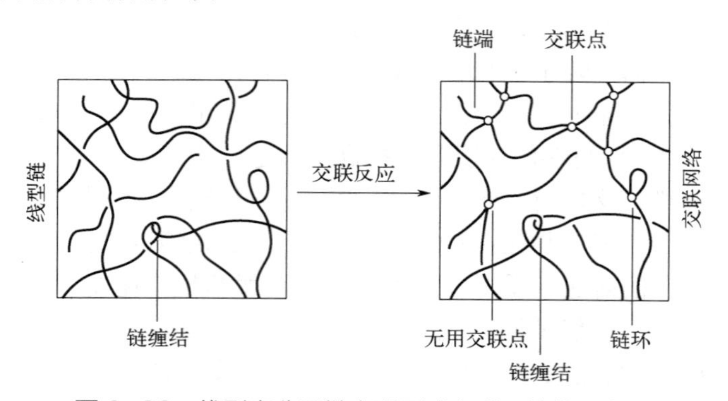

图 6-22 线型高分子链交联形成交联网络的示意图

6.2.1　高弹性的特点

在线课程
6-6

同一般固体物质相比，橡胶类物质的弹性最大特征如下。

（1）弹性模量很小，形变量很大

橡胶类物质的弹性形变叫作高弹形变。一般铜、钢等的形变量只有原试样的 1%，而橡胶的高弹形变则可达 1000%，且外力除去后可以自发回复。橡胶的弹性模量远小于其他固体物质，仅有 10^5～10^6Pa，且随温度的上升而增加。

（2）形变有时间依赖性

橡胶是一种长链分子，整个分子或链段的运动都要克服分子间的作用力和内摩擦力。高弹形变就是靠分子链段的运动来实现的，整个分子链从一种平衡状态过渡到与外力相适应的另一种平衡状态需要时间。在一般情况下形变总是落后于外力，所以橡胶发生形变需要时间。

（3）形变时有热效应

橡胶在伸长时会发热，回缩时会吸热，而且伸长时的热效应随伸长率而增加，通常称为热弹效应。

第 6 章

6.2.2　橡胶弹性的热力学分析

在线课程
6-7

关于橡胶的弹性理论是在分子结构和热力学概念的基础上发展起来的。理论的发展大致可分为三步，第一步是对橡胶的弹性进行热力学分析，第二步是用统计方法定量地计算高分子链的末端距和熵，从而对分子的弹性作出比较完整的解释；第三步是把孤立分子链的性质用于交联网络结构的体系中，试图用定量的方法表示网状结构聚合物的高弹性。

橡胶被拉伸时发生的高弹形变除去外力后可回复原状，即变形是可逆的，因此可利用热力学第一定律和第二定律进行分析。

假定长度为 l_0 的橡胶试样，等温时受外力 f 拉伸，伸长为 dl，由热力学第一定律可知，体系的内能变化等于体系吸收的热量与体系对外做功之差

$$\mathrm{d}U = \mathrm{d}Q - \mathrm{d}W \tag{6-10}$$

橡胶被拉长时，体系对外做的功应包括两部分；一部分是拉伸过程中体积变化所做的功 $p\mathrm{d}V$；另一部分是拉伸过程中形状变化所做的功为$-f\mathrm{d}l$，即

$$\mathrm{d}W = p\mathrm{d}V - f\mathrm{d}l \tag{6-11}$$

根据热力学第二定律，对于等温可逆过程

$$\mathrm{d}Q = T\mathrm{d}S \tag{6-12}$$

将式（6-11）和式（6-12）代入式（6-10）得

$$\mathrm{d}U = T\mathrm{d}S - p\mathrm{d}V + f\mathrm{d}l \tag{6-13}$$

实验证明，橡胶在拉伸过程中体积几乎不变，$\mathrm{d}V \approx 0$，故

$$\mathrm{d}U = T\mathrm{d}S + f\mathrm{d}l \tag{6-14}$$

或写成

$$f = \left(\frac{\partial U}{\partial l}\right)_{T,V} - T\left(\frac{\partial S}{\partial l}\right)_{T,V} \tag{6-15}$$

式（6-15）的物理意义是：外力作用在橡胶上，一方面使橡胶的内能随着伸长而变化，另一方面使橡胶的熵随着伸长而变化。或者说，橡胶的张力是由变形时内能和熵发生变化引起的。

为了验证式（6-15），先把不能被直接测量的$(\partial S/\partial l)_{T,V}$加以变换。根据 Gibbs 自由能的定义

$$G = H - TS = U + pV - TS \tag{6-16}$$

对于微小的变化

$$\mathrm{d}G = \mathrm{d}U + p\mathrm{d}V + V\mathrm{d}p - T\mathrm{d}S - S\mathrm{d}T \tag{6-17}$$

将式（6-13）代入上式，则

$$\mathrm{d}G = f\mathrm{d}l + V\mathrm{d}p - S\mathrm{d}T \tag{6-18}$$

从上式可得

$$\left(\frac{\partial G}{\partial l}\right)_{T,p} = f \tag{6-19}$$

$$\left(\frac{\partial G}{\partial T}\right)_{l,p} = -S \tag{6-20}$$

有了式（6-19）、式（6-20），则式（6-15）中的$(\partial S/\partial l)_{T,V}$可变换成

$$\left(\frac{\partial S}{\partial l}\right)_{T,V} = -\left[\frac{\partial}{\partial l}\left(\frac{\partial G}{\partial T}\right)_{l,p}\right]_{T,V} = -\left[\frac{\partial}{\partial T}\left(\frac{\partial G}{\partial l}\right)_{T,p}\right]_{l,V} = -\left(\frac{\partial f}{\partial T}\right)_{l,V} \tag{6-21}$$

所以式（6-15）可改写成

$$f = \left(\frac{\partial U}{\partial l}\right)_{T,V} + T\left(\frac{\partial f}{\partial T}\right)_{l,V} \tag{6-22}$$

这就是橡胶的热力学方程式，这里$\left(\frac{\partial f}{\partial T}\right)_{l,V}$的物理意义是：在试样的长度$l$和体积$V$维持不变的情况下，试样张力$f$随温度$T$的变化。它是可以直接从实验中测量的。

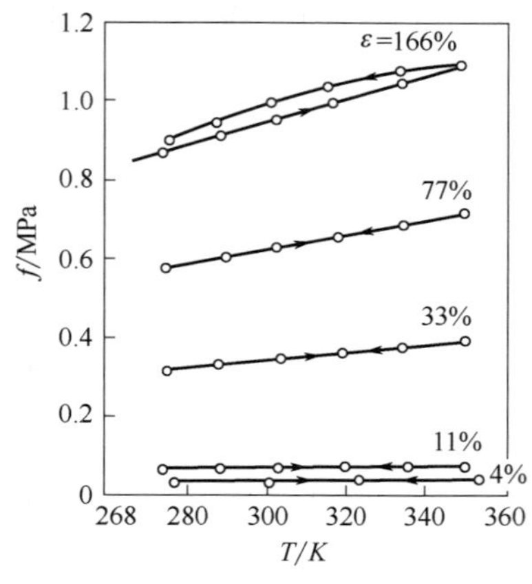

图 6-23　固定伸长时的张力-温度曲线

实验时，将橡胶在等温下拉伸到一定长度l，然后测定不同温度下的张力f。因为是按平衡态热力学处理得到的，实验改变温度时，必须等待足够长的时间，使张力达到平衡值为止。以张力f对热力学温度T作图，当ε不太大时可得到一条直线。根据式（6-22）可知直线的斜率为$(\partial f/\partial T)_{l,V}$，截距为$(\partial U/\partial l)_{T,V}$。以不同的拉伸长度$l$做平行实验，在$f$-$T$图上便可得到一组直线，如图 6-23 所示，直线右端标出了实验时橡胶试样的伸长率。所得结果表明，在相当宽的伸长范围和温度范围内，张力与温度之间一直保持良好的线性关系，直线的斜率随伸长率的增加而增加，而且各直线外推到T=0 时，几乎都通过坐标原点，

即$\left(\partial U/\partial l\right)_{T,V}\approx 0$，说明橡胶拉伸时，内能几乎不变，而主要引起熵的变化，因此也称橡胶弹性为熵弹性。

在外力作用下，橡胶的分子链由原来的蜷曲状态变为伸展状态，熵值由大变小，终态是一种不稳定的体系，当外力除去后会自发地回复到初态。又根据恒温可逆过程$\mathrm{d}Q=T\mathrm{d}S$，既然$\mathrm{d}S<0$，那么$\mathrm{d}Q$也应是负值，这解释了橡胶在拉伸过程中会放出热量的原理。

较精细的实验发现，当伸长率小于10%时，f-T曲线的斜率变成负值，这种现象称为热弹转变现象。这是由于在低伸长率时，橡胶试样正的热膨胀可能占优势。当以固定伸长比λ代替固定长度后，便可消除热膨胀效应。

在线课程
6-8

6.2.3 橡胶弹性的分子理论

从前面热力学分析的结果知道，橡胶材料变形时主要引起熵变，即弹性是熵的分子机理使得有可能把橡胶的宏观变形引起的回缩力与高分子链相应的构象变化联系起来。对橡胶交联网的应力-应变特征做定量计算，就是计算橡胶中所有分子在应变状态下的构象熵。通常可以认为本体聚合物试样的回缩力是试样中所有分子链回缩力的加和，即各个链对宏观试样弹性的贡献是彼此互不相干的，因此计算构象熵可以从单个分子链入手，然后再处理交联网。

（1）孤立柔性链的熵

对于一个孤立的柔性高分子链，可以按等效自由结合链来处理，看作是含有Z个长度为b链段的自由结合链，如果把它的一端固定在直角坐标的原点，另一端落在点(x,y,z)处的小体积元$\mathrm{d}x\mathrm{d}y\mathrm{d}z$内的概率可以用高斯分布函数来描述，

$$W(x,y,z)\mathrm{d}x\mathrm{d}y\mathrm{d}z=\left(\frac{\beta}{\sqrt{\pi}}\right)^3\mathrm{e}^{-\beta^2(x^2+y^2+z^2)}\mathrm{d}x\mathrm{d}y\mathrm{d}z \tag{6-23}$$

其中$\beta^2=3/2Zb^2$，如果$\mathrm{d}x\mathrm{d}y\mathrm{d}z$取成单位小体积元，则链构象数同概率密度$W(x,y,z)$成比例。再根据Boltzmann定律，体系的熵$S$与体系的微观状态数$\Omega$（构象数）的关系为$S=k\ln\Omega$。因此一个孤立的柔性高分子链的构象熵应为

$$S=C-k\beta^2(x^2+y^2+z^2) \tag{6-24}$$

式中，C是常数。

（2）仿射网络模型

真实的橡胶交联网是复杂的，为了理论处理的方便，要采用一个理想的分子交联网代替实际的橡胶交联网。仿射网络模型（affine network model）是由Flory在1953年提出的，它的基本假定是：

① 每个交联点由四根链组成，交联点是无规分布的；

② 两个交联点之间的链（网链）是高斯链，它的末端距符合高斯分布；

③ 高斯链组成的各向同性的交联网的构象总数是各个单独网链构象数的乘积；

④ 仿射形变：交联网中的交联点在形变前和形变后都是固定在其平均位置上的，形变时，这些交联点按与橡胶试样的宏观形变相同的比例移动；

⑤ 形变时，试样体积不变。

如图6-24所示，橡胶试样形变前在x、y、z方向上的边长均为1，形变后的长度为λ_1、λ_2、λ_3。根据假定④，则高分子链的末端距也应发生相应的变化，即如果交联网中第i个网

链的一端固定在原点，另一端形变前在点（x_i, y_i, z_i）处，形变后应在点（$\lambda_1 x_i, \lambda_2 y_i, \lambda_3 z_i$）处（图 6-25）。网链的构象熵可以引用式（6-24）的结果，即第 i 个网链：

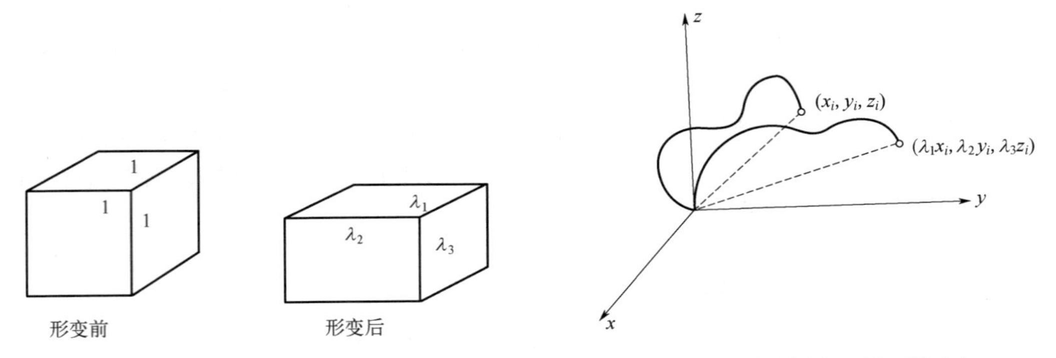

图 6-24 橡胶试样的尺寸　　**图 6-25** 网链仿射变形前后的坐标

形变前构象熵为　$S_{iu} = C - k\beta^2(x_i^2 + y_i^2 + z_i^2)$

形变后构象熵为　$S_{id} = C - k\beta^2(\lambda_1^2 x_i^2 + \lambda_2^2 y_i^2 + \lambda_3^2 z_i^2)$

形变时构象熵的变化为 $\Delta S_i = S_{id} - S_{iu} = -k\beta^2\left[(\lambda_1^2 - 1)x_i^2 + (\lambda_2^2 - 1)y_i^2 + (\lambda_3^2 - 1)z_i^2\right]$

根据假定③，整个交联网形变时的总构象熵变化，应为交联网中全部网链熵变的加和，如果试样的网链总数为 N，交联网总熵变为

$$\Delta S = -k\beta^2 \sum_{i=1}^{N}\left[(\lambda_1^2 - 1)x_i^2 + (\lambda_2^2 - 1)y_i^2 + (\lambda_3^2 - 1)z_i^2\right] \tag{6-25}$$

由于每个网链的末端距都不相等，故取平均值，则

$$\Delta S = -kN\beta^2\left[(\lambda_1^2 - 1)\overline{x^2} + (\lambda_2^2 - 1)\overline{y^2} + (\lambda_3^2 - 1)\overline{z^2}\right] \tag{6-26}$$

因为交联网是各向同性的，所以

$$\overline{x^2} = \overline{y^2} = \overline{z^2} = \frac{1}{3}\overline{h^2} \tag{6-27}$$

式中 $\overline{h^2}$ 是网链的均方末端距。将式（6-27）代入式（6-26）得

$$\Delta S = -\frac{1}{3}\overline{h^2}kN\beta^2\left[(\lambda_1^2 - 1) + (\lambda_2^2 - 1) + (\lambda_3^2 - 1)\right] \tag{6-28}$$

又因 $\beta^2 = 3/2Zb^2 = 3/2\overline{h^2}$，代入化简上式得

$$\Delta S = -\frac{1}{2}Nk(\lambda_1^2 + \lambda_2^2 + \lambda_3^2 - 3) \tag{6-29}$$

形变过程中，交联网的内能不变，ΔU=0，所以仿射网络的弹性自由能为

$$\Delta G_{el} = \Delta U - T\Delta S = \frac{1}{2}NkT(\lambda_1^2 + \lambda_2^2 + \lambda_3^2 - 3) \tag{6-30}$$

对于各向同性、单轴拉伸情况，若在 x 方向拉伸，则 $\lambda_1=\lambda$，$\lambda_2=\lambda_3$。根据假定⑤拉伸时体积不变，$\lambda_1\lambda_2\lambda_3=1$，因而 $\lambda_2=\lambda_3=\frac{1}{\sqrt{\lambda}}$，于是上式可写成

$$\Delta G_{\text{el}} = \frac{1}{2}NkT\left(\lambda^2 + \frac{2}{\lambda} - 3\right) \tag{6-31}$$

等温等容条件下，体系自由能的变化仅与外界的功交换相关，即 $dG = fdl$，因而

$$f = \left(\frac{\partial \Delta G_{\text{el}}}{\partial l}\right)_{T,V} = \left(\frac{\partial \Delta G_{\text{el}}}{\partial \lambda}\right)_{T,V}\left(\frac{\partial \lambda}{\partial l}\right)_{T,V} = \frac{NkT}{l_0}\left(\lambda - \frac{1}{\lambda^2}\right)$$

如果试样的起始截面积为 A_0，体积 $V_0=A_0l_0$，并用 N_0 表示单位体积内的网链数（网链密度），$N_0=N/V_0$，则拉伸应力

$$\sigma = N_0kT\left(\lambda - \frac{1}{\lambda^2}\right) \tag{6-32}$$

此式又称为交联橡胶状态方程，描述了交联橡胶的应力和应变关系。

当形变 ε 很小时，根据 $\lambda=1+\varepsilon$，$\lambda^{-2} = (1+\varepsilon)^{-2} = 1 - 2\varepsilon + 3\varepsilon^2 + \cdots$，略去高次方项代入式（6-32），则

$$\sigma = 3N_0kT\varepsilon = 3N_0kT(\lambda - 1) \tag{6-33}$$

式（6-33）表明，当形变很小时，交联橡胶的应力-应变关系符合胡克定律，$E = 3N_0kT$，这一关系式解释了橡胶的弹性模量随温度的升高和网链密度的增加而增大的实验事实。

图 6-26 是天然橡胶的 σ-λ 实验曲线与按式（6-32）取 N_0kT =4.0×10^{5}Pa 计算的理论曲线的比较。可以看到，只有当形变较小时（λ＜1.5），理论与实验才符合得较好，理论较好地反映了交联橡胶开始形变时的实际情况。形变较大时（λ＞1.5），理论曲线与实验曲线出现较大的偏离。造成偏差有两方面可能的原因：一方面是高度变形的交联网中，网链已接近其极限伸长比，再不可能符合高斯分布的假定；另一方面，分子链取向有序排列有利于结晶，即应变诱发结晶，而晶粒可起物理交联作用，使交联网的模量增加，因此应力急剧上升。虽然仿射网络模型只在较低的应变下适用，但是它为橡胶弹性提供分子水平上的解释有着极大的价值。此外，关于仿射网络模型也有人提出修正以及一些新模型，如考虑橡胶体积变化、实际链与高斯链的偏差，虚拟网络模型、连接点受约束模型、滑动-环节模型等。

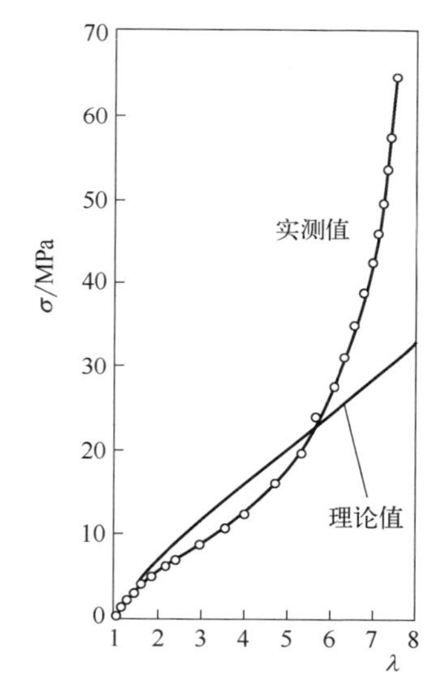

图 6-26　天然橡胶的应力-应变曲线

6.3 聚合物的黏弹性

6.3.1 聚合物的力学松弛

一个理想的弹性体，当受到外力后，平衡形变瞬时达到，与时间无关；一个理想的黏性体，当受到外力后，形变随时间线性发展；而高分子材料的形变性质与时间有关，这种关

系介于理想弹性体和理想黏性体之间（图 6-27），因此高分子材料常被称为黏弹性材料。

聚合物的力学性质随时间的变化统称为力学松弛，高分子材料受到外部作用的情况不同，可以观察到不同类型的力学松弛现象，最基本的有蠕变、应力松弛、滞后现象和力学损耗等。

在线课程 6-9

（1）蠕变

所谓蠕变，就是指在一定的温度和较小的恒定外力（拉力、压力或扭力等）作用下，材料的形变随时间的增加而逐渐增大的现象。例如软质聚氯乙烯丝悬挂一定重量的砝码，就会慢慢地伸长，解下砝码后，丝会慢慢回缩，这就是聚氯乙烯丝的蠕变现象。图 6-28 就是描绘这一过程的蠕变及蠕变恢复曲线，其中 t_1 是加荷时间，t_2 是释荷时间。

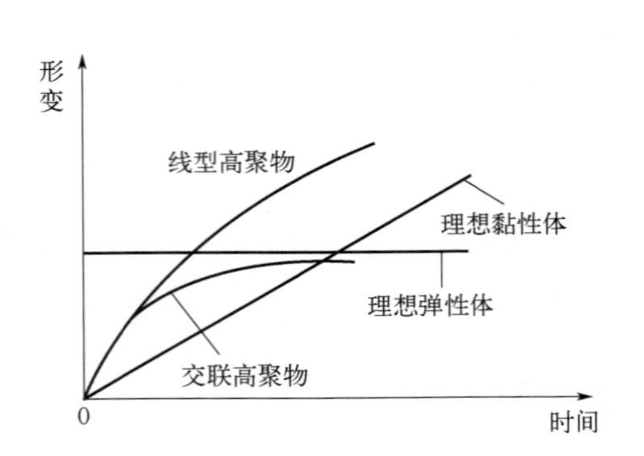

图 6-27 不同材料恒应力下形变与时间的关系

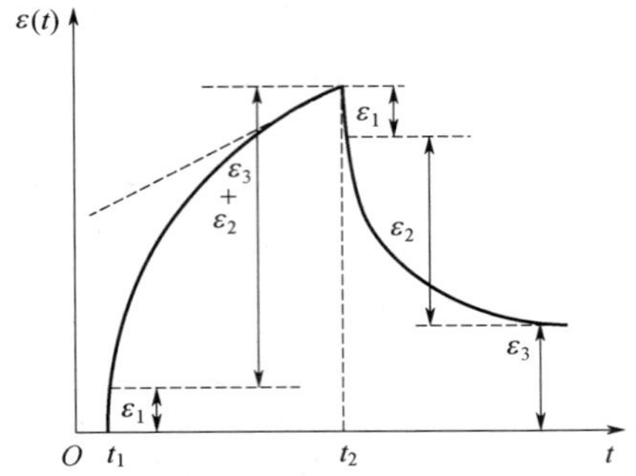

图 6-28 线型聚合物的蠕变及蠕变恢复曲线

从分子运动和变化的角度来看，蠕变过程包括下面三种形变。

① 普弹形变　当高分子材料受到外力作用时，分子链内部键长和键角立刻发生变化，这种形变量很小，称为普弹形变，用 ε_1 表示

$$\varepsilon_1 = \frac{\sigma}{E_1}$$

式中，σ 是应力；E_1 是普弹形变模量。外力除去时，普弹形变能立刻完全恢复，见图 6-29。

② 高弹形变　高弹形变是分子链通过链段运动逐渐伸展的过程，形变量比普弹形变要大得多，形变与时间成指数关系

$$\varepsilon_2 = \frac{\sigma}{E_2}(1 - \mathrm{e}^{-t/\tau})$$

式中，ε_2 是高弹形变；τ 是松弛时间（或称推迟时间），它与链段运动的黏度 η_2 和高弹模量 E_2 有关，$\tau = \eta_2 / E_2$。外力除去时，高弹形变是逐渐恢复的（图 6-30）。

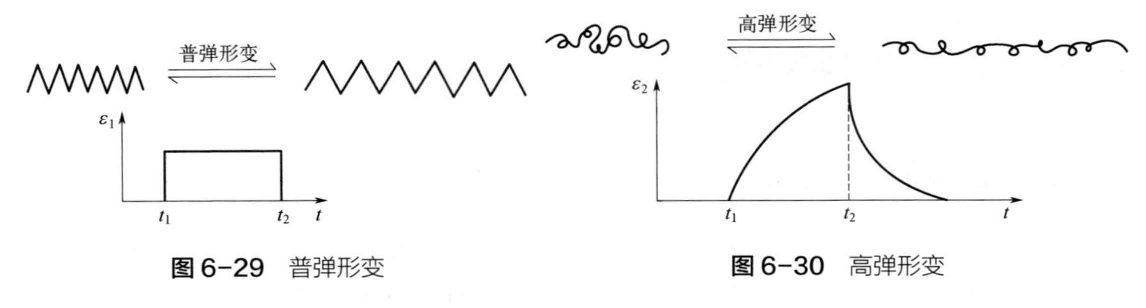

图 6-29 普弹形变

图 6-30 高弹形变

③ 黏性流动　分子间没有化学交联的线型聚合物，则还会产生分子间的相对滑移，称

为黏性流动，用符号 ε_3 表示

$$\varepsilon_3 = \frac{\sigma}{\eta_3} t$$

式中，η_3 是本体黏度。外力除去后黏性流动是不能回复的。因此，普弹形变 ε_1 和高弹形变 ε_2 称为可逆形变，而黏性流动 ε_3 称为不可逆形变（图 6-31）。

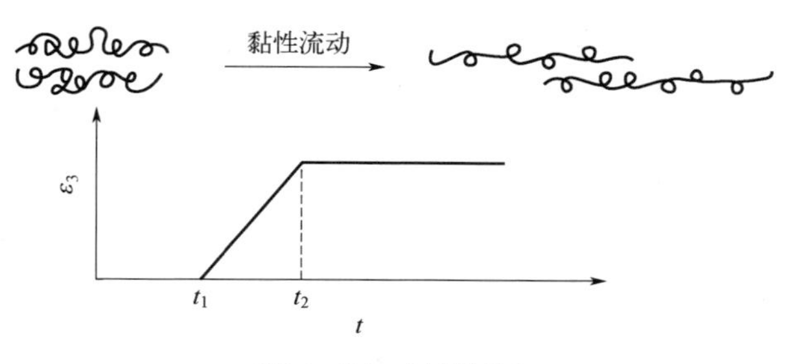

图 6-31 黏性流动

第 6 章

聚合物受到外力作用时以上三种形变是一起发生的，材料的总形变为

$$\varepsilon(t) = \varepsilon_1 + \varepsilon_2 + \varepsilon_3 = \frac{\sigma}{E_1} + \frac{\sigma}{E_2}(1 - e^{-t/\tau}) + \frac{\sigma}{\eta_3} t \tag{6-34}$$

三种形变的相对比例依具体条件不同而不同。在 T_g 以下链段运动的松弛时间很长（τ 很大），所以 ε_2 很小，分子之间的内摩擦阻力很大（η_3 很大），所以 ε_3 也很小，主要是 ε_1，因此形变很小；在 T_g 以上，τ 随着温度的升高而变小，所以 ε_2 相当大，主要是 ε_1 和 ε_2，而 ε_3 比较小；温度再升到 T_f 以上，不但 τ 变小，而且体系的黏度也减小，ε_1、ε_2 和 ε_3 都比较显著。由于黏性流动是不能回复的，因此对线型聚合物来说，当外力除去后总会留下一部分不能回复的形变，称为永久形变。图 6-28 中的曲线上标出了各部分形变的情况，普弹形变 ε_1 具有瞬时响应性，外力除去立刻回复，高弹形变 ε_2 恢复需要一定时间，黏性流动 ε_3 则是不可回复的永久形变。

蠕变与温度高低和外力大小有关。温度过低、外力太小，蠕变很小而且很慢，在短时间内不易觉察；温度过高、外力过大，形变发展过快，也觉察不出蠕变现象；在适当的外力作用下，通常在聚合物的 T_g 以上不远，链段在外力下可以运动，但运动时受到的内摩擦力又较大，只能缓慢运动，则可观察到较明显的蠕变现象。

各种聚合物在室温时的蠕变现象很不相同，了解这种差别，对于材料实际应用非常重要。图 6-32 是高温蠕变仪示意图及 23℃时测定的几种聚合物的蠕变曲线，可以看出，主链含芳杂环的刚性链聚合物，具有较好的抗蠕变性能，因而成为广泛应用的工程塑料，可用来代替金属材料加工成机械零件。对于蠕变比较严重的材料，使用时则需采取必要的补救措施。如硬聚氯乙烯有良好的抗腐蚀性能，可以用于化工管道、容器或塔等设备，但它容易蠕变，使用时必须增加支架以防止蠕变。聚四氟乙烯是塑料中摩擦系数最小的，因而具有很好的自润滑性能，但其蠕变现象很严重，虽然不能做成机械零件，却是很好的密封材料。橡胶采用硫化交联的办法来防止分子间滑移而造成的不可逆形变。

在线课程 6-10

（2）应力松弛

所谓应力松弛，就是在恒定温度和形变保持不变的情况下，聚合物内部的应力随时间延长而逐渐衰减的现象。例如拉伸一块未交联的橡胶到一定长度，并保持长度不变，随着时

间的增加，该橡胶的回弹力会逐渐减小，甚至可以减小到零（图 6-33）。因此，用未交联的橡胶来作传动带是不可想象的。此时，应力与时间也成指数关系。

$$\sigma = \sigma_0 e^{-t/\tau} \tag{6-35}$$

式中，σ_0 是起始应力；τ 是松弛时间。

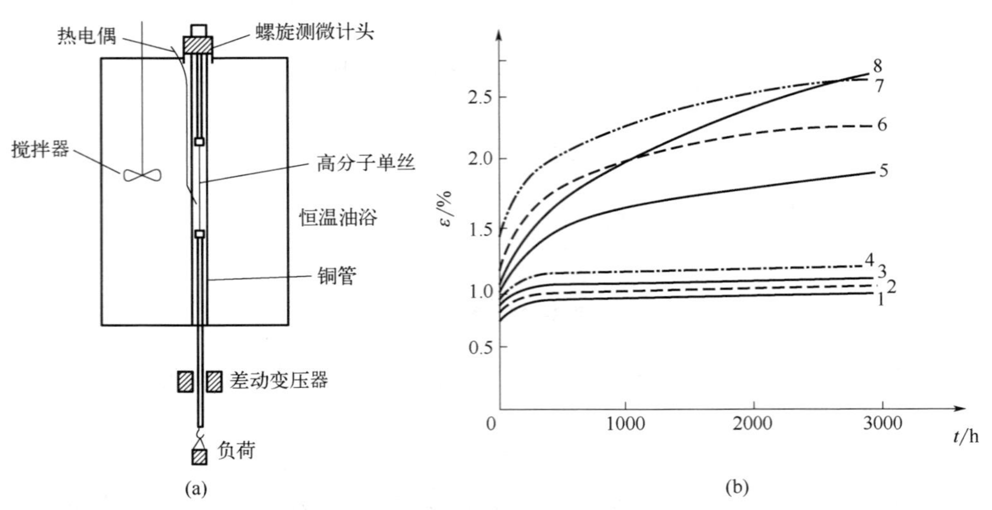

图 6-32 高温蠕变仪结构示意图（a）和几种聚合物 23°C 时的蠕变曲线（b）

1—聚砜；2—聚苯醚；3—聚碳酸酯；4—改性聚苯醚；5—耐热级 ABS；6—聚甲醛；7—尼龙；8—ABS

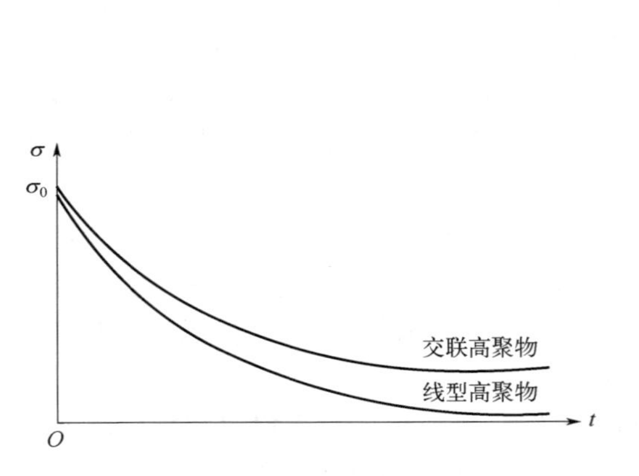

图 6-33 聚合物的应力松弛曲线

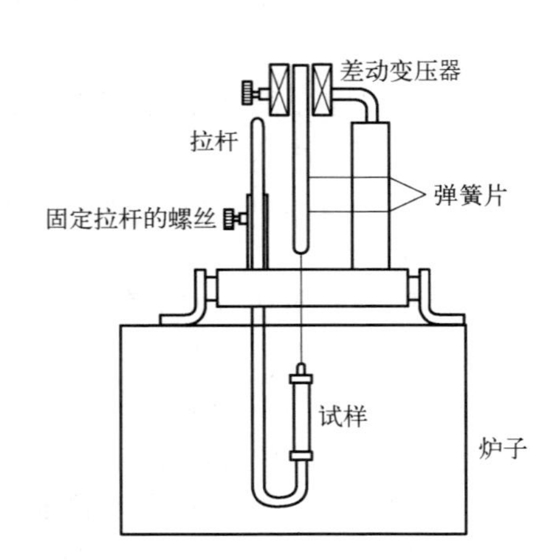

图 6-34 应力松弛仪结构示意图

应力松弛和蠕变是一个问题的两个方面，都反映聚合物内部分子的三种运动情况。当聚合物一开始被拉长时，其中分子处于不平衡的构象，要逐渐过渡到平衡的构象，也就是链段顺着外力的方向运动以减少或消除内部应力。如果温度很高，远远超过 T_g，像常温下的橡胶，链段运动时受到的内摩擦力很小，应力很快就松弛掉了，甚至可以快到几乎觉察不到的程度。如果温度太低，比 T_g 低得多，如常温下的塑料，虽然链段受到很大的应力，但是由于内摩擦力很大，链段运动的能力很弱，所以应力松弛极慢，也不容易觉察得到。只有在 T_g 附近的几十度范围内，应力松弛现象比较明显。例如含有增塑剂的聚氯乙烯丝，用它缚物，开始扎得很紧，后来会变松，就是应力松弛现象比较明显的例子。对于交联的聚合物，由于分子间不能滑移，所以应力不会松弛到零，只能松弛到某一数值。图 6-34 是应力松弛仪结构示意图，利用模量比试样大得多的弹簧片，通过其位置改变来测定拉伸时试样的应力松弛。当试样被拉杆拉长时，弹簧片也向下弯曲，当试样发生应力松弛时，弹簧片逐渐回复原状。利用差动变压器测定弹簧片的回复形变，然后换算成应力。

在线课程 6-10

（3）滞后现象

聚合物作为结构材料，在实际应用时，往往受到交变力（应力大小呈周期性变化）的作用。例如轮胎、传送皮带、齿轮、消振器等，它们都是在交变力作用的场合使用的。例如汽车如果行驶速度为 60km • h^{-1}，相当于在轮胎某处受到每分钟 300 次的周期性外力的作用，把轮胎的应力和应变随时间的变化记录下来，可以得到两条波形曲线，见图 6-35。

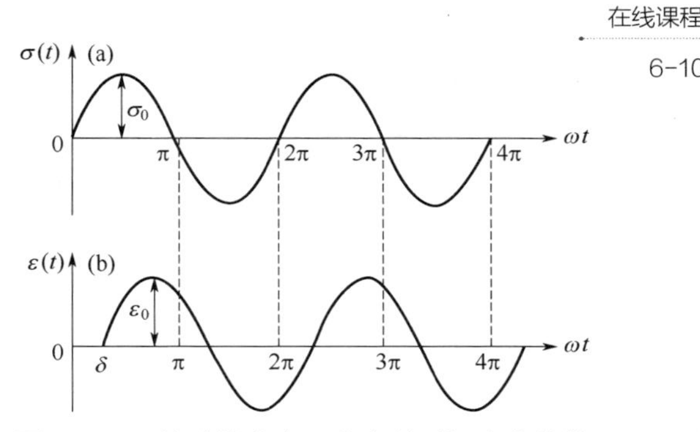

图 6-35 轮胎的应力和应变随时间变化曲线

图 6-35（a）的波形曲线用数学式表示可写成

$$\sigma(t) = \sigma_0 \sin\omega t \tag{6-36}$$

式中，$\sigma(t)$是轮胎某处受到的应力随时间的变化；σ_0 是该处受到的最大应力；ω 是外力变化的角频率；t 是时间。图 6-35（b）的波形曲线的数学表达式为

$$\varepsilon(t) = \varepsilon_0 \sin(\omega t - \delta) \tag{6-37}$$

式中，$\varepsilon(t)$ 是轮胎某处的应变随时间的变化；ε_0 是应变的最大值；δ 是形变发展落后于应力的相位角。

聚合物在交变应力作用下，形变落后于应力变化的现象称为滞后现象。滞后现象的发生是由于链段在运动时要受到内摩擦力的作用，当外力变化时，链段的运动跟不上外力的变化，所以形变落后于应力，有一个相位差 δ，δ 越大说明链段运动越困难，越跟不上外力的变化。

聚合物的滞后现象与其本身的化学结构有关，一般刚性分子的滞后现象小，柔性分子的滞后现象严重。滞后现象还受到外界条件的影响，如果外力作用的频率低，链段来得及运动，滞后现象很小；外力作用频率很高，链段根本来不及运动，聚合物好像一块刚硬的材料，滞后现象也很小；只有外力作用的频率不太高时，链段可以运动，但又跟不上，才出现较明显的滞后现象。改变温度也会发生类似的影响，在外力频率不变的情况下，提高温度，会使链段运动加快，当温度很高时，形变几乎不滞后于应力的变化；温度很低时，链段运动速度很慢，在应力增长的时间内形变来不及发展，因而也无滞后现象；只有在某一温度，约 T_g 上下几十度的范围内，链段能充分运动，但又跟不上外力的变化，则滞后现象严重。

在线课程 6-11

（4）力学损耗

如果形变的变化落后于应力的变化，发生滞后现象，则每一循环变化中就要消耗功，称为力学损耗，也称为内耗。

图 6-36（a）表示橡胶拉伸-回缩过程中应力-应变的变化情况。如果应变完全跟得上应力的变化，拉伸与回缩曲线重合在一起，没有滞后现象，每次形变所做的功等于恢复原状时获得的功，没有功的消耗。发生滞后现象时，拉伸曲线上的应变 ε_1' 达不到与其应力 σ_1 相对应的平衡应变值 ε_1，而回缩时，情况正相反，回缩曲线上的应变 ε_1'' 大于与其应力 σ_1 相对应的

平衡应变值ε_1。在图 6-36（a）上对应于应力 σ_1，有$\varepsilon_1' < \varepsilon_1 < \varepsilon_1''$。在这种情况下，拉伸时外力对聚合物体系做的功，一方面用来改变分子链段的构象，另一方面用来提供链段运动时克服链段间内摩擦所需要的能量。回缩时，伸展的分子链重新蜷曲起来，聚合物体系对外做功，但是分子链回缩时的链段运动仍需克服链段间的摩擦阻力。这样，一个拉伸-回缩循环中，有一部分功被损耗掉，转化为热。内摩擦阻力越大，滞后现象越严重，消耗的功也越大，即内耗越大。

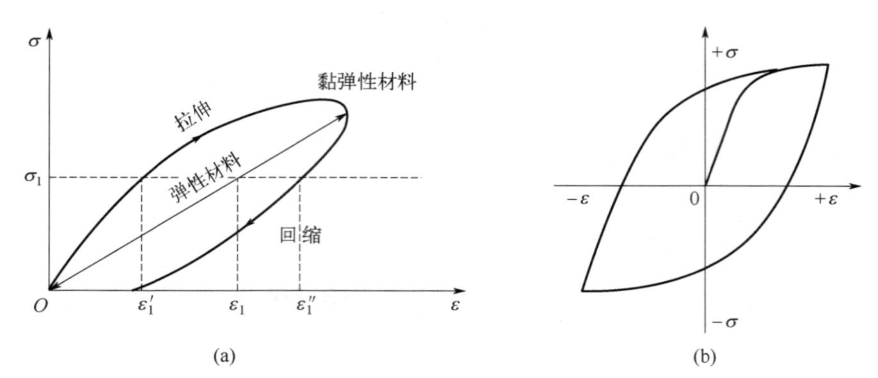

图 6-36　橡胶拉伸-回缩循环（a）和拉伸-压缩循环（b）的应力-应变曲线

拉伸和回缩时，外力对橡胶所做的功和橡胶对外力所做的回缩功分别相当于拉伸曲线和回缩曲线下所包围的面积，于是一个拉伸-回缩循环中所损耗的能量与这两块面积之差相当。

橡胶的拉伸-压缩循环的应力-应变曲线如图 6-36（b）所示，所构成的闭合曲线常称为“滞后圈”。滞后圈的大小为单位体积的橡胶在每一个拉伸-压缩循环中所损耗的功，数学上有

$$\Delta W = \oint \sigma(t)\mathrm{d}\varepsilon(t) = \oint \sigma(t)\frac{\mathrm{d}\varepsilon(t)}{\mathrm{d}t}\mathrm{d}t \tag{6-38}$$

将式（6-36）和式（6-37）代入式（6-38）可得

$$\Delta W = \sigma_0\varepsilon_0\omega\int_0^{2\pi/\omega}\sin\omega t\cos(\omega t-\delta)\mathrm{d}t = \pi\sigma_0\varepsilon_0\sin\delta \tag{6-39}$$

上式说明，每一循环中，单位体积试样损耗的能量正比于最大应力σ_0、最大应变ε_0以及应力和应变之间的相位角δ的正弦。故δ又称为力学损耗角，常用力学损耗角正切 $\tan\delta$ 来表示内耗的大小。

内耗的大小与聚合物本身的结构有关。一些常见橡胶品种的内耗和回弹性能的优劣，可以从其分子结构上找到定性的解释。例如，顺丁橡胶内耗较小，因为它的分子链上没有取代基团，链段运动的内摩擦阻力较小；丁苯橡胶和丁腈橡胶的内耗比较大，因为丁苯橡胶有庞大的侧苯基，丁腈橡胶有极性较强的侧氰基，因而它们的链段运动时内摩擦阻力较大；丁基橡胶的侧甲基虽没有苯基大，也没有氰基极性强，但是它的侧基数目比丁苯、丁腈的侧基多得多，所以内耗比丁苯、丁腈还要大。内耗较大的橡胶，吸收冲击能量较多，回弹性较差。

聚合物的内耗与温度的关系如图 6-37（a）所示。在 T_g 以下，聚合物受外力作用形变很小，这种形变主要由键长和键角的改变引起，速度很快，几乎完全跟得上应力的变化，δ 很

小，所以内耗很小。温度升高，在向高弹态过渡时，由于链段开始运动，而体系的黏度还很大，链段运动时受到的摩擦阻力比较大，因此高弹形变显著落后于应力的变化，δ 较大，内耗也大。当温度进一步升高时，虽然形变大，但链段运动比较自由，δ 变小，内耗也小了。因此，在玻璃化转变区域将出现一个内耗的极大值，称为内耗峰。向黏流态过渡时，由于分子间相对滑移，因而内耗急剧增加。

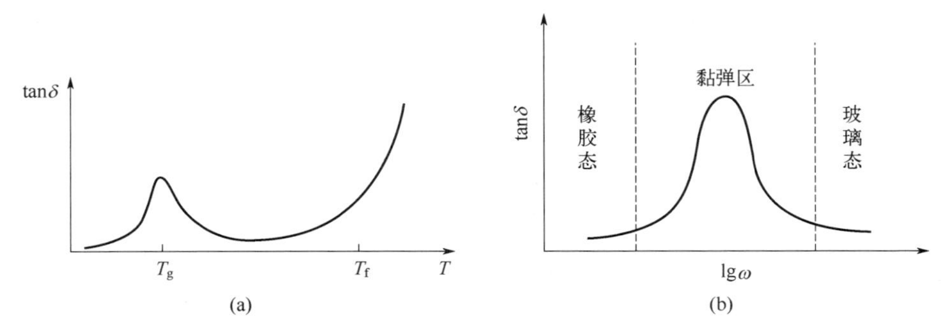

图 6-37　聚合物的内耗与温度（a）和频率（b）的关系

聚合物的内耗与频率的关系如图 6-37（b）所示。频率很低时，高分子链段运动完全跟得上外力的变化。内耗很小，聚合物表现出橡胶的高弹性；在频率很高时，链段运动完全跟不上外力的变化，内耗也很小，聚合物显刚性，表现出玻璃态的力学性质；只有在中间区域，链段运动跟不上外力的变化，内耗在一定的频率范围将出现一个极大值，这个区域中材料的黏弹性表现得很明显，故称为黏弹区。

前面讨论的蠕变和应力松弛，是静态力学松弛过程，而在交变的应力、应变作用下发生的滞后现象和力学损耗，则是动态力学松弛，因此有时也称后一类力学松弛为聚合物的动态力学性质或动态黏弹性。在这种情况下，应力和应变都是时间的函数，那么这时的弹性模量应该怎样计算呢？

当 $\varepsilon(t)=E_0\sin\omega t$ 时，因应力变化比应变领先一个相位角 δ，故 $\sigma(t)=\sigma_0\sin(\omega t+\delta)$，此应力表达式可以展开成

$$\sigma(t)=\sigma_0\sin\omega t\cos\delta+\sigma_0\cos\omega t\sin\delta \tag{6-40}$$

可见应力由两部分组成，一部分是与应变同相位的，幅值为 $\sigma_0\cos\delta$，是弹性形变的动力；另一部分是与应变相差 90°角的，幅值为 $\sigma_0\sin\delta$，消耗于克服摩擦阻力。如果定义 E' 为同相的应力和应变的比值，而 E'' 为相差 90°角的应力和应变的振幅的比值，则

$$E'=\left(\frac{\sigma_0}{\varepsilon_0}\right)\cos\delta \tag{6-41}$$

$$E''=\left(\frac{\sigma_0}{\varepsilon_0}\right)\sin\delta \tag{6-42}$$

那么应力的表达式变成

$$\sigma(t)=\varepsilon_0E'\sin\omega t+\varepsilon_0E''\cos\omega t \tag{6-43}$$

因此，这时的模量也应包括两个部分，用复数模量表示如下

$$E^*=E'+\mathrm{i}E'' \tag{6-44}$$

式中，$i=\sqrt{-1}$；E'为实数模量，又称为储能模量，它表示应变作用下能量在试样中的储存；E''为虚数模量，表示能量的损耗，通常称为损耗模量。它们的比值

$$\tan\delta = \frac{E''}{E'} \tag{6-45}$$

称为损耗角正切或损耗因子。

根据式（6-42）可以将式（6-39）变换为

$$\Delta W = \pi\varepsilon_0^2 E'' \tag{6-46}$$

可见单位体积试样每一周期损耗的能量与E''有关。

在一般情况下，动态模量（又称绝对模量）按下式计算

$$E = \left|E^*\right| = \sqrt{E'^2 + E''^2} \tag{6-47}$$

因为通常$E'' \ll E'$，所以也常直接用E'作为材料的动态模量。

复数模量与频率和温度有关，当固定温度考虑聚合物的E'和E''随频率变化的情况时，可以得到E'和E''的频率谱；而固定频率改变温度则得到温度谱。温度谱和频率谱一起统称为聚合物的力学图谱。动态热机械分析仪（DMA）常用来研究聚合物的力学损耗，图 6-38 给出 DMA 的结构示意图，及测定的典型黏弹性固体的动态力学频率谱。可以看到，在低频时，材料呈橡胶态，模量E'较小，且在一定频率范围内不随频率变化；在高频时，材料呈玻璃态，模量E'较高，也在一定频率范围内变化不大；在中间频率范围，材料呈现黏弹性，E'随ω急剧升高，E''和 $\tan\delta$ 则在黏弹区中都出现一个极大值，而在高频和低频时都很小。

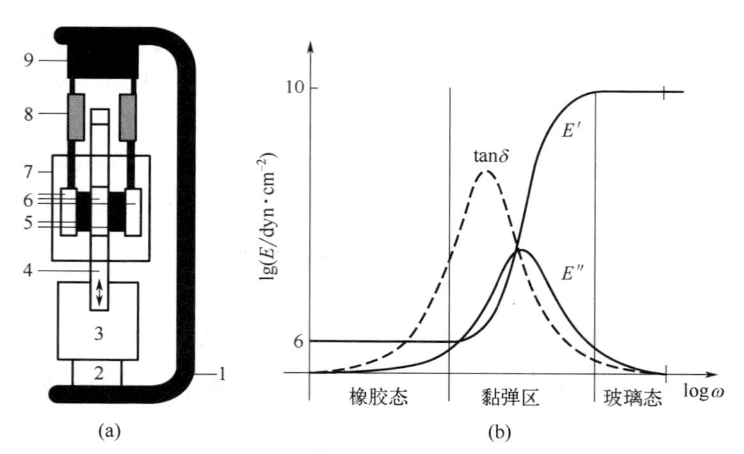

图 6-38 动态热机械分析仪结构示意图（a）和典型黏弹性固体的动态力学频率谱（b）

1—基座；2—高度调节装置；3—驱动马达；4—驱动轴；5—试样；6—试样夹具；
7—炉体；8—位移传感器；9—力传感器

6.3.2 黏弹性的力学模型

在线课程 6-12 6-13

为了更加深刻地理解力学松弛现象，很早就有人提出了用理想弹簧和理想黏壶以各种不同方式组合起来，模拟聚合物的力学松弛过程。这种方法的优点在于直观，并且可以得到

力学松弛的各数学表达式。

理想弹簧的力学性质服从胡克定律，应力和应变与时间无关，即

$$\sigma = E\varepsilon = \frac{1}{D}\varepsilon \tag{6-48}$$

式中，E 为弹簧的模量；D 为柔量。

理想黏壶是在容器内装有服从牛顿流体定律的液体，应力和应变与时间的关系为

$$\sigma = \eta\frac{\mathrm{d}\varepsilon}{\mathrm{d}t} \text{ 或 } \varepsilon = \frac{\sigma}{\eta}t \tag{6-49}$$

式中，η 是液体的黏度；$\mathrm{d}\varepsilon/\mathrm{d}t$ 是应变速率。

（1）Maxwell 模型

Maxwell 模型由一个理想弹簧和一个理想黏壶串联而成（图 6-39）。模型受力时，两个元件的应力与总应力相等 $\sigma=\sigma_1=\sigma_2$，而总应变则等于两个元件的应变之和 $\varepsilon=\varepsilon_1+\varepsilon_2$，总应变速率也等于两个元件应变速率之和，即

$$\frac{\mathrm{d}\varepsilon}{\mathrm{d}t} = \frac{\mathrm{d}\varepsilon_1}{\mathrm{d}t} + \frac{\mathrm{d}\varepsilon_2}{\mathrm{d}t}$$

将式（6-48）对时间求导后和式（6-49）一起代入上式，即得 Maxwell 模型的运动方程

$$\frac{\mathrm{d}\varepsilon}{\mathrm{d}t} = \frac{1}{E}\times\frac{\mathrm{d}\sigma}{\mathrm{d}t} + \frac{\sigma}{\eta} \tag{6-50}$$

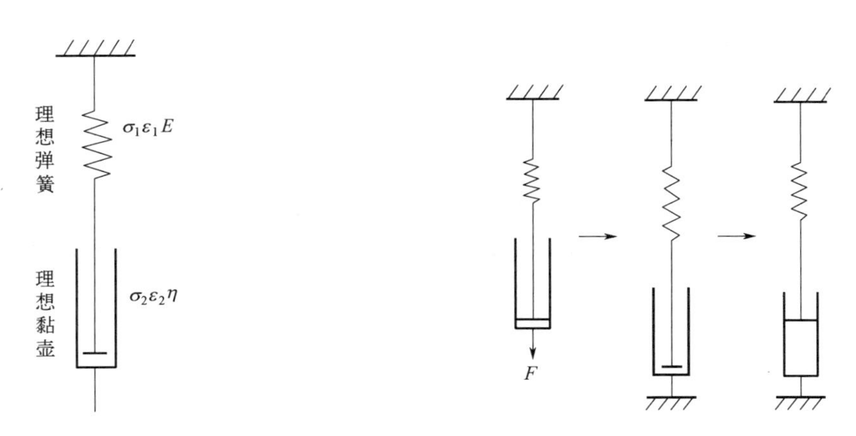

图 6-39　Maxwell 模型示意图　　图 6-40　Maxwell 模型的应力松弛过程

Maxwell 模型对模拟应力松弛过程（图 6-40）特别有用。当模型受到一个外力时，弹簧瞬时发生形变，而黏壶由于黏性作用，来不及发生形变，因此模型应力松弛的起始形变 ε_0 由理想弹簧提供，并使两个元件产生起始应力 σ_0，随后理想黏壶慢慢被拉开，弹簧则逐渐回缩，形变减小，因而总应力下降直到完全消除为止，这与线型聚合物的应力松弛过程相符。应力松弛过程中总形变固定不变，$\mathrm{d}\varepsilon/\mathrm{d}t=0$，式（6-50）变成

$$\frac{1}{E}\times\frac{\mathrm{d}\sigma}{\mathrm{d}t} + \frac{\sigma}{\eta} = 0$$

当 t=0 时，$\sigma=\sigma_0$，上式积分即得

$$\sigma(t)=\sigma_0\mathrm{e}^{-t/\tau} \tag{6-51}$$

式中，$\tau=\dfrac{\eta}{E}$。上式表示形变固定时应力随时间的变化。时间 t 增加则应力 σ 减少，当 $t\to\infty$ 时，$\sigma\to0$，所得的曲线如图 6-41 所示，当 $t=\tau$ 时 $\sigma=\sigma_0/\mathrm{e}$，$\tau$ 称为松弛时间，表示形变固定时由于黏性流动使应力减少到起始应力的 1/e 所需的时间。从松弛时间的表达式可见，其既与黏性系数有关，又与弹性模量有关，这也说明松弛过程是弹性行为和黏性行为共同作用的结果。

下面尝试用 Maxwell 模型模拟聚合物的动态力学行为。当模型受一个交变应力 $\sigma(t)=\sigma_0\mathrm{e}^{\mathrm{i}\omega t}$ 作用时，其运动方程式（6-50）可以写成

$$\frac{\mathrm{d}\varepsilon(t)}{\mathrm{d}t}=\frac{\sigma_0}{E}\mathrm{i}\omega\mathrm{e}^{\mathrm{i}\omega t}+\frac{\sigma_0}{\eta}\mathrm{e}^{\mathrm{i}\omega t}$$

在 t_1～t_2 区间内对上式积分，则

$$\varepsilon(t_2)-\varepsilon(t_1)=\frac{\sigma_0}{E}(\mathrm{e}^{\mathrm{i}\omega t_2}-\mathrm{e}^{\mathrm{i}\omega t_1})+\frac{\sigma_0}{\mathrm{i}\omega\eta}(\mathrm{e}^{\mathrm{i}\omega t_2}-\mathrm{e}^{\mathrm{i}\omega t_1})=\left(\frac{1}{E}+\frac{1}{\mathrm{i}\omega\eta}\right)\left[\sigma(t_2)-\sigma(t_1)\right]$$

应力增量除以应变增量即复数模量 E^*，由上式得

$$E^*=\frac{\sigma(t_2)-\sigma(t_1)}{\varepsilon(t_2)-\varepsilon(t_1)}=\frac{1}{\dfrac{1}{E}-\dfrac{\mathrm{i}}{\omega\eta}}=\frac{E\omega\tau}{\omega\tau-\mathrm{i}}=\frac{E\omega^2\tau^2}{1+\omega^2\tau^2}+\mathrm{i}\frac{E\omega\tau}{1+\omega^2\tau^2}$$

$$E'=\frac{E\omega^2\tau^2}{1+\omega^2\tau^2},\quad E''=\frac{E\omega\tau}{1+\omega^2\tau^2};\ \tan\delta=\frac{1}{\omega\tau}$$

按上述关系式得到的频率谱如图 6-42 所示，从定性上看，E' 和 E'' 的形状是对的，但 $\tan\delta$ 的形状不对。

Maxwell 模型用于模拟蠕变过程是不成功的，它的蠕变相当于牛顿流体的黏性流动，而聚合物的蠕变则要复杂得多。Maxwell 模型也不能模拟交联聚合物的应力松弛过程。

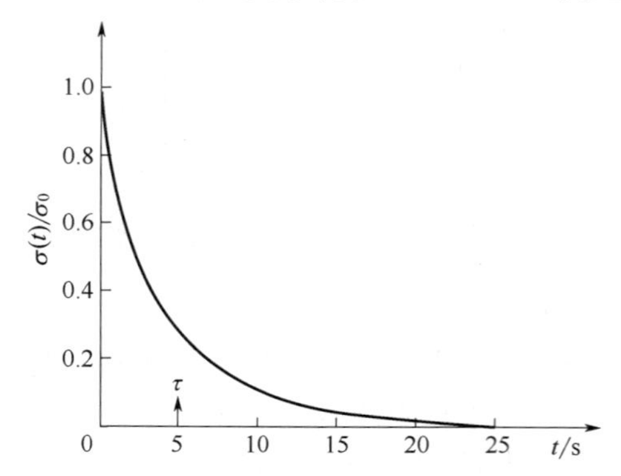

图 6-41 Maxwell 模型的应力松弛曲线

$E=10^6$Pa，$\eta=5\times10^7$P

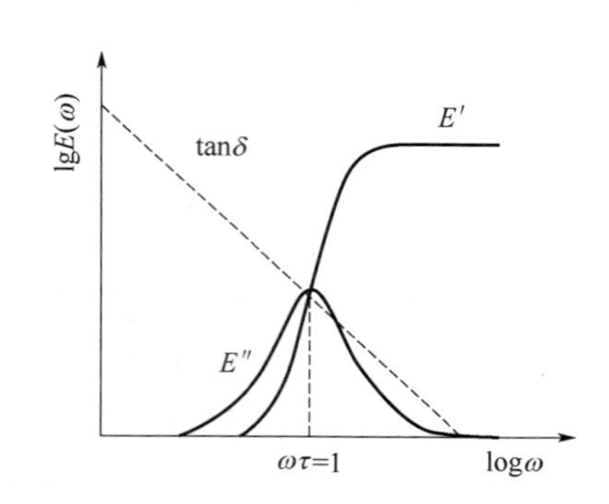

图 6-42 Maxwell 模型的动态黏弹行为

（2）Voigt（或 Kelvin）模型

Voigt 模型是由一个理想弹簧和一个理想黏壶并联而成的（图 6-43）。由于元件并联，作用在模型上的应力由两个元件共同承受，尽管随着时间的延续，应力在两个元件上的分布情

况在不断改变，但始终满足 $\sigma=\sigma_1+\sigma_2$，而两个元件的应变则总是相同的，$\varepsilon=\varepsilon_1=\varepsilon_2$。因此，根据式（6-48）和式（6-49）可以直接写出模型的运动方程

$$\sigma = E\varepsilon + \eta\frac{\mathrm{d}\varepsilon}{\mathrm{d}t} \tag{6-52}$$

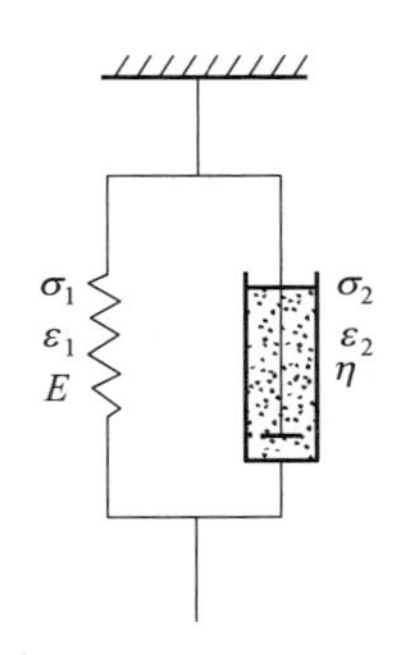

图6-43 Voigt（或Kelvin）模型示意图

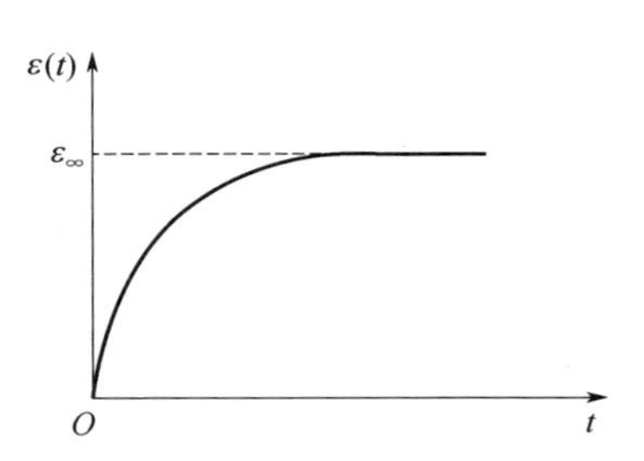

图6-44 Voigt（或Kelvin）模型的蠕变曲线

Voigt 模型可以用来模拟交联聚合物的蠕变过程。当拉力作用在模型上时，由于黏壶的存在，弹簧不能立刻被拉开，只能随着黏壶一起慢慢被拉开，因此形变是逐渐发展的。如果外力除去，由于弹簧的恢复力，使整个模型的形变也可慢慢恢复。这与聚合物蠕变过程的情形是一致的。在蠕变过程中，应力保持不变 $\sigma=\sigma_0$，式（6-52）变成

$$\frac{\mathrm{d}\varepsilon}{\sigma_0 - E\varepsilon} = \frac{\mathrm{d}t}{\eta}$$

当 t=0 时，ε=0，上式积分即得

$$\varepsilon(t) = \frac{\sigma_0}{E}(1-\mathrm{e}^{-t/\tau}) = \varepsilon(\infty)(1-\mathrm{e}^{-t/\tau}) \tag{6-53}$$

式中，$\tau=\eta/E$，$\varepsilon(\infty)$是 $t\to\infty$时的平衡形变。蠕变过程的松弛时间 τ 有时称为推迟时间，表示形变推迟发生。图 6-44 是 Voigt 模型的蠕变曲线。

当除去应力时，σ=0，式（6-52）变成

$$E\varepsilon + \eta\frac{\mathrm{d}\varepsilon}{\mathrm{d}t} = 0$$

当 t=0 时，$\varepsilon=\varepsilon(\infty)$，上式积分即得

$$\varepsilon(t) = \varepsilon(\infty)\mathrm{e}^{-t/\tau} \tag{6-54}$$

这是模拟蠕变恢复过程的方程。

下面尝试用 Voigt 模型来模拟聚合物的动态力学行为。当模型的应变为$\varepsilon(t)=\varepsilon_0\mathrm{e}^{\mathrm{i}\omega t}$时，式（6-52）可以写成

$$\sigma(t) = E\varepsilon_0\mathrm{e}^{\mathrm{i}\omega t} + \mathrm{i}\omega\eta\varepsilon_0\mathrm{e}^{\mathrm{i}\omega t}$$

于是复数模量

$$E^* = \frac{\sigma(t)}{\varepsilon(t)} = E + \mathrm{i}\omega\eta$$

而复数柔量

$$D^* = \frac{\varepsilon(t)}{\sigma(t)} = \frac{1}{E+\mathrm{i}\omega\eta} = \frac{D}{1+\omega^2\tau^2} - \mathrm{i}\frac{D\omega\tau}{1+\omega^2\tau^2}$$

因此，$D' = D/(1+\omega^2\tau^2)$，$D'' = D\,\omega\tau/(1+\omega^2\tau^2)$，$\tan\delta = \omega\tau$。这些关系的曲线见图 6-45，$D'$ 和 D'' 曲线的形状是对的，$\tan\delta$ 的曲线形状仍然不对。

显然，Voigt 模型模拟的动态力学行为与实际结果不符。另外 Voigt 模型不可能用于模拟应力松弛过程，因为有黏壶并联在弹簧上，要使模型产生一个瞬时应变，需要无限大的力。同时由于模拟蠕变过程时没有永久变形，模型也不能模拟线型聚合物的蠕变过程。

（3）四元件模型

四元件模型是根据高分子的分子运动机理设计的。考虑到聚合物的形变是由三个部分组成的：第一部分是由分子内部键长、键角改变引起的普弹形变，这种形变是瞬时完成的，因而可以用一个硬弹簧 E_1 来模拟；第二部分是链段的伸展、蜷曲引起的高弹形变，这种形变是随时间而变化的，根据前文可知，可以用弹簧 E_2 和黏壶 η_2 并联起来去模拟；第三部分是由高分子相互滑移引起的黏性流动，这种形变是随时间线性发展的，可以用一个黏壶 η_3 来模拟，如图 6-46 所示。聚合物的总形变等于这三部分形变的总和，因此模型应该把这三部分元件串联起来，构成的四元件模型可以看作是 Maxwell 模型和 Voigt 模型串联而成的。通过这样四个元件的组合，可以从高分子结构的角度出发，说明聚合物在任何情况下的形变都有弹性和黏性存在。

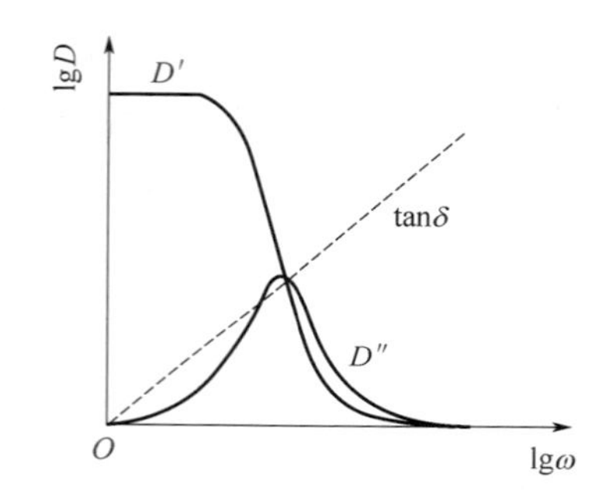

图 6-45　Voigt 模型的动态力学行为

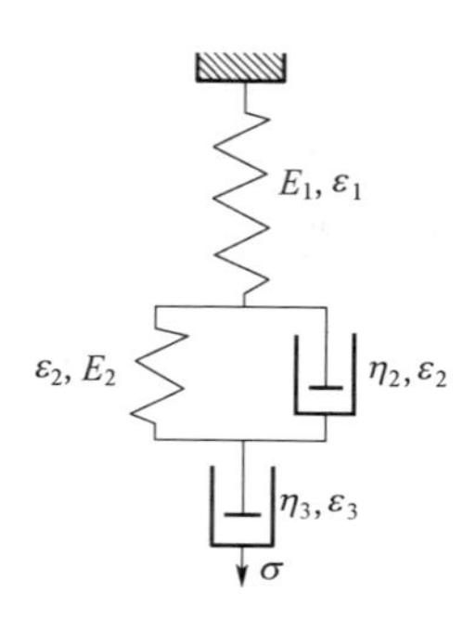

图 6-46　四元件模型示意图

用四元件模型来描述线型聚合物的蠕变过程特别合适。蠕变过程 $\sigma = \sigma_0$，因而聚合物的总形变

$$\varepsilon(t) = \varepsilon_1 + \varepsilon_2 + \varepsilon_3 = \frac{\sigma_0}{E_1} + \frac{\sigma_0}{E_2}(1 - e^{-t/\tau}) + \frac{\sigma_0}{\eta_3}t \tag{6-55}$$

图 6-47 为用四元件模型模拟的蠕变曲线和恢复曲线，以及各时刻对应的模型各元件的相应行为。这个模型用来模拟线型聚合物的力学松弛是比较成功的。

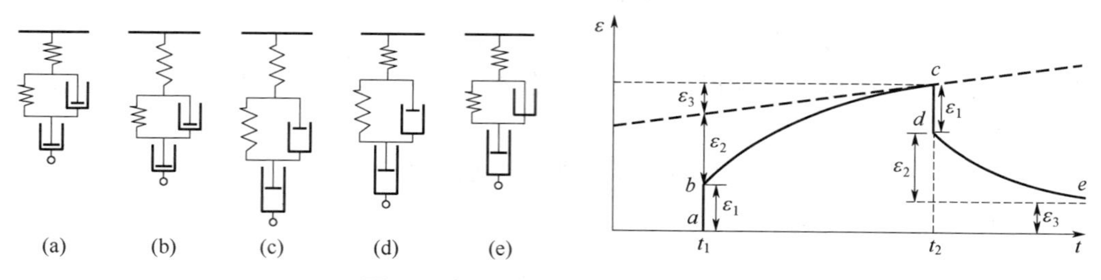

图 6-47　四元件模型的蠕变行为

（4）多元件模型和松弛时间分布

上述诸模型虽然可以表示出聚合物黏弹行为的主要特征，但是它们都只能给出具有单

一松弛时间的指数形式的响应，而实际聚合物由于结构单元的多重性及其运动的复杂性，力学松弛过程不止一个松弛时间，而是一个分布很宽的连续谱，为此提出多元件模型。

① 广义 Maxwell 模型　广义 Maxwell 模型是取任意多个 Maxwell 单元并联而成的（图 6-48）。让每个单元由不同模量的弹簧和不同黏度的黏壶组成，因而具有不同的松弛时间，当模型在恒定应变ε_0作用下，其应力应为诸单元应力之和，根据式（6-50）可以得出

$$\sigma(t)=\varepsilon_0\sum_i^n E_i \mathrm{e}^{-t/\tau_i} \tag{6-56}$$

应力松弛模量为
$$E(t)=\sum_i^n E_i \mathrm{e}^{-t/\tau_i}$$

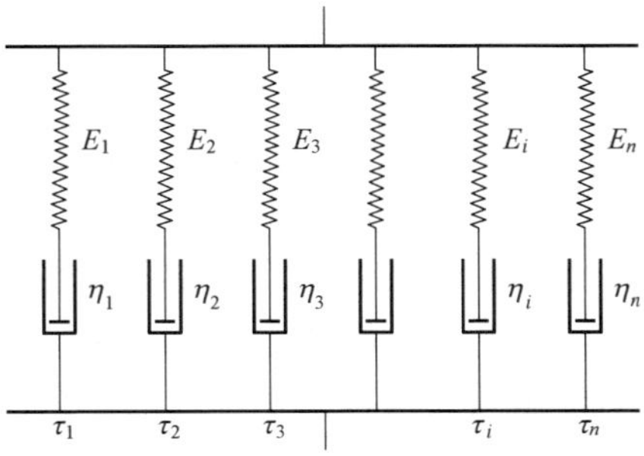

图 6-48　广义 Maxwell 模型

图 6-49 给出了只由两个 Maxwell 单元并联组合模型的应力松弛行为，曲线出现了两个转变，与图 6-50 给出的实际聚合物的应力松弛行为对照，显然比只有一个转变（图 6-42）的 Maxwell 模型又进了一步。当$n\to\infty$时，上式可以写成积分形式

$$E(t)=\int_0^\infty f(\tau)\mathrm{e}^{-t/\tau}\mathrm{d}\tau \tag{6-57}$$

式中，$f(\tau)$称为松弛时间谱。

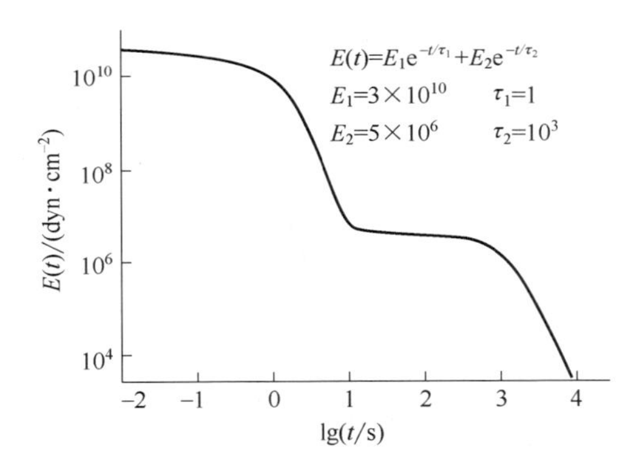

图 6-49　两个 Maxwell 单元并联组合模型的应力松弛行为

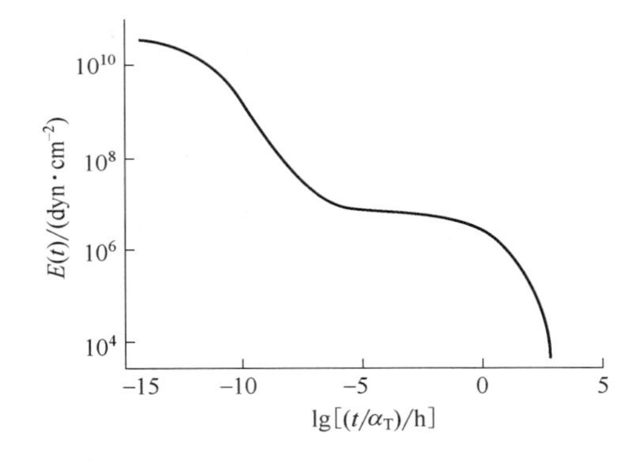

图 6-50　聚异丁烯 25°C 时的应力松弛叠合曲线

② 广义 Voigt 模型　广义 Voigt 模型是取任意多个 Voigt 单元串联而成的。若其第i个单元的弹簧模量为E_i，松弛时间为τ_i，则拉伸蠕变时，总形变应为全部 Voigt 单元形变的加和，根据式（6-54）可以写出

$$\varepsilon(t)=\sum_i^n \varepsilon_i(\infty)(1-\mathrm{e}^{-t/\tau_i}) \tag{6-58}$$

蠕变柔量为$D(t)=\sum_i^n D_i(1-\mathrm{e}^{-t/\tau_i})$

当$n\to\infty$时，式（6-58）可以写成积分形式

$$D(t)=\int_0^\infty g(\tau)(1-\mathrm{e}^{-t/\tau})\mathrm{d}\tau \tag{6-59}$$

式中，$g(\tau)$ 称为推迟时间谱。

6.3.3 时温等效原理

在线课程 6-14

从高分子运动的松弛性质已经知道，要使高分子链段具有足够大的活动性从而使聚合物表现出高弹形变，或者要使整个高分子能够移动而显示出黏性流动，都需要一定的时间（用松弛时间来衡量）。温度升高，松弛时间可以缩短。因此，同一个力学松弛现象，既可在较高的温度下通过较短的时间观察到，也可以在较低的温度下通过较长的时间观察到。即升高温度与延长观察时间对分子运动是等效的，对聚合物的黏弹行为也是等效的。这个等效性可以借助于一个转换因子α_T来实现，即借助于转换因子可以将在某一温度下测定的力学数据，变成另一温度下的力学数据，这就是时温等效原理。

例如在T_1、T_2两个温度下，一个理想聚合物的蠕变柔量对时间对数的曲线如图 6-51 所示。从图中可以看到，只要将两条曲线之一沿横坐标平移 $\lg\alpha_T$，就可以将这两条曲线完全重叠。如果实验是在交变力场下进行的，则类似地降低频率与延长观察时间是等效的，增加频率与缩短观察时间是等效的。因而同样可以将T_1、T_2两个温度下，动态力学测量得到的两条 $\tan\delta$ - $\lg\omega$ 曲线，借助同一个移动因子α_T叠合起来。这里的移动因子α_T定义为

$$\alpha_T = \frac{\tau}{\tau_s} \tag{6-60}$$

式中，τ_s和τ分别是指定温度T_s和T时的松弛时间。

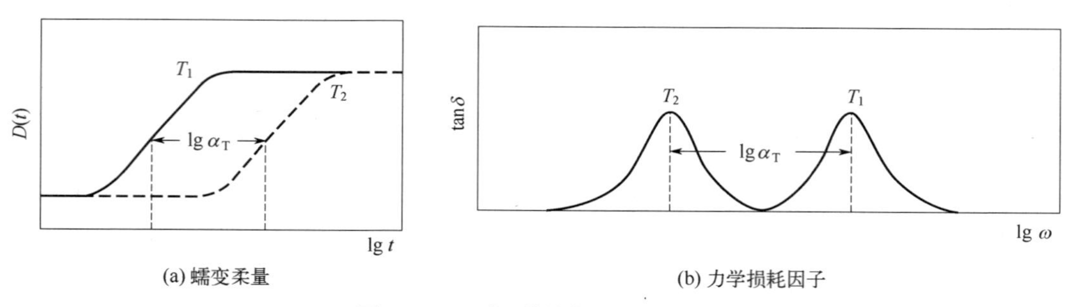

(a) 蠕变柔量　　(b) 力学损耗因子

图 6-51 时温等效作图法示意图

时温等效原理有重要的实用意义。利用时间和温度的这种对应关系，可以对不同温度或不同频率下测得的聚合物力学性质进行比较或换算，从而得到一些实际上无法从直接实验测量得到的结果。例如，要得到某一指定较低温度时天然橡胶的应力松弛行为，由于温度太低，应力松弛进行得很慢，要得到完整的数据可能需要等候极长时间。这时，就可以利用时温等效原理，在较高温度下测得应力松弛数据，然后换算成所需要的低温下的数据。

图 6-52 是绘制聚合物在指定温度下应力松弛叠合曲线的示意图。图的左边是在一系列温度下实验测量得到的松弛模量时间曲线，其中每一条曲线都是在一恒定温度下测得的，包括的时间标尺不超过 1h，因此它们都只是完整松弛曲线中的一小段。图的右边则是由左边的实验曲线，按照时温等效原理绘制而成的叠合曲线。绘制叠合曲线时需先选定一个参考温度（叠合曲线就是该温度下的模量-时间关系，图中以T_s为参考温度），参考温度下测得的实验曲线在叠合曲线的时间坐标上没有移动，而高于和低于这一参考温度下测得的曲线，则分别向右和向左水平移动，使各曲线彼此叠合连接而成光滑的曲线。

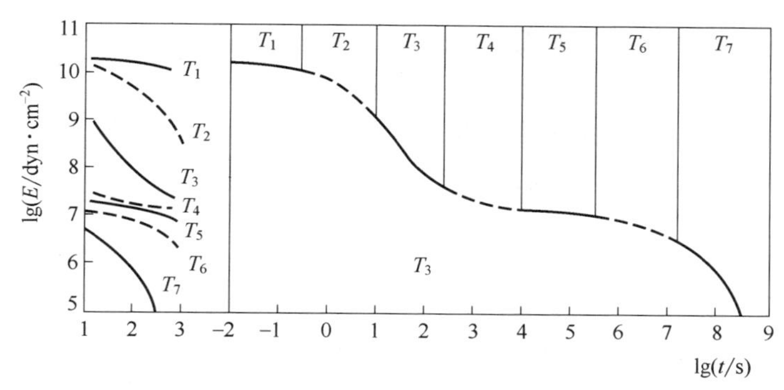

图 6-52 由不同温度下测得的聚合物松弛模量-时间曲线绘制指定温度下应力松弛叠合曲线示意图

可以看到，这种完整叠合曲线的时间坐标大约要跨越 10～15 个数量级，可想而知，在一个温度下直接实验测得这条曲线是不可能的。显然，在绘制叠合曲线时，各条实验曲线在时间坐标上的平移量是不相同的，有多种方法求算移动因子，最著名的是 Williams、Landel 和 Ferry 提出的经验方程

$$\lg\alpha_{\mathrm{T}}=\frac{-C_1(T-T_{\mathrm{s}})}{C_2+T-T_{\mathrm{s}}} \tag{6-61}$$

这个方程称为 WLF 方程，适用于 T_g～T_g+100℃。式中，T_s是参考温度；C_1和 C_2是经验常数。上式表明移动因子与温度和参考温度有关。选择不同的温度作为参考温度，式（6-61）的形式不变，只是参数 C_1、C_2不同。当选择 T_g作为参考温度时，则 C_1和 C_2具有近似的普适值（大量实验值的平均值）：C_1=17.44，C_2=51.6。

表 6-2 给出某些聚合物的 C_1、C_2值，从表中可以看到，各种聚合物以 T_g为参考温度的 C_1、C_2值之间差别较大，只在没有特征的 C_1、C_2值可用时，才使用。进一步研究发现，采用另一组参数：C_1=8.86 和 C_2=101.6，则对所有聚合物都可以找到一个参考温度 T_s，这个 T_s通常落在 T_g以上约 50℃处。这时 WLF 方程变成

$$\lg\alpha_{\mathrm{T}}=\frac{-8.86(T-T_{\mathrm{s}})}{101.6+(T-T_{\mathrm{s}})} \tag{6-62}$$

在 $T=T_s\pm50$℃的温度范围内，式（6-62）对所有非晶态聚合物都是适用的。

表 6-2 几种聚合物的 WLF 方程中的 C_1、C_2值

聚合物	C_1	C_2	T_g/K
聚异丁烯	16.6	104	202
天然橡胶	16.7	53.6	200
聚氨酯弹性体	15.6	32.6	238
聚苯乙烯	14.5	50.4	373
聚甲基丙烯酸乙酯	17.61	65.5	335

有了 WLF 方程，便可以计算所需要的各温度下的 $\lg\alpha_{\mathrm{T}}$值，根据这一数据确定诸实验曲线的水平移动量，绘制叠合曲线。作叠合曲线时，有时单靠水平移动叠加得不到光滑曲线，还需将不同温度下得到的实验曲线作垂直移动，称为垂直校正。一方面是由于温度改变直接

引起聚合物模量的变化，另一方面则由于温度改变引起了聚合物密度的变化，而模量是与单位体积中聚合物的质量有关的。因此，在作叠合曲线时，首先需将各温度下得到的实验曲线作垂直移动，然后再在时间坐标上移动。图 6-53 中曲线 1 先作垂直移动至曲线 1′位置，然后再作水平移动与曲线 2 叠合。

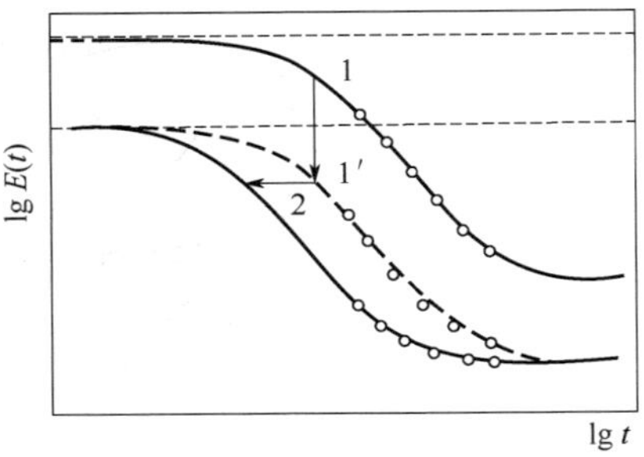

图 6-53 作叠合曲线时的垂直校正示意图

6.3.4 Boltzmann 叠加原理

在线课程 6-15

Boltzmann 叠加原理是聚合物黏弹性的一个简单但又非常重要的原理。这个原理指出，聚合物的力学松弛行为是其整个历史上诸松弛过程线性加和的结果。对于蠕变过程，每个负荷对聚合物形变的贡献是独立的，总的蠕变是各个负荷引起的蠕变的线性加和；对于应力松弛，每个应变对聚合物应力松弛的贡献也是独立的，聚合物的总应力等于历史上诸应变引起的应力松弛过程的线性加和。这个原理之所以重要，在于利用这个原理可以根据有限的实验数据预测聚合物在很宽范围内的力学性质。

对于聚合物黏弹体，在蠕变实验中应力、应变和蠕变柔量之间的关系为$\varepsilon(t)=\sigma_0 D(t)$。式中$\sigma_0$是在$t=0$时作用在黏弹体上的应力。如果应力$\sigma_1$作用的时间是$u_1$，则它引起的形变为$\varepsilon(t)=\sigma_1 D(t-u_1)$。当这两个应力相继作用在同一黏弹体上时，根据 Boltzmann 叠加原理，则总的应变是两者的线性加和（图 6-54）：

$$\varepsilon(t)=\sigma_0 D(t)+\sigma_1 D(t-u_1)$$

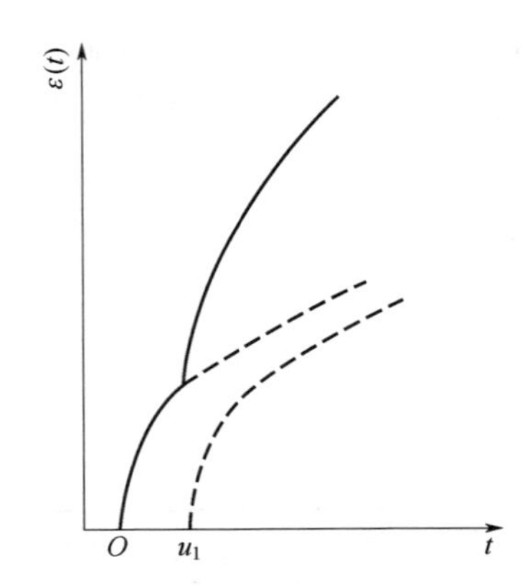

图 6-54 相继作用在试样上的两个应力所引起的应变的线性加和

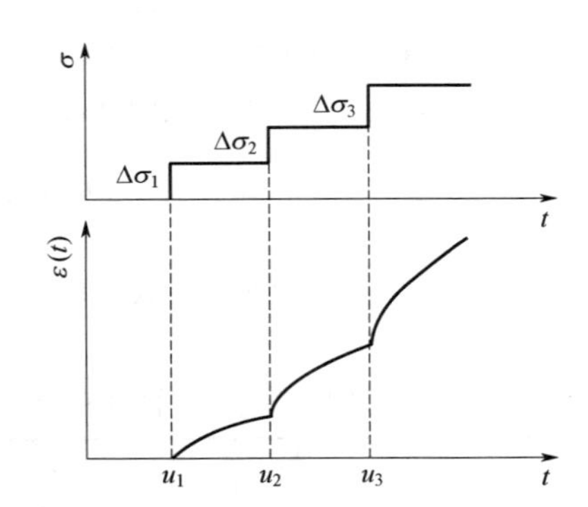

图 6-55 阶跃加荷程序下的蠕变叠加

现在讨论具有几个阶跃加荷程序的情况（图 6-55）。$\Delta\sigma_1,\Delta\sigma_2,\cdots\Delta\sigma_n$分别于时间$u_1,u_2,\cdots u_n$加到试样上，则总形变为

$$\varepsilon(t)=\Delta\sigma_1 D(t-u_1)+\Delta\sigma_2 D(t-u_2)+\cdots+\Delta\sigma_n D(t-u_n)=\sum_i^n \Delta\sigma_i D(t-u_1) \tag{6-63}$$

上式就是 Boltzmann 叠加原理的数学表达式。当应力连续变化时，上式可写成积分形式

$$\varepsilon(t)=\int_{-\infty}^{i} D(t-u)\mathrm{d}\sigma(u)=\int_{-\infty}^{t} D(t-u)\frac{\partial\sigma(u)}{\partial u}\mathrm{d}u \tag{6-64}$$

积分下限取 $-\infty$ 是考虑到全部受应力的历史。

类似地，对于应力松弛实验，Boltzmann 叠加原理给出与蠕变实验完全对应的数学表达式。对于分别在 $u_1, u_2, \cdots u_n$ 作用在试样上的应变 $\Delta\varepsilon_1, \Delta\varepsilon_2, \cdots \Delta\varepsilon_n$，在时间 t 的总应力为

$$\sigma(t) = \Delta\varepsilon_1 E(t-u_1) + \Delta\varepsilon_2 E(t-u_2) + \cdots + \Delta\varepsilon_n E(t-u_n) = \sum_i^{\infty} \Delta\varepsilon_i E(t-u_i) \tag{6-65}$$

当应变连续变化时则有

$$\sigma(t) = \int_{-\infty}^{t} E(t-u) \frac{\partial\varepsilon(u)}{\partial u} \mathrm{d}u \tag{6-66}$$

6.3.5　聚合物的松弛转变及其分子机理

从分子运动的角度来看，聚合物的力学松弛总是与某种形式的分子运动联系在一起。前面对聚合物力学松弛的讨论主要着重于现象的描述、黏弹性的主要特征和一般原理，这里将要讨论松弛转变的分子机理，就是从分子运动的角度来研究力学松弛过程。

由于结构的复杂性和分子运动单元的多重性，聚合物的松弛转变也是多种多样的。不同的松弛过程分别与不同方式的分子运动相关联。例如在宽温度范围内进行动态力学性质测量时，得到的力学损耗温度谱上，除了通常的结晶熔融和非晶态的玻璃化转变之外，还可发现若干个内耗峰。一般把 T_{m} 和 T_{g} 称为聚合物的主转变，而将在低于主转变温度下出现的其他松弛过程统称为次级松弛。

为了进一步研究的方便，习惯上把包括主转变在内的多个内耗峰，先不究其对应的分子机理如何，仅按出现的温度顺序，由高到低依次用 α、β、γ、…等来命名（图 6-56）。因此，高温的 α 松弛对结晶聚合物来说是熔融，而对非晶聚合物来说则是玻璃化转变，可见各种聚合物的 α 松弛，都有着确定的分子机理。

不同材料发生次级转变的分子运动模式不同。对于非晶态聚合物，主要有比链段运动所需能量更小的小范围主链运动和侧基、侧链运动。小范围主链运动包括碳-碳链上键长的伸缩振动、键角的变形振动，链节围绕单键的扭曲运动，以及杂链高分子中杂原子部分的运动。侧基、侧链的运动包括侧基的转动、侧基中基团的运动，以及较长侧链上的曲轴运动等，这些运动引起聚合物的次级松弛。例如，聚甲基丙烯酸甲酯中酯基的转动产生 β 转变，甲基转动产生 γ 转变，酯甲基转动产生 δ 转变。必须指出，很多情况下，各种次级松弛的分子机理，常常是相当含糊的，往往有不同的见解。

结晶聚合物的松弛转变，由于其结构的复杂性，比非晶聚合物要更复杂些。结晶聚合物中晶区和非晶区总是并存的，显然，其非晶区可以发生前面讨论过的各种次级松弛，而且这些松弛的机理，由于可能在不同程度上受到晶区的牵制，将表现得更为复杂。另外，在晶区中还存在着晶区的链段运动、晶型的转变、晶区内部侧基或链端的运动、缺陷区的局部运动，以及分子链折叠部分的运动等。

在结晶聚合物中，研究得最多的是聚乙烯，其动态力学损耗-温度谱如图 6-57 所示。可以看到低密度聚乙烯的温度谱上有 α、β 和 γ 三个松弛，高密度聚乙烯不出现 β 松弛，而 α 松弛却分裂为 α 和 α′ 两个松弛。关于聚乙烯的 α 松弛，目前尚有争论。倾向性的意见认为它是由两个不同活化能的松弛过程所组成的复合过程，包括晶区的分子运动和晶片表面分子链回折部分的再取向运动。至于 α′ 松弛，认为可能是由晶片边界的滑动引起的。聚乙烯的 β 松弛归属问题比较

清楚。图 6-57 中两种聚乙烯对比结果表明，它是属于非晶区的，进一步测量了几种不同支化度的聚乙烯试样发现，β 松弛峰随支化度的减小而降低，证明 β 松弛是由支化点的运动引起的。聚乙烯的 γ 松弛不论在高密度试样还是在低密度试样中都出现，进一步研究发现，随着结晶度的提高，γ 松弛峰降低，但是即使是比较完善的结晶中 γ 松弛仍然出现。根据这些实验事实，普遍认为 γ 松弛是非晶区聚乙烯分子链的曲轴运动和晶区缺陷处分子链扭曲运动的结果。

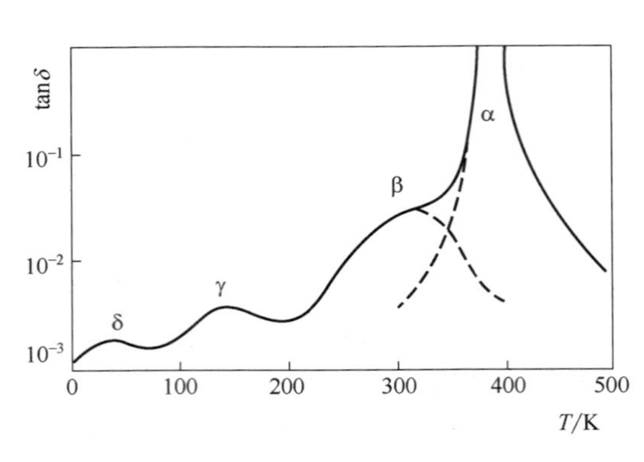

图 6-56　聚苯乙烯的力学损耗-温度谱（1Hz）

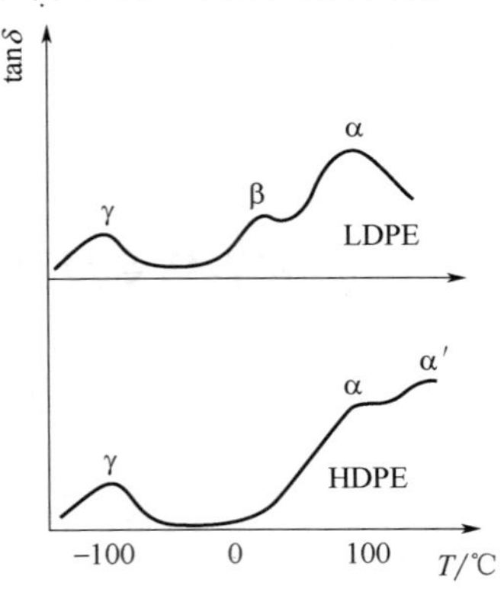

图 6-57　两种聚乙烯的动态力学损耗-温度谱

拓展阅读

中国合成橡胶开创者——钱保功

习题与思考题

1. 试比较非晶态聚合物的强迫高弹性、结晶聚合物的冷拉、硬弹性聚合物的拉伸行为和某些嵌段共聚物的应变诱发塑料-橡胶转变，从结构角度加以分析，并指出其异同点。

2. 试用橡胶弹性热力学分析解释高弹性的特点。

3. 试述交联橡胶状态方程的物理意义和仿射网络模型的局限性。

4. 一片密度为 $0.95\text{g}\cdot\text{cm}^{-3}$ 的理想橡胶，如果它的初始分子量是 10^5，而交联后网链的分子量为 5000，假设没有其他网络缺陷，试估算它在室温 27℃时的剪切模量。

5. 试画出典型黏弹性固体的动态力学温度谱，并简要解释。

6. 某聚合物可用单一 Maxwell 模型来描述，施加外力使试样的拉伸应力为 1.0×10^3Pa，10s 时试样长度为原始长度的 1.15 倍，移去外力后试样的长度为原始长度的 1.1 倍，问 Maxwell 单元的松弛时间是多少?

7. 某非晶聚合物的蠕变行为与一个 Maxwell 单元和一个 Voigt 单元串联组成的模型相似，在 $t=0$ 时施加恒定负荷使拉伸应力为 1.0×10^4Pa，10h 后，应变为 0.05，移去负荷。恢复过程的应变可描述为 $\varepsilon=(3+\text{e}^{-t'})/100$，其中 $t'=t-10$，试估算力学模型的四个参数。

8. 试设计一个适用于模拟交联聚合物力学松弛行为的力学模型。

9. 用于模拟某一线型聚合物蠕变行为的四元件模型的参数为：$E_1=5.0\times10^8$Pa，$E_2=1.0\times10^8$Pa，$\eta_2=1.0\times10^8\text{Pa}\cdot\text{s}$，$\eta_3=5.0\times10^{10}\text{Pa}\cdot\text{s}$。蠕变试验开始时，应力为 $\sigma_0=1.0\times10^8$Pa，经 5s 后，应力增加至原来的两倍，求 10s 时的应变值。

10. WLF 方程 $\lg\alpha_\text{T}=\dfrac{-C_1(T-T_\text{s})}{C_2+T-T_\text{s}}$，当取 T_g 为参考温度时，$C_1=17.44$，$C_2=51.6$，求以 $T_\text{g}+50$℃为参考温度时的常数 C_1 和 C_2。

第 7 章　聚合物的电学性能

思维导图

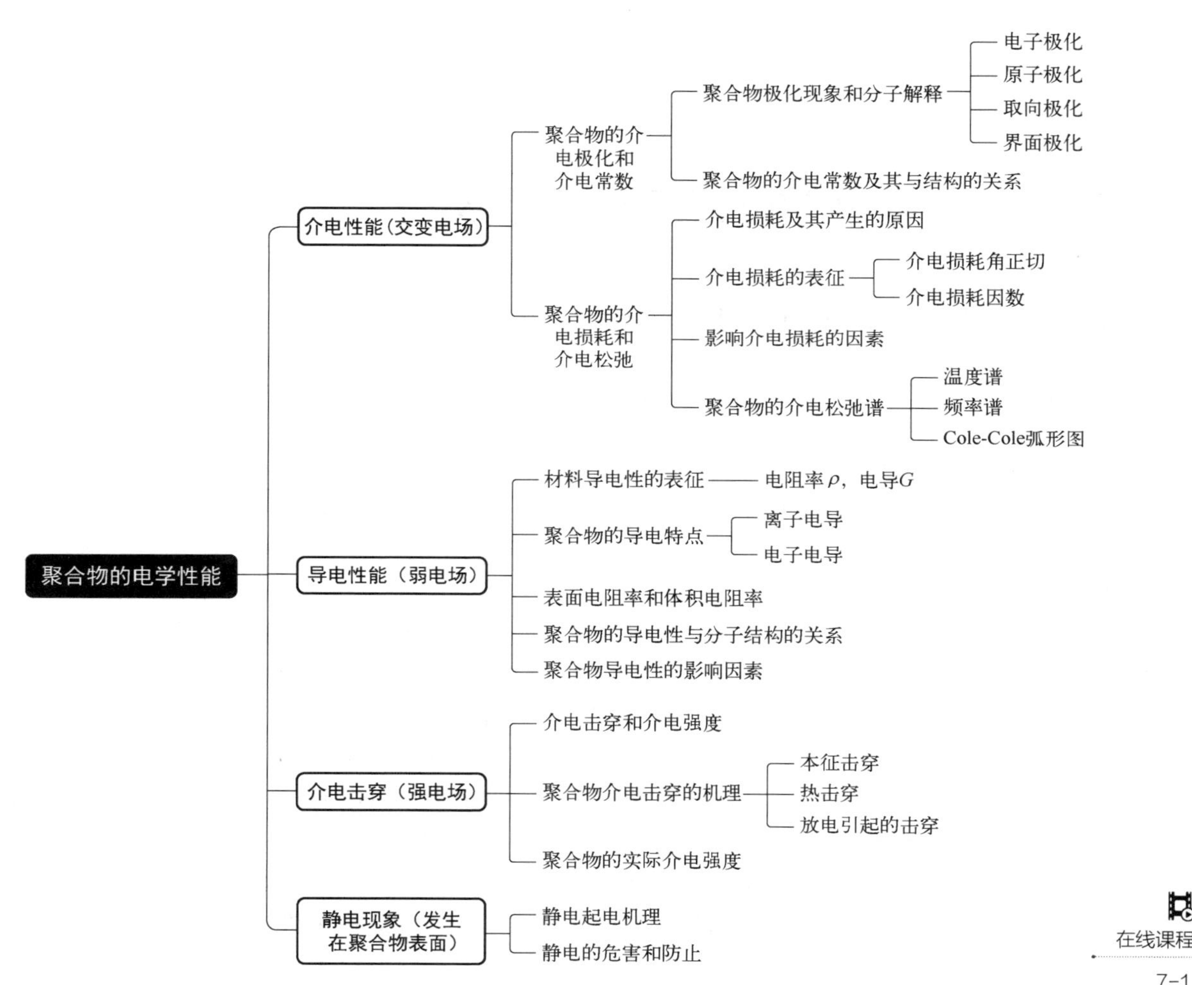

在线课程

7-1

高分子材料具有优异的电学性能，在电子和电工技术上获得了广泛应用。由于固有电绝缘性，大多数聚合物可以约束和保护电流，保证电流沿着选定的途径在导体里流动，同时还可以用于支持高电场，避免发生电击穿。早期采用天然高分子材料制造绝缘材料，19 世纪 60 年代架设的第一条跨越大西洋的电话电缆就是用天然高分子——古塔波胶作绝缘材料的。20 世纪合成高分子蓬勃发展，其在电子、电工技术上所起的作用日益增大。聚合物品种繁多，在电学性质上对应着宽的性能指标范围，介电常数从略大于 1 到 10^3 或更高，电阻率的范围超过 20 个数量级，耐压可高达 100 万伏以上，加上优良的化学、物理和加工性能，其在各种不同的使用环境中，能满足需要的综合性能指标。

聚合物的电学性质是指聚合物在外加电场作用下的行为及其所表现出来的各种物理现象，包括在交变电场中的介电性质，在弱电场中的导电性质，在强电场中的击穿现象以及发生在聚合物表面的静电现象。工程技术应用需要选择合适的高分子材料。如制造电容器需要介电损耗尽可能小、介电常数尽可能大和介电强度很高的介电材料；仪表绝缘要求电阻率和介电强度高而介电损耗很低的绝缘材料；无线电遥控技术需要优良的高频、超高频绝缘材料；而在诸如纺织和化工等方面，为了防止静电的积聚给生产带来影响，要求材料具有适当的导电性。聚合物电学性质的研究，可以为工业技术部门选用材料提供测试数据和理论依据。

聚合物优异而广泛的电学性质，正是聚合物本身内部结构的反映。本章将分别讨论聚合物的介电性能、导电性能、介电击穿、静电现象等及其与高分子结构的内在联系。

7.1 聚合物的介电极化和介电常数

7.1.1 聚合物的极化现象和分子解释

在外电场作用下，电介质分子或者其中某些基团中电荷分布发生相应的变化，靠近极板的介质表面上将产生表面束缚电荷，介质出现宏观的偶极，这一现象称为电介质的极化。按照极化机理的不同，分为电子极化、原子极化、取向极化、界面极化等。

电子极化是外电场作用下分子中各个原子或离子的价电子云相对原子核的位移。极化过程所需的时间极短，约为 10^{-15}～10^{-13}s。当除去电场后，位移立即恢复，无能量损耗，所以也称可逆性极化或弹性极化。

原子极化是分子骨架在外电场作用下发生变形造成的，分子弯曲型的极化是原子极化的主要形式。原子极化一般是相当小的，通常只有电子极化的十分之一，只有那些出现特殊形式的弯曲，导致分子中正负电荷中心发生较大分离的情况例外。因为原子的质量较大，运动速度比电子慢，这种极化所需要的时间约在 10^{-13}s 以上。

电子极化和原子极化都是在外电场作用下，分子中正负电荷中心发生位移或分子变形引起的，统称为位移极化或变形极化，由此产生的偶极矩为诱导偶极矩。

具有永久偶极矩的极性分子，在外电场的作用下，极性分子沿电场的方向排列，产生分子的取向（图 7-1），这种现象称为取向极化或偶极极化。由于极性分子沿外电场方向的

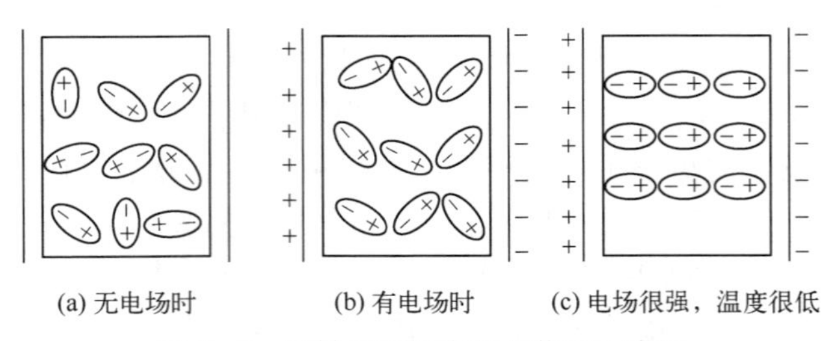

图 7-1 极性分子取向极化作用示意图

转动需要克服本身的惯性和旋转阻力，所以完成这种极化过程需要比位移极化长得多的时间，一般约 10^{-9}s，这一时间的长短，强烈地依赖于分子-分子间的相互作用。尽管取向极化的发展较慢，但是只要有足够的时间，它对介质在外电场中总极化的贡献是很大的。

界面极化是一种产生于非均相介质界面处的极化，这是在外电场作用下，电介质中的电子或离子在界面处堆积的结果。这种极化所需的时间较长，从几分之一秒至几分钟，甚至更长。一般非均质聚合物材料，如共混聚合物、泡沫聚合物、填充聚合物等都能产生界面极化，均质聚合物也会因含有杂质或缺陷以及晶区与非晶区共存而产生界面极化。

如果在一真空平行板电容器上加直流电压 U，在两个极板上将产生一定量的电荷 Q_0，这个真空电容器的电容为

$$C_0 = \frac{Q_0}{U} \tag{7-1}$$

电容 C_0 与所加电压的大小无关，而取决于电容器的几何尺寸，如果极板的面积为 S，而两极板间的距离为 d，则有

$$C_0 = \varepsilon_0 \frac{S}{d} \tag{7-2}$$

式中，比例常数 ε_0 称为真空电容率，在国际单位制中，$\varepsilon_0 = 8.85\times10^{-12}\mathrm{F \cdot m^{-1}}$。

如果在上述电容器的两极板间充满电介质，这时极板上的电荷将增加到 Q，电容器的电容 C 比真空电容增加了 ε_r 倍

$$C = \frac{Q}{U} = \varepsilon_r C_0 = \varepsilon_r \varepsilon_0 \frac{S}{d} \tag{7-3}$$

式中，ε_r 是一个无因次量，称为相对介电常数，由式（7-3）可见，电介质的极化程度越大，Q 值越大，ε_r 也越大。所以介电常数 ε_r 是衡量电介质极化程度的宏观物理量，它可以表征电介质储存电能的能力。

7.1.2　聚合物的介电常数及其与结构的关系

要深入了解极化现象的本质，就必须在分子水平上去考察极化作用。高分子内原子间主要由共价键连接，成键电子对的电子云偏离两成键原子的中间位置的程度，决定了键是极性的还是非极性的以及极性的强弱。分子中的正负电荷分布各有一个中心，正负电荷中心重合的分子为非极性分子，不重合便形成极性分子。

键的极性强弱和分子极性的强弱，分别用键矩和分子偶极矩来表示，定义为正负两个电荷中心（极）之间的距离 d 和极上电荷 q 的乘积

$$\mu = qd \tag{7-4}$$

偶极矩是一个矢量，规定其方向从正到负（图 7-2）。偶极矩的单位在国际单位制中是 C • m 或德拜（Debye，D），1D=3.33×10^{-30}C • m。

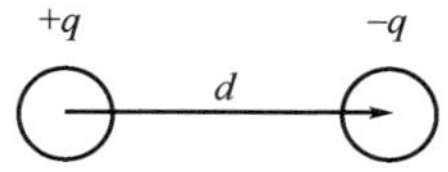

+q　　d　　−q

图 7-2　分子偶极矩的方向

小分子物质的偶极矩等于分子中所有键矩的矢量和。表 7-1 给出一些共价键的键矩和分子的偶极矩，可用于判断分子极性的大小。聚合物分子的极性大小也用其偶极矩来衡量。可以由全部键矩的矢量加和来确定整个高分子的偶极矩，但高分子聚合度大，情况要复杂得多。高分子都

有各自的重复单元，且通常聚合度大于 100，因此链端的效应一般可以忽略不计。可以用重复单元的偶极矩来作为高分子极性的一种指标。

表 7-1 某些共价键的键矩和分子的偶极矩

键矩				分子偶极矩	
键	键矩/D	键	键矩/D	化合物	偶极矩/D
C—C	0	C═N	1.4	CH_4	0
C═C	0	C—F	1.83	C_6H_6	0
C—H	0.4	C—Cl	1.86	H_2O	1.85
C—N	0.45	C═O	2.4	CH_3Cl	1.87
C—O	0.7	C≡C	3.1	C_2H_5OH	1.76

按照偶极矩的大小，可将聚合物大致归为下面四类，它们分别对应于介电常数的某一数值范围，随着偶极矩的增加，聚合物的介电常数逐渐增大：

非极性聚合物 μ= 0 D ε_r = 2.0～2.3

弱极性聚合物 0＜μ≤0.5 D ε_r = 2.3～3.0

中等极性聚合物 0.5 D＜μ≤0.7 D ε_r = 3.0～4.0

强极性聚合物 μ＞0.7 D ε_r = 4.0～7.0

表 7-2 给出了一些常见聚合物的介电常数，以供参考。

表 7-2 常见聚合物的介电常数 ε_r（60Hz，ASTM D150）

聚合物	ε_r	聚合物	ε_r
聚四氟乙烯	2.0	乙基纤维素	3.0～4.2
四氟乙烯-六氟丙烯共聚物	2.1	聚酯	3.00～4.36
聚 4-甲基-1-戊烯	2.12	聚砜	3.14
聚丙烯	2.2	聚氯乙烯	3.2～3.6
聚三氟氯乙烯	2.24	聚甲基丙烯酸甲酯	3.3～3.9
低密度聚乙烯	2.25～2.35	聚酰亚胺	3.4
乙丙共聚物	2.3	环氧树脂	3.5～5.0
高密度聚乙烯	2.30～2.35	聚甲醛	3.7
ABS 树脂	2.4～5.0	尼龙 6	3.8
聚苯乙烯	2.45～3.10	尼龙 66	4.0
高抗冲聚苯乙烯	2.45～4.75	聚偏氯乙烯	4.5～6.0
乙烯-醋酸乙烯共聚物	2.5～3.4	酚醛树脂	5.0～6.5
聚苯醚	2.58	硝化纤维素	7.0～7.5
硅树脂	2.75～4.20	聚环氧乙烷	7.4
聚碳酸酯	2.97～3.17		

对于非极性聚合物，例如聚乙烯，由于分子结构的对称性，重复单元中的键矩矢量和为零，整个分子的偶极矩自然也等于零。

如果高分子链中存在永久偶极矩，整个分子的偶极矩取决于分子的构象，这可以分为两种情况进行讨论。

一种比较特殊的情况是，整个高分子主链连同它的极性基团一起，僵硬地固定在一种单一的构象中，这种情况下，整个分子的偶极矩可以简单地由重复单元偶极矩的矢量加和来确定。例如聚四氟乙烯，尽管 C—F 的键矩高达 1.83D（或 6.1×10^{-30}C·m），但是在伸直构象中，高偶极矩的—CF_2—基团严格地交替反向排列，互相抵消，在螺旋构象（这在聚四氟乙烯的晶相中是典型的）中，同样由于偶极的平衡化，使整个分子偶极矩接近于零，只有当某些结构缺陷出现在分子构象中时，才使分子表现出刚刚可被检测的偶极取向效应。因此聚四氟乙烯的介电常数，和其他非极性聚合物一样，是很低的。另一种特殊的例子是一种合成的多肽，$\mathrm{-\!\!\left(COCHRNH\right)\!\!-}_n$，其中 R=—$CH_2CH_2COOCH_2C_6H_5$，它在溶液中很容易形成一种 α-螺旋，由氢键保持，每个重复单元的轴向偶极矩大约为 1.24D，整个分子的偶极矩即由所有重复单元轴向偶极矩加和而成，当分子量约为 5×10^5 时，整个分子的总偶极矩大约为 3000D。

通常情况下，高分子不是单一的固定不变的构象，这时可以用均方偶极矩来表征高分子的极性。如果在任一瞬间，整个分子的偶极矩 $\boldsymbol{M}$ 等于所有链段偶极矩 $\boldsymbol{m}_k$ 的矢量和，即

$$\boldsymbol{M}=\sum_{k=1}^{n}\boldsymbol{m}_k \tag{7-5}$$

则这种分子的集合的均方偶极矩定义为

$$\overline{M^2}=\overline{\sum_{i=1}^{n}\boldsymbol{m}_{ki}\cdot\sum_{j=1}^{n}\boldsymbol{m}_{kj}}=\sum_{i=1}^{n}\sum_{j=1}^{n}\overline{\boldsymbol{m}_{ki}\cdot\boldsymbol{m}_{kj}}=m_k^2\left(n+\sum_{i=1}^{n-1}\sum_{j=i+1}^{n}\overline{\cos\theta_{ij}}\right)\quad(i\neq j) \tag{7-6}$$

式中，$\overline{\cos\theta_{ij}}$ 是整个分子上重复单元 i 和重复单元 j 两偶极之间的夹角 θ_{ij} 的余弦的平均。由式（7-6）可以写出每个重复单元的有效均方偶极矩

$$\frac{\overline{M^2}}{n}=m_k^2\left(1+\frac{1}{n}\sum_{i=1}^{n-1}\sum_{j=i+1}^{n}\overline{\cos\theta_{ij}}\right)=g_r m_k^2\quad(i\neq j) \tag{7-7}$$

式中，g_r 称为高分子链段相关因子，表征链段间化学键的限制、链的邻近部分的立体阻碍和沿着链上偶极-偶极间的相互作用。

聚合物的介电常数还依赖于高分子的其他结构因素。极性基团在分子链上的位置不同，对介电常数的影响也不同。主链上的极性基团活动性小，它的取向需要伴随着主链构象的改变，因而这种极性基团对介电常数影响较小。侧基上的极性基团，特别是柔性的极性侧基，因其活动性较大，对介电常数的影响就较大。

发生取向运动时需要改变主链构象的极性基团，包括在主链上和与主链硬连接的极性基团，对聚合物介电常数的贡献大小强烈地依赖于聚合物所处的物理状态。在玻璃态下，链段运动被冻结，这类极性基团的取向运动有困难，它们对聚合物介电常数的贡献很小；而在高弹态时，链段可以运动，极性基团取向运动得以顺利进行，对介电常数的贡献也就变大。例如聚氯乙烯所含的极性基团密度比氯丁橡胶多一倍，而室温下介电常数后者却是前者的三倍。这些主链含极性基团或极性基团与主链硬连接的聚合物，当温度提高到玻璃化温度以上

时，其介电常数将大幅度地升高，如聚氯乙烯的介电常数从3.5增加到约15，聚酰胺则可从4.0增加到近50。

分子结构的对称性对介电常数也有很大的影响，对称性越高，介电常数越小，对同一聚合物来说，全同立构介电常数高，间同立构介电常数低，而无规立构介于两者之间。此外，交联、拉伸和支化等对介电常数也有影响。交联结构，使极性基团活动取向有困难，因而降低了介电常数，如酚醛塑料，虽然极性很大，但介电常数却不太高。拉伸使分子整齐排列从而增加分子间的相互作用力，也降低了极性基团的活动性而使介电常数减小，相反地，支化则使分子间的相互作用减弱，因而介电常数升高。

7.2 聚合物的介电损耗和介电松弛

7.2.1 介电损耗及其产生的原因

在交变电场中，由于电介质消耗部分电能，本身发热，这种现象就是介电损耗。产生介电损耗有两个原因：一方面，电介质中的载流子在外加电场作用下产生电导电流，消耗掉一部分电能，转化为热能，称为电导损耗；另一方面，交变电场下，电介质在极化过程中与电场发生能量交换。取向极化过程是一个松弛过程，电场使偶极子转向时，一部分电能损耗于克服介质的内黏滞阻力上，转化为热量，发生松弛损耗。变形极化是一种弹性过程或谐振过程，实质是分子中原子或电子在交变电场作用下做强迫振动。

极性电介质在电场中发生极化时，如果电场的频率很低，偶极子的转向完全跟得上电场的变化，在电场变化的一个周期中，电场的能量基本上不被损耗。当交变电场的频率提高时，由于介质的内黏滞作用，偶极子的转向受到摩擦阻力的影响，将落后于电场的变化，在电场作用下发生强迫运动，因此电场损耗的能量很大。如果交变电场的频率再提高，偶极子将完全跟不上电场的变化，取向极化几乎不发生，因而每周期内所损耗的能量又降低了。

当电场频率与原子或电子的固有振动频率相差较大时，变形极化引起的电场能量损耗很小，可以忽略；当电场频率与原子或电子的固有振动频率相等时，发生共振现象，吸收较多的电场能量，使介电损耗出现极大值。由于原子和电子的固有振动频率分别在红外和紫外光频范围，原子极化和电子极化的共振吸收分别称作红外吸收和紫外吸收，它们引起的介电损耗极大值分别出现在红外和紫外光频范围。

7.2.2 介电损耗的表征

在一个电容为 C_0 的真空电容器的极板上，加上一个交流电压 $U=U_0\mathrm{e}^{\mathrm{i}\omega t}$，则流过真空电容器的电流为

$$I_{\mathrm{i}} = C_0\frac{\mathrm{d}U}{\mathrm{d}t} = \mathrm{i}\omega C_0 U \tag{7-8}$$

式中，U_0 是电压的峰值；$i=\sqrt{-1}$；ω 为交流电压的角频率。由式（7-8）可以看出，电

流 I_i 的相角比电压 U 领先 90°［图 7-3（a）］，即只存在无功的电容电流，它的电功功率为 $P_i=I_iU\cos 90°=0$，因此真空电容器不损耗能量。

如果将电介质引入这个电容器的两极板之间，仍然加上交流电压 U，这时电容器的电容 $C=\varepsilon^* C_0$，ε^* 为复介电常数。则这时流过电容器的电流为

$$I_d = C\frac{dU}{dt} = \varepsilon^* C_0 \frac{dU}{dt} = i\omega\varepsilon^* C_0 U \tag{7-9}$$

而

$$\varepsilon^* = \varepsilon' - i\varepsilon'' \tag{7-10}$$

式中，ε' 为复介电常数的实数部分，近似等于实验测得的介电常数；ε'' 为复介电常数的虚数部分。把这个关系式代入 I_d，则

$$I_d = i\omega(\varepsilon' - i\varepsilon'')C_0 U = i\omega\varepsilon' C_0 U + \omega\varepsilon'' C_0 U \tag{7-11}$$

可以看出式中第一项电流与电压的相位角相差 90°，相当于流过“纯电容”的电流，用 I_c 表示，而第二项电流与电压同相位，相当于流过“纯电阻”的电流，用 I_r 表示，则

$$I_c = i\omega\varepsilon' C_0 U$$

$$I_r = \omega\varepsilon'' C_0 U$$

$$I_d = I_c + I_r \tag{7-12}$$

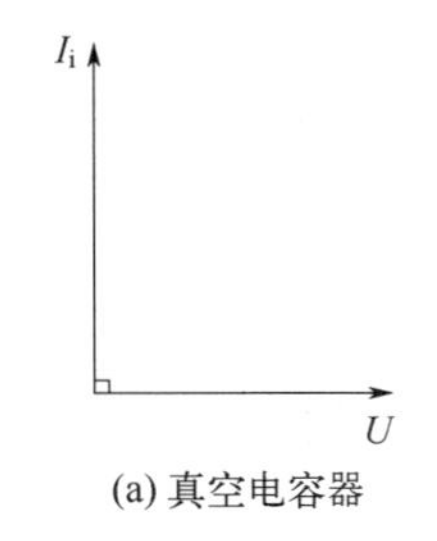

(a) 真空电容器

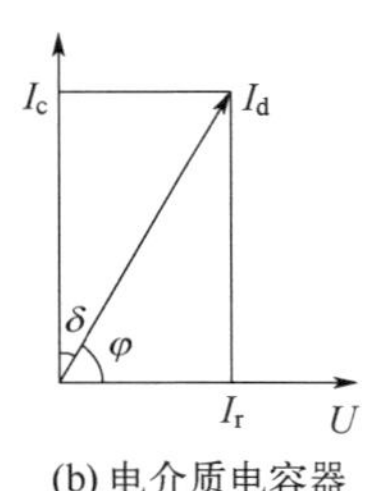

(b) 电介质电容器

图 7-3 交流电场中电容器的电流与电压向量关系图

上述电流与电压的相位差如果用向量来表示，则有如图 7-3（b）的关系。流过电介质电容器的电流 I_d 已不再与外加的交变电压 U 保持 90°的相位差，而是 $90°-\delta=\varphi$。由 I_d 分解成两个电流 I_c 和 I_r，与损耗角 δ 之间存在如下关系

$$\tan\delta = \frac{I_r}{I_c} = \frac{\omega\varepsilon'' C_0 U}{\omega\varepsilon' C_0 U} = \frac{\varepsilon''}{\varepsilon'} \tag{7-13}$$

这样便得到了表征介电损耗的关系式，$\tan\delta$ 称为介电损耗角正切，用于表征材料介电损耗的大小。两个电流分量 I_c 和 I_r，分别为容性无功电流和有功电流，它们对应的平均电功功率分别为

$$\begin{aligned} P_c &= I_c U\cos 90° = 0 \\ P_r &= I_r U\cos 0° = I_r U \end{aligned} \tag{7-14}$$

对于容性无功电流 I_c，可以有相应的容性无功功率

$$Q_c = I_c U \tag{7-15}$$

它表示电容器与电源之间往返交换的功率，即介质电容器储存电能的能力。联立式(7-13)～式（7-15），即得

$$\tan\delta = \frac{P_r}{Q_c} \tag{7-16}$$

因此，介电损耗角正切 $\tan\delta$ 是每周期内介质损耗的能量与介质储存的能量的比值。
由式（7-13），复介电常数的虚部为

$$\varepsilon'' = \varepsilon' \tan\delta \tag{7-17}$$

即 ε'' 正比于 $\tan\delta$，并且由上述公式可得

$$\varepsilon'' = \frac{P_r}{\omega C_0 U^2} = \frac{P_r}{Q_{C_0}} \tag{7-18}$$

式中，$Q_{C_0} = \omega C_0 U^2$ 是相应的真空电容器的容性无功功率，可见 ε'' 是介质电容器的损耗功率与相应的真空电容器的容性无功功率之比。因此也常常用复介电常数的虚部 ε'' 来表示材料介电损耗的大小，通常称之为介电损耗因数。

表 7-3 常见聚合物介电损耗角正切 $\tan\delta$（20℃，50Hz）

聚合物	$\tan\delta\times10^4$	聚合物	$\tan\delta\times10^4$
聚四氟乙烯	<2	环氧树脂	20～100
聚乙烯	2	硅橡胶	40～100
聚丙烯	2～3	氯化聚醚	100
四氟乙烯-六氟丙烯共聚物	<3	聚酰亚胺	40～150
聚苯乙烯	1～3	聚氯乙烯	70～200
交联聚乙烯	5	聚氨酯	150～200
聚砜	6～8	ABS 树脂	40～300
聚碳酸酯	9	氯丁橡胶	300
聚三氟氯乙烯	12	尼龙 6	100～400
聚对苯二甲酸乙二醇酯	10～20	氟橡胶	300～400
聚苯醚	20	尼龙 66	140～600
天然橡胶	20～30	醋酸纤维素	100～600
丁苯橡胶	30	聚甲基丙烯酸甲酯	400～600
丁基橡胶	30	丁腈橡胶	500～800
聚甲醛	40	酚醛树脂	600～1000
聚邻苯二甲酸二丙烯酯	80	硝化纤维素	900～1200

聚合物的介电损耗角正切通常小于 1，大多数在 10^{-4}～10^{-2} 范围内（表 7-3）。$\tan\delta=10^{-4}$ 表示损耗功率只是容性无功功率的万分之一，即材料的介电损耗很小。

当聚合物作为电工绝缘材料或电容器材料使用时，不容许有大量的损耗，否则不但会

浪费大量电能，还会引起聚合物发热、老化以至破坏，所以要求材料的tanδ愈小愈好。但是与此相反，在聚合物的高频干燥、塑料薄膜高频焊接以及大型聚合物制件的高频热处理等情况下，则要求材料的 tanδ 大一些为好。

7.2.3 影响介电损耗的因素

（1）分子结构的影响

决定聚合物介电损耗大小的内在原因，一个是聚合物分子极性大小和极性基团的密度，另一个是极性基团的可动性。聚合物分子极性愈大，极性基团密度愈大，则介电损耗愈大。非极性聚合物的 tanδ 一般在 10^{-4} 数量级，而极性聚合物的 tanδ 一般在 10^{-2} 数量级（表 7-3）。

当极性基团位于聚合物的β位置上，或柔性侧基的末端时，由于其取向极化的过程是一个独立的过程，引起的介电损耗并不大，但仍能对介电常数有较大的贡献（表 7-4），这样可以获得一种介电常数较大、而介电损耗不太大的材料，以满足特种电容器对介电材料的要求。

表 7-4 极性基团位置对介电性能的影响

聚合物	结构式	$\tan\delta_m\times10^2$	ε'
聚丙烯酸丙酯	$+CH_2-CH+_n$，侧基 $O=C-O-(CH_2)_2-CH_3$	8.9	5.2
聚丙烯酸 β-氯乙酯	$+CH_2-CH+_n$，侧基 $O=C-O-CH_2-CH_2Cl$	8.8	9.0

（2）频率的影响

在交变电场中，介电常数可写成复数形式：

$$\varepsilon^* = \varepsilon' - i\varepsilon''$$

Debye 研究表明，复介电常数ε^*与松弛时间τ的关系为

$$\varepsilon^* = \varepsilon_\infty + \frac{\varepsilon_s - \varepsilon_\infty}{1 + i\omega\tau} \tag{7-19}$$

式中，ε^*为复介电常数；ε_s为$\omega\to0$时的介电常数，即静电介电常数；ε_∞为$\omega\to\infty$时的介电常数，即光频介电常数；τ为偶极松弛时间。

将式（7-19）分解便可得到复介电常数的实部ε'、虚部ε''和介电损耗角正切 tanδ：

$$\varepsilon' = \varepsilon_\infty + \frac{\varepsilon_s - \varepsilon_\infty}{1 + \omega^2\tau^2} \tag{7-20}$$

$$\varepsilon'' = \frac{(\varepsilon_s - \varepsilon_\infty)\omega\tau}{1 + \omega^2\tau^2} \tag{7-21}$$

$$\tan\delta = \frac{(\varepsilon_s - \varepsilon_\infty)\omega\tau}{\varepsilon_s + \omega^2\tau^2\varepsilon_\infty} \tag{7-22}$$

从式（7-20）可以看出，当$\omega\to0$时，$\varepsilon'\to\varepsilon_s$，即一切极化都有充分的时间，因而$\varepsilon'$达

到最大值ε_s；当$\omega\to\infty$时，则$\varepsilon'\to\varepsilon_\infty$，即在极限高频下，偶极由于惯性，来不及随电场变化改变取向，只有变形极化能够发生。

从式（7-21）可以看出，当$\omega\to 0$时，$\varepsilon''\to 0$，即频率低时，偶极取向完全跟得上电场的变化，能量损耗低；当$\omega\to\infty$时，$\varepsilon''\to 0$，表示频率太高，取向极化不能进行，损耗也小。将ε''对ω求导，从$\mathrm{d}\varepsilon''/\mathrm{d}\omega=0$可以得到$\omega\tau=1$，这时$\varepsilon''$达到极大值：

$$\varepsilon'_{(\omega\tau=1)}=\frac{\varepsilon_s+\varepsilon_\infty}{2} \tag{7-23}$$

$$\varepsilon''_m=\frac{\varepsilon_s-\varepsilon_\infty}{2} \tag{7-24}$$

从式（7-22）可以看出，$\tan\delta$对ω的关系与ε''相似，只是其最大值将出现在$\omega\tau=\sqrt{\varepsilon_s/\varepsilon_\infty}$，这时

$$\tan\delta_m=\frac{\varepsilon_s-\varepsilon_\infty}{2}\sqrt{\frac{1}{\varepsilon_s\varepsilon_\infty}} \tag{7-25}$$

Debye 介电色散图（图 7-4）表示出了以上ε'、ε''和$\tan\delta$与频率的关系。

此外，如果将式（7-20）和式（7-21）合并，消去参数$\omega\tau$，可以得到

$$\left(\varepsilon'-\frac{\varepsilon_s+\varepsilon_\infty}{2}\right)^2+\varepsilon''^2=\left(\frac{\varepsilon_s-\varepsilon_\infty}{2}\right)^2 \tag{7-26}$$

这是一个圆的方程，以ε''对ε'作图（图 7-5），得到圆心在[（$\varepsilon_s+\varepsilon_\infty$）/2，0]，半径是（$\varepsilon_s-\varepsilon_\infty$）/2 的半圆。该图称为 Cole-Cole 图，有时也用来说明ε'、ε''和$\tan\delta$随$\omega\tau$的变化关系。在图中半圆的远端点上，$\omega\tau=0$，$\varepsilon'=\varepsilon_s$，$\varepsilon''=0$，随$\omega\tau$值增大，$\varepsilon'$和$\varepsilon''$值沿半圆形曲线变化，最高点处$\omega\tau=1$，对应的$\varepsilon'=(\varepsilon_s+\varepsilon_\infty)/2$，$\varepsilon''=(\varepsilon_s-\varepsilon_\infty)/2$，半圆的近端点$\omega\tau=\infty$，$\varepsilon'=\varepsilon_\infty$，$\varepsilon''=0$。相应的$\tan\delta$值就是从坐标原点向半圆上各点所引直线的斜率，其最大值是原点向半圆所引切线的斜率，切点处$\omega\tau=\sqrt{\varepsilon_s/\varepsilon_\infty}$，$\varepsilon'=2\varepsilon_s\varepsilon_\infty/(\varepsilon_s+\varepsilon_\infty)$，$\varepsilon''=\left[\varepsilon_\infty(\varepsilon_s-\varepsilon_\infty)/(\varepsilon_s+\varepsilon_\infty)\right]\sqrt{\varepsilon_s/\varepsilon_\infty}$。

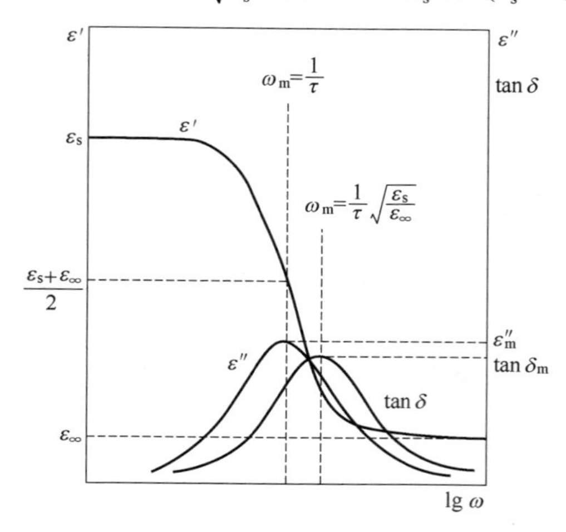

图 7-4 Debye 介电色散曲线

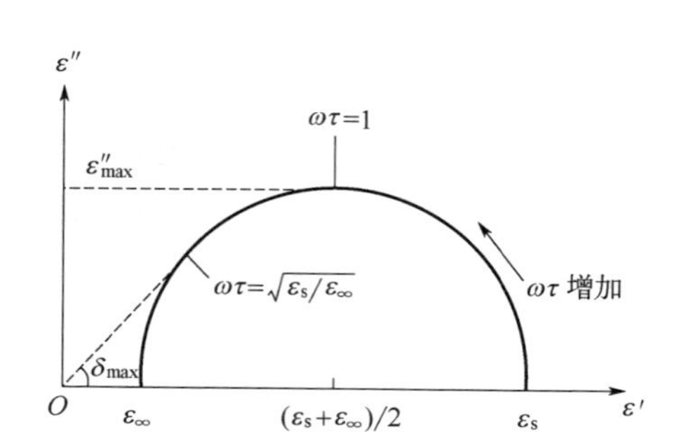

图 7-5 半圆形的 Cole-Cole 图

由极化机理可知，不同的极化过程所需要的时间是不同的，随着电场频率的增加，各种极化过程将在不同的频率范围内出现跟不上电场变化的情况，因而使ε''在不同频率出现

极大值。相应地，由于各种极化过程逐渐不能进行，对介电常数不再有贡献，因而ε'出现阶梯形降落，图 7-6 是ε'和ε''的总频谱示意图。

（3）温度的影响

在固定频率条件下，测定试样的介电常数和介电损耗随温度的变化，可得介电松弛温度谱。当温度很低时，聚合物的黏度过大，极化过程太慢，甚至偶极取向完全跟不上电场的变化，故ε'和ε''都很小；随着温度升高，聚合物的黏度减小，偶极可以跟随电场变化而取向，但又不能完全跟上，ε'迅速上升，ε''出现峰值；当温度升到足够高之后，偶极取向已完全跟得上电场的变化，故ε'增至最大，而ε''则又降低。图 7-7 为各种频率下，聚合物的介电常数和介电损耗与温度的关系。

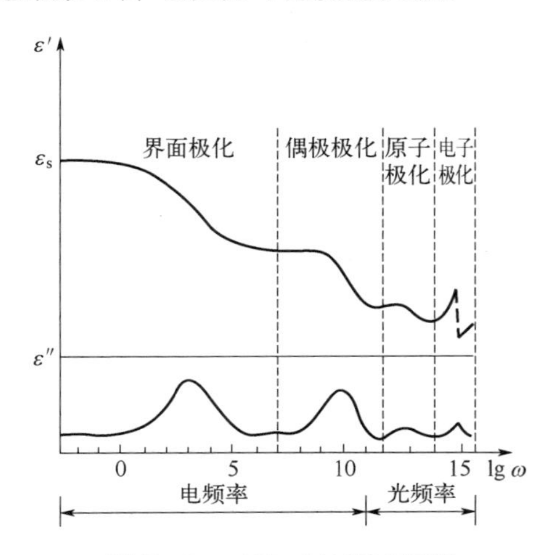

图 7-6　ε'和ε''的频率总谱

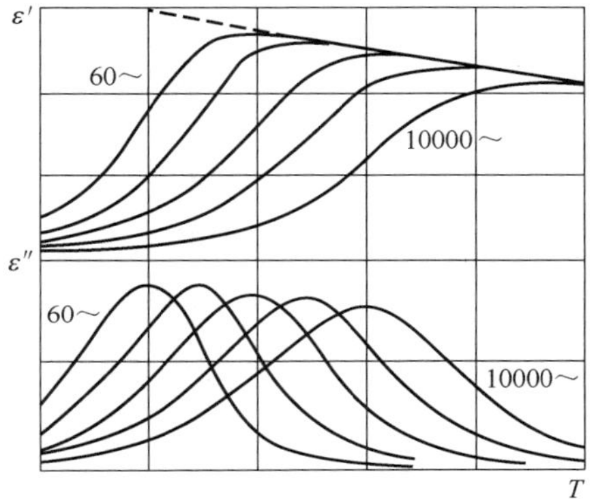

图 7-7　在各种频率下介电常数和介电损耗与温度的关系

通常，在不太高的温度范围内，取向作用占优势，介电常数随着温度升高而增加。但当温度很高时，分子热运动加剧，促使偶极子解取向，且这种解取向作用占优势，故介电常数将随着温度升高而缓慢下降。

（4）电压的影响

对同一聚合物，当外加电场的电压变大时，一方面有更多的偶极按电场的方向取向，使极化程度增加，另一方面流过聚合物的电导电流的大小与电压成正比，这两个方面都将导致聚合物介电损耗增加。

（5）增塑剂的影响

加入增塑剂能降低聚合物的黏度，使取向极化容易进行，相当于温度升高的效果。图 7-8 为增塑剂含量不同的聚氯乙烯在 60Hz 频率电场下介电常数和介电损耗随温度的变化图。可以看到，对同一频率的电场，加入非极性增塑剂可使介电损耗峰向低温方向移动。

极性增塑剂的加入，不但能增加高分子链的活动性，使原来的取向极化过程加快，同时引入了新的偶极损耗，使介电损耗增加，如在聚苯乙烯中加入极性增塑剂苯甲酸苯酯，使常温下的 $\tan\delta$ 值约增加十倍。加入极性增塑剂，还使体系的介电损耗情况变得更加复杂。图 7-9 是聚氯乙烯-磷酸三甲苯酯（TCP）增塑体系的介电损耗对温度的曲线，可以看出在增塑剂浓度较低时，只出现聚合物的损耗峰，随增塑剂浓度的增加，损耗峰移向低温；在增塑剂比例中等时，出现了双峰；在增塑剂浓度很高时，再次出现单峰，但这主要是极性增塑剂分子引起的。

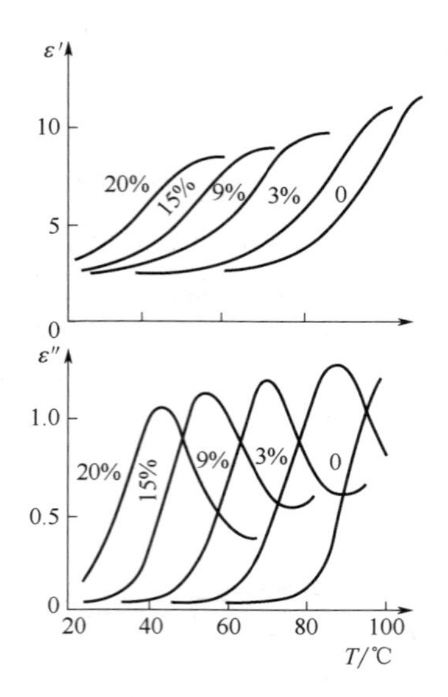

图 7-8 增塑剂含量不同的聚氯乙烯的介电常数和介电损耗与温度的关系

（频率为 60Hz，曲线上数字为增塑剂联苯的含量）

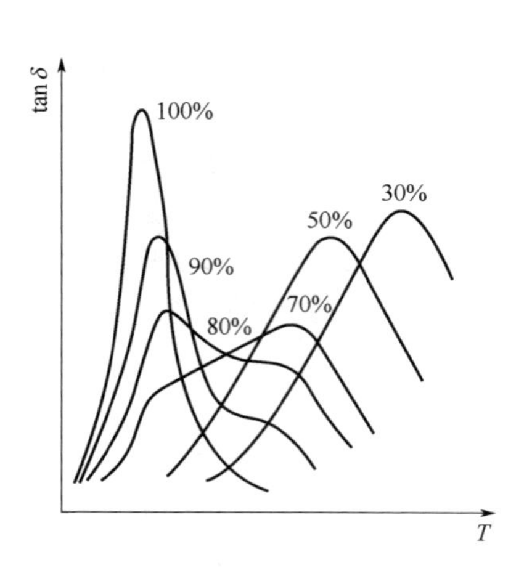

图 7-9 PVC-TCP 增塑体系的 tanδ-T曲线

（图中数字为增塑剂的含量）

一般来说，聚合物-增塑剂体系的极性情况大致可以分成三类：①聚合物和增塑剂都是极性的；②只有聚合物是极性的；③只有增塑剂是极性的。在第一种情况下介电损耗峰的强度随组成变化将出现一个极小值，而后两种情况下，均表现出随着极性基团浓度的减小，介电损耗峰的强度单调地逐渐减小。各种情况下，介电损耗峰都随增塑剂含量增加而移向低温（图 7-10）。

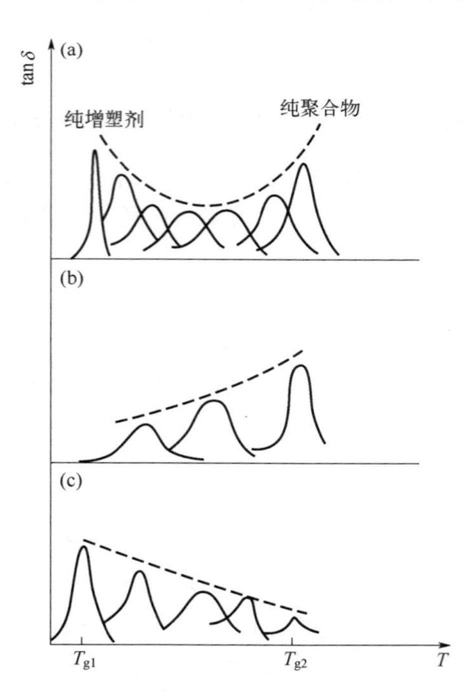

图 7-10 三类极性不同的聚合物-增塑剂体系的介电损耗峰变化情况示意图

（a）极性-极性；（b）极性-非极性；（c）非极性-极性

（6）杂质的影响

导电杂质或极性杂质的存在，会增加聚合物的电导电流和极化率，因而使介电损耗增大。特别是对于非极性聚合物来说，杂质成了引起介电损耗的主要原因。理论上，纯净的非极性聚合物的介电损耗应该是近乎零的，但是实际上，几乎所有聚合物的tanδ都在10^{-4}以上。例如低压聚乙烯，残留的催化剂使其介电损耗增大，当其灰分含量从 1.9%降至 0.03%时，tanδ从14×10^{-4}降至3×10^{-4}。有报道说，浓度约 10mg·kg^{-1}的极性杂质，其 tanδ 在 10^{-4}左右。因此，为了得到介电损耗特别小的聚合物，必须正确选用各种添加剂，并在生产、加工和使用中，避免带入和注意清除各种杂质。

水是一种最常见的、能明显增加聚合物介电损耗的极性杂质。在低频下，它主要以离子电导形式增加电导电流，引起介电损耗；在微波频率范围，水分子本身发生偶极松弛，出现损耗峰。水被聚合物吸收后，还可能引起界面极化而在较低频率范围出现损耗峰。对于极性聚合物，水有不同程度的增塑作用，尤其是聚酰胺类和聚丙烯酸酯类等，结果将使聚合物的介电损耗峰移向较低的温度。水对热固性塑料介电损耗的影响也不容忽视。

7.2.4 聚合物的介电松弛谱

频率固定，考察在某温度范围内聚合物介电损耗情况，或温度固定，考察在某频率范围内聚合物介电损耗情况，得到的特征图谱，称为聚合物的介电松弛谱，前者为温度谱，后者为频率谱。在这些图谱上，聚合物的介电损耗一般都出现一个以上的极大值，分别对应于不同尺寸运动单元的偶极子在电场中的松弛损耗。按照损耗峰在图谱上出现的位置，在温度谱上从高温到低温，在频率谱上从低频到高频，依次用 α、β、γ 命名（图 7-11）。

在实际聚合物的介电松弛谱上，峰的宽度都比具有单一松弛时间的 Debye 方程式给出的理论峰宽，且峰高低（图 7-12），这是由于长链分子缠结体系中，运动单元的松弛时间不是单一值，而是多分散性的。也就是说，这些宽峰实际上是许多具有单值松弛时间小峰叠加的结果。

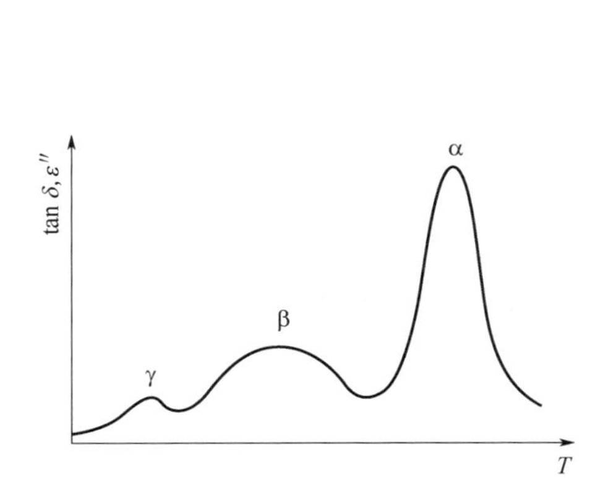

图 7-11　介电损耗温度谱示意图

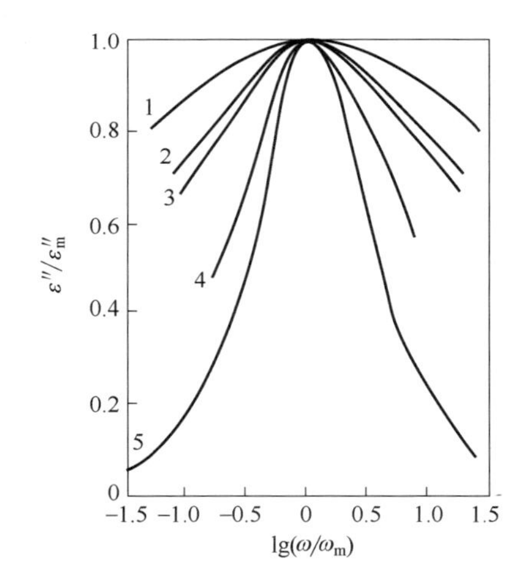

图 7-12　聚合物介电松弛峰与 Debye 理论峰比较

1—PVC；2—PVC-DP（80：20）；3—PCS-DP（80：20）；4—PVAC；5—Debye 理论峰

实测的聚合物介电松弛的 ε''-ε' 曲线，也不是 Debye 方程式对应的半圆形，而是落到半圆之内（图 7-13）。Cole 等根据实验曲线提出了如下半经验方程

$$\varepsilon^* = \varepsilon_\infty + \frac{\varepsilon_s - \varepsilon_\infty}{(1 + i\omega\tau)^a} \tag{7-27}$$

式中，a 是指示实际松弛峰宽度的一个参数，$0 < a \leqslant 1$；τ 是平均松弛时间，或称最概然松弛时间。这个方程的 ε''-ε' 曲线是一段圆弧，圆心不在横坐标上，而是降到横坐标以下。参数 a 越大，圆心偏离横坐标越远。这个方程给出的 ε' 和 ε'' 的频率特性曲线也显示出比 Debye 理论曲线更为平坦（图 7-14），相当于一组单一松弛时间的松弛过程的叠加，这些松

弛时间是在τ的周围对称分布的。

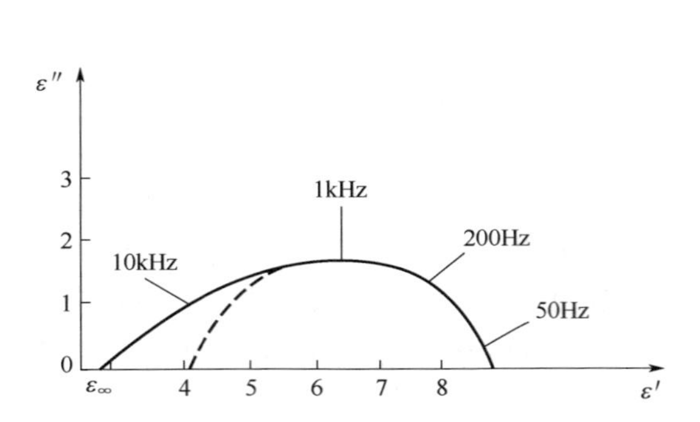

图 7-13　聚醋酸乙烯酯的 Cole-Cole 弧形图

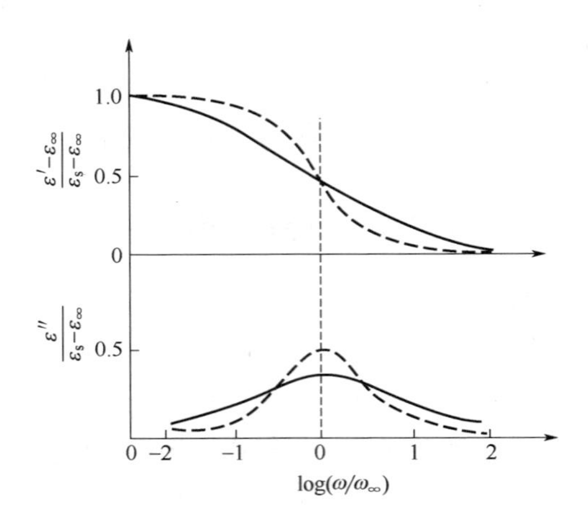

图 7-14　松弛时间单值与非单值的介电色散曲线

虚线—τ单值；实线—τ多分散

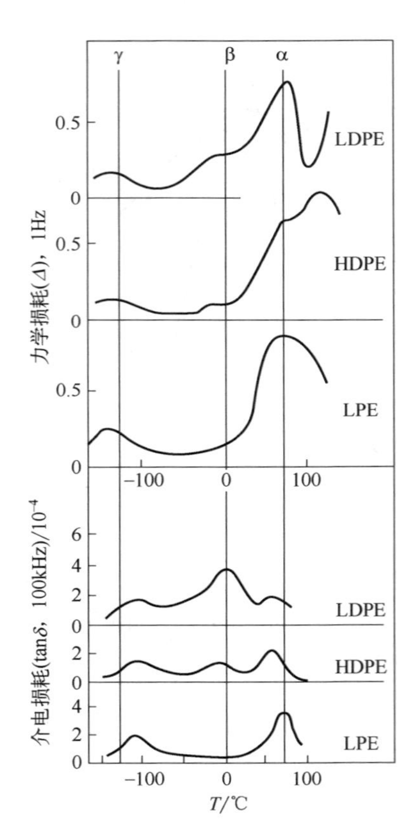

图 7-15　不同结晶度聚乙烯的力学松弛谱与介电松弛谱的比较

LDPE 为低密度聚乙烯；HDPE 为高密度聚乙烯；LPE 为线型聚乙烯。图中的直线是为比较三种主要松弛之用

图 7-15 是三种不同结晶度的聚乙烯的力学松弛谱与介电松弛谱的比较。最明显的特点是：在两种谱中 α、β、γ 三种主要松弛都发生在大致相同的温度。然而对于同一种聚乙烯，两种谱的峰并不处在完全相同的位置，这可能是由于测定介电损耗用的频率比测定力学损耗时的频率高得多。温度升高会使分子运动加快，所以力学损耗的 α 峰出现的温度要比介电损耗高。γ 峰是与非晶态中更小单元（侧基或链端）的运动有关，其几种主要的机理如图 7-16 所示，包括：①极性侧基绕 C—C 键旋转。这类侧基既可以是—CH_2Cl 类的小侧基，也可以是较复杂的侧链，如—$COOC_2H_5$。②环单元的构象振荡。最突出的例子是极性基取代的环己侧基的椅-椅式反转引起的极性取代基的取向改变。③主链局部链段的运动，如绕两个同轴的 C—C 键做曲轴转动的最小$-(CH_2)_n-$链段。对聚乙烯样品，不管结晶度高低，它们都有非晶区，因此 γ 峰都发生在同一温度，这与理论是一致的。

介电松弛中的 β 峰反映的是非晶区的偶极取向，在低密度聚乙烯（低结晶度）中有较多的非晶区，因此 β 峰最为突出。出现介电 β 峰的温度相当于非晶区的玻璃化转变温度（链段运动），它不损耗能量，因此力学损耗谱没有峰而介电损耗谱中有峰。对线型聚合物而言，它的结晶度很高，因此在介电松弛谱中几乎没有 β 峰。

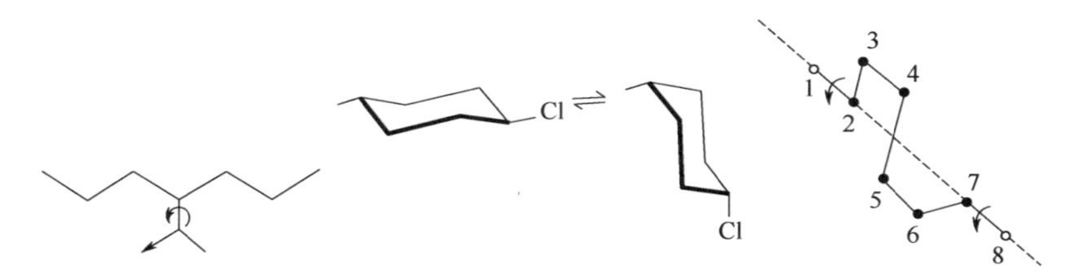

图 7-16　几种次级松弛示意图

在部分结晶的聚合物中，如高密度聚乙烯，结晶与非结晶区共存，使介电松弛谱变得更复杂，除了在非晶区的偶极取向之外，还有发生在结晶内和结晶边界上的各种分子运动，如伸直的锯齿形链沿链轴方向的扭转和位移运动，结晶表面上链折叠部位的折叠运动，晶格缺陷处基团的运动等，如图 7-17 所示。对于发生在晶区的松弛过程的这些解释，尚有待进一步研究。

介电松弛谱的 α 峰反映的是晶区中偶极子的旋转，而力学松弛谱的 α 峰反映的是晶区的分子运动，它是晶片表面分子链回折部分的再取向运动。所以力学松弛与介电松弛相比，平均松弛时间较长而且峰较宽。

(a) 链沿链轴方向的扭转和位移运动　　(b) 链折叠部位的折叠运动

图 7-17　结晶区的松弛运动

7.3　聚合物的导电性能

7.3.1　材料导电性的表征

材料的导电性是用电阻率 ρ 或电导率 σ 来表示的。当试样加上直流电压 U 时，如果流过试样的电流为 I，则按照欧姆定律，试样的电阻 R 为

$$R=\frac{U}{I} \tag{7-28}$$

试样的电导 G 为电阻的倒数

$$G=\frac{1}{R}=\frac{I}{U} \tag{7-29}$$

电阻和电导的大小都与试样的几何尺寸有关，不是材料导电性的特征物理量。试样的电阻与试样的厚度 h 成正比，与试样的面积 S 成反比

$$R=\rho\frac{h}{S} \tag{7-30}$$

比例常数 ρ 称为电阻率，单位是 $\Omega \cdot m$，是单位厚度、单位面积试样的电阻值。类似地，对试样的电导率有

$$G = \sigma \frac{S}{h} \tag{7-31}$$

式中，比例常数 σ 称为电导率，单位是 $\Omega^{-1} \cdot m^{-1}$，是单位厚度、单位面积试样的电导值。电阻率与电导率只取决于材料的性质，它们互为倒数，都可用来表征材料的导电性。工程上习惯根据导电性将材料粗略地划分为超导体、导体、半导体和绝缘体（电介质）四大类，它们的电导率、电阻率范围见表 7-5。

表 7-5 不同材料种类的电阻率和电导率

材料	电阻率/（$\Omega \cdot m$）	电导率/（$\Omega^{-1} \cdot m^{-1}$）
超导体	$\leqslant 10^{-8}$	$\geqslant 10^{8}$
导体	$10^{-8} \sim 10^{-5}$	$10^{5} \sim 10^{8}$
半导体	$10^{-5} \sim 10^{7}$	$10^{-7} \sim 10^{5}$
绝缘体	$10^{7} \sim 10^{18}$	$10^{-18} \sim 10^{-7}$

材料的导电性是由于物质内部存在传递电流的自由电荷，这些自由电荷通常称之为载流子，它们可以是电子、空穴，也可以是正、负离子。这些载流子在外加电场的作用下，在物质内部做定向运动，便形成电流。因此材料导电性的优劣，应该与其所含载流子的多少以及这些载流子运动的速度有关。

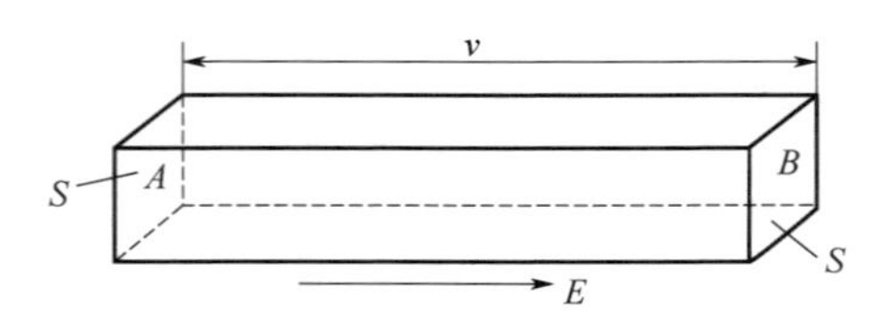

图 7-18 推导关系式 $\sigma = Nq\mu$ 的示意图

下面来考察材料中与外加电场方向相平行的一假想长方体里，载流子运动的情况（图 7-18）。如果长方体里的载流子浓度（即单位体积内载流子的数目）为 N，每个载流子上所带的电荷量为 q，载流子在外加电场 E 作用下，在电场方向的平均速度为 v，当取长方体的长度在数值上等于 v 时，则 1s 内，长方体里所有的载流子将全部通过端面 A 或 B，设长方体 A、B 两个端面的面积为 S，则流过长方体端面的电流 I 表示为

$$I = NqvS \tag{7-32}$$

而载流子的迁移速度 v 通常与外加电场强度 E 成正比

$$v = \mu E \tag{7-33}$$

式中，比例常数 μ 为载流子的迁移率，是单位场强下载流子的迁移速度，单位为 $m^2 \cdot V^{-1} \cdot s^{-1}$。根据式（7-29）、式（7-31）～式（7-33），便可得出

$$\sigma = Nq\mu \tag{7-34}$$

即材料的电导率等于载流子浓度、迁移率以及每个载流子荷电量的乘积。因此，也可以说，载流子浓度和迁移率是表征材料导电性的微观物理量。

7.3.2 聚合物的导电特点

聚合物中的导电载流子可以是电子、空穴，也可以是正、负离子。大多数聚合物都存在离子电导，带有强极性原子或基团的聚合物，由于本征解离，可以产生导电离子。此外，在合成、加工和使用过程中，进入聚合物材料的催化剂、各种添加剂、填料以及水和其他杂质的解离，都可以提供导电离子。在没有共轭双键、电导率很低的非极性聚合物中，这种外来离子成了导电的主要载流子，因此这些聚合物的主要导电机理是离子电导。共轭聚合物、聚合物电荷转移络合物、聚合物自由基-离子化合物和有机金属聚合物等聚合物导体、半导体则具有强的电子电导。例如在共轭聚合物中，分子内存在空间上一维或二维的共轭双键体系，π 电子轨道互相交叠使 π 电子具有类似于金属中自由电子的特征，可以在共轭体系内自由运动，分子间的电子迁移则通过“跳跃”机理来实现。

在一般聚合物中，特别是那些主要由杂质解离提供载流子的聚合物中，载流子的浓度是很低的。尽管杂质离子浓度低到对于其他性质完全可以忽略的等级，但它对高绝缘材料电导率的影响却不可忽视。

7.3.3 表面电阻率和体积电阻率

在聚合物的导电性表征中，有时需要分别表示聚合物表面和体内的不同导电性，分别采用表面电阻率和体积电阻率来表示。

表面电阻率 ρ_s 规定为单位正方形表面上两刀形电极之间的电阻。刀形电极的长度为 l，两电极间的距离为 b（图 7-19），则可采用与式（7-30）相似的关系式

$$\rho_s = R_s \frac{l}{b} \tag{7-35}$$

从实测的表面电阻计算表面电阻率 ρ_s。上式也可以写成

$$\rho_s = \frac{U/b}{I_s/l} \tag{7-36}$$

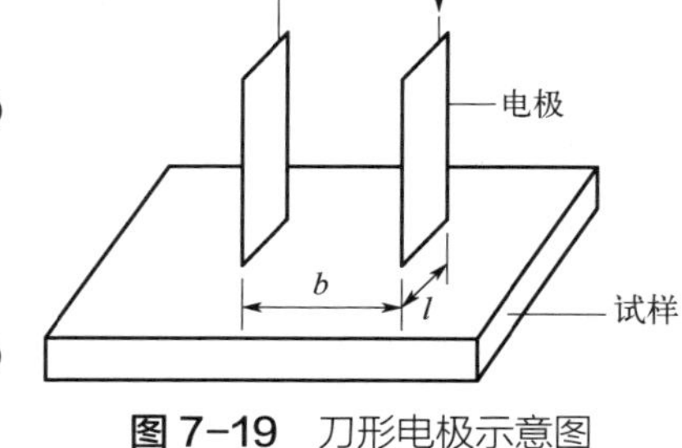

图 7-19 刀形电极示意图

表面电阻率是沿试样表面电流方向的直流场强与该处单位长度的表面电流之比。ρ_s 的单位是欧姆（Ω）。

类似地，对体积电阻率 ρ_V 有

$$\rho_V = R_V \frac{S}{h} = \frac{U/h}{I_V/S} \tag{7-37}$$

式中，h 是试样的厚度（即两电极之间的距离）；S 是电极的面积；U 是外加电压；R_V 和 I_V 是测得的体积电阻和体积电流。因此，体积电阻率是体积电流方向的直流场强与该处体积电流密度之比。ρ_V 的单位是 Ω·m。在提到电阻率而又没有特别指明的地方通常就是指体积电阻率。

7.3.4 聚合物的导电性与分子结构的关系

分子结构是决定聚合物导电性的内在因素，也是最重要的因素。

（1）饱和的非极性聚合物

饱和的非极性聚合物具有最好的电绝缘性能。它们的结构本身既不能产生导电离子，也不具备电子电导的结构条件，理论上聚合物绝缘体的电阻率高达 $10^{23}\Omega\cdot m$，这比实测值高出好几个数量级。实际上聚苯乙烯电阻率约 $10^{18}\Omega\cdot m$，而聚四氟乙烯、聚乙烯则在 $10^{16}\Omega\cdot m$ 左右，这说明聚合物绝缘体的载流子可能来自结构以外的因素，经纯化后聚合物的电阻率会有数量级的增加。

（2）极性聚合物

极性聚合物的电绝缘性次之。聚砜、聚酰胺、聚丙烯腈和聚氯乙烯等的电阻率约在 $10^{12}\sim10^{15}\Omega\cdot m$ 之间。这些聚合物中的强极性基团可能发生微量的本征解离，提供本征的导电离子。同时，这些聚合物的介电常数较高，其中的杂质离子间库仑力降低，使解离平衡移动，从而增加载流子浓度。这些可能是极性聚合物的电阻率低于非极性聚合物的原因。

（3）共轭聚合物

共轭聚合物是高分子半导体材料。π 电子在共轭体系内的去定域化提供了大量的电子载流子，而且这些 π 电子在共轭体系内又有很高的迁移率，使这类材料的电阻率大幅度降低。可是，聚苯乙炔电导率仍低于 $10^{-12}\Omega^{-1}\cdot m^{-1}$，这可能主要是由于苯环侧基的立体位阻妨碍了链在较长范围内取平面构象，使共轭体系受到损害。聚氮化硫 $(SN)_n$ 由于不存在上述困难，分子链保持了良好的共轭体系，且能结晶成纤维状，由于结晶分子间紧密堆砌也有利于电子载流子的过渡，因而在纤维轴方向上电导率高达 $10^{5}\Omega^{-1}\cdot m^{-1}$。

有些有机聚合物热裂解，最后能形成类似石墨的结构。聚酰亚胺在 600～800°C 下分阶段真空热裂解，产物具有大片稠环结构，电导率达 $5\times10^{4}\Omega^{-1}\cdot m^{-1}$。由于大多数共轭聚合物都是不溶不熔的固体或粉末，难以加工成型，力学性质不佳，限制了它们的应用。作为一种补救办法，对于热裂解聚合物，可采用先加工成型后热裂解的方法。例如用牵伸的聚丙烯腈纤维热裂解环化、脱氢形成的双链含氮芳香结构的产物，称为黑奥纶，电导率为 $10^{-1}\Omega^{-1}\cdot m^{-1}$，进一步热裂解到氮完全消失，可得电导率高达 $10^{5}\Omega^{-1}\cdot m^{-1}$ 数量级的高抗张碳纤维。

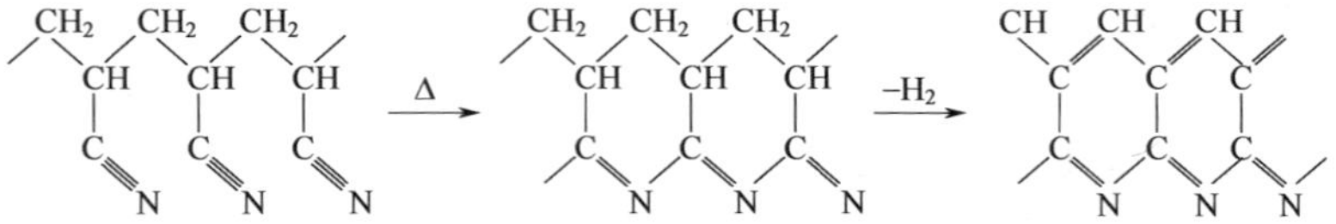

（4）电荷转移络合物和自由基-离子化合物

电荷转移络合物和自由基-离子化合物是另一类高电子电导性的有机化合物。它是由电子给予体和电子接受体之间靠电子的部分或完全转移而形成的：

$$D+A\longrightarrow D^{\delta+}A^{\delta-}\ \text{电荷转移络合物}$$

$$D+A\longrightarrow D^{+}A^{-}\ \text{自由基-离子化合物}$$

电荷转移络合物在其晶相中是以电子给予体和电子接受体交替紧密堆砌形成的相当脆性的固体：……ADADADA……，其电导性源于电子给予体与电子接受体之间的电荷转移传递电子。因此，电导率具有明显的各向异性，沿交替堆砌的方向最高。有人把电子给予体结构作为侧基接到高分子主链上，然后加入电子接受体化合物，以形成聚合物的电荷转移络合物：

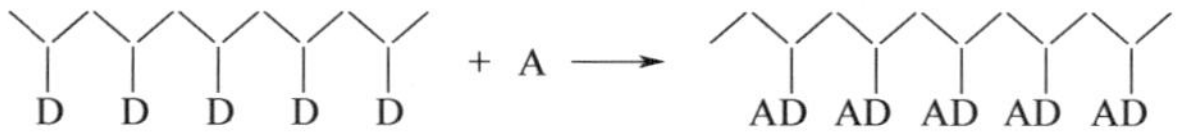

例如选择聚乙烯亚胺为主链，电子给予体单元是甲巯基苯氧基，而以 2,4,5,7-四硝基芴酮作为电子接受体，得到的聚合物络合物电导率为 $10^{-9}\Omega^{-1}\cdot m^{-1}$。

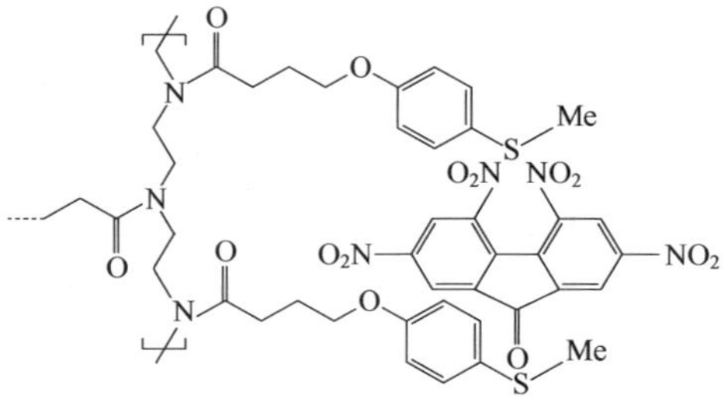

以电子给体聚合物与小分子受体（如卤素）经电荷转移组成为正离子-自由基盐聚合物；或由正离子型聚合物（包括主链为正离子）与四氰代对二次甲基苯醌（TCNQ）类受体分子的负离子自由基组成负离子-自由基盐聚合物。例如，聚乙烯吡啶体系可示意如下：

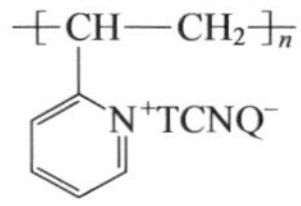

电导率高的聚 2-乙烯基吡啶碘的复合物已用作锂-碘电池的固体电解质。这类聚合物中给体和受体之间电荷发生了完全转移。

有机金属聚合物是将金属原子引入聚合物主链。由于有机金属基团的存在，聚合物的电子电导增加，其原因是金属原子的 d 电子轨道可以和有机结构的 π 电子轨道交叠，从而延伸分子内的电子通道，同时，由于 d 电子轨道比较弥散，它甚至可以增加分子间的轨道交叠，从而在结晶的近邻层片间架桥。已得到 1,5-二甲酰 2,6-二羟基萘二肟的二价铜络合物：

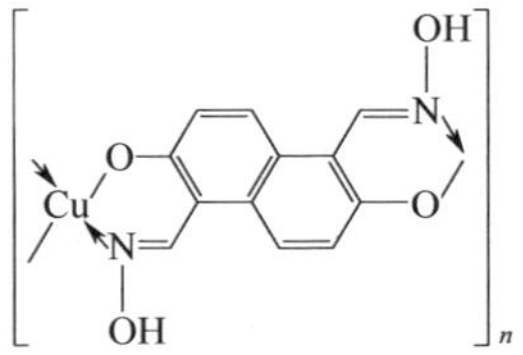

其电导率达 $10^{-3}\sim10^{-2}\Omega^{-1}\cdot m^{-1}$。聚酞菁金属螯合物，如聚酞菁铜，具有二维电子通道的平面结构，电导率达 $5\Omega^{-1}\cdot m^{-1}$。当金属有机聚合物中的过渡金属存在混合氧化态时，电子可在不同的氧化态之间传递而形成电导。例如聚二茂铁原为绝缘体，当部分二价铁氧化成三价铁后，电导率可提高到 $10^{-4}\Omega^{-1}\cdot m^{-1}$。

7.3.5　聚合物导电性的影响因素

分子量对聚合物导电性的影响与聚合物的主要导电机理有关。对于电子电导，因分子量增加延长了电子的分子内通道，电导率将增加；对于离子电导，随分子量的减少直到链端效应使聚合物内部自由体积增加时，离子迁移率增加，电导率将增加。

结晶与取向使绝缘聚合物的电导率下降，因为在这些聚合物中，主要是离子电导，结晶与取向使分子紧密堆砌，自由体积减小，因而离子迁移率下降。如聚三氟氯乙烯结晶度从10%增加至50%时，电导率下降90%以上。但是对于电子电导的聚合物，正好相反，结晶中分子的紧密整齐堆砌，有利于分子间电子的传递，电导率将随结晶度的增加而升高。

交联使高分子链段的活动性降低，自由体积减小，因而离子电导下降。电子电导则可能因分子间键桥为电子提供分子间的通道而增加。

杂质使绝缘聚合物的绝缘性能下降。因为对绝缘聚合物来说，导电载流子大都来自外部，杂质对其电导率的影响具有十分重要的作用。其中特别值得重视的是水分的影响，因为空气湿度对聚合物的影响是普遍存在的问题，而水分使聚合物电导率升高的作用又特别大。水本身就有微弱的电离，加之空气中CO_2或其他盐类杂质的溶解，将使离子载流子的浓度大为增加，从而大大提高电导率。有些本来电离度并不大的杂质，在水存在时，电离度将大大增加，因为物质的电离能与介质的介电常数成反比，水具有相当高的介电常数，使杂质的电离能大大降低，而物质的电离常数与电离能之间又是指数关系，因此介质的介电常数以指数级强烈影响离子的浓度。

聚合物的导电性受湿度影响的程度，还与聚合物本身的极性和多孔性有关。非极性聚合物是憎水性的，表面不受水分润湿，对导电性的影响小。极性聚合物则表现出亲水性，尤其是具有多孔性时，吸水性增加，因此对导电性的影响更大。例如酚醛树脂浸渍的夹板在90%相对湿度下电阻率比未浸渍的大上千倍。

在电信和航空工业上，使聚合物的表面电阻率不受水分影响尤为重要。飞机航行时，从低温高空突然飞入高湿度的气流中，往往会因机身结冰通信设备的表面电阻降低，可能一时失去效用，所以对于绝缘材料，不仅要求绝缘性能好，还要求它的电阻值不受湿度的影响，为此，防潮性能特别好的有机硅树脂常常作为表面处理剂使用。

各种添加剂对聚合物的导电性来说，也是一些外来的杂质。特别是极性的增塑剂和稳定剂、离子型催化剂、导电的填料等，对导电性的影响更大。对于聚四氟乙烯、聚苯乙烯和聚乙烯等高绝缘性能的聚合物来说，残留的催化剂和添加的微量稳定剂等，往往是降低材料绝缘性能的主要杂质。为了获得高的电绝缘性能，需要仔细清除残留的催化剂，或尽量选用高效催化剂，在稳定剂等添加剂的使用上，也需谨慎选用。

增塑剂在聚氯乙烯中大量使用，加入增塑剂可使链段的活动性增加，自由体积增加，从而提高离子载流子的迁移率，如果采用极性增塑剂，增塑剂也会电离而增加离子浓度，使导电性显著增加。

导电填料的加入会提高聚合物的导电性。例如为提高聚乙烯的耐紫外老化性能，加入3%炭黑，可使电导率提高几个数量级。利用这一性质，研究和发展了一大类导电复合材料，它们都是用聚合物作为黏结组分，与炭黑、金属细粉或导电纤维等导电组分混合加工而成的。根据导电组分的种类、粒度、表面接触电阻以及含量等因素的变化，可以得到适合于不同需要的各种导电等级的复合材料，并已被广泛应用。

温度对大多数聚合物导电性的影响，可以用下面电阻率ρ与温度之间的指数关系式表示

$$\rho = A\mathrm{e}^{E/RT} \tag{7-38}$$

式中，A 是比例常数；E 是活化能，R 是气体常数。式（7-38）表明，聚合物的电阻率随温度的升高而急剧地下降，这主要是因为随温度的升高，聚合物中的导电载流子浓度急剧增加。

在绝缘聚合物的玻璃化转变温度区，电阻率的温度曲线发生了突然转折，玻璃化转变温度上、下的曲线斜率不同。这是由于聚合物的链段活动性增加，导致离子迁移率增加。这种性质也可被用来测量聚合物的玻璃化温度。

7.4 聚合物的介电击穿

7.4.1 介电击穿和介电强度

前面几节都是讨论聚合物在弱电场中的行为。在强电场（10^7～10^8V·m^{-1}）中，随着电场强度进一步升高，电流-电压间的关系已不再符合欧姆定律，dU/dI 逐渐减小，电流比电压增大得更快（图 7-20），当达到 $dU/dI=0$ 时，即使维持电压不变，电流仍然继续增大，材料突然从介电状态变成导电状态。在高压下，大量的电能迅速地释放，使电极之间的材料局部被烧毁，这种现象就称为介电击穿。$dU/dI=0$ 处的电压 U_b 称为击穿电压。击穿电压是介质可承受电压的极限。

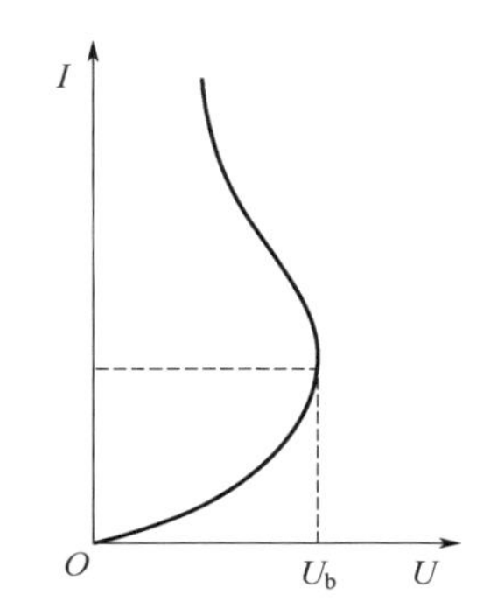

图 7-20 介质的电流-电压关系

由于一种绝缘体存在着一个能长期承受而不被破坏的最大电压，自然地引出了介电强度的概念。介电强度的定义是击穿电压与绝缘体厚度 h 的比值，即材料能长期承受的最大场强：

$$E_b = \frac{U_b}{h} \tag{7-39}$$

E_b 就是介电强度，或称击穿场强、击穿强度，其单位是 MV·m^{-1}。介电强度是高分子绝缘材料的又一项重要的指标。

7.4.2 聚合物介电击穿的机理

聚合物的介电击穿按其形成的机理，大致可分为本征击穿、热击穿和放电引起的击穿三种主要形式。

（1）本征击穿

在高压电场作用下，聚合物中微量杂质电离产生的离子和少数自由电子，受到电场的加速，沿电场的方向做高速运动，当电场高到使它们获得足够的能量时，它们与高分子碰撞，可以激发出新的电子，这些新生的电子又从电场获得能量，并在与高分子的碰撞过程中激发出更多的电子，这一过程反复进行，自由电子雪崩似的产生以致电流急剧上升，最终导致聚合物材料电击穿；或者电场强度达到某一临界值时，原子的电荷发生位移，使原子间的化学键遭到破坏，电离产生的大量价电子直接参加导电，导致材料电击穿。

（2）热击穿

在高压电场作用下，由于介电损耗所产生的热量来不及散发出去，热量的累积使聚合物的温度上升，而随着温度的升高，聚合物的电导率以指数级急剧增大，电导损耗产生更多的热量，又使温度进一步升高，这样恶性循环的结果，导致聚合物的氧化、熔化和焦化以致发生击穿。

（3）放电引起的击穿

在高压电场作用下，聚合物表面和内部气泡中的气体，因其介电强度（约 3MV·m^{-1}）比聚合物的介电强度（20～1500MV·m^{-1}）低得多，首先发生电离放电。放电时被电场加速的电子和离子轰击聚合物表面，可以直接破坏高分子结构，放电产生的热量可能引起高分子的热降解，放电生成的臭氧和氮的氧化物将使聚合物氧化老化。特别是当高压电场是交变电场时，这种放电过程的频率成倍地随电场频率而增加，反复放电使聚合物所受的侵蚀不断加深，最后导致材料击穿。这种击穿造成的击穿通道呈树枝状。

在实际应用中，聚合物的介电击穿一般既不是单纯的本征击穿，也不是典型的热击穿，而往往是气体放电引起的击穿，特别是当较低电压长时间作用时，气体放电造成的结构破坏更为突出。

聚合物的击穿强度不仅取决于它本身的结构，还随外界条件的不同而发生变化。由于各种外界因素的作用，测得的击穿强度低于材料应有的数值，有时外界因素的影响比结构本身所起的作用更大。这些因素包括环境介质、物理状态、极板形状、温度、电压施加方式、电场频率、材料纯度等许多方面，使得不同环境下的材料表现出不同的击穿强度。为了比较测试结果，需要严格规定测试条件。即使如此，测得的也只是材料的工程数据，而非材料的本征击穿强度。表 7-6 列出了若干聚合物的击穿强度的工程数据。可以看到，同一聚合物，其薄膜试样比体型试样击穿强度高，这可能是前者较均匀完善，而后者易引入某种缺陷的缘故。

击穿试验是一种破坏性试验，为此在实际应用中常用耐压试验来代替它。在高分子制件上加上所要求的电压，经过一定时间后如果不发生击穿破坏，即认为是合格产品。这样就可不必测击穿强度的具体数值。

表 7-6 若干聚合物的介电强度工程数据

聚合物	E_b/（MV·m^{-1}）	聚合物	E_b/（MV·m^{-1}）
聚乙烯	18～28	环氧树脂	16～20
聚丙烯	20～26	聚乙烯薄膜	40～60
聚甲基丙烯酸甲酯	18～22	聚丙烯薄膜	100～140
聚氯乙烯	14～20	聚苯乙烯薄膜	50～60
聚苯醚	16～20	聚酯薄膜	100～130
聚砜	17～22	聚酰亚胺薄膜	80～110
酚醛树脂	12～16	芳香聚酰胺薄膜	70～90

7.5　聚合物的静电现象

当两个固体表面相互接触时，因为它们的物理状态不同，电荷将发生再分配，把它们重新分开后，将带有比接触前过量的正电荷或负电荷，这种现象称为静电现象。在聚合物工业中相同或不同材料之间的接触是十分普遍的，因而非常容易发生静电现象，使聚合物从电中性体变为带电体。例如塑料从金属模具中脱出来时会带电，合成纤维在纺织过程中也会带电，塑料、纤维和橡胶制品在使用过程中产生静电更是常见。干燥的天气，脱下合成纤维的衣服时，经常可以听到放电的响声，如果在暗处，还可以看到放电的辉光，这可能是人们最熟悉的日常生活中的静电现象了。

7.5.1　静电起电机理

静电起电较简单的情况是接触起电，即两种材料只是表面接触，而不发生任何摩擦，接触界面会发生电荷转移现象。电子摆脱原子核的束缚从材料表面逸出所需要的能量称为电子逸出功。材料的物理状态不同，其内部结构中电荷载体的能量分布也不同，从而造成了它们具有不同的电子逸出功。金属与金属、聚合物与金属、聚合物与聚合物接触，逸出功较小的物质倾向于失去电子而带正电，较大的则获得电子带负电。表 7-7 给出了若干聚合物的功函数（以金为参考值）。

第7章

表 7-7　聚合物的功函数

聚合物	功函数/eV	聚合物	功函数/eV
聚四氟乙烯	5.75	聚乙烯	4.90
聚三氟氯乙烯	5.20	聚碳酸酯	4.80
氯化聚乙烯	5.14	聚甲基丙烯酸甲酯	4.68
聚氯乙烯	5.13	聚乙酸乙烯酯	4.38
氯化聚醚	5.11	聚异丁烯	4.30
聚砜	4.95	尼龙 66	4.30
聚苯乙烯	4.90	聚氧化乙烯	3.95

摩擦起电的情况要比接触起电复杂得多。轻微摩擦时的起电特征与接触起电相同，但在剧烈摩擦时，局部接触面以较高速度相互运动，聚合物发热甚至软化，有时两接触面间还有质量交换，其起电机理至今尚不完全清楚。实验结果表明，金属与聚合物摩擦起电，所带电荷的正负基本上由它们的功函数大小决定。聚合物与聚合物摩擦时，一般认为，介电常数大的聚合物带正电，介电常数小的带负电。根据聚合物摩擦起电所带电荷的符号，可以把它们按照摩擦起电顺序进行排列，如表 7-8 所示。任何两种聚合物摩擦时，排在前面的聚合物带正电，后面的带负电。将表 7-8 和表 7-7 比较可见，聚合物的摩擦起电顺序与其功函数大小顺序基本上是一致的。

表 7-8 聚合物的摩擦起电顺序

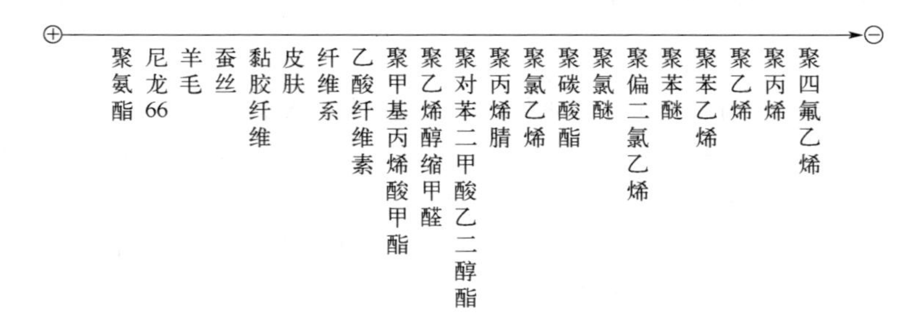

7.5.2 静电的危害和防止

对大多数绝缘聚合物来说，静电消失的过程进行得很慢。如果接触和摩擦持续进行，或者接触面分离的时间比放电时间短得多，则必定发生静电的积聚。

静电的积聚，在聚合物加工和使用中会造成各种问题。静电给合成纤维生产增加了许多困难。例如吸水量不超过 0.5%的干性纤维聚丙烯腈纺丝过程中，纤维与导辊摩擦所产生的静电荷，电压可达 15kV 以上，这些静电荷使纤维的梳理、纺纱、牵伸、加捻、织布和打包等工序难以进行。在绝缘材料生产中，由于静电吸附尘粒和其他有害杂质，产品的电性能大幅度下降。更严重的是，这样摩擦产生的高压静电有时会影响人身或设备的安全。如果气体放电的电场强度按 $4.0\mathrm{MV \cdot m^{-1}}$ 推算，它相当于表面电荷密度为 $3.6\times10^{-5}\mathrm{C \cdot m^{-1}}$，也就是说，只要在 $5\times10^{5}\mathrm{Å^{2}}$ 面积上存在一个电子，所带的电荷就足以引起周围空气放电，这样的电荷密度并不是很高，因此由摩擦静电引起的火花放电是常见的事。这在有易燃易爆的气体、蒸汽和液体等存在的场合，会酿成巨大的灾祸，例如易燃液体的塑料输送管道，矿井用橡胶传送带与塑料导辊等，都可能因摩擦静电积聚而发生火花放电，导致燃料起火、矿井爆炸等重大事故。

防止静电危害的发生，可以从抑制静电的产生和及时消除产生的静电两方面考虑。由于摩擦产生的静电电量和电位取决于摩擦材料的性质、接触面积、压力和相对速度等因素，因此可以通过选择适当的材料、减少静电的产生或使之互相抵消来防止静电危害。例如，可以选择两种以上的材料，使它们在摩擦过程中产生符号相反的静电而自相抵消；也可以设法减小接触面积、压力和速度，使摩擦产生的电荷量尽量减少。

绝缘体表面的静电可以通过三条途径消失：通过空气（雾气）消失；沿着表面消失；通过绝缘体体内消失。因此可在三方面采取适当的措施，消除已经产生的静电。

通过空气消除静电，主要依靠空气中相反符号的带电粒子与绝缘体表面静电中和，或让带电粒子获得动能而飞散。利用尖端放电原理，制成高压电晕式静电消除器，已在化纤、薄膜、印刷等生产中应用。在不允许有火花出现的场合，也可采用辐照使气体电离的方法消除静电。

静电沿绝缘体表面消失的速度取决于绝缘体表面电阻率的大小。提高空气的湿度，可以在亲水性绝缘体表面形成连续的水膜，加上空气中的 CO_2 和其他电离杂质的溶解，可大大提高表面导电性。进一步的方法是使用抗静电剂，它是一些阳离子或非离子型表面活性剂，如胺类、季铵类、吡啶衍生物和羟基酰胺等，通常采用喷雾或浸涂的方法涂布在聚合物表面，形成连续相，以提高表面的导电性。

有时为了延长作用的时间，可将其加入塑料中，让它慢慢扩散到塑料表面而起作用。纤维纺丝工序中则采取所谓上油的措施，给纤维表面涂上一层具有吸湿性的油剂，它吸收空气中的水分而增加纤维的导电性，达到去静电的效果。静电通过绝缘体体内泄漏的速度，主要取决于绝缘体的电阻率大小，一般来说，当聚合物电阻率小于 $10^7\Omega \cdot m$ 时，即使产生静电荷，也会很快泄漏掉。为了提高聚合物的体积电导率，最方便的方法是添加炭黑、金属细粉或导电纤维，制成防静电橡胶或防静电塑料。例如国内制造的一种防静电三角胶带，是掺炭黑的，其体积电阻率只有 $10^2\Omega \cdot m$ 左右。

在认识了静电现象的规律之后，人们不只是消极地防止静电危害，同时也积极地对静电加以利用。在工农业生产中，静电已被越来越广泛地利用，其中与聚合物有关的有静电涂覆、静电印刷、静电分离和混合等。

拓展阅读

导电聚合物的发现——艾伦·麦克迪尔米德、艾伦·黑格及白川英树

习题与思考题

1. 简述外电场中电介质的极化方式和各自特点。

2. 讨论影响高分子介电常数和介电损耗的因素。

3. 分别画出高分子介电损耗的温度谱和频率谱，说明温度和电场频率对聚合物介电损耗的影响。

4. 如何区分极性聚合物和非极性聚合物？列举至少 3 个极性聚合物与 3 个非极性聚合物。

5. 导出在交变电场中单位体积的介质损耗功率与电场频率的关系式，并讨论当 $\omega \to \infty$ 时介质的损耗情况。

6. 影响高聚物介电性能的因素有哪些？怎样获得介电常数、介电损耗小的电性能优良的高分子材料？

7. 塑料加工中有一项技术叫作“高频模塑技术”，其方法是将极性塑料置于模具中并受高频电场的作用，几秒内原料即可熔化、成型。这种技术基于什么原理？能否用这种技术加工聚乙烯？

8. 当聚合物的分子量增大或结晶度增大时，聚合物的电子电导增大，而离子电导减小。试分别解释这种现象的原因。

9. 假定某种聚合物的电导率为 $10^{-9}\Omega^{-1} \cdot m^{-1}$，载流子迁移率借用室温下烃类液体中离子载流子的数值 $10^{-9}m^2 \cdot V^{-1} \cdot s^{-1}$，计算聚合物的载流子浓度，估算聚合物中重复单元的数量密度（假定重复单元分子量为 100），比较所得结果并加以讨论。

10. 什么是静电现象？为什么在某些高分子材料制品的生产中必须考虑消除静电的问题？采取什么措施能减少静电产生？

第 8 章　聚合物的其他性能

思维导图

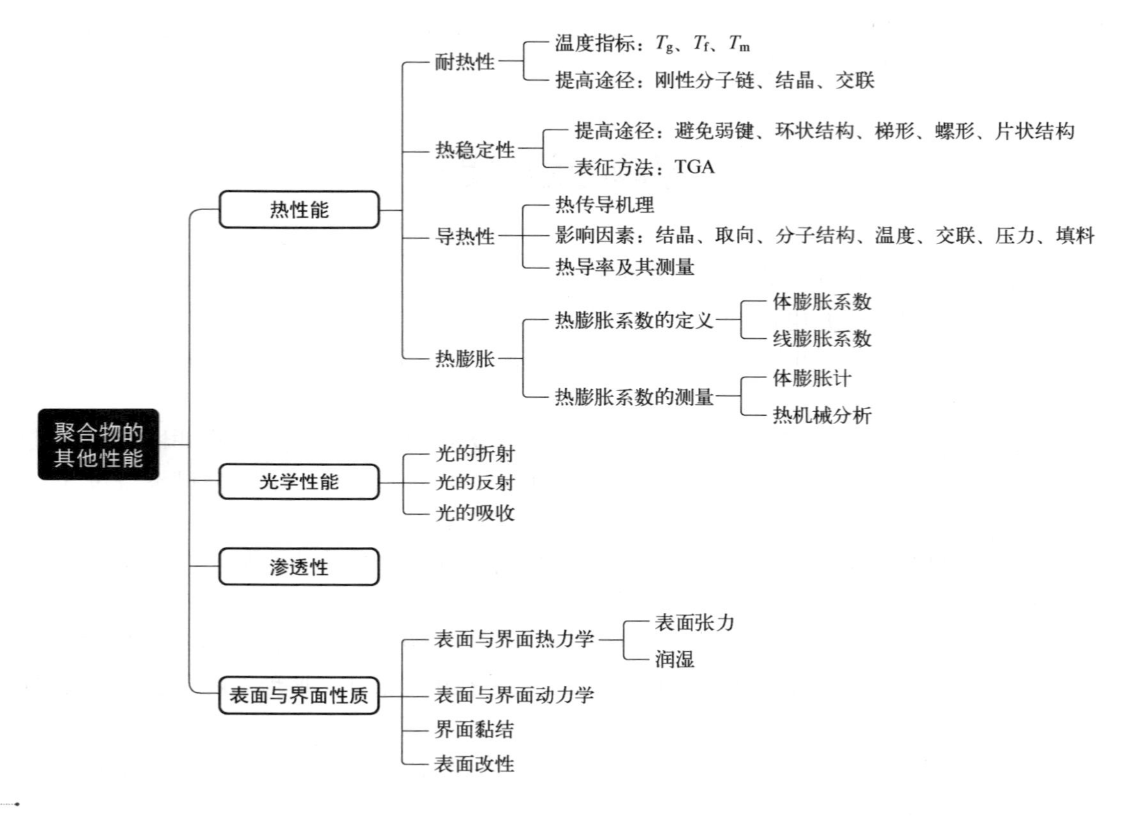

在线课程

8-1

8.1　聚合物的热性能

聚合物的热性能包括耐热性、热稳定性、导热性和热膨胀等。

8.1.1　耐热性

耐热性可以简单地理解为材料保持基本性能的最高上限温度，这种温度指标包括玻璃化转变温度（T_g）、黏流温度（T_f）和熔点（T_m）。此外，还有工业上实用的软化点，例如马丁耐热温度、维卡耐热温度和热变形温度等。

聚合物的结构对T_g、T_f和T_m的影响，前面章节已进行过讨论。归结起来，欲提高聚合物的耐热性，主要从以下三个结构因素考虑。

① 高分子链的刚性 在高分子主链中尽量减少单键，引入共轭双键、三键和环状结构，对提高聚合物的耐热性极为有利。例如，聚乙炔、芳香聚酯、芳香尼龙、聚苯醚、聚酰亚胺、聚醚醚酮等，均为优良的耐高温聚合物。

② 结晶 对于同种高分子材料，熔点高于玻璃化转变温度，因此结晶度提高，耐热性变好。例如，无规立构聚苯乙烯的 T_g=100℃，等规立构聚苯乙烯的 T_m=240℃。在高分子的主链或侧链中引入强极性基团或产生氢键，有利于聚合物结晶，提高耐热性。例如，尼龙6 的 T_m=270℃，聚四氟乙烯的 T_m=327℃。

③ 交联 交联聚合物的链间化学键阻碍了链和链段的运动，有利于提高材料的耐热性。例如，辐射交联的聚乙烯，其耐热性提高到了 250℃，超过了聚乙烯的熔融温度。热固性树脂，如酚醛树脂、环氧树脂、脲醛树脂等均具有密集的交联结构，一般都具有较好的耐热性。

值得注意的是，改善耐热性的方法需多方面考虑，例如分子主链含芳环或杂环的聚合物虽然耐热性好，但加工性能差。如果在分子链上引入较大的侧基，则得到的产物既具有良好的耐热性，又改善了加工性能。此外，上述三个提高聚合物耐热性的结构因素只适用于塑料，不适用于橡胶。因为橡胶在提高耐热性的同时，还必须保持其高弹性。

8.1.2 热稳定性

高温下聚合物可以发生降解和交联。降解是指高分子主链断裂，导致分子量下降、材料的物理、力学性能变差。交联使高分子链间生成化学键，适度交联，可以改善聚合物的耐热性和力学性能，但过度交联，会使聚合物发硬变脆。聚合物的热降解和交联与化学键的断裂或生成有关。组成高分子的化学键键能越大，材料越稳定，耐热分解能力也就越强。

研究表明，聚合物的热稳定性与高分子链的结构密切相关。基于此，有三种提高聚合物热稳定性的途径。

① 在高分子链中避免弱键 主链中靠近叔碳原子和季碳原子的键较易断裂，故聚合物分解温度的高低顺序为：聚乙烯＞支化聚乙烯＞聚异丁烯＞聚甲基丙烯酸甲酯（PMMA）。又如，聚氯乙烯（PVC）中含有 C—Cl 弱键，受热容易脱除 HCl，热稳定性大大降低。聚四氟乙烯（PTFE）中，由于形成了 C—F 键，故热稳定性很好。无机聚合物一般都具有很好的热稳定性，如聚氯化磷腈等。

② 在高分子主链中避免长连接的亚甲基—CH_2—，并尽量引入较大比例的环状结构。例如聚酰亚胺（PI，有亚胺环结构）的热稳定性优异。

③ 合成“梯形”“螺形”和“片状”结构的聚合物 “梯形”“螺形”结构的高分子链，不容易被打断。因为这类高分子中，一个链断裂并不会降低分子量。即使几个链同时断裂，但只要不在同一个梯格或螺圈里断开，就不会降低分子量。至于“片状”结构，即相当于石墨结构，当然具有很好的热稳定性，这类聚合物的主要缺点是难以加工成型。

热重分析（TGA）是研究聚合物热稳定性的重要方法，该法采用灵敏的热天平来跟踪试样在程序控温条件下产生的质量变化。图 8-1 为用 TGA 测量比较五种聚合物的相对热稳定性，表征参数为热分解温度（thermal decomposition temperature，T_d）。由图可知，在相同的实验条件下，T_d 的高低顺序为 PI＞PTFE＞HPPE（高压 PE）＞PMMA＞PVC。同时可知，PTFE、HPPE 和 PMMA 只有一个失重阶段，并且可以完全分解为挥发性组分，三者的 T_d 分别为 480℃、400℃和 300℃。PVC 和 PI 两者分解后均留下残余物，而且，PVC 的热分解分为两个阶段：第一失重阶段发生在 200～300℃，主要分解产物是 HCl。HCl 气体全部逸出后，TGA 曲线出现一个平台，这是由于主链形成了共轭双键，热稳定性提高。420℃以后，发生主链断裂，开始第二失重阶段。最后约有 10%残余物，其结构与碳相似，700℃也不会分解，形成第二个平台。PI 分子中含有大量的芳杂环结构，所以具有很高的热稳定性，500℃以上才开始分解。应该注意的是，聚合物在空气或氧气气氛中的热氧降解温度较之在氮气或其他惰性气体中的热降解温度低，并且两种降解反应的机理不同。

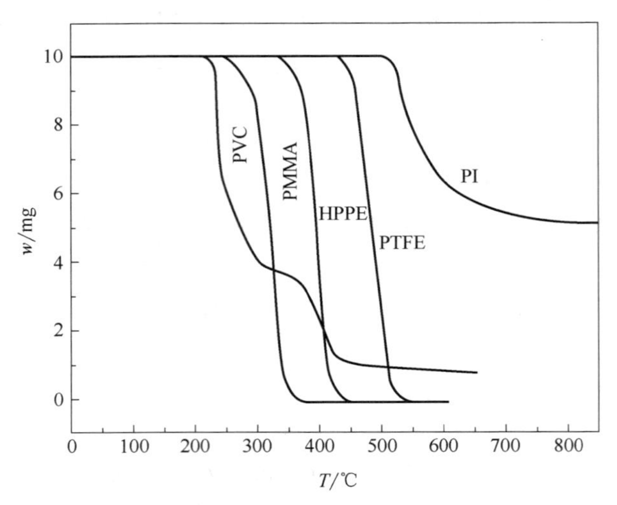

图 8-1 五种聚合物的 TGA 曲线（升温速率 $5K \cdot min^{-1}$，N_2气氛）

与金属材料相比，聚合物材料的热性能尚待大幅度提高。多年来，人们合成出一系列耐高温聚合物材料。例如，聚酰亚胺的长期使用温度为 250～280℃，间歇使用温度达 480℃。虽然在长期耐高温方面，聚合物材料至今还不如金属，但在短期耐高温方面，金属反而不如聚合物。例如，聚合物烧蚀材料（polymeric ablative materials），该新型材料由聚合物基体与增强剂组成，是利用聚合物材料（表层）在瞬间高温条件下发生熔融、分解、碳化等物理变化和化学变化，消耗大量热量，以达到保护内部结构目的的防热材料。例如，当导弹、卫星和飞船等空间飞行器重返大气层时，与空气摩擦产生大量热量，在这种特殊的高温环境下需要使用聚合物烧蚀材料。

8.1.3 导热性

热量从物体的某一部分传到另一部分或者从一个物体传到另一个相接触的物体，从而使系统内各处的温度相等，叫作热传导。热导率（或导热系数）k 是表征材料热传导能力大小的参数，可由热传导的基本定律——傅里叶定律给出

$$q = -k\mathrm{grad}T \tag{8-1}$$

式中，q 为单位面积上的热量传导速率；$\mathrm{grad}T$ 为温度 T 沿热传导方向上的梯度。

聚合物材料的热导率很小，是优良的绝热保温材料。表 8-1 列出几种典型非晶聚合物的热导率，并与几种其他材料进行比较。

表8-1 典型非晶聚合物与几种其他材料的热导率

聚合物	热导率 $k/(W \cdot m^{-1} \cdot K^{-1})$	聚合物	热导率 $k/(W \cdot m^{-1} \cdot K^{-1})$
聚丙烯（无规立构）	0.172	聚碳酸酯	0.192
聚异丁烯	0.130	环氧树脂	0.180
聚苯乙烯	0.142	铜	385
聚氯乙烯	0.168	铝	240
聚甲基丙烯酸甲酯	0.193	软钢	50
聚对苯二甲酸乙二醇酯	0.218	玻璃	约0.9
聚氨酯	0.147	石墨烯	5000

（1）热传导机理

从微观看，热能在固体物质内传播主要由晶格振动和自由电子运动等来实现。金属导热主要由自由电子运动实现，晶格振动是次要的。金属内部有大量自由电子，且电子的质量很小，热运动强烈，能迅速传递热量，所以金属的热导率很高。高分子材料以共价键为主，自由电子很少，热传导主要通过原子（或分子）的振动进行。对于结晶聚合物（半结晶聚合物中的晶区）主要由晶格内原子的振动传递热，对于非晶聚合物则通过分子链的振动传递及分子链之间的热运动传递。由于晶格内原子振动传递热效率高，故结晶聚合物的热导率较非晶大，而沿分子链的热传递又较在分子链之间的热传递效率高，所以在取向高分子材料中，取向方向上的热导率高于垂直取向方向的热导率，且分子量增加对提高热导率有利。由于高分子材料结晶度有限，非晶区分子链大多呈无规线团状排列，因此无论结晶还是非结晶高分子，热传导性能都不高。金属材料的导热性是聚合物材料的500～1000倍，到目前为止，只有极少高分子材料同时具有好的导热性和绝缘性。

按照Debye的晶格热传递理论，固体晶格视作一组各自独立的谐振子，其振幅只与温度有关。高温处的谐振子热振动强烈，平均振幅大，其能量就会传递给邻近热振动较弱的谐振子（其所处的温度低）。热传递的速率等于晶格中弹性波的传播速率，不存在热阻。近代热传导理论建立在“声子散射”基础上。认为热不是以波动形式传递，而是以声速量子化地从一层向另一层传递。根据量子学理论，线性谐振子的能量为

$$E_n = \left(n + \frac{1}{2}\right)h\nu \tag{8-2}$$

式中，h 为普朗克常数；ν 为振动频率；n 为量子数，n=0,1,2,…。晶格之间能量的传递也是量子化的，以 $h\nu$ 为单元，这种量子化的声能单元称为“声子”（phonon）。

在温度不太高时，由声子传导决定的固体热导率的普遍形式为

$$k = \frac{1}{3}\int c(\nu) v L(\nu) \mathrm{d}\nu \tag{8-3}$$

式中，$c(\nu)$是声子的体积比热容，$J \cdot m^{-3} \cdot K^{-1}$；$v$ 是声子传播速度；L 是声子的平均自由程；ν 是声子振动频率。$L(\nu)\mathrm{d}\nu$ 具有长度量纲。

由于晶格热振动是非线性的，晶格间存在耦合作用，因而会引起声子相互碰撞，使声子的平均自由程减小，这种声子碰撞引起的散射使晶格传热存在热阻，传热效率下降。晶格

中的各种缺陷、杂质以及晶粒界面都会引起散射，等效于声子平均自由程减小，降低热导率。温度升高，声子振动能量增加，碰撞概率增大，平均自由程减小，也引起热导率降低。

（2）影响聚合物导热性的因素

① 结晶和取向 结晶和取向是影响高分子材料导热性的主要结构因素。结晶聚合物的导热性高于非晶聚合物，且导热性随结晶度提高而增大。如结晶度 50%的 LDPE，k=0.33W·m^{-1}·K^{-1}；而结晶度为 80%的 HDPE，k=0.50W·m^{-1}·K^{-1}。取向对热导率的影响很大，拉伸聚合物后，沿拉伸方向的热导率比垂直于拉伸方向的热导率大很多，产生各向异性。拉伸结晶聚合物出现的各向异性比拉伸非晶聚合物的各向异性大。

② 分子结构 聚合物的分子结构也会对其导热性有一定影响，包括：键长、重复单元质量、支链、链长、聚合物的分子量等因素，尤其是分子链支链。分子链支链增加，热导率急剧减小。许多高分子材料由不对称的极性链节所构成，如聚氯乙烯、纤维素、聚酯等，整个分子链不能完全自由运动，只能发生原子、基团或链节的振动，因此导热性能相对较差。另外，导热性还取决于分子内部的紧密程度，C—F 键结合紧密，C—H 键结合疏松，所以聚四氟乙烯的热导率比聚乙烯大。共轭高分子具有较高的耐热性和声子各向同性传导的良好环境，导热性优于普通非共轭高分子。如聚乙炔的热导率为 7.5W·m^{-1}·K^{-1}，聚噻吩为 3.8W·m^{-1}·K^{-1}，均比一般柔性高分子的热导率高几十倍。共轭导电高分子具有良好的导电能力，也具有较好的导热能力，因此将导电高分子与普通高分子共混可提高普通高分子的导热能力。

③ 环境温度 一般来说，随温度升高热导率增大，不同的是，非晶聚合物与结晶聚合物变化规律差别很大。对于非晶聚合物，在高于 100K 的温度区域，热导率随温度的升高缓慢增大，直至玻璃化转变温度 T_g，此时与热容成正比；温度超过 T_g 后，热导率随温度升高而下降，PMMA 在高于 100K 的 k-T 关系如图 8-2（a）所示。在低于 100K 的温度区域，在 0～5K 的低温时，k 近似与 T^2 成正比，但在 5～15K 温度范围出现一个平台区，这时热导率几乎与温度无关。在更高的温度，k 与 T 的关系比低温时平缓，如图 8-2（b）所示。

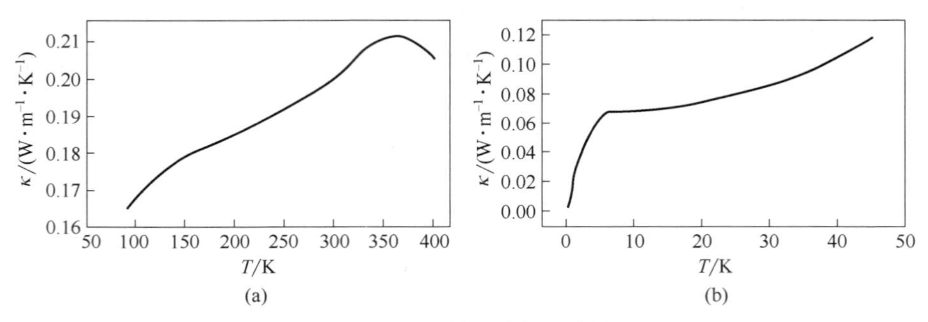

图 8-2 PMMA 热导率与温度的关系

结晶聚合物热导率与温度的关系不同于非晶聚合物。首先在低温区，热导率不出现平坦曲线部分，并对结晶度变化十分敏感，即使有相同结晶度，不同聚合物的热导率也因晶型不同而出现截然不同的温度依赖关系。导热的各向异性导致热导率的不同温度依赖性规律。

④ 其他影响因素 交联程度和流体静压力对聚合物热导率亦有影响。由于空间网络密度的提高，非晶聚合物热导率随交联剂用量的增大而增大。这是因为在化学键网络的节点上形成了导热桥。当流体静压力提高时，聚合物的自由体积分数减小，从而使热导率增大。此

外，在聚合物中加入高导热性的金属粉、金属氧化物、金属氮化物、无机非金属粉、无机纤维等也可改善聚合物的导热性，但大量无机填料的加入常常会使基材聚合物的物理、力学性能变差。

（3）热导率的测量

热导率测试方法很多，按照热流法一般可分为稳态法和非稳态法两种。

在稳态法中，待测试样处在一个不随时间而变化的温度场里，当达到热平衡后，根据通过试样单位面积上的热量传导速率。试样热流方向上的温度梯度、试样几何尺寸等，由傅里叶定律计算热导率。傅里叶定律数学式为

$$k = \frac{-q}{\mathrm{grad}T} = \frac{QL}{St\Delta T} = \frac{WL}{S\Delta T} \tag{8-4}$$

式中，W 为功率；L 为试样厚度；S 为试样面积；t 为时间。

在非稳态法中，试样温度随时间而变化。测试时，通常是使试样的某部分温度突然或周期性地变化，而在试样的另一部分测量温度随时间的变化速率，进而测试试样的热扩散系数，再经过下式计算试样的热导率 k，即

$$k = \alpha c_p \rho \tag{8-5}$$

式中，α 为热扩散系数；c_p 为比热容；ρ 为密度。

非稳态法有两个显著的优点：一是测试周期短，通常只需要几分钟甚至几秒钟就可完成稳态法中需要几个小时才能测出的实验结果；二是非稳态法中的许多测试方法往往能同时测试出热扩散系数、热导率和比热容的数据，这在稳态法中一般是无法做到的。非稳态法缺点是：大多方法的测试误差通常比稳态法略大一些。其原因主要是在测试过程中往往很难完全满足非稳态法所需的边界条件，并且由此引入的误差不像稳态法那样容易做数学上的描述和计算。此外，非稳态法所需的二次仪表要比稳态法精密和复杂。

材料热导率与物质结构、温度和湿度有关。由不同实验测试方法和测试仪器得到的实验结果有很大差异，故测试时应注明所使用的仪器和测定方法。热导率测定因物质和材料种类有很大不同，其原理和方法也不尽相同。

8.1.4　热膨胀

（1）热膨胀系数的定义

热膨胀是由于温度变化而引起的材料尺寸和外形的变化。材料受热时一般都会发生膨胀，包括线膨胀、面膨胀和体膨胀。试样中任何各向异性都将对线膨胀和面膨胀产生影响。热膨胀系数作为表征聚合物基本性质的参数之一，在工程中有着极为广泛的应用，对聚合物以及聚合物基复合材料的生产、加工及应用有着重要的指导作用。膨胀系数（swell factor）即试样单位体积的膨胀率。体膨胀系数 β 或线膨胀系数 α 定义为一定压力 p 下物体体积 V 或长度 L 随温度 T 的变化率，表示为：

$$\beta=\frac{1}{V}\left(\frac{\partial V}{\partial T}\right)_p，\quad \alpha=\frac{1}{L}\left(\frac{\partial L}{\partial T}\right)_p \tag{8-6}$$

对于各向同性材料，体膨胀系数 β 和线膨胀系数 α 之间具有如下关系：

$$\beta = 3\alpha \tag{8-7}$$

根据固体理论，体膨胀系数与比热容 c_V 成正比：

$$\beta=\gamma \frac{c_V}{Vk_T} \tag{8-8}$$

式中，γ 为表征原子振动频率和材料体积 V 关系的 Gruneisen 常数；k_T 为等温压缩系数。

对于结晶聚合物和取向聚合物，热膨胀具有很大的各向异性，在各向同性的聚合物中，热膨胀在很大程度上取决于微弱的链间相互作用。与金属比较，聚合物的热膨胀系数较大，如表 8-2 所示。

材料中原子（分子）随温度变化的振动或移动与组分相互作用有关，温度升高将导致原子在其平衡位置的振幅增加，这种振动及振幅的大小直接影响材料的线膨胀系数 α。对于分子晶体，其分子或原子是由弱的范德华力相关联的，因此热膨胀系数很大，约为 $10^{-4}K^{-1}$。由共价键相结合的材料，如金刚石等，相互作用力极强，因此热膨胀系数很小，约为 $10^{-6}K^{-1}$。与金属和无机材料相比，聚合物的热膨胀较大。对聚合物而言，长链分子中的原子沿链方向是共价键相连的，而在垂直于链的方向上，邻近分子间的相互作用是弱的范德华力，因此结晶聚合物和取向聚合物的热膨胀有很大的各向异性。在各向同性聚合物中，分子链是杂乱取向的，其热膨胀在很大程度上取决于微弱的链间相互作用。

表 8-2 几种合金和典型聚合物的热膨胀系数（20°C）

聚合物	线膨胀系数/$10^{-5}K^{-1}$	聚合物	线膨胀系数/$10^{-5}K^{-1}$
软钢	1.1	高密度聚乙烯	11.0～13.0
黄铜	1.9	尼龙 66	9.0
聚氯乙烯	6.6	聚碳酸酯	6.3
聚苯乙烯	6.0～8.0	聚甲基丙烯酸甲酯	7.6
聚丙烯	11.0	缩醛共聚物	8.0
低密度聚乙烯	20.0～22.0	天然橡胶	22.0

实验结果表明，聚合物的玻璃化转变与约含 20～50 个主链碳原子的链运动有关。当温度低于玻璃化转变温度 T_g 时，聚合物链段的运动被冻结，此时聚合物的热膨胀机制主要是克服原子间的主价力和次价力，膨胀系数较小。当温度高于 T_g 时，链段开始运动，同时分子链本身由于链段的扩散运动也随之膨胀，此时膨胀系数较大，在 T_g 附近发生转折。

聚合物热膨胀有一个特殊现象，某些结晶聚合物，其沿分子链轴方向上的热膨胀系数为负值。即温度升高，非但不膨胀，反而发生收缩。例如聚乙烯结晶部分中 a、b 两个非链轴方向上的热膨胀系数分别为 $\alpha_a=2\times10^{-4}K^{-1}$，$\alpha_b=6.4\times10^{-5}K^{-1}$，而在链轴 c 方向上的热膨胀系数则为 $\alpha_c=-1.3\times10^{-5}K^{-1}$。这种现象产生的原因一般认为是由于链段上原子间共价键的作用很强，而链段间的相互作用则很弱，在受热时只能发生横向运动，从而产生轴向的收缩。

（2）热膨胀系数的测量

传统上，热膨胀法是最早用来研究聚合物转变与松弛的方法之一，具有装置简单和比较直观等优点。热膨胀法分为体膨胀法和线膨胀法两种。

体膨胀法常用的设备是体膨胀计，其原理是把试样浸在某种液体介质中，试样的膨胀通过封液所占表观体积的变化来度量，克服了直接测量固体体积变化的困难。一般的膨胀计由玻璃制成，通过液封的样品管和毛细管连接而成。试验时将膨胀计置于油浴中使其升温或降温。将待测样品放在玻璃膨胀计的样品管中，选择合适的封液，在热浴中升温，封液的热膨胀可以由空白试验得到，封液所占表观体积的变化减去其自身的体积变化就是试样的热膨胀。密封的良好程度和毛细管直径的大小直接影响着测量的精度。

当物体是各向同性时，三维的体积变化可借助一维线性变化表征。在此情况下，线膨胀系数近似等于体膨胀系数的 1/3。由于一维测量比三维简单得多，仪器的制造和操作方便，自动化程度显著提高，因此线膨胀法得到了广泛的应用。此外，由于它仅测量一维的变化，还可用于研究试样的各向异性。测量聚合物线膨胀的方法一般都是通过传感设备，将微小长度变化转变成电、磁或光信号，在检出设备上显示并记录。在聚合物性能研究中，现在常用热机械分析（thermomechanical analysis，TMA）来测量线膨胀。其原理是，在一定形状的试样上通过压杆施以额定的负荷，在升温过程中，试样产生各种转变，其模量因所转变的状态而异。形变的大小通过连接在压杆上的差动变压器铁芯的移动进行记录。随压头形状和夹具机构的不同，可以得到温度-形变图或模量（压缩、拉伸或弯曲）-温度图。近年来对该装置进一步改进，采用杠杆平衡法或浮力法，在压杆不受负荷且仅起传递长度变化作用的条件下进行试验，所得结果即为线膨胀。有些装置还附有特制的试样容器，在其中加入封液后也可以进行体膨胀测量。除了机械法之外，还可以使用光声法、云纹干涉法来测定材料的热膨胀系数。

8.2　聚合物的光学性能

8.2.1　光的折射

当光线由空气入射到透明介质中时，由于在两种介质中的传播速率不同而发生光路的变化，这种现象称为光的折射（refraction）。若光的入射角为 i，折射角为 r，则物质的折射率（refractive index）n 为：

$$n = \frac{\sin i}{\sin r} \tag{8-9}$$

大多数碳-碳聚合物的折射率大约为 1.5，当碳链上带有较大侧基时，折射率较大，带有氟原子和甲基时，折射率较小。部分聚合物的折射率见表 8-3。

表 8-3　部分聚合物的折射率

聚合物	折射率 n	聚合物	折射率 n
聚乙烯	1.490	聚偏二氟乙烯	1.420
聚苯乙烯	1.591	聚四氟乙烯	1.350
聚甲基苯乙烯	1.587	聚氯乙烯	1.539
聚异丙基苯乙烯	1.544	聚丙烯腈	1.514

续表

聚合物	折射率 n	聚合物	折射率 n
聚乙基乙烯基醚	1.454	聚丙烯酸丁酯	1.466
聚醋酸乙烯酯	1.467	聚甲基丙烯酸甲酯	2.490
聚丙烯酸甲酯	1.479	聚对苯二甲酸乙二醇酯	1.640
聚丙烯酸乙酯	1.469	聚己二酰己二胺	1.530

光波作为一种电磁波，使介质极化一般是一种谐振过程。对于微观的原子或分子，其极化强度 P 与电场强度 E 关系的表达式为：

$$P = \alpha E + \beta E^2 + \gamma E^3 + \cdots \tag{8-10}$$

对于宏观材料，其极化强度 P 与电场强度 E 的关系为：

$$P = \varepsilon_0 \left[\chi^{(1)} E + \chi^{(2)} E^2 + \chi^{(3)} E^3 + \cdots \right] \tag{8-11}$$

式中，α 为微观线性极化率；$\chi^{(1)}$ 为宏观线性极化率；β、γ 分别为微观高阶极化系数或非线性极化系数；$\chi^{(2)}$、$\chi^{(3)}$ 分别为宏观高阶极化系数或非线性极化系数；ε_0 为真空介电常数。

当光在各向同性的线性电介质中传播时，光是一种电磁波，在介质中可激发交变的电磁场，会使电介质的价电子偏离平衡位置形成偶极子，使介质得到极化，在场强较低的情况下，高次项的极化系数对极化强度的贡献可忽略，极化偶极或极化强度正比于电场强度，成线性关系。

在很高的电场强度下，极化强度与电场强度之间成非线性关系，有些材料高次项的极化率比较大，尤其在光波场足够强时，光在介质中激发的电磁场场强较高，高次项的极化率对极化强度的贡献不能忽略。当场强很大时，物质将表现为非线性光学行为。例如，激光通过石英晶体时，除了透过原频率的光线之外，还可观察到倍频光线，这就是二阶极化系数不为零、产生非线性光学效应之故。

非线性极化系数的大小与分子结构有关。凡是有利于极化过程进行和极化程度提高的结构因素均可使非线性极化系数增大。高分子二阶非线性光学材料的制备方法通常是将本身具有较大 β 值的不对称性共轭结构单元连接到高分子链侧旁，或者直接与高分子材料复合。

近些年来，高分子非线性光学材料引起了人们的极大兴趣，可望在光电调制、信号处理等许多方面获得应用。例如，在过去生活中常见的 DVD 影碟机，如果采用非线性光学材料作为光学读写头，可做到激光束在不同频率间的切换，从而兼容存储信息更多的蓝光光盘。

8.2.2　光的反射

照射到透明材料上的光线，除有部分折射进入物体内部之外，还有一部分在物体表面发生反射，如图 8-3 所示。

$$I_{\mathrm{r}} = I_0 / 2 \left[\sin^2(i-r) / \sin^2(i+r) + \tan^2(i-r) / \tan^2(i+r) \right] \tag{8-12}$$

式中，I_r 为反射光强；I_0 为入射光强；i 为入射角；r 为折射角。

折射角 r 可表示为折射率的函数：

$$r = \arcsin(\sin i / n) \tag{8-13}$$

则反射光强 I_r 与折射率 n 和入射角 i 有关。对于确定的材料，n 是一定的，I_r 随 i 的增大而增加。

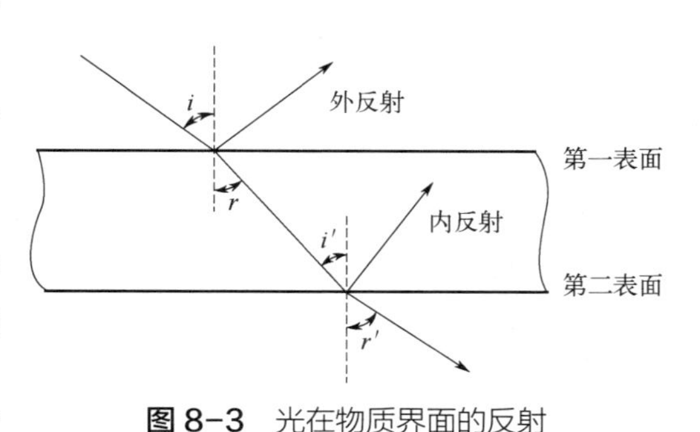

图 8-3　光在物质界面的反射

图 8-3 中，对于第一个表面，光线由光疏介质进入光密介质，r 恒小于 i。但对于第二个表面，光线由光密介质进入光疏介质，r' 恒大于 i'。$i' = i'_c$ 时，有可能使 $r'=90°$，此时，折射光沿着两种介质的界面掠过且强度非常弱，反射光的强度接近入射光的强度。当 $i'>i'_c$ 时，折射光消失，入射光全部反射，称作全反射。令 $r'=90°$，由折射率的定义可以得到全反射的临界条件为：

$$\sin i'_c = 1/n \tag{8-14}$$

根据全反射原理，在吸光性极小的光学纤维中，只要使 $i' \geqslant i'_c$，光线就不能穿过纤维表面进入空气中，故可实现在纤维的弯曲处不会产生光的透射，这也就是光导纤维应用的基础。聚合物光纤的优点是柔韧性好、端面易加工易修复、价格低廉，但也有耐热性差、损耗大的缺点。高透明性的聚苯乙烯（PS）、聚甲基丙烯酸甲酯（PMMA）和聚碳酸酯（PC）等均可作为光纤的芯，采用折射率更低的聚烯烃树脂、有机硅树脂、含氟树脂等作为皮层，可有效地实现光线在光纤内的全反射。

8.2.3　光的吸收

光从物质中透过时，透射光强 I 与入射光强 I_0 之间的关系可由朗伯-比尔定律描述：

$$I = I_0 \exp(-ab) \tag{8-15}$$

式中，b 为试样的厚度；a 为物质的吸收系数，其为材料的特征量，通常与波长有关。

高分子的颜色由其本身结构、表面特征以及所含其他物质所决定。玻璃态聚合物在可见光范围内没有特征的选择吸收，吸收系数 a 值很小，通常为无色透明；部分结晶聚合物含有晶相和非晶相，由于光的散射，透明性降低，呈现乳白色；聚合物中加入染料、颜料或者含有杂质，均会产生颜色变化。

8.3　聚合物的渗透性

聚合物被气体或液体（小分子）透过的性能称为渗透性，如果小分子是气体或蒸汽，聚合物被气体或蒸汽透过的性能称为透气性。高分子材料应用于包装薄膜领域时，要求薄膜对湿气、氧、二氧化碳或腐蚀性气体的渗透性低；应用于轮胎产品时，要求对空气有尽可能小的透过率；在诸如海水淡化、果汁浓缩等领域则利用了高分子对不同物质的不同透过性。

小分子透过某高分子薄膜的能力与小分子本身的尺寸、高分子薄膜的缺陷及高分子间的间隙大小有关，也就是与高分子的链结构和聚集态结构有关。处于玻璃态的无定形高分子，链段运动被冻结，自由体积较小，小分子通过时阻力较大，透过能力下降；随着温度升高，高分子进入高弹态，链段的活动能力和自由体积都增大，对小分子的透过能力增强；结晶型高分子分子链堆砌紧密，透过能力较无定形高分子大大下降。

渗透率定义为渗透物质在单位时间内沿薄膜垂直于渗透方向单位表面内所透过的量，即

$$J = Q / At \tag{8-16}$$

式中，J 是渗透率；Q 是渗透透过的总量；A 是薄膜面积；t 是时间。

聚合物的透气性是指聚合物能透过气体的能力，由两个因素决定：第一是气体或蒸汽（渗透物质）在聚合物中的溶解能力；第二是气体或蒸汽在聚合物中的扩散能力。如果气体不能溶解在聚合物中，就谈不上扩散和透气了，即使气体能溶解在聚合物中，但扩散速度非常慢，也不存在透气性。

透气性是用透过聚合物的气体体积来衡量的，但是透过的气体体积与聚合物的面积、聚合物的厚度、透过的时间、气体透过前的压力等成比例：

$$\text{透过的气体体积(渗透物质的量)} = P \times (\text{聚合物面积} \times \text{时间} \times \text{压力}) / \text{聚合物厚度} \tag{8-17}$$

这个比例系数 P 称为渗透系数，它的单位是 $(\mathrm{cm}^3 \cdot \mathrm{cm}) / (\mathrm{cm}^2 \cdot \mathrm{s} \cdot \mathrm{Pa}) = \mathrm{cm}^2 \cdot \mathrm{s}^{-1} \cdot \mathrm{Pa}^{-1}$。

既然透气性与气体在聚合物中的溶解度和扩散速度有关，在最简单的情况下应该可表示为：

$$P = SD \tag{8-18}$$

因为溶度系数 S 和扩散系数 D 都与温度有关，所以渗透系数也与温度有关：

$$P = P_0 \mathrm{e}^{-\Delta E / RT} \tag{8-19}$$

很多渗透物质在聚合物中的渗透系数为 $10^{-16} \sim 10^{-11} \mathrm{cm}^2 \cdot \mathrm{s}^{-1} \cdot \mathrm{Pa}^{-1}$。

气体分子本身的尺寸是很重要的，它影响气体在聚合物中的扩散。影响聚合物透气性的因素除了气体与聚合物的溶解度和扩散系数外，还有聚合物中高分子的堆砌密度，高分子的侧基结构，高分子的极性、结晶度、取向，填充剂，湿度和增塑等。例如，具有高结晶度的聚合物透气性较小，因为其有序的结构使得能穿过气体的小孔比较少。一般来说弹性体的渗透系数最大，无定形的塑料次之，然后是半结晶的塑料。

液体分子在聚合物中渗透的典型例子是角膜接触镜，俗称隐形眼镜。水凝胶角膜接触镜的材料，包括聚甲基丙烯酸羟乙酯水凝胶、硅水凝胶、氟硅水凝胶等，这些水凝胶是通过分子交联形成的具有三维网络结构的材料，具有良好的光学性能、生物相容性、力学性能和透气性等。眼睛的生理需要氧，而氧能溶解在水中，因此氧是通过水在聚合物中的渗透性而进入眼球的，水凝胶角膜接触镜材料的透氧能力与其含水量成正比，并且与水凝胶中水的存在状态有关，故在保证材料强度的条件下提高其含水量，有助于提高材料的透氧能力。

8.4 聚合物的表面与界面性质

材料表面（surfaces）严格的定义为暴露在真空中的材料的最外层部分，界面（interfaces）

指不同物体或相同物质不同相之间相互接触的过渡部分。材料与空气或其蒸气相接触的界面经常称为材料表面。

材料表面与界面通常具有和材料体相不同的结构和性能，在界面层中，高分子链可能处于与本体中不同的构象，化学组成或结晶度也会有所不同，聚合物熔体与空气间界面层厚度可达 1.0～1.5nm，聚合物由于其链状结构，其表面性能与小分子物体不同。不仅聚合物的体相性能将影响到材料的整体性能，而且聚合物与其他物质的界面性能也将直接影响材料的使用。例如日常使用的不粘锅表面的聚合物涂层与食物之间应不易发生润湿，要求聚合物材料与其相接触的材料相互作用较弱，而纤维增强聚合物、涂料则要求聚合物材料与相接触的材料有较好的黏结性能。一些聚合物材料的体相性能十分优异，但其表面性能却不理想，无法满足使用要求，这种情况下，可以通过对其进行表面处理，以期达到使用要求。表面处理实际上就是通过化学或物理方法改变聚合物表面分子的化学结构，来提高或降低聚合物表面张力。例如采用火焰或电晕处理可以提高聚合物的表面张力，从而使后续加工得以进行。

虽然聚合物表面与界面性能对聚合物的使用性能有着十分重要的影响，但在理论上对聚合物表面与界面的探索仍处于初级阶段。

8.4.1　聚合物表面与界面热力学

（1）表面张力

使液体表面紧缩，沿着液体表面，垂直作用于单位长度上的力称为表面张力。表面张力是分子间力的直接表现，表面层张力的产生是物质主体对表面层吸引的结果，这一吸引力使得表面区域的分子数减少，从而导致分子间的距离增大。增大分子间的距离则需要做功，而要使得体系回复为正常状态就需要回复功作用于体系上，因而产生了表面张力，也就有了表面自由能。

表面张力的方向与物体表面平行，对于弯曲表面则与表面相切。由于物体表面存在着表面张力，要增大表面积就必须克服这一张力对体系做功。增加单位面积所需的可逆非体积功，称为比表面功。表面张力和比表面功虽然是不同的物理量，但对于纯液体而言，它们的数值和量纲恰恰相同。由于固体中分子间作用力要比液体中强，所以一般固体的表面张力要高于液体。固体聚合物的表面张力与常温下处于液态的非极性小分子物质接近，而与小分子固体的表面张力相差很大。

影响聚合物表面张力的因素很多，包括分子间作用力、分子量、密度和温度等。

① 分子间作用力　表面张力是分子之间相互作用的结果，因此分子之间相互作用力越大，表面张力也越大。一般而言，分子链上带极性基团的聚合物表面张力较大，而只含有非极性基团的聚合物表面张力较小。例如，20℃时，聚乙烯醇的表面张力为 $37mN \cdot m^{-1}$，而聚丙烯的表面张力为 $29.4mN \cdot m^{-1}$。

② 分子量　聚合物表面张力与数均分子量之间的关系可表示为：

$$\gamma^{1/4} = \gamma_{\infty}^{1/4} - k_1 / \overline{M}_n$$

或

$$\gamma = \gamma_{\infty} - k_2 / \overline{M}_n^{2/3} \tag{8-20}$$

式中，γ_{∞} 为聚合物分子量无限大时的表面张力；k_1、k_2 为常数。

一般来讲，表面张力随着分子量的增大而增大，但当分子量达到 2000～3000 以上时，表面张力变化很小，所以分子量对聚合物表面张力的影响常常可以忽略。

③ 密度　聚合物的密度与表面张力之间也存在着一定的关系，这个关系称为 Macleod 关系，即：

$$\gamma=\gamma^0\rho^\beta \tag{8-21}$$

式中，γ^0 和 β 都是与温度无关的常数；β 称为 Macleod 指数，对聚合物而言，其值一般在 3.0～4.5。所以，某种给定聚合物的表面张力只由其密度决定。γ^0 值取决于聚合物单体单元的化学组成。

Macleod 关系可以用来分析分子量、玻璃化转变、结晶以及化学组成对聚合物表面张力的影响。由 Macleod 关系可知，聚合物玻璃化转变时，表面张力是连续变化的，而表面张力温度影响系数在玻璃化转变温度上下是不同的，与热膨胀系数成正比，即

$$\left(\frac{\mathrm{d}\gamma}{\mathrm{d}T}\right)_{\mathrm{g}}=\frac{\alpha_{\mathrm{g}}}{\alpha_{\mathrm{r}}}\left(\frac{\mathrm{d}\gamma}{\mathrm{d}T}\right)_{\mathrm{r}} \tag{8-22}$$

式中，$\left(\frac{\mathrm{d}\gamma}{\mathrm{d}T}\right)_{\mathrm{g}}$ 和 α_{g} 分别为玻璃态时的表面张力温度影响系数和等压体积热膨胀系数；$\left(\frac{\mathrm{d}\gamma}{\mathrm{d}T}\right)_{\mathrm{r}}$ 和 α_{r} 分别为高弹态时的表面张力温度影响系数和等压体积热膨胀系数。α_{g} 通常小于 α_{r}，所以在玻璃态时表面张力对温度的依赖性要小于橡胶态时的依赖性。

在结晶前后聚合物的密度发生不连续的变化，所以聚合物的表面张力也是不连续的，其变化可由 Macleod 关系计算。通常，聚合物晶体的表面张力要远高于非晶态的。

④ 温度　温度对聚合物的表面张力也有一定的影响。当温度升高时，聚合物内的自由体积增加，分子间距加大，使分子之间的相互作用减弱。所以当温度上升时，许多聚合物的表面张力都是逐渐减小的，例如当温度由 20℃上升至 200℃时，聚甲基丙烯酸甲酯的表面张力由 $41.1\mathrm{mN\cdot m^{-1}}$ 降至 $27.4\mathrm{mN\cdot m^{-1}}$。大多数不相容聚合物共混体系，存在着高临界共溶温度，这些体系中不同聚合物之间的界面张力随着温度的升高而降低，最后在高临界共溶温度时消失，两相均匀混合。对于那些具有低临界共溶温度的聚合物体系，在不相容相区时，界面张力随着温度的降低而减小，当温度降到低临界共溶温度时，界面张力消失。

（2）润湿

液体和固体接触后，体系吉布斯自由能降低的现象叫作润湿，因此可以用自由能降低的多少来表示润湿程度。

假设单位面积的固体和液体未接触前表面自由能分别为 $\gamma_{固}$ 和 $\gamma_{液}$，接触后形成固液界面，界面自由能为 $\gamma_{固\text{-}液}$，在恒温恒压下，接触过程中自由能降低为：

$$-\Delta G=\gamma_{固}+\gamma_{液}-\gamma_{固\text{-}液}=W_{黏} \tag{8-23}$$

式中，$W_{黏}$ 为黏附功，可用来衡量润湿程度，$W_{黏}$ 越大，固-液界面结合越牢。

固-液界面张力和固体表面张力实际上都无法用实验准确测定，经验表明，液体在固体表面形成的接触角与液体对固体的润湿能力有密切关系，在某一固体表面上的一滴液体，会形成三个相界面：固-液界面、固-气界面以及液-气界面。液滴会逐渐改变其形状，直至各界面张力达到平衡。图 8-4 中 O 点为气、液、固三相的交汇点，固-液界面的水平线与气-液界面在 O 点的切线之间的夹角 θ 称为接触角。

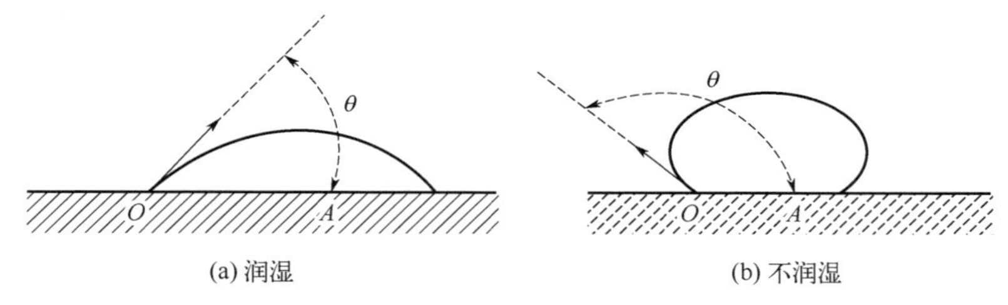

(a) 润湿 (b) 不润湿

图 8-4 液体在固体表面形成接触角

当 $\theta<90°$时，$\cos\theta>0$，固-气界面张力大于固-液界面张力，液体对固体表面润湿；当 $\theta=0$，则液体在固体表面完全平铺，即完全润湿固体表面；当 $\theta>90°$时，$\cos\theta<0$，固-气界面张力小于固-液界面张力，液体趋向于缩小固-液界面面积，此时，液体对固体不润湿。

8.4.2 聚合物表面与界面动力学

一些经典的表面物理化学理论可适用于金属和陶瓷，这些无机材料要比聚合物刚硬，因此通常假定表面分子冻结，忽略其表面的动力学性质，而常温下，高分子具有更高的运动能力，聚合物的表面与界面有其特殊的动力学行为。

聚合物所处的环境对聚合物的表面结构有重要的影响，聚合物表面的高分子能根据接触相的性质做出反应而调整结构。例如，当聚甲基丙烯酸羟乙酯与空气接触时，憎水的甲基暴露于界面，而当其改为与水接触时，则亲水的羟基暴露于界面。从热力学上看，聚合物通过改变表面结构来降低其界面自由能，动力学则研究表面改变这一过程与时间相关的问题。

聚合物分子热运动的特点之一为运动单元的多样性，其中聚合物的链段运动和整个分子链的运动对于聚合物的体相性能具有决定性的影响。对于聚合物表面与界面而言，分子链从本体相扩散到界面相或者链段在界面层的重排可影响高分子合金或嵌段共聚物的结构与功能，而侧基的重新取向对表面性能具有重要的影响，例如聚合物表层的官能团取向和聚合物的润湿性能有密切的联系。

聚合物表面及其本体的动力学行为存在着较大的差异。在表面层中，各种形式的分子运动都得到了加强，表面的各种特征转变温度可能发生改变，如玻璃化转变温度 T_g，因此，本体中侧链旋转的松弛转变温度不能直接应用于表面和界面相中，不能简单地使用聚合物体相的一些参数值来解释一些表面动力学现象。例如，一些聚合物薄膜的 T_g 与其厚度有关，这种现象可以解释为聚合物的表面层中“自由体积”比例高于本体相。聚合物最外层分子运动能力的提高，使得表面官能团可以根据接触介质的性能发生翻转。除了分子运动自由度的提高，聚合物表面一些来自空气中的水分子，起到了增塑剂的作用，进一步降低了表面相玻璃化转变温度，提高了表面分子的运动能力。

经过表面处理的聚合物，其表面性能随着时间的增加而发生劣化。表面污染或添加剂的析出可能造成表面性能劣化，同时全聚合物的表面动力学可能也是重要原因之一。例如，一些憎水聚合物的表面经过处理后具有亲水性，而这种亲水的表面具有更高的表面能，当材料与空气相接触时，表面产生一种驱动力以降低表面能，结果具有高能量的极性基团被迫朝向材料内部而使材料表面丧失亲水性。

8.4.3 界面黏结

界面黏结同材料的表面张力和润湿程度有着十分密切的关系。为得到理想的黏结，材料之间要尽可能地紧密接触，即一种材料自发地在另一种材料表面铺展，使两种材料之间的界面面积最大化。

铺展系数 $S_{b/a}$ 大小可表征高分子 b 在高分子 a 表面上的铺展能力：

$$S_{b/a} = -\frac{\partial G}{\partial A_b} = \gamma_a - \gamma_b - \gamma_{ab} \tag{8-24}$$

式中，A_b 是高分子 b 所铺展的面积。正的 $S_{b/a}$ 表明铺展可导致自由能降低，铺展过程是可以自发进行的，两者的黏附能力较强，可获得较高的剪切强度。

两种材料形成界面后发生破坏可分为两种情况。理想状况是界面相强度大于两种材料中某个个体本身的强度，破坏发生在这个个体上，这称为材料的内聚（cohesive）断裂。更常见的是破坏发生在界面相上，称为黏合（adhesive）断裂，后者的临界破坏能为

$$G_c = 2\gamma_{ab}\left(\frac{\xi}{b}\right)^2 \tag{8-25}$$

$$\xi = 2b/(6\chi_1)^{1/2} \tag{8-26}$$

式中，G_c 为临界破坏能；ξ 为界面厚度；b 链段长度；γ_{ab} 为具有相同链段长度的两种高分子的界面张力；χ_1 为 Huggins 参数。当然也可用黏合功来表征界面的强度，即

$$W_a = \gamma_a + \gamma_b - \gamma_{ab} \tag{8-27}$$

需要指出的是，式（8-25）和式（8-27）均忽略了界面破坏时链的断裂和抽离等对强度的贡献，代表了实际体系界面强度的下限，两者处于同一数量级，但由于定义的不同，具体数值上有差异。聚甲基丙烯酸甲酯和聚苯乙烯的共混物（PMMA/PS），实验测得的断裂能是根据表面张力计算的理论值 W_a 的 500 倍左右，界面相的实际断裂能又小于 PS 和 PMMA 各自的断裂能（均为 $500J \cdot cm^{-2}$）。

如果同一种高分子或两种高分子的相容性较好，可通过加热到两者的 T_g 附近，使高分子链相互扩散发生界面贯通，实现类似金属材料的高分子焊接（polymer welding）。

不相容的两种高分子，或者高分子和无机材料的界面，黏结性能一般较差，只能利用胶黏剂或胶水将两者黏结起来。胶黏剂有很多种，上古时人们就利用动物组织上获取的蛋白质，如鱼、骨和血液中的白蛋白，制成胶状的水溶液来制成胶黏剂，中国古代建筑中也采用了坚固的糯米石灰、桐油石灰等。后来人们利用至今仍在频繁使用的溶解在溶剂中的橡胶。现在结构最简单的胶黏剂是线型的无定形聚合物，压敏胶就属于这种类型。然而，真正性能好的胶黏剂成分相当复杂，往往在使用之前是聚合物单体，如环氧树脂胶、氰基丙烯酸酯；也可能是聚合物预聚体，如氨基甲酸酯；在使用时发生聚合，最终产物在很多情况下是热固性树脂。还有一种胶黏剂是嵌段共聚物、悬浮液或胶乳，如家用的“白胶”，实际上是乙烯和醋酸乙烯酯的共聚物。以上各种胶黏剂，无外乎通过化学键和物理上的相互作用起到对两种材料的黏合。

黏合作用大致可分为以下几种类型：

① 纯机械黏附，胶黏剂流过粗糙的基板表面，起到一个吻合作用，黏合作用较弱。

② 胶黏剂与基板形成特殊的氢键相互作用。

③ 胶黏剂与基板形成直接的化学键连接，如胶黏剂通过接枝聚合在基板上引入支化链。在不少系统中还采用与基板的直接键合，例如，在胶黏剂中引入马来酸酐共聚单体，可以与金属表面发生键合。

④ 对于高分子材料的黏合界面，两种聚合物的互相扩散相当重要，如果对界面上的某种聚合物进行交联，能大大提高黏结强度。

⑤ 分子间的范德华力对黏结也有贡献。

在真实体系中，几种类型也可能同时存在。

实验中一般采用剥离或搭接剪切测试来表征黏结性，如图 8-5 所示，其中荧光粒子用来跟踪胶黏剂在破坏过程中的移动。

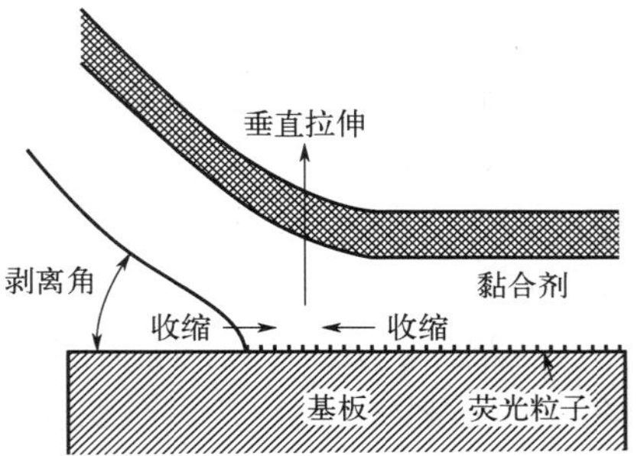

图 8-5 测试黏结性能的剥离测试

8.4.4 表面改性

当聚合物材料的本体性能可达到使用要求，而其表面或界面性能不够理想时，则需对聚合物进行表面改性。聚合物表面改性技术可以分为两大类，一类是直接改变材料表面的化学组成；另一类是在原有表面上添加其他种类的材料，从而获得所添加材料的表面性能。

（1）表面接枝

作为最常用的一种聚合物表面改性技术，表面接枝被广泛应用于各个领域。表面接枝是将第二种高分子链通过化学键连接到原有的基体聚合物表面，从而获得接枝高分子链的表面性能。可通过化学方法或辐射方法在基体材料表面产生反应基团，利用该反应基团与单体上的反应基团反应并引发聚合反应生成高分子链，或与高分子链上的相应基团反应，使该高分子链直接接枝到基体材料的表面。

如果材料表面有羟基，如聚乙烯醇 A、聚甲基丙烯酸羟乙酯等，可以利用铈离子 Ce(Ⅳ)在材料表面引入自由基

$$—CH_2OH+Ce(\text{Ⅳ})\longrightarrow —CH_2O\cdot +Ce(\text{Ⅲ})+H^+$$

如果材料表面不存在可反应的基团，需对材料表面进行化学处理或者进行辐射处理，使材料表面产生自由基，进而进行接枝聚合。如对聚丙烯表面进行处理时，先用氧化铬(Ⅵ)将聚丙烯表面氧化，产生含有羟基的表面，然后再用 Ce(Ⅳ)引发自由基聚合。

（2）火焰处理

火焰处理广泛应用于聚合物的表面改性，具有相当长的历史。火焰处理可以将含氧官能团引入聚合物表面，从而改善聚合物表面的可印刷性以及与涂料的黏合性。该方法既可以用于薄膜的处理，也可用于大件物体表面的处理，如吹塑容器，甚至汽车的保险杠。聚烯烃是最常使用火焰处理的聚合物之一。火焰处理设备简单，在处理中通过对火焰气体组成（一般使用一些甲烷之类的烃类和空气的混合物）、温度、火焰离聚合物表面距离以及火焰扫描速度来控制改性后聚合物材料的性能。由于有些处理的温度要达到 1000℃，所以一般火焰暴露时间小于 1s 以避免聚合物处理过度甚至引起燃烧。例如，聚乙烯处理后，其氧化层可达

4～9nm，氧化层中氧的含量显著提高。少量的含氧基团即可使表面张力增加，表面黏结性得以改善。

（3）等离子体处理

等离子体处理必须在真空中进行，所需的设备花费较高，而且不同的处理系统对应于不同的最佳处理条件，不能应用于其他处理系统，这些都限制了等离子体处理的普及。但等离子体处理通过改变处理条件能很容易地获得所需的表面性能，处理后的表面比火焰或电晕处理更为均匀，在改变表面性能的同时不会影响材料的本体性能。这些优点使得等离子体处理具有较大的发展前景。

等离子体是指气态的带电粒子，其中可含有正负离子、电子、自由基等。通过等离子体与表面基团的反应，可以在表面产生各种官能团。处理中，聚合物表面的高分子也会形成链自由基，最后在表面产生交联。变换气体中等离子体的种类，可以获得不同的官能团。例如，当用含氧的等离子体处理聚丙烯表面时，可以在表面产生 C—O、C═O、O—C═O、C—O—O 等基团。经处理后的聚丙烯表面能量获得很大提高。在印刷工业中，利用等离子体在表面产生的含氧基团来改善聚丙烯薄膜的印刷性能，而且处理后的聚丙烯与其他材料（例如钢）的界面黏结性能有较大改进。用含氟的等离子体处理聚合物表面时，可在聚合物表面引入氟原子，提高表面憎水性能。然而，经处理后的聚合物表面受所处环境的影响可发生老化现象。当聚合物表面经过含氧等离子体处理后，由于在表面形成了极性基团，表面张力提高。当该表面与空气等极性较小的介质接触一段时间后，由于极性基团向材料内部翻转而导致表面张力减小。用含氟等离子体处理过的聚合物与水等极性介质接触后，非极性基团将会从材料表面向内部迁移。通过调整等离子体处理的条件参数，可以改变这种老化速率。

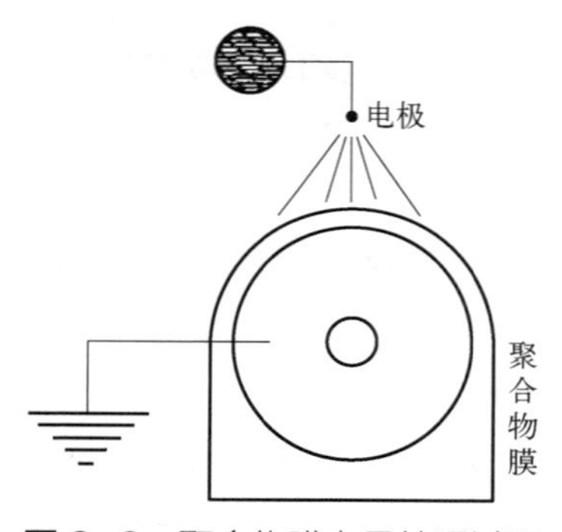

图 8-6 聚合物膜电晕处理过程

（4）表面电晕处理

电晕处理是利用电晕效应通过高能电磁场使聚合物离子化的一种表面改性方法。电晕处理可以在常压以及相对较低的温度下进行，电晕处理过程如图 8-6 所示。

一些包装用聚烯烃膜就是利用电晕处理进行表面改性，聚合物表面进行电晕处理后，表面产生的自由基与氧发生反应形成含氧官能团，使其表面润湿性能得到改善。

（5）表面金属化

将金属利用 Joule-Thomson 效应或电子束激发沉积到聚合物表面可形成金属涂层。最常见的应用是将金属铝沉积到塑料薄膜表面，应用于电子或包装领域，起到阻隔或装饰作用。同电晕处理一样，金属化是工业上最常用的表面处理方法之一。金属的蒸发发生在金属喷镀器的真空室中。金属铝被广泛使用的原因之一是铝可以以液态的形式进料，并且对真空度和温度的要求不高。因为蒸发作用是有方向性的，所以所用的聚合物材料最好具有较为简单的几何形状，如膜状。

工业上还经常采用其他多种技术来改变聚合物材料的表面性能。利用化学试剂可以氧化或者刻蚀聚合物的表面。其他辐射的方法还包括紫外线处理、激光处理、X射线处理等。

拓展阅读

中国高分子科学奠基者——于同隐

习题与思考题

1. 如何表征聚合物的耐热性和热稳定性？列举提高聚合物耐热性和热稳定性的途径。

2. 聚合物成型加工的上、下限温度分别是什么？为什么结晶聚合物的成型加工温度范围较非晶聚合物窄?

3. 有哪些方法可以扩宽橡胶的使用温度范围?

4. 取向对非晶态聚合物的热膨胀有什么影响?

5. 聚合物热导率有什么特点？其对温度、结晶度和取向的依赖性如何?

6. 论述提高聚合物透明性的途径。

7. 聚合物表面处理方法有哪些？简述原理。

参考文献

[1] 何曼君，张红东，陈维孝，等. 高分子物理[M]. 3 版. 上海：复旦大学出版社，2007.
[2] 吴其晔，张萍，杨文君，等. 高分子物理[M]. 上海：复旦大学出版社，2011.
[3] 华幼卿，金日光. 高分子物理[M]. 5 版. 北京：化学工业出版社，2019.
[4] Flory P J. Principles of Polymer Chemistry[M]. New York：Cornell University Press，1953.
[5] de Gennes P G. Scaling Concepts in Polymer Physics[M]. New York：Cornell University Press，1979.
[6] 殷敬华，莫志深. 现代高分子物理学[M]. 北京：科学出版社，2001.
[7] 励杭泉，武德珍，张晨. 高分子物理[M]. 2 版. 北京：中国轻工业出版社，2021.
[8] 何曼君，陈维孝，董西侠. 高分子物理[M]. 修订版. 上海：复旦大学出版社，2000.
[9] 马德柱，何平笙，徐种德，等. 高聚物的结构与性能[M]. 2 版. 北京：科学出版社，1995.
[10] 王德海. 高分子物理[M]. 北京：化学工业出版社，2010.
[11] 高炜斌，杨宗伟，熊煦. 高分子物理教程[M]. 3 版. 北京：化学工业出版社，2022.
[12] 刘凤岐，汤心颐. 高分子物理[M]. 北京：高等教育出版社，1995.
[13] 王葆仁. 高分子科学与技术发展[J]. 科学通报，1965（09）：776-770.
[14] 钱人元. 高分子材料发展史概况[J]. 化学通报，1987（02）：54-57.
[15] Rubinstein M，Collby R H. Polymer Physics[M]. New York：Oxford University Press，2003.
[16] Bower D I. An Introduction to Polymer Physics[M]. Cambridge：Cambridge University Press，2002.
[17] Strobl G. The Physics of Polymers[M]. Berlin：Springer-Verlag，2007.
[18] 杨玉良，胡汉杰. 高分子物理[M]. 北京：化学工业出版社，2001.
[19] 杨继萍，管娟，王志坚. 高分子物理[M]. 2 版. 北京：北京航空航天大学出版社，2022.
[20] 陈义旺，胡婷，谈利承，周魏华. 高分子物理[M]. 北京：科学出版社，2020.
[21] 王槐三，张会旗，侯彦辉，寇晓康. 高分子物理教程[M]. 2 版. 北京：科学出版社，2021.
[22] 方征平，王香梅. 高分子物理教程[M]. 北京：化学工业出版社，2013.